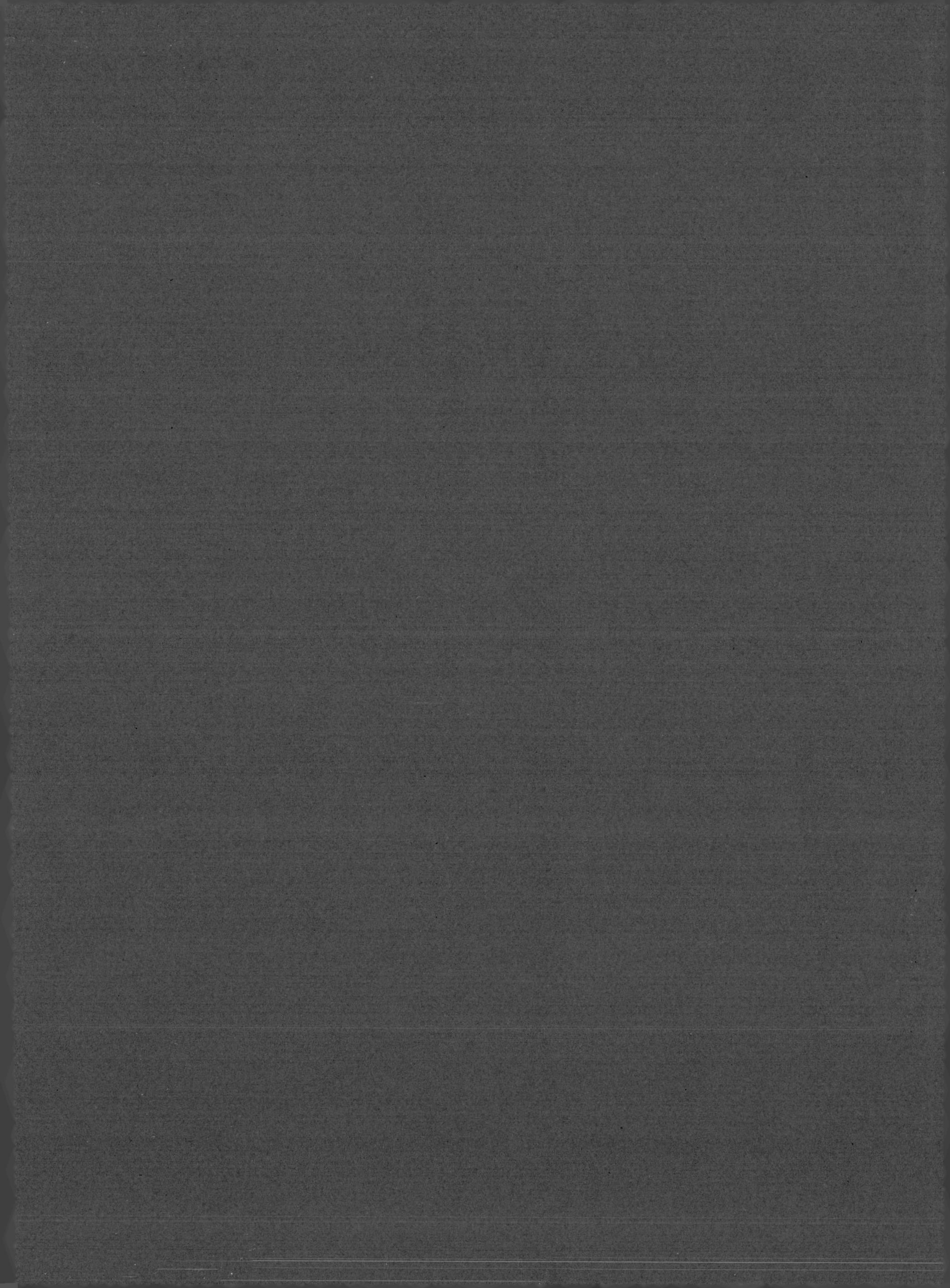

수학으로 풀어보는

칼만필터 알고리즘

기초 이론부터 깊게 이해하고
응용 예제로 철저하게 배우는

수학으로 풀어보는
칼만필터 알고리즘
기초 이론부터 깊게 이해하고 응용 예제로 철저하게 배우는

지은이 박성수
펴낸이 박찬규 엮은이 전이주 디자인 북누리 표지디자인 Arowa & Arowana

펴낸곳 위키북스 전화 031-955-3658, 3659 팩스 031-955-3660
주소 경기도 파주시 문발로 115, 311호 (파주출판도시, 세종출판벤처타운)

가격 32,000 페이지 424 책규격 188 x 240mm

초판 발행 2020년 06월 10일
ISBN 979-11-5839-208-6 (93500)

등록번호 제406-2006-000036호 등록일자 2006년 05월 19일
홈페이지 wikibook.co.kr 전자우편 wikibook@wikibook.co.kr

이 도서의 국립중앙도서관 출판시도서목록(CIP)은
서지정보유통지원시스템 홈페이지(http://seoji.nl.go.kr)와
국가자료공동목록시스템(http://www.nl.go.kr/kolisnet)에서 이용하실 수 있습니다.
CIP제어번호 CIP2020021909

수학으로 풀어보는

칼만필터 알고리즘

기초 이론부터 깊게 이해하고 응용 예제로 철저하게 배우는

박성수 지음

위키북스

왜 칼만필터인가

칼만필터는 본래 공대 대학원생이나 연구소의 전문 연구원에게만 필요한 알고리즘이었다. 하지만 최근 인공지능 딥러닝 지식이 일반 대중에게 확산되고 드론과 로봇, 주식 거래 등에 적용되면서 덩달아 칼만필터에 대한 관심도 커지고 있다. 왜냐하면 칼만필터는 다음과 같은 기능을 수행할 수 있기 때문이다.

- 칼만필터로 센서 신호에 섞여 있는 노이즈를 제거할 수 있다.
- 칼만필터로 센서가 측정하지 못하는 것도 추정할 수 있다.
- 칼만필터로 이종의 센서를 융합하여 더 좋은 추정값을 만들 수 있다.
- 칼만필터로 기계 장치의 고장을 감지할 수 있다.
- 칼만필터로 적 항공기를 추적할 수 있다.
- 칼만필터로 선물 또는 주식의 가격을 예측할 수 있다.

실제로 칼만필터는 공학의 전 분야뿐만 아니라 사회경제학 분야에까지 여러 방면에서 사용되고 있으며, 그 막대한 영향력 때문에 추정 이론 분야의 가장 위대한 성과로 일컬어진다.

칼만필터의 알고리즘 자체는 매우 간단하지만, 그 유도 과정을 이해하기 위해서는 많은 수학 지식이 필요하다. 그래서 많은 사람에게 칼만필터는 장벽으로 인식되고 있으며 공대생에게도 로망으로 불린다.

칼만필터가 어렵게 느껴진다면

칼만필터는 루돌프 칼만(Rudolf E. Kalman)이 개발한 필터다. 일반적으로 '필터'는 걸러낸다는 의미로 사용되나, 칼만필터의 필터는 시스템의 상태를 추정하는 수학 알고리즘을 뜻한다. 따라서 수학식 없이는 칼만필터를 이해할 수도, 사용할 수도 없다. 그렇다고 칼만필터 유도과정을 자세히 이해할 필요까지는 없다. 칼만필터는 몇 가지 이론적인 개념만 이해하면 실제로 사용하기가 매우 쉽다.

이 책은 수학 때문에 칼만필터에 장벽을 느끼는 사람들을 위해 집필되었다. 칼만필터의 모든 알고리즘을 알기 쉽게 표로 정리하고, 간단한 예제부터 복잡한 응용 예제까지 포함했다. 또한 칼만필터 설계 예제의 매트랩 코드에 일일이 설명을 달았다.

따라서 수학적인 유도 과정을 자세히 모르더라도 칼만필터의 심화 예제와 매트랩 코드만 이해하면 칼만필터를 쉽게 사용할 수 있게 했다.

그래도 기초 이론은 중요하다

칼만필터뿐만 아니라 모든 학문에서 기초 이론은 중요하다. 이론이 부족한 채로 실무를 접하면 한계가 금방 온다. 경험에만 의존한다면 경험하지 않은 문제가 발생했을 때 원인을 찾을 수 없다. 따라서 칼만필터를 잠시 경험해 보는 것이 아니라면, 칼만필터의 수학적인 유도 과정을 찬찬히 단계별로 밟아볼 것을 권한다. 칼만필터와 다양한 칼만필터의 변형 알고리즘에 대해 더 깊이 이해할 수 있을 것이다.

이 책에서는 칼만필터의 유도에 필요한 수학적 배경지식을 포함해 다양한 칼만필터 알고리즘의 수학적 유도 과정을 자세하게 설명했다. 이 유도 과정은 영어권에서 출간된 칼만필터 책에서도 쉽게 찾아볼 수 없을 것이다. 독자들이 칼만필터의 이론을 이해하는 데 이 책이 도움이 되기를 바란다.

감사의 말

이 책이 나오기까지 도움을 주신 위키북스 박찬규 대표님을 비롯한 스태프들에게 감사드린다. 위키북스에서 펴낸 《수학으로 풀어보는 강화학습 원리와 알고리즘》(2020)에 이어서 두 번째 인연이다.

사랑하는 아버지와 어머니의 자랑스러운 아들이 되고자 했으나 많이 부족하다. 이 책이 부모님의 작은 자랑거리가 됐으면 좋겠다. 아내와 아들은 이번에도 변함없는 사랑과 응원을 보내주었다. 감사하고 행복하다.

2020년 5월

박성수

03장

정적 시스템의 상태 추정

05장

비선형 시스템의 칼만필터

06장

칼만필터 설계 심화 예제

07장

멀티 모델의 칼만필터

01장

칼만필터 개요

칼만필터(Kalman filter)는 루돌프 칼만(Rudolf E. Kalman, 1930~2016)이 1960년에 ASME 학술지에 발표한 논문 "A New Approach to Linear Filtering and Prediction Problems"[1]에 기원을 두고 있다. 칼만필터는 시스템의 상태공간 방정식을 이용한 추정기로서, 궤환(recursive) 구조를 갖는 최적 데이터 처리 알고리즘이다.

칼만필터는 당초 선형 시스템에만 적용할 수 있었으나 나사 에임즈(NASA Ames) 연구센터의 슈미트(Stanley F. Schmidt)가 칼만필터를 비선형 시스템에 적용할 수 있는 방법을 고안하고 아폴로 프로그램의 궤적 추정 문제에 처음 적용하면서 널리 알려지게 됐다. 그 후 칼만필터는 우주왕복선, 잠수함, 로봇, 인공위성, 로켓, 자율주행 자동차, 드론 및 미사일 시스템, 레이다 추적 알고리즘, 통신 시스템, 항공교통관제 시스템, 프로세스 제어, 가상현실 및 혼합현실 시스템, 컴퓨터 게임, 주식 및 선물거래, 기타 사회경제 시스템 등 군용 · 민용을 가리지 않고 공학의 전 분야와 사회과학 분야까지 다방면에서 사용되고 있다.

이와 같은 막대한 영향력 때문에 칼만필터는 추정 이론 분야의 가장 위대한 성과로 일컬어지고 있다. 참고문헌 [2]와 [3]에 칼만필터의 개발자인 루돌프 칼만에 관련된 에피소드가 있으니 관심 있는 독자는 참고하기 바란다. 이 장에서는 칼만필터에 대해 본격적으로 논의하기에 앞서 칼만필터의 개요와 응용 분야에 대해서 살펴보기로 한다.

1.1 추정기

칼만필터는 추정기(estimator)다. 추정기는 가용 정보로부터 미지의 양(quantity)을 추정하는 알고리즘이다. 미지의 양은 일반적으로 상태변수(state variable)와 시스템 파라미터(parameter)로 표현한다. 보통 시스템의 상태변수는 외부 힘이나 어떤 작용에 의해 시간에 따라 그 값이 급격히 변화할 수 있는 변수를 말하고, 시스템의 파라미터는 시간에 따라 서서히 변화하는 변수 또는 변하지 않는 상수를 말한다. 하지만 필요에 따라 시스템 파라미터를 상태변수의 일부로 간주하기도 한다. 칼만필터에서도 파라미터가 추정돼야 할 미지의 양이라면 파라미터를 상태변수로 간주한다. 칼만필터의 가용 정보에는 시스템의 운동 및 측정 모델, 노이즈 모델, 측정 데이터 등이 있다.

추정기는 측정 데이터와 상태변수의 추정 시점에 따라 예측(prediction), 필터링(filtering), 스무딩(smoothing)의 세 가지 종류로 나눌 수 있다. 그림 1.1은 예측과 필터링, 스무딩의 차이점을 보여준다.

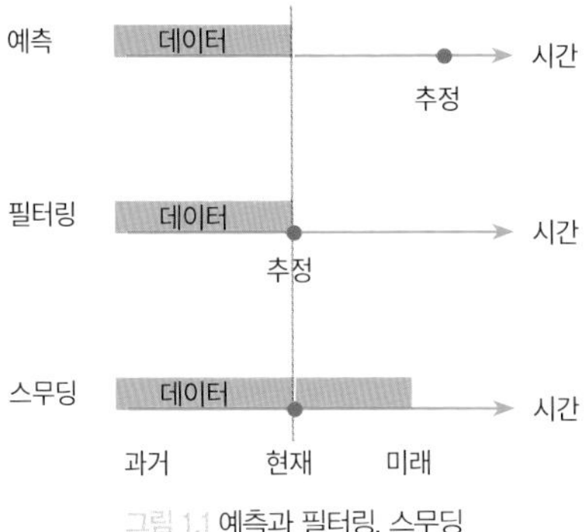

그림 1.1 예측과 필터링, 스무딩

예측은 과거부터 현재까지의 측정 데이터를 기반으로 미래 특정 시점의 상태변수를 추정하는 것이고, 필터링은 현재의 상태변수를 추정하는 것이며, 스무딩은 과거와 미래의 데이터를 기반으로 현재의 상태변수를 추정하는 것으로 정의한다. 이 추정 방식은 각각 적용 분야가 따로 있다. 예를 들면, 예측은 과거부터 현재까지 측정한 데이터를 기반으로 미래의 천체 궤적을 추정한다든가, 또는 주식 및 상품의 거래량과 가격을 바탕으로 미래의 가격을 유추하는 데 사용될 수 있으며, 필터링은 센서의 측정 데이터를 기반으로 항공기나 미사일, 로봇 등의 현재 상태를 실시간으로 추정하는 데 사용될 수 있다. 스무딩은 테스트나 실험 등을 통해 축적한 측정 데이터를 후처리해 시스템의 상태를 추정하는 데 사용될 수 있다.

칼만필터는 이와 같은 세 가지 추정 방식에 모두 적용될 수 있는 수학적 도구를 제공한다.

1.2 시스템 운동 모델

칼만필터의 가용 정보 중의 하나인 시스템의 운동 모델은 시간의 흐름에 따라 동적 시스템(dynamic system)의 운동 특성이 어떻게 변화하는지를 기술하는 수학 모델이다. 시스템의 운동 모델은 뉴턴(Newton)의 운동 법칙이나 경험적 통찰력, 실험 등을 통해 축적한 데이터를 이용해 관심 있는 특정 상태변수 및 파라미터, 시스템의 입력, 출력 사이의 상호 관계를 기술하도록 구축한다.

시스템의 운동 모델은 시스템의 실제 운동을 정확하게 묘사하게 만들어야 하지만, 실제로는 많은 불확실성을 내포하고 있다. 이러한 불확실성은 수학적 운동 모델을 도출하는 동안의 각종 근사화(approximation) 과정, 작동 중 시스템 복잡성의 예기치 않은 증가, 그리고 시스템 외부로부터의 교란이나 작동 환경 변화 등에 의해 유발된다. 또한 의도적으로 중요한 시스템 운동 모드만 모델링하고 나머지는 모델링하지 않기 때문에 발생하기도 한다. 경우에 따라서는 시스템에 대한 이해가 부족하거나 모델을 얻는 데 너무 큰 비용과 시간이 필요하기 때문에, 또는 특수한 여건 때문에 발생하기도 한다. 예를 들면 적(enemy) 항공기를 추적하는 문제에서 적 항공기에 대한 정확한 수학적 운동 모델을 구축하는 것은 불가능하다. 왜냐하면 적 항공기의 물리적인 파라미터(질량, 관성모멘트, 추력, 안정 및 조종 관련 계수 등)를 알 수 없을 뿐만 아니라, 조종사의 조종 입력을 적이 알려줄 리가 만무하기 때문이다. 이러한 수학적 운동 모델에 내재된 불확실성을 고려할 때 최선의 모델링 방법은 확률을 사용해 불확실성을 표현하는 것이다.

시스템의 수학적 운동 모델은 다음과 같이 상태공간 방정식(state-space equation)의 형태로 만들 수 있다.

$$\dot{\mathbf{x}}(t) = \mathbf{f}(\mathbf{x}(t), \mathbf{u}(t), \mathbf{w}(t), t) \tag{1.1}$$

여기서 $\mathbf{x}(t) \in R^n$는 상태변수, $\mathbf{w}(t) \in R^m$는 프로세스 노이즈, $\mathbf{u}(t) \in R^q$는 시스템의 입력이다. $\mathbf{w}(t)$는 시스템의 수학적 운동 모델에 내재된 불확실성을 확률적으로 표현하기 위해서 도입한 변수다. $\mathbf{w}(t)$의 확률적 특성을 모델링한 것을 노이즈 모델이라고 한다. 입력 $\mathbf{u}(t)$는 제어 입력이라고도 하며, 정확히 알고 있다고 가정한다. $\mathbf{f}(\cdot, t)$는 시스템 파라미터가 포함된 시변(time-varying) 비선형 함수다. 상태변수 $\mathbf{x}(t)$는 주어진 시간에서 시스템의 운동을 기술하는 데 필요한 모든 관련 정보를 포함하고 있다고 가정한다. 예를 들어, 표적을 추적하는 문제에서 상태변수는 추적 대상의 위치, 속도 등 운동학적 특성과 관련된 변수를 포함하고 있으며, 금융 관련 문제에서는 통화의 흐름, 금리 등과 관련된 정보가 상태변수에 포함될 수 있다.

식 (1.1)의 상태공간 방정식은 1차 미분 방정식이라서 사용이 제한적인 것처럼 보인다. 하지만 고차 미분 방정식이 일련의 1차 미분 방정식의 집합으로 표현될 수 있기 때문에 상태공간 방정식은 일반적인 표현 방식이다.

칼만필터는 물리적인 장치나 도구가 아닌 수학적인 도구로서, 알고리즘 형태로 컴퓨터에 구현된다. 따라서 식 (1.1)과 같은 연속시간(continuous-time) 모델이 아닌 이산시간(discrete-time) 모델이 필요하다. 이산시간 모델은 측정값이 이산시간에 수집(샘플링)되고 시스템 입력이 샘플링 시간 동안 일정하게 유지되는 연속시간 시스템 모델의 특수한 경우로서, 다음과 같이 차분 방정식(difference equation)으로 표현된다.

$$\mathbf{x}(k+1) = \mathbf{f}(\mathbf{x}(k), \mathbf{u}(k), \mathbf{w}(k), k) \tag{1.2}$$

여기서 k는 시간 인덱스이며 $\mathbf{x}(k)=\mathbf{x}(kT)$를 의미하고 T는 샘플링 시간을 나타낸다. 시스템 모델과 노이즈 모델에 관한 사항은 칼만필터 알고리즘을 본격적으로 전개하는 4장에서 다시 논의한다.

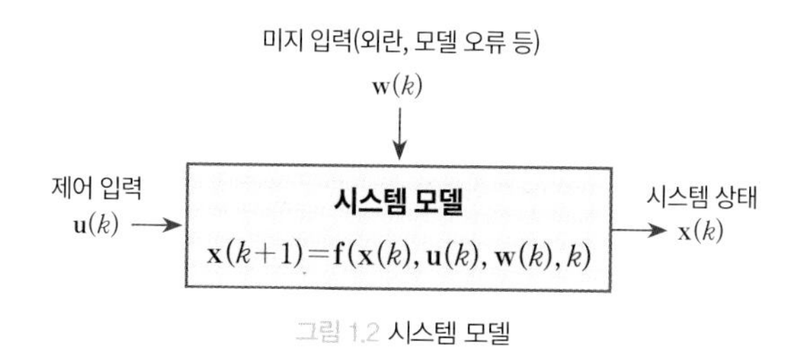

그림 1.2 시스템 모델

칼만필터의 성능은 시스템 모델의 정확성에 크게 의존한다. 모델 개발은 일반적으로 칼만필터를 설계할 때 가장 어려운 작업이다. 칼만필터 알고리즘 자체는 이론적으로 잘 설명돼 있어서 사용하기 쉬운 편이다. 하지만 상태변수와 파라미터, 시스템 모델을 올바르게 선택하고 구축하려면 시스템에 대한 이해도가 높아야 하고, 모델 구축 시 선택할 수 있는 다양한 절충점을 이해할 수 있어야 한다.

1.3 시스템 측정 모델

칼만필터의 가용 정보 중 하나인 측정값은 실제 시스템의 운동을 관찰하기 위해 다양한 센서(또는 데이터 수집 도구)를 이용해 시스템의 출력을 측정해 획득한 데이터다. 측정값은 시스템의 상태변수 및 파라미터와 함수 관계인 신호이며, 측정 모델은 이 함수 관계를 수학적으로 표현한 식이다.

시스템의 운동은 상태변수의 시간 변화를 이용해 설명할 수 있으므로 상태변수를 측정해야 한다. 그러나 센서는 시스템의 상태변수에 대한 완벽한 데이터를 생성할 수 없다. 그 이유는 다음과 같다. 먼저 시스템의 상태변수는 해당 센서를 사용해 직접 측정할 수 있는 경우도 있지만, 물리적으로 그러한 센서를 고안할 수 없거나 경제적인 이유 등으로 인해 직접 측정이 불가능한 경우가 있다. 또한 센서는 자신이 측정하고자 하는 값을 정확하게 측정할 수 없다. 센서의 측정값은 노이즈 및 바이어스 등으로 인해 손상될 수 있기 때문이다.

이와 같이 센서가 시스템의 상태변수에 대한 완벽한 데이터를 생성할 수 없기 때문에 상태변수를 추정할 수 있는 수학적인 도구가 필요하다. 센서가 특정 상태변수를 직접 측정할 수 없는 경우에도 다수의 상이한 센서가 기능적으로 상태변수와 관련된 신호를 생성하고 부분적으로 중복되는 정보를 제공할 수 있다. 또한 시스템의 운동 모델에서 불확실성을 확률로 모델링했듯이 센서의 측정값에 내재된 오류 정도를 확률을 사용해 표현할 수 있다. 칼만필터는 이와 같은 간접 측정과 노이즈로 손상된 측정 데이터를 이용해 측정되지 않은 상태변수를 유추하기 위한 수학적 도구를 제공한다.

시스템의 측정 모델은 상태변수와 시스템 출력과의 함수 관계, 그리고 측정값에 섞여 있는 노이즈의 확률적 특성을 표현한 수학 모델이다. 측정 모델은 측정값이 이산시간에 수집된다고 가정하고 다음과 같이 이산시간에서 표현한다.

$$\mathbf{z}(k) = \mathbf{h}(\mathbf{x}(k), k) + \mathbf{v}(k) \tag{1.3}$$

여기서 $\mathbf{z}(k) \in R^p$는 측정값(measurement)이며, $\mathbf{v}(k) \in R^p$는 측정 노이즈로서, 측정값에 내재된 오류를 확률적으로 표현하기 위해 도입한 변수다. $\mathbf{h}(\mathbf{x}(k), k)$는 시스템의 상태변수와 시스템의 출력 사이의 함수 관계를 표현하는 비선형 함수다.

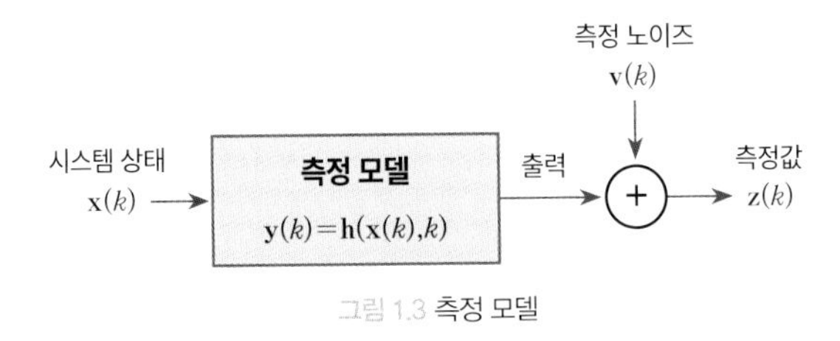

그림 1.3 측정 모델

1.4 칼만필터의 응용

시스템은 제어 입력 이외에 외란 등 알지 못하는 어떤 입력에 의해서도 작동한다. 또한 시스템의 상태변수와 측정되는 시스템의 출력 사이에도 어느 정도의 불확실성이 내재돼 있다. 그리고 센서의 측정값도 노이즈 및 바이어스로 인해 손상돼 있다. 이와 같은 환경에서 칼만필터는 사용 가능한 모든 측정 데이터와 시스템 운동 및 센서에 대한 지식, 시스템 모델의 불확실성 및 측정 오류에 대한 확률적 표현, 그리고 상태변수의 초기 조건에 관한 정보를 모두 결합해 추정 오차가 확률적으로 최소화되는 방식으로 상태변수를 추정한다.

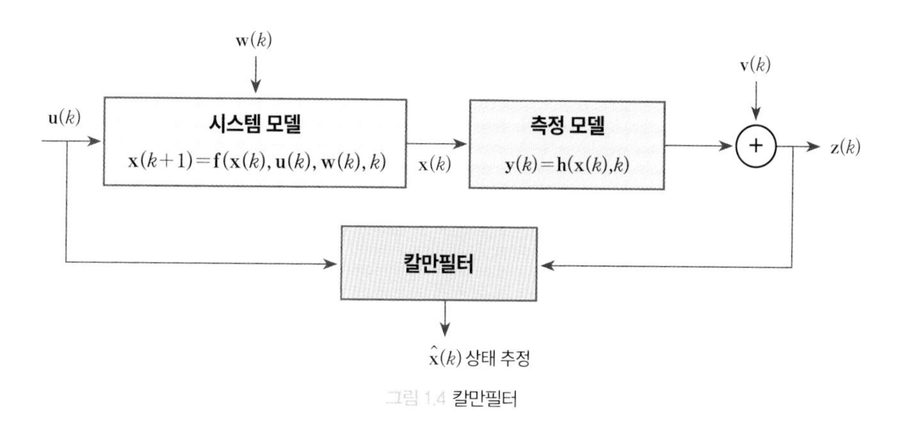

그림 1.4 칼만필터

앞서 언급했듯이, 칼만필터의 응용 분야는 공학의 전 분야와 컴퓨터 비전, 사회과학, 자연과학, 경제학 분야 등 매우 넓지만 여기서는 몇 가지 주요 분야만 살펴보기로 한다.

먼저 표적 추적(target tracking) 분야다. 표적 추적은 감시, 정찰, 유도, 장애물 회피 시스템의 핵심 요소다. 표적 추적은 항공기나 미사일, 함정, 자동차 등 운동체의 위치, 속도, 가속도 등을 카메라, 레이다 등의 원격 센서를 이용해 추정하고 예측하는 문제다. 칼만필터는 이와 같은 표적 추적뿐만 아니라 표적 탐지, 표적의 트랙 관리, 기동(maneuvering) 판별 문제 등 표적 관련 시스템의 각 부분에서 사용되고 있다.

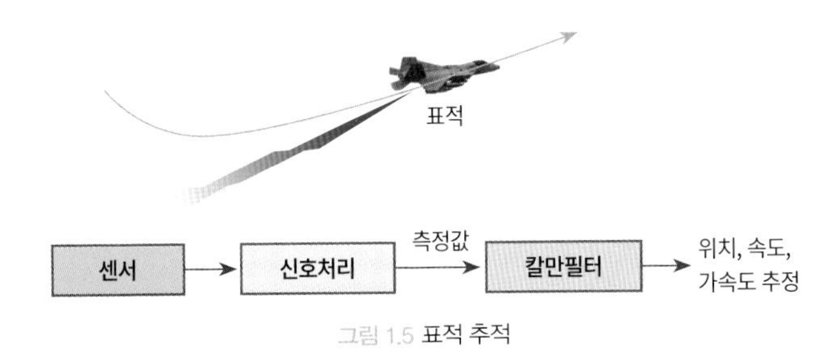

그림 1.5 표적 추적

두 번째는 센서 융합(sensor fusion) 또는 데이터 융합(data fusion) 분야다. 칼만필터는 측정값에 포함된 노이즈의 영향을 감소시킬 수 있고 측정이 불가능한 물리량을 추정할 수도 있다. 그뿐만 아니라 서로 다른 측정 원리와 특징, 측정 주기를 갖는 다양한 이종의 센서를 융합해 개별 센서의 단점을 극복하고 장점을 결합할 수도 있다. 칼만필터는 이미 1960년대 중반에 노드롭(Northrop)사의 C5A 수송기 항법 시스템 개발에서 제기됐던 레이다와 관성 센서 데이터의 결합과 관련된 데이터 융합 문제를 해결했으며, 측정 데이터에 포함된 외인성 오류를 감지하고 제거하는 성과를 올렸다. 그 이후 거의 모든 실시간 궤적 추정 및 제어 시스템 분야에서 칼만필터가 필수적으로 사용되고 있다.

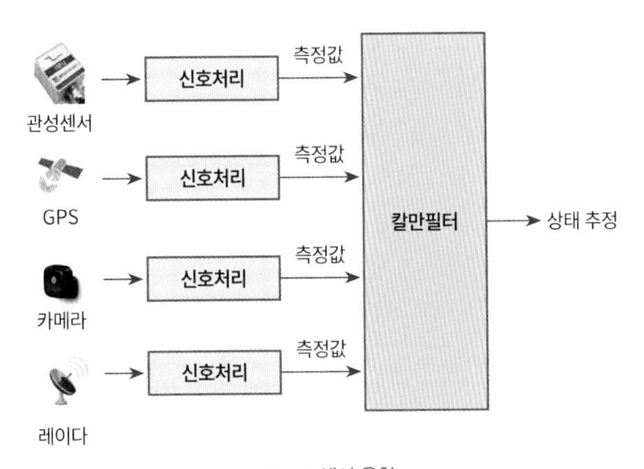

그림 1.6 센서 융합

세 번째는 시스템 식별(identification)과 고장 검출 분야다. 시스템 모델의 구조는 알고 있으나 시스템을 구성하는 특정 파라미터, 예를 들면 질량, 항력계수 등의 값을 알 수 없는 경우가 있다. 칼만필터는 이와 같은 미지의 파라미터를 상태변수로 변환해 식별할 수 있다. 칼만필터를 이용한 고장 검출 문제는 고장이 발생했을 때 변화가 생기는 파라미터를 추정하거나 식별함으로써 시스템의 고장 여부를 판단하는 방법과 칼만필터가 산출하는 측정 예측값과 센서의 실제 측정값의 차이인 측정 잔차를 이용해 고장 여부를 판단하는 방법 등 두 가지 접근법이 사용되고 있다.

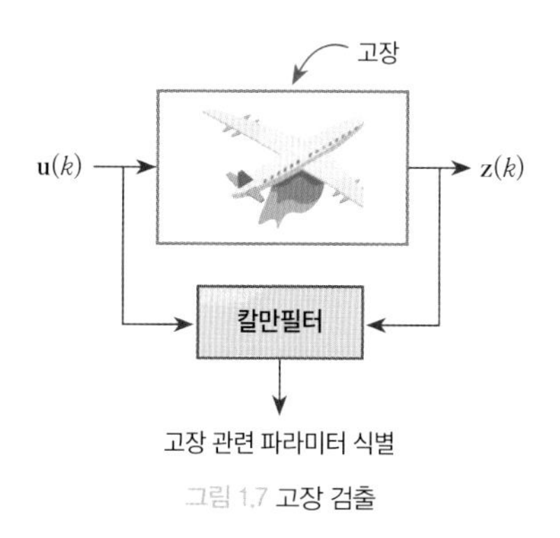

그림 1.7 고장 검출

네 번째는 로컬라이제이션(localization) 분야다. 로컬라이제이션은 어떤 환경의 지도(map)가 주어졌을 때 로봇이나 드론 등의 운동체에 장착된 다양한 센서를 이용해 지도상에서 운동체의 위치와 자세를 추정하는 문제다. 표적 추적 문제와 비슷하지만, 로컬라이제이션은 주로 지도상의 랜드마크와 관련되거나 운동체 자체의 위치와 자세를 추정하는 셀프-로컬라이제이션(self-localization)의 의미로 많이 사용된다. 최근에 자율 로봇과 드론에 대한 연구가 활발해지면서 지도 작성과 로컬라이제이션을 동시에 수행하는 SLAM(simultaneous localization and mapping) 문제가 주목받고 있는데, 이 문제에 칼만필터가 이용된다.

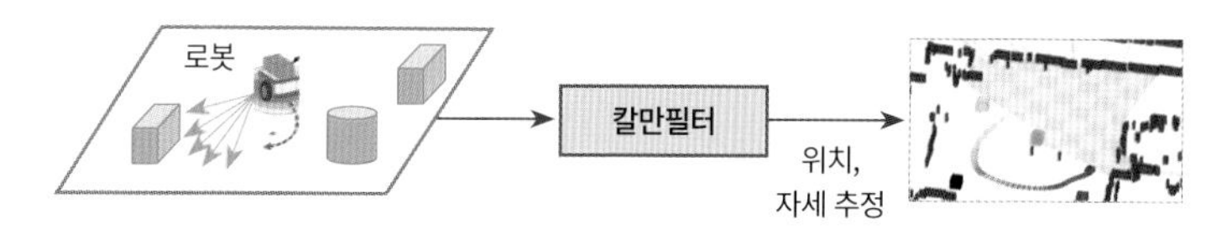

그림 1.8 로컬라이제이션

02장

확률과 랜덤 프로세스

시스템에 가해지는 외란이나 모델링 오차, 센서 노이즈 등은 확률적 특성을 지닌 시간의 함수이므로 이들이 시스템의 운동과 측정에 미치는 영향을 시간의 함수로 파악하기 위해서는 확률 이론과 랜덤 프로세스에 대한 이해가 필요하다. 이 장에서는 이 책의 전반에 걸쳐 필요한 확률과 랜덤 프로세스에 관한 기본 개념을 정리한다.

2.1 확률과 랜덤 벡터

2.1.1 확률

어떤 결과가 일어날 가능성이 있는지는 모두 알 수 있지만, 그 결과를 미리 알 수는 없는 실험을 확률 실험(random experiment)이라고 한다. 그리고 확률 실험의 결과(outcome)로 이루어진 집합을 사건(event)이라고 한다. 또한 확률 실험에서 일어날 가능성이 있는 모든 결과를 원소로 하는 집합을 사건 집합 또는 표본 공간(sample space)라고 한다. 예를 들면, 주사위 놀이는 매번 어떤 숫자가 나올지 알 수 없지만, {1, 2, 3, 4, 5, 6} 중 하나가 나올 것이라는 것은 알 수 있기 때문에 확률 실험이다. 그리고 주사위 놀이에서 사건은 짝수가 나올 사건($\{2,4,6\}$), $\{5\}$가 나올 사건 등 여러 가지가 있다. 표본 공간은 $\{1, 2, 3, 4, 5, 6\}$이다.

표본 공간 S에서 사건 A가 발생할 확률(probability) $P\{A\}$는 다음 3가지 공리(axiom)를 만족하는 어떤 수로 정의한다.

- **공리 1** 확률은 항상 0보다 크거나 같은 수다: $P\{A\} \geq 0$
- **공리 2** 표본 공간의 확률은 1이다: $P\{S\} = 1$
- **공리 3** 서로 배타적인 사건 A와 B의 경우, $P\{A \cup B\} = P\{A\} + P\{B\}$의 관계식이 성립한다. 여기서 배타적 사건이라 함은 $A \cap B = \varnothing$를 뜻하며, $\cup$와 $\cap$는 각각 합집합(union)과 교집합(intersection), 그리고 $\varnothing$는 공집합(empty)을 의미한다.

확률은 주어진 사건에 따라 정의된다. 따라서 위 3가지 공리로부터 $P\{\varnothing\} = 0$, $P\{A\} = 1 - P\{\overline{A}\}$가 성립함을 알 수 있다. 여기서 $\overline{A}$는 A의 여집합 사건(complementary event)이라고 한다.

2.1.2 랜덤 변수

랜덤 변수(random variable) $X \equiv X(e)$는 표본 공간을 구성하는 각 원소(e)에 하나의 실숫값(real number)을 대응시키는 함수로 정의된다. 랜덤 변수는 대문자로 표기하며 랜덤 변수가 실제 취할 수 있는 값은 소문자로 표기한다. 예를 들면, $X(e) = x$는 확률 실험 결과인 e에 대응하는 랜덤 변수가 갖는 실숫값이 x라는 것을 의미하며, 간단히 $X = x$로 표기하기도 한다. 랜덤 변수의 정의역(domain)은 표본 공간이며 치역(range)은 전체 실수 영역인 $-\infty \leq X \leq \infty$이다.

사건은 확률 실험의 결과인 e를 원소로 하는 집합이므로 사건 A마다 해당하는 실수 구간(interval) I가 존재한다. 따라서 사건 A의 확률이 $P\{A\}$라면 랜덤 변수 X가 해당 실수 구간에 속할 확률은 $P\{X \in I\} = P\{A\}$다. 표본 공간의 확률은 실수 영역 전체의 확률이므로 $P\{S\} = P\{X \leq \infty\} = 1$이며, 공집합의 확률은 $P\{\varnothing\} = P\{X = -\infty\} = 0$이다.

랜덤 변수 X가 이산 값을 취하면 이산(discrete) 랜덤 변수라고 하고, 연속 값을 취하면 연속(continuous) 랜덤 변수라고 한다.

2.1.3 확률분포함수와 확률밀도함수

$\{X \le x\}$가 사건을 의미하므로 해당 사건에 대한 확률 $P\{X \le x\}$를 계산할 수 있다. 랜덤 변수 X의 확률분포함수(probability distribution function) $F_X(x)$는 랜덤 변수 X가 x보다 같거나 작은 값을 가질 확률 $P\{X \le x\}$로 정의한다. 즉,

$$F_X(x) = P\{X \le x\} \tag{2.1}$$

정의에 의하면 $F_X(-\infty)=0$, $F_X(\infty)=1$이 된다. 또한 $\triangle x > 0$일 때, $F_X(x+\triangle x) \ge F_X(x)$이 됨을 알 수 있다.

연속 랜덤 변수 X의 확률밀도함수(probability density function) $p_X(x)$는 다음 적분 식을 만족하는 함수로 정의한다.

$$\int_{-\infty}^{x} p_X(x)dx = P\{X \le x\} = F_X(x) \tag{2.2}$$

위 정의로부터 확률분포함수가 미분 가능하다면 확률밀도함수를 다음과 같이 표현할 수 있다.

$$\begin{aligned} p_X(x) &= \frac{dF_X(x)}{dx} \\ &= \lim_{\triangle x \to 0} \frac{F_X(x+\triangle x) - F_X(x)}{\triangle x} \\ &= \lim_{\triangle x \to 0} \frac{P\{x < X \le x+\triangle x\}}{\triangle x} \end{aligned} \tag{2.3}$$

랜덤 변수 X가 임의의 실수 구간 $(a, b]$에 속할 확률은 확률밀도함수를 이용하면 다음과 같이 계산할 수 있다.

$$\begin{aligned} P\{a < X \le b\} &= F_X(X \le b) - F_X(X \le a) \\ &= \int_a^b p_X(x)dx \end{aligned} \tag{2.4}$$

확률밀도함수의 정의에 의하면 $p_X(x) \geq 0$, $\int_{-\infty}^{\infty} p_X(x)dx = 1$이 된다.

이산 랜덤 변수 X에서는 확률밀도함수 대신에 확률질량함수(probability mass function) $w_X(x_i)$를 사용한다.

$$w_X(x_i) = P\{X = x_i\},\ i = 1,\ \ldots,\ n \tag{2.5}$$

여기서 x_i, $i=1, \ldots, n$는 표본 공간의 모든 원소다. 정의에 의하면 확률질량함수는 곧 확률임을 알 수 있다.

디랙 델타(Dirac delta) 함수 $\delta(x)$를 이용하면 확률질량함수를 확률밀도함수의 형태로 표시할 수 있다.

$$p_X(x) = \sum_{i=1}^{n} w_X(x_i)\delta(x - x_i) \tag{2.6}$$

노트

디랙 델타 함수 $\delta(x)$는 다음과 같은 두 가지 성질을 만족하는 함수로 정의된다.

$$\delta(x) = \begin{cases} \infty, & x = 0 \\ 0, & x \neq 0 \end{cases}$$

$$\int_{-\infty}^{\infty} \delta(x)dx = 1$$

디랙 델타 함수는 $x=0$에서만 무한대의 크기를 갖고 그 외에는 모두 0의 값을 갖는다. 하지만 함수의 면적은 1로 고정되어 있다.

2.1.4 결합 확률함수

랜덤 변수 X와 Y의 결합 확률분포함수(joint probability distribution function) $F_{XY}(x, y)$는 다음과 같이 결합 사건(joint event)의 확률로 정의한다.

$$F_{XY}(x, y) = P\{(X \le x) \cap (Y \le y)\} = P\{X \le x, Y \le y\} \quad (2.7)$$

결합 확률밀도함수 $p_{XY}(x, y)$는 결합 확률분포함수로부터 다음과 같이 정의한다.

$$F_{XY}(x, y) = \int_{-\infty}^{y} \int_{-\infty}^{x} p_{XY}(x, y)dxdy \quad (2.8)$$

$F_{XY}(x, y)$가 미분 가능하다면 결합 확률밀도함수를 다음과 같이 표현할 수 있다.

$$p_{XY}(x, y) = \frac{\partial^2 F_{XY}(x, y)}{\partial x \partial y} = \lim_{\triangle x, \triangle y \to 0} \frac{P\{x < X \le x + \triangle x, y < Y \le y + \triangle y\}}{\triangle x \triangle y} \quad (2.9)$$

$F_X(x) = F_{XY}(x, \infty)$가 성립하므로, 랜덤 변수 X와 Y의 결합 확률밀도함수로부터 X만의 확률밀도함수를 구할 수 있다. 이를 X의 한계밀도함수(marginal density function)라고 한다.

$$p_X(x) = \int_{-\infty}^{\infty} p_{XY}(x, y)dy \quad (2.10)$$

2.1.5 조건부 확률함수

사건 B가 주어진 조건에서 사건 A가 발생할 확률을 사건 A의 조건부 확률(conditional probability)이라고 하고, 다음과 같이 정의한다.

$$P\{A|B\} = \frac{P\{A, B\}}{P\{B\}} \quad (2.11)$$

랜덤 변수 Y가 y로 주어진 X의 조건부 확률밀도함수(conditional probability density function) $p_{X|Y}(x|y)$는 다음과 같이 $Y=y$의 조건에서 사건 $\{X \le x\}$가 발생할 조건부 확률과의 관계식으로 정의한다.

$$P\{X \le x | Y=y\} = \int_{-\infty}^{x} p_{X|Y}(x|y)dx \tag{2.12}$$

여기서 사건 A는 $\{X \le x\}$이고 $Y=y$를 Y가 미소구간 $I_y=(y, y+dy]$에 속한다고 해석하면 사건 B는 $\{y < Y \le y+dy\}$에 해당한다. 따라서 $p_{X|Y}(x|y)$는 식 (2.11)로부터

$$p_{X|Y}(x|y) = \frac{p_{XY}(x, y)}{p_Y(y)}, \ p_Y(y) \ne 0 \tag{2.13}$$

이 된다. 랜덤 변수가 $X=x$로 주어진 조건에서 사건 A가 발생할 확률은

$$P\{A|x\} = \frac{P\{A, x\}}{p_X(x)}, \ p_X(x) \ne 0 \tag{2.14}$$

으로 표현하고, 반대로 사건 A가 주어진 조건에서 X의 조건부 확률밀도함수는 다음과 같이 표현한다.

$$p_{X|A}(x|A) = \frac{P\{A, x\}}{P\{A\}} \tag{2.15}$$

2.1.6 독립 랜덤 변수

다음과 같이 사건 A와 B의 결합 사건의 확률이 각각의 확률의 곱과 같으면, 두 사건 A와 B는 독립(independence)이라고 한다.

$$P\{A, B\} = P\{A\}P\{B\} \tag{2.16}$$

n개의 사건 A_i, $i=1, \ldots, n$의 결합 확률이 다음 식을 만족하면 n개 사건의 집합은 독립이라고 한다.

$$P\left\{\bigcap_{i=1}^{n} A_i\right\} = \prod_{i=1}^{n} P\{A_i\} \tag{2.17}$$

마찬가지로 랜덤 변수의 확률밀도함수가 다음 식과 같으면 n개의 랜덤 변수는 독립이다.

$$p_{X_1X_2\cdots X_n}(x_1,\ x_2,\ \ldots,\ x_n)=\prod_{i=1}^{n} p_{X_i}(x_i) \tag{2.18}$$

두 랜덤 변수 X와 Y가 독립이면 조건부 확률밀도함수는 다음과 같이 조건과 무관한 확률밀도함수가 된다.

$$\begin{aligned} p_{X|Y}(x|y)&=p_X(x) \\ p_{Y|X}(y|x)&=p_Y(y) \end{aligned} \tag{2.19}$$

2.1.7 랜덤 변수의 함수

랜덤 변수 Y가 랜덤 변수 X의 함수 $Y=g(X)$로 주어진다면, 사건 $\{Y\le y\}$의 확률은 랜덤 변수 X가 $g(X)\le y$를 만족하는 실수 구간 $\{X\in I_x\}$에 속할 확률과 같으므로 Y의 확률분포함수는 다음 식으로 계산할 수 있다.

$$\begin{aligned} F_Y(y)&=P\{Y\le y\} \\ &=P\{g(X)\le y\} \\ &=P\{X\in I_x\} \end{aligned} \tag{2.20}$$

예를 들어 다음과 같은 랜덤 변수 X와 Y의 함수 관계를 가정하자.

$$Y=2X+3 \tag{2.21}$$

그러면 $Y=2X+3\le y$를 만족하는 X의 구간은 다음과 같이 구해지므로

$$\begin{aligned} F_Y(y)&=P\{Y\le y\} \\ &=P\left\{X\le \frac{y-3}{2}\right\} \\ &=F_X\left(\frac{y-3}{2}\right) \end{aligned} \tag{2.22}$$

Y의 확률밀도함수를 다음과 같이 계산할 수 있다.

$$\begin{aligned} p_Y(y) &= \frac{dF_Y(y)}{dy} = \frac{d}{dy}\left[F_X\left(\frac{y-3}{2}\right)\right] \\ &= \frac{1}{2}p_X\left(\frac{y-3}{2}\right) \end{aligned} \tag{2.23}$$

이번에는 두 랜덤 변수의 합의 확률밀도함수를 구해 보기로 한다. 다음과 같이 Z가 두 랜덤 변수의 합으로 주어졌다고 하자.

$$Z = X + Y \tag{2.24}$$

여기서 X와 Y의 결합 확률밀도함수 $p_{XY}(x, y)$가 주어졌다고 가정한다. 그러면 Z가 z보다 작은 값을 가질 확률은 $X+Y \leq z$인 영역의 확률과 같으므로 랜덤 변수 X와 Y가 그림 2.1의 음영 부분에 속할 확률과 같다.

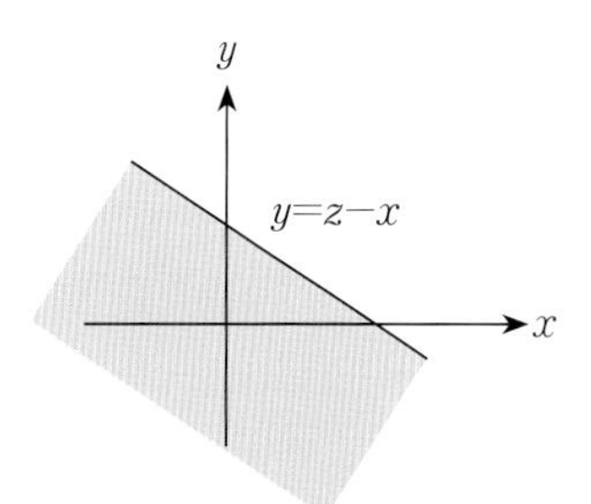

그림 2.1 랜덤 변수 X와 Y가 속한 영역

따라서 Z의 확률분포함수는

$$\begin{aligned} F_Z(z) &= P\{Z \leq z\} \\ &= P\{X + Y \leq z\} \\ &= \int_{-\infty}^{\infty}\int_{-\infty}^{z-x} p_{XY}(x, y)\,dy\,dx \end{aligned} \tag{2.25}$$

가 된다. 따라서 확률밀도함수는

$$p_Z(z)=\frac{dF_Z(z)}{dz}=\int_{-\infty}^{\infty}\frac{d}{dz}\int_{-\infty}^{z-x}p_{XY}(x,\ y)dydx \tag{2.26}$$

다. 위 식에 라이프니츠(Leibniz) 법칙을 적용해 오른쪽 항을 풀면 다음과 같이 된다.

$$p_Z(z)=\int_{-\infty}^{\infty}p_{XY}(x,\ z-x)dx \tag{2.27}$$

비슷한 방법으로 위 식은 다음과 같이 쓸 수도 있다.

$$p_Z(z)=\int_{-\infty}^{\infty}p_{XY}(z-y,\ y)dy \tag{2.28}$$

X와 Y가 서로 독립이라면, 위 식은 다음과 같이 컨볼루션(convolution)이 된다.

$$\begin{aligned}p_Z(z)&=\int_{-\infty}^{\infty}p_X(z-y)p_Y(y)dy=\int_{-\infty}^{\infty}p_X(x)p_Y(z-x)dx\\&\equiv p_X(x)*p_Y(z)\end{aligned} \tag{2.29}$$

노트

라이프니츠 적분 법칙

$$\frac{d}{dx}\int_{a(x)}^{b(x)}f(x,\ t)dt=f(x,\ b(x))b'(x)-f(x,\ a(x))a'(x)+\int_{a(x)}^{b(x)}\frac{\partial}{\partial x}f(x,\ t)dt \tag{2.30}$$

예제 2.1

X와 Y가 서로 독립인 랜덤 변수이고, 각각의 확률밀도함수는 다음과 같이 주어졌다.

$$p_X(x)=\begin{cases}1,\ 0\le x\le 1\\0,\ otherwise\end{cases},\quad p_Y(y)=\begin{cases}1,\ 0\le y\le 1\\0,\ otherwise\end{cases} \tag{2.31}$$

$Z=X+Y$의 확률밀도함수를 구하라.

풀이 X와 Y가 서로 독립이므로 Z의 확률밀도함수는 식 (2.29)와 같이 X와 Y의 확률밀도함수의 컨볼루션으로 주어진다.

$$p_Z(z)=\int_{-\infty}^{\infty} p_X(x)p_Y(z-x)dx=\int_0^1 p_Y(z-x)dx \tag{2.32}$$

여기서 $p_Y(z-x)$는 $p_Y(y)$를 이용해 다음과 같이 표현할 수 있다.

$$\begin{aligned} p_Y(z-x) &= \begin{cases} 1, & 0\le z-x\le 1 \\ 0, & otherwise \end{cases} \\ &= \begin{cases} 1, & z-1\le x\le z \\ 0, & otherwise \end{cases} \end{aligned} \tag{2.33}$$

따라서 z의 구간별로 컨볼루션을 계산하면 다음과 같다.

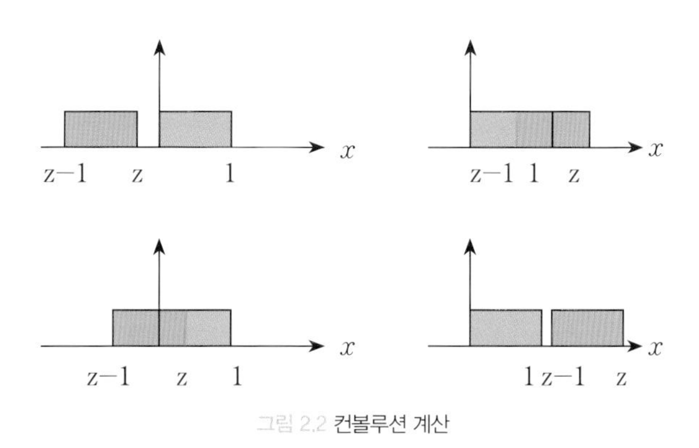

그림 2.2 컨볼루션 계산

1. $z<0$, $p_Z(z)=0$
2. $0\le z\le 1$, $p_Z(z)=\int_0^z dx=z$
3. $1<z\le 2$, $p_Z(z)=\int_{z-1}^1 dx=2-z$
4. $z>2$, $p_Z(z)=0$

(2.34)

2.1.8 샘플링

확률밀도함수가 $p_X(x)$인 랜덤 변수 X에서 추출된 샘플을 다음과 같이 표기한다.

$$x \sim p_X(x) \tag{2.35}$$

랜덤 변수 X에서 추출한 N개의 샘플을 $\{x^{(1)}, x^{(2)}, \ldots, x^{(N)}\}$이라고 할 때, 각 샘플이 독립적이고 공평하게 추출됐다면 각 샘플이 추출될 확률은 다음과 같이 동일하다.

$$\begin{aligned} w_X(x^{(i)}) &= P\{X = x^{(i)}\} \\ &= \frac{1}{N},\ i = 1, \ldots, N \end{aligned} \tag{2.36}$$

이와 같이 각 샘플이 어떤 확률적 특성을 갖는 모집단에서 독립적이고 공평하게 추출된 경우 추출된 샘플을 독립동일분포(iid, independent and identically distributed) 샘플이라고 한다. 식 (2.6)의 디랙 델타 함수 $\delta(x)$를 이용하면 확률밀도함수 $p_X(x)$를 다음과 같이 근사화할 수 있다.

$$\begin{aligned} p_X(x) &\approx \sum_{i=1}^{N} w_X(x^{(i)})\delta(x - x^{(i)}) \\ &= \frac{1}{N}\sum_{i=1}^{N}\delta(x - x^{(i)}) \end{aligned} \tag{2.37}$$

그러면 X가 구간 $(x, x+\triangle x]$에 속할 확률 $P\{x < X \le x + \triangle x\}$를 다음과 같이 계산할 수 있다.

$$\begin{aligned} \int_x^{x+\triangle x} p_X(x)dx &\approx \int_x^{x+\triangle x} \frac{1}{N}\sum_{i=1}^{N}\delta(x - x^{(i)})dx \\ &= \frac{1}{N}\sum_{i=1}^{N}\int_x^{x+\triangle x}\delta(x - x^{(i)})dx \\ &= \frac{(\text{구간 } (x,\ x+\triangle x] \text{에 속한 샘플의 개수})}{N} \end{aligned} \tag{2.38}$$

따라서 임의의 구간(bin)에 속해 있는 샘플의 개수를 그림으로 표시한 히스토그램(histogram)은 확률밀도함수 $p_X(x)$의 근사식과 그 모양이 같다. 확률밀도함수가 히스토그램과 다른 점은 확률밀도함수의 면적은 1이 돼야 한다는 것이다. 따라서 히스토그램의 면적을 1로 정규화한다면 추출한 샘플의 히스토그램을 이용해 확률밀도함수 $p_X(x)$의 모양을 근사적으로 얻을 수 있다. 추출된 샘플의 개수 N이 클수록 좀 더 실제 값에 근접한 확률밀도함수를 얻을 수 있을 것이다.

예를 들어, 예제 2.1에서 구한 Z의 확률밀도함수를 X와 Y로부터 각각 10,000개의 샘플을 추출해 근사적으로 구해보자. X로부터 추출한 샘플을 $x^{(i)}$, Y로부터 추출한 샘플을 $y^{(i)}$라 하면 랜덤 변수 Z의 확률밀도함수는 다음과 같이 함수 $Z=X+Y$를 통해 변환된 샘플 $z^{(i)}$를 이용해 근사적으로 계산할 수 있다.

$$z^{(i)}=x^{(i)}+y^{(i)}, \ i=1, \ ..., \ 10000 \tag{2.39}$$

다음 그림은 샘플 $z^{(i)}$를 이용해 근사적으로 계산한 Z의 확률밀도함수를 그린 것이다. 해석적으로 구한 확률밀도함수 식 (2.34)와 거의 일치함을 알 수 있다.

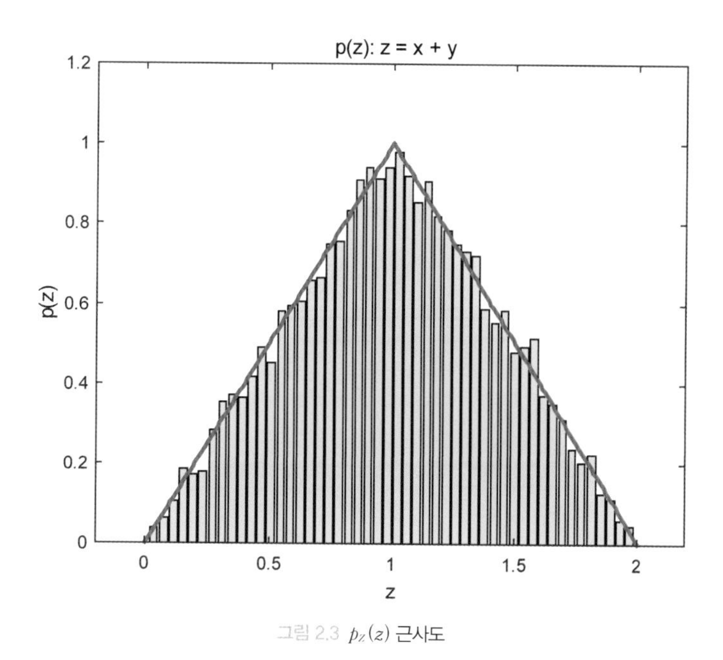

그림 2.3 $p_Z(z)$ 근사도

2.1.9 베이즈 정리

그림 2.4와 같이 n개의 사건 B_i, $i=1, \ldots, n$가 서로 배타적이라면 $P\{B_i, B_j\}=0$, $\forall i \neq j$다. 그리고 표본 공간을 모두 망라하면 $\sum_{i=1}^{n} P\{B_i\}=1$이다.

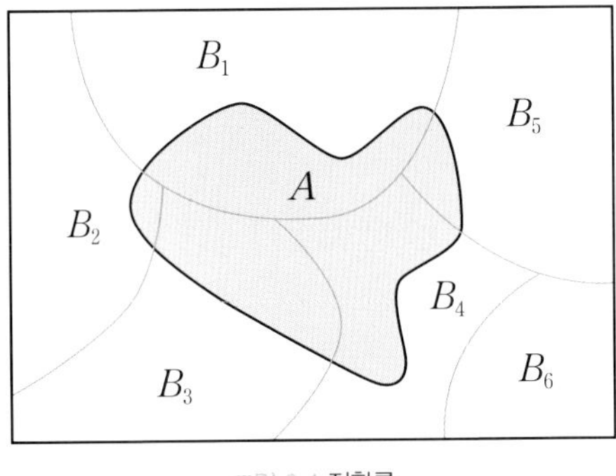

그림 2.4 전확률

그러면 임의의 사건 A의 확률을 다음과 같이 표현할 수 있다.

$$
\begin{aligned}
P\{A\} &= \sum_{i=1}^{n} P\{A, B_i\} \\
&= \sum_{i=1}^{n} P\{A|B_i\} P\{B_i\}
\end{aligned}
\tag{2.40}
$$

위 식을 전확률(total probability) 정리라고 한다. 한편, 사건 A를 조건으로 하는 임의의 사건 B_i의 조건부 확률은

$$
\begin{aligned}
P\{B_i|A\} &= \frac{P\{A, B_i\}}{P\{A\}} \\
&= \frac{P\{A|B_i\} P\{B_i\}}{P\{A\}}
\end{aligned}
\tag{2.41}
$$

이므로 위 식에 전확률 정리를 대입하면

$$P\{B_i|A\} = \frac{P\{A|B_i\}P\{B_i\}}{\sum_{j=1}^{n} P\{A|B_j\}P\{B_j\}} \tag{2.42}$$

이 된다. 위 식을 베이즈 정리(Bayes' theorem)라고 한다. 베이즈 정리를 확률밀도함수의 식으로 표현하면 다음과 같다.

$$\begin{aligned} p_{X|Y}(x|y) &= \frac{p_{Y|X}(y|x)p_X(x)}{p_Y(y)} \\ &= \frac{p_{Y|X}(y|x)p_X(x)}{\int_{-\infty}^{\infty} p_{Y|X}(y|x)p_X(x)dx} \end{aligned} \tag{2.43}$$

여기서 $p_X(x)$를 사전(prior) 확률밀도함수, $p_{X|Y}(x|y)$를 사후(posterior) 확률밀도함수라고 한다. 그리고 식 (2.43)의 분모에 있는 적분 식을 정규화 항이라고 한다. 베이즈 정리는 이 책의 전반에 걸쳐 폭넓게 적용되는 중요한 정리다.

사건과 랜덤 변수가 혼합된 경우 베이즈 정리는 다음 식과 같다.

$$P\{B_i|y\} = \frac{p_{Y|B_i}(y|B_i)P\{B_i\}}{\sum_{j=1}^{n} p_{Y|B_j}(y|B_j)P\{B_j\}} \tag{2.44}$$

마찬가지로 위 식의 분모는 정규화 항이다.

2.2 기댓값과 분산

2.2.1 기댓값

랜덤 변수 X의 기댓값(expectation) 또는 평균(mean) $E[X]$는 다음과 같이 정의한다.

$$E[X]=\int_{-\infty}^{\infty} x p_X(x) dx \tag{2.45}$$

랜덤 변수 X의 k차 모멘트(k^{th} moment) $E[X^k]$는 다음과 같이 정의한다.

$$E[X^k]=\int_{-\infty}^{\infty} x^k p_X(x) dx \tag{2.46}$$

1차 모멘트는 기댓값이고, 2차 모멘트는 랜덤 변수의 평균제곱(mean square) 또는 평균파워(average power)다.

랜덤 변수 X의 함수 $g(X)$의 기댓값은 다음과 같이 정의한다.

$$E[g(X)]=\int_{-\infty}^{\infty} g(x) p_X(x) dx \tag{2.47}$$

랜덤 변수 X가 다른 랜덤 변수 Y와 결합 분포를 갖는다면 랜덤 변수 X의 함수 $g(X)$의 기댓값 $E[g(X)]$는 다음과 같이 정의한다.

$$\begin{aligned} E[g(X)] &= \int_{-\infty}^{\infty}\int_{-\infty}^{\infty} g(x) p_{XY}(x, y) dx dy \\ &= \int_{-\infty}^{\infty} g(x) p_X(x) dx \end{aligned} \tag{2.48}$$

랜덤 변수 X와 Y의 함수 $g(X, Y)$의 기댓값은 다음과 같다.

$$E[g(X, Y)]=\int_{-\infty}^{\infty}\int_{-\infty}^{\infty} g(x, y) p_{XY}(x, y) dx dy \tag{2.49}$$

예제 2.2 이산 랜덤 변수 X가 가질 수 있는 값이 $\{x_1, x_2, \ldots, x_n\}$이고 확률질량함수가 $w_X(x_i)$일 때, X의 기댓값 $E[X]$를 구하라.

풀이 식 (2.6)과 기댓값의 정의 (2.45)에 의해 다음과 같이 된다.

$$\begin{aligned} E[X] &= \int_{-\infty}^{\infty} x p_X(x) dx \\ &= \int_{-\infty}^{\infty} x \sum_{i=1}^{n} w_X(x_i) \delta(x - x_i) dx \\ &= \sum_{i=1}^{n} w_X(x_i) \int_{-\infty}^{\infty} x \delta(x - x_i) dx \\ &= \sum_{i=1}^{n} x_i w_X(x_i) \end{aligned} \tag{2.50}$$

예제 2.3 c가 상수일 때, 다음 식이 성립함을 보여라.

$$E[X+c] = E[X] + c \tag{2.51}$$

풀이 식 (2.45)에 의해 다음이 성립한다.

$$\begin{aligned} E[X+c] &= \int_{-\infty}^{\infty} (x+c) p_X(x) dx \\ &= \int_{-\infty}^{\infty} x p_X(x) dx + c \int_{-\infty}^{\infty} p_X(x) dx \\ &= E[X] + c \end{aligned}$$

예제 2.4 c_1과 c_2가 상수일 때, 두 개의 랜덤 변수의 함수 $f(X)$, $g(Y)$에 대해 다음 식이 성립함을 보여라.

$$E[c_1 f(X) + c_2 g(Y)] = c_1 E[f(X)] + c_2 E[g(Y)] \tag{2.52}$$

풀이 식 (2.49)에 의해 다음이 성립한다.

$$\begin{aligned} E[c_1 f(X)+c_2 g(Y)] &= \int_{-\infty}^{\infty}\int_{-\infty}^{\infty}(c_1 f(x)+c_2 g(y))p_{XY}(x, y)dxdy \\ &= c_1\int_{-\infty}^{\infty}\int_{-\infty}^{\infty} f(x)p_{XY}(x, y)dxdy \\ &\quad + c_2\int_{-\infty}^{\infty}\int_{-\infty}^{\infty} g(y)p_{XY}(x, y)dxdy \\ &= c_1 E[f(X)]+c_2 E[g(Y)] \end{aligned}$$

식 (2.52)로부터 기댓값 연산자 $E[\cdot]$는 선형 연산자임을 알 수 있다.

예제 2.5 X와 Y가 서로 독립이면 다음 식이 성립함을 보여라.

$$E[f(X)g(Y)]=E[f(X)]E[g(Y)] \tag{2.53}$$

풀이 X와 Y가 서로 독립이면 결합 확률밀도함수는 다음과 같이 쓸 수 있다.

$$p_{XY}(x, y)=p_X(x)p_Y(y)$$

따라서 식 (2.49)에 의해 다음 식이 성립한다.

$$\begin{aligned} E[f(X)g(Y)] &= \int_{-\infty}^{\infty}\int_{-\infty}^{\infty} f(x)g(y)p_{XY}(x, y)dxdy \\ &= \int_{-\infty}^{\infty}\int_{-\infty}^{\infty} f(x)g(y)p_X(x)p_Y(y)dxdy \\ &= \int_{-\infty}^{\infty} g(y)p_Y(y)\int_{-\infty}^{\infty} f(x)p_X(x)dxdy \\ &= E[f(X)]E[g(Y)] \end{aligned}$$

2.2.2 분산

랜덤 변수의 분산(variance)은 다음과 같이 정의한다.

$$\begin{aligned} Var(X) &= E[(X-E[X])^2] \\ &= \int_{-\infty}^{\infty}(x-E[X])^2 p_X(x)dx \end{aligned} \tag{2.54}$$

X의 표준편차(standard deviation)는 $\sigma_X=\sqrt{Var(X)}$로 정의한다. 랜덤 변수 X의 k차 중심 모멘트(k^{th} central moment) $E[(X-\mu_X)^k]$는 다음과 같이 정의한다.

$$E[(X-E[X])^k]=\int_{-\infty}^{\infty}(x-E[X])^k p_X(x)dx \tag{2.55}$$

1차 중심 모멘트는 0이며, 2차 중심 모멘트는 랜덤 변수의 분산이 된다. 두 랜덤 변수 X와 Y의 공분산(covariance)은 다음과 같이 정의한다.

$$\begin{aligned} Cov(X, Y) &= E[(X-E[X])(Y-E[Y])] \\ &= \int_{-\infty}^{\infty}\int_{-\infty}^{\infty}(x-E[X])(y-E[Y])p_{XY}(x, y)dxdy \end{aligned} \tag{2.56}$$

$X=Y$이면 $Cov(X, Y)=Var(X)$임을 알 수 있다. 랜덤 변수 X와 Y의 공분산이 0이면 랜덤 변수 X와 Y는 서로 비상관 관계(uncorrelated)에 있다고 말한다.

랜덤 변수 X와 Y의 상관도(correlation)는 다음과 같이 정의한다.

$$\begin{aligned} Cor(X, Y) &= E[XY] \\ &= \int_{-\infty}^{\infty}\int_{-\infty}^{\infty}xyp_{XY}(x, y)dxdy \end{aligned} \tag{2.57}$$

랜덤 변수 X와 Y가 서로 독립이면 상관도는 다음과 같다.

$$Cor(X, Y)=E[XY]=E[X]E[Y] \tag{2.58}$$

두 랜덤 변수가 독립이면 $E[XY]=E[X]E[Y]$이므로 $Cov(X, Y)=0$이 되어서 두 랜덤 변수는 비상관 관계가 된다. 그러나 두 랜덤 변수가 비상관 관계에 있다는 것이 독립을 의미하지는 않는다. 두 랜덤 변수 X와 Y의 상관도가 $E[XY]=0$이면 X와 Y는 서로 직각(orthogonal)이라고 한다.

예제 2.6 X를 랜덤 변수, c를 상수라고 하면 분산에 대하여 다음 식이 성립함을 보여라.

$$\begin{aligned} Var(cX)&=c^2 Var(X) \\ Var(X+c)&=Var(X) \end{aligned} \tag{2.59}$$

풀이 식 (2.52)에 의해 상수 c는 $E[\cdot]$ 연산자 밖으로 나올 수 있다. 따라서 분산의 정의 (2.54)에 의해 다음 식이 성립한다.

$$\begin{aligned} Var(cX) &= E[(cX-E[cX])^2] \\ &= E[c^2(X-E[X])^2] \\ &= c^2 E[(X-E[X])^2]=c^2 Var(X) \end{aligned}$$

마찬가지로 식 (2.52)와 분산의 정의 (2.54)에 의해 다음 식이 성립한다.

$$\begin{aligned} Var(X+c) &= E[(X+c-E[X+c])^2] \\ &= E[(X+c-E[X]-c)^2] \\ &= Var(X) \end{aligned}$$

2.2.3 조건부 기댓값과 분산

랜덤 변수 Y가 y로 주어진 X의 조건부 기댓값(conditional expectation)은 다음과 같이 정의한다.

$$E[X|Y=y]=\int_{-\infty}^{\infty} x p_{X|Y}(x|y)dx \quad (2.60)$$

한편, 랜덤 변수 Y 자체를 조건으로 하는 X의 조건부 기댓값은 다음과 같이 정의한다.

$$E[X|Y]=\int_{-\infty}^{\infty} x p_{X|Y}(x|Y)dx \quad (2.61)$$

$E[X|Y=y]$는 실수 y의 함수로서 실수인 반면, $E[X|Y]$는 랜덤 변수 Y의 함수로서 랜덤 변수가 된다는 사실에 주의해야 한다. 랜덤 변수 Y가 y로 주어진 X의 함수 $g(X)$의 조건부 기댓값은 다음과 같다.

$$E[g(X)|Y=y]=\int_{-\infty}^{\infty} g(x) p_{X|Y}(x|y)dx \quad (2.62)$$

마찬가지로 랜덤 변수 Y를 조건으로 하는 X의 함수 $g(X)$의 조건부 기댓값은 다음과 같다.

$$E[g(X)|Y]=\int_{-\infty}^{\infty} g(x) p_{X|Y}(x|Y)dx \quad (2.63)$$

예제 2.7 다음을 증명하라.

$$E[E[X|Y]]=E[X] \quad (2.64)$$

풀이 $E[X|Y]$는 랜덤 변수 Y의 함수이므로 $E[E[X|Y]]$는 다음과 같이 쓸 수 있다.

$$E[E[X|Y]]=\int_{-\infty}^{\infty} E[X|Y=y]p_Y(y)dy$$

한편, $E[X|Y=y]=\int_{-\infty}^{\infty} x p_{X|Y}(x|y)dx$이므로 위 식의 오른쪽 항을 전개하면 다음과 같다.

$$\int_{-\infty}^{\infty} E[X|Y=y]p_Y(y)dy = \int_{-\infty}^{\infty}\int_{-\infty}^{\infty} xp_{X|Y}(x|y)p_Y(y)dxdy$$
$$= \int_{-\infty}^{\infty}\int_{-\infty}^{\infty} xp_{XY}(x, y)dxdy$$
$$= \int_{-\infty}^{\infty} xp_X(x)dx = E[X]$$

랜덤 변수 Y가 y로 주어진 X의 조건부 분산(conditional variance)은 다음과 같이 정의한다.

$$\begin{aligned} Var(X|Y=y) &= E[(X-E[X|Y=y])^2|Y=y] \\ &= E[X^2|Y=y]-(E[X|Y=y])^2 \end{aligned} \quad (2.65)$$

한편, 랜덤 변수 Y 자체를 조건으로 하는 X의 조건부 분산은 다음과 같이 정의한다.

$$\begin{aligned} Var(X|Y) &= E[(X-E[X|Y])^2|Y] \\ &= E[X^2|Y]-(E[X|Y])^2 \end{aligned} \quad (2.66)$$

$Var(X|Y=y)$는 실수 y의 함수로서 실수인 반면, $Var(X|Y)$는 랜덤 변수 Y의 함수로서 랜덤 변수가 된다는 사실에 주의해야 한다. $Var(X|Y)$는 랜덤 변수이므로 다음과 같이 기댓값을 구할 수 있다.

$$\begin{aligned} E[Var(X|Y)] &= E[E[X^2|Y]-(E[X|Y])^2] \\ &= E[X^2]-E[(E[X|Y])^2] \end{aligned} \quad (2.67)$$

$E[X|Y]$도 랜덤 변수이므로 다음과 같이 분산을 구할 수 있다.

$$\begin{aligned} Var(E[X|Y]) &= E_Y[(E[X|Y]-E[E[X|Y]])^2] \\ &= E[(E[X|Y])^2]-(E[X])^2 \end{aligned} \quad (2.68)$$

여기서 $E_Y[\cdot]$는 랜덤 변수 Y에 관한 기댓값임을 강조하기 위한 기호다. 식 (2.67)과 (2.68)을 더하면 다음과 같은 조건부 분산 법칙을 얻을 수 있다.

$$Var(X)=E[Var(X|Y)]+Var(E[X|Y]) \tag{2.69}$$

2.3 랜덤 벡터

2.3.1 정의

랜덤 벡터(random vector)는 벡터를 구성하는 요소가 랜덤 변수인 벡터를 말한다. 다음과 같이 랜덤 벡터 X를 구성하는 요소가 랜덤 변수 $X_1, X_2, ..., X_n$일 때 랜덤 벡터 X의 확률분포함수는 구성 요소인 랜덤 변수들의 결합 확률분포함수로서 다음과 같이 정의한다.

$$F_{X_1...X_n}(x_1, x_2, ..., x_n)=P\{X_1\le x_1, X_2\le x_2, ..., X_n\le x_n\} \tag{2.70}$$

결합 확률분포함수는 다음과 같이 간략히 표기한다.

$$F_{\mathrm{X}}(\mathrm{x})=F_{X_1...X_n}(x_1, x_2, ..., x_n) \tag{2.71}$$

여기서

$$\mathrm{X}=\begin{bmatrix} X_1 \\ X_2 \\ \vdots \\ X_n \end{bmatrix}, \mathrm{x}=\begin{bmatrix} x_1 \\ x_2 \\ \vdots \\ x_n \end{bmatrix}$$

이다. 랜덤 벡터 X의 확률밀도함수 $p_{\mathrm{X}}(\mathrm{x})$는 구성 요소인 랜덤 변수의 결합 확률밀도함수로 정의한다.

$$\begin{aligned} F_{\mathrm{X}}(\mathrm{x}) &= \int_{-\infty}^{x_1}\int_{-\infty}^{x_2}...\int_{-\infty}^{x_n} p_{X_1...X_n}(x_1, x_2, ..., x_n)dx_1...dx_n \\ &= \int_{-\infty}^{\mathrm{x}} p_{\mathrm{X}}(\mathrm{x})d\mathrm{x} \end{aligned} \tag{2.72}$$

여기서 $p_{\mathrm{X}}(\mathrm{x})$는

$$p_{\mathrm{X}}(\mathrm{x}) = p_{X_1, \dots, X_n}(x_1, \dots, x_n) \tag{2.73}$$

인 다변수(multi-variable) 함수다.

랜덤 벡터가 Y가 Y=y로 주어진 조건에서 랜덤 벡터 X의 조건부 확률밀도함수는 다음과 같이 정의한다.

$$P\{\mathrm{X} \le \mathrm{x} | \mathrm{Y} = \mathrm{y}\} = \int_{-\infty}^{\mathrm{x}} p_{\mathrm{X|Y}}(\mathrm{x|y}) d\mathrm{x} \tag{2.74}$$

여기서

$$\{\mathrm{X} \le \mathrm{x}\} = \{X_1 \le x_1, X_2 \le x_2, \dots, X_n \le x_n\} \tag{2.75}$$

$$\{\mathrm{Y} = \mathrm{y}\} = \{Y_1 = y_1, Y_2 = y_2, \dots, Y_m = y_m\}$$

$$p_{\mathrm{X|Y}}(\mathrm{x|y}) = p_{X_1 \dots X_n | Y_1, \dots, Y_m}(x_1, x_2, \dots, x_n | y_1, y_2, \dots, y_m)$$

을 의미하며 $p_{\mathrm{X|Y}}(\mathrm{x|y})$는

$$p_{\mathrm{X|Y}}(\mathrm{x|y}) = \frac{p_{\mathrm{XY}}(\mathrm{x, y})}{p_{\mathrm{Y}}(\mathrm{y})} = \frac{p_{X_1, \dots, X_n, Y_1, \dots, Y_m}(x_1, \dots, x_n, y_1, \dots, y_m)}{p_{Y_1, \dots, Y_m}(y_1, \dots, y_m)} \tag{2.76}$$

인 다변수 함수다.

2.3.2 기댓값과 공분산 행렬

랜덤 벡터의 $\mathrm{X} = [X_1 X_2 \dots X_n]^T$의 기댓값 또는 평균은 랜덤 벡터 구성 요소 각각의 기댓값으로 정의한다. 즉,

$$E[\mathrm{X}]=\begin{bmatrix} E[X_1] \\ \vdots \\ E[X_n] \end{bmatrix}=\int_{-\infty}^{\infty}\begin{bmatrix} x_1 \\ \vdots \\ x_n \end{bmatrix} p_{\mathrm{X}}(\mathrm{x})d\mathrm{x} \\ =\int_{-\infty}^{\infty}\mathrm{x}p_{\mathrm{X}}(\mathrm{x})d\mathrm{x} \tag{2.77}$$

여기서 $\mathrm{x}=[x_1x_2...x_n]^T$이다. 랜덤 벡터 X의 함수 $g(\mathrm{X})=g(X_1, X_2, ..., X_n)$의 기댓값은 다음과 같다.

$$E[g(\mathrm{X})]=\int_{-\infty}^{\infty}g(\mathrm{x})p_{\mathrm{X}}(\mathrm{x})d\mathrm{x} \tag{2.78}$$

랜덤 벡터 $\mathrm{X}=[X_1X_2...X_n]^T$의 공분산 행렬 $Cov(\mathrm{X})$는 다음과 같은 대칭 행렬(symmetric matrix)로 정의한다. 즉,

$$Cov(\mathrm{X})=E[(\mathrm{X}-E[\mathrm{X}])(\mathrm{X}-E[\mathrm{X}])^T] \\ =\int_{-\infty}^{\infty}(\mathrm{x}-E[\mathrm{X}])(\mathrm{x}-E[\mathrm{X}])^T p_{\mathrm{X}}(\mathrm{x})d\mathrm{x} \\ =\begin{bmatrix} \sigma_{11} & \sigma_{12} & \cdots & \sigma_{1n} \\ \sigma_{21} & \sigma_{22} & \cdots & \sigma_{2n} \\ \vdots & \vdots & \ddots & \vdots \\ \sigma_{n1} & \sigma_{n2} & \cdots & \sigma_{nn} \end{bmatrix} \tag{2.79}$$

여기서 $\sigma_{ij}=\sigma_{ji}=E[(X_i-E[X_i])(X_j-E[X_j])]$다.

랜덤 벡터 X와 Y의 상관 행렬은 다음과 같이 정의한다.

$$E[\mathrm{XY}^T]=\int_{-\infty}^{\infty}\int_{-\infty}^{\infty}\mathrm{xy}^T p_{\mathrm{XY}}(\mathrm{x}, \mathrm{y})d\mathrm{x}d\mathrm{y} \tag{2.80}$$

랜덤 벡터 X와 Y의 상호 공분산 행렬은 다음과 같이 정의한다.

$$E[(\mathrm{X}-E[\mathrm{X}])(\mathrm{Y}-E[\mathrm{Y}])^T]=\int_{-\infty}^{\infty}\int_{-\infty}^{\infty}(\mathrm{x}-E[\mathrm{X}])(\mathrm{y}-E[\mathrm{Y}])^T p_{\mathrm{XY}}(\mathrm{x}, \mathrm{y})d\mathrm{x}d\mathrm{y} \tag{2.81}$$

랜덤 벡터 X와 Y의 상호 공분산 행렬이 0이면 랜덤 벡터 X와 Y는 서로 비상관 관계에 있다고 말한다. $E[X^T Y]=0$이면 랜덤 벡터 X와 Y는 서로 직각이라고 한다. 또한,

$$p_{XY}(x, y)=p_X(x)p_Y(y) \tag{2.82}$$

가 성립하면 두 랜덤 벡터는 독립이라고 한다.

예제 2.8 랜덤 벡터 Y가 다음과 같이 랜덤 벡터 X의 함수로 주어졌다.

$$Y=AX$$

여기서 A는 임의의 $m\times n$ 행렬이다. X의 기댓값이 $\boldsymbol{\mu}$이고 공분산이 P일 때, Y의 기댓값과 공분산을 구하라.

풀이 Y의 기댓값은 $E[Y]=E[AX]=AE[X]=A\boldsymbol{\mu}$이고, 공분산은 다음과 같다.

$$\begin{aligned} E[(Y-E[Y])(Y-E[Y])^T] &=E[(AX-A\boldsymbol{\mu})(AX-A\boldsymbol{\mu})^T] \\ &=AE[(X-\boldsymbol{\mu})(X-\boldsymbol{\mu})^T]A^T \\ &=APA^T \end{aligned}$$

예제 2.9 공분산 행렬 $Cov(X)$가 준정정(positive semi-definite) 행렬임을 보여라.

풀이 임의의 실수 벡터 $\boldsymbol{a}$에 대해 다음 값을 계산해 보자.

$$\begin{aligned} \mathbf{a}^T Cov(X)\mathbf{a} &=\mathbf{a}^T E[(X-E[X])(X-E[X])^T]\mathbf{a} \\ &=E[\mathbf{a}^T(X-E[X])(X-E[X])^T\mathbf{a}] \\ &=E[(\mathbf{a}^T(X-E[X]))^2]\geq 0 \end{aligned}$$

따라서 공분산 행렬 $Cov(X)$는 준정정 행렬이다.

랜덤 벡터 Y가 실수 벡터 y로 주어진 경우, 랜덤 벡터 X의 조건부 기댓값은 다음과 같이 정의한다.

$$E[\mathrm{X}|\mathrm{Y}=\mathrm{y}]=\int_{-\infty}^{\infty}\mathrm{x}p_{\mathrm{X}|\mathrm{Y}}(\mathrm{x}|\mathrm{y})d\mathrm{x} \tag{2.83}$$

또한, 랜덤 벡터 Y를 조건으로 하는 X의 조건부 기댓값은 다음과 같이 정의한다.

$$E[\mathrm{X}|\mathrm{Y}]=\int_{-\infty}^{\infty}\mathrm{x}p_{\mathrm{X}|\mathrm{Y}}(\mathrm{x}|\mathrm{Y})d\mathrm{x} \tag{2.84}$$

$E[\mathrm{X}|\mathrm{Y}=\mathrm{y}]$는 실수 벡터로서 y의 함수인 반면, $E[\mathrm{X}|\mathrm{Y}]$는 랜덤 벡터 Y의 함수인 랜덤 벡터가 된다는 사실에 주의해야 한다.

랜덤 벡터 Y를 조건으로 하는 X의 조건부 공분산 행렬은 다음과 같이 정의한다.

$$Cov(\mathrm{X}|\mathrm{Y}=\mathrm{y})=E[(\mathrm{X}-E[\mathrm{X}|\mathrm{Y}=\mathrm{y}])(\mathrm{X}-E[\mathrm{X}|\mathrm{Y}=\mathrm{y}])^T|\mathrm{Y}=\mathrm{y}] \tag{2.85}$$

한편, 랜덤 벡터 Y 자체를 조건으로 하는 X의 조건부 공분산 행렬은 다음과 같이 정의한다.

$$Cov(\mathrm{X}|\mathrm{Y})=E[(\mathrm{X}-E[\mathrm{X}|\mathrm{Y}])(\mathrm{X}-E[\mathrm{X}|\mathrm{Y}])^T|\mathrm{Y}] \tag{2.86}$$

2.3.3 특성 함수

랜덤 벡터의 X의 특성 함수(characteristic function)는 다음과 같이 정의한다.

$$\Phi_{\mathrm{X}}(\omega)=E[e^{j\omega^T\mathrm{X}}] \tag{2.87}$$

여기서 $\omega=[\omega_1\,\omega_2\cdots\omega_n]^T$는 n차원 실수 벡터이며, n은 X의 차원(dimension)이다. 기댓값의 정의에 의해 위 식은 다음과 같이 쓸 수 있다.

$$\Phi_{\mathrm{X}}(\omega)=\int_{-\infty}^{\infty}e^{j\omega^T\mathrm{x}}p_{\mathrm{X}}(\mathrm{x})d\mathrm{x} \tag{2.88}$$

식 (2.88)에 의하면 랜덤 벡터의 X의 특성 함수는 확률밀도함수의 다차원 푸리에 역변환(multi-dimensional inverse Fourier transform)인 것을 알 수 있다. 따라서 랜덤 벡터의 X의 확률밀도함수는 특성 함수를 다차원 푸리에 변환해 얻을 수 있다.

$$p_{\mathrm{X}}(\mathrm{x})=\frac{1}{(2\pi)^n}\int_{-\infty}^{\infty}\Phi_{\mathrm{X}}(\omega)e^{-j\omega^T\mathrm{x}}\mathrm{d}\omega \tag{2.89}$$

2.4 가우시안 분포

랜덤 변수 X의 가우시안(Gaussian) 확률밀도함수 또는 정규(normal) 분포는 다음과 같이 정의한다.

$$\begin{aligned} p_X(x) &= N(x|\mu,\ \sigma^2) \\ &= \frac{1}{\sqrt{2\pi\sigma^2}}\exp\left\{-\frac{(x-\mu)^2}{2\sigma^2}\right\} \end{aligned} \tag{2.90}$$

여기서 μ는 가우시안 랜덤 변수의 기댓값이고, σ^2는 분산이다. 가우시안 확률밀도함수는 두 개의 확률 정보, 즉 기댓값과 분산만으로 확률밀도함수가 정의되기 때문에 수학적으로 다루기가 매우 간편한 함수다. 또한 실제 많은 신호가 가우시안 분포와 가깝기 때문에 다양한 사회적, 자연적 현상을 모델링하는 데 자주 사용되는 확률밀도함수이기도 하다.

다음 그림은 몇 가지 기댓값과 분산에 따른 가우시안 확률밀도함수의 모양을 그린 것이다. 종 모양을 하고 있으며, 기댓값을 중심으로 대칭형이다. 또한 분산이 클수록 종 모양의 폭이 넓게 퍼지는 것을 알 수 있다.

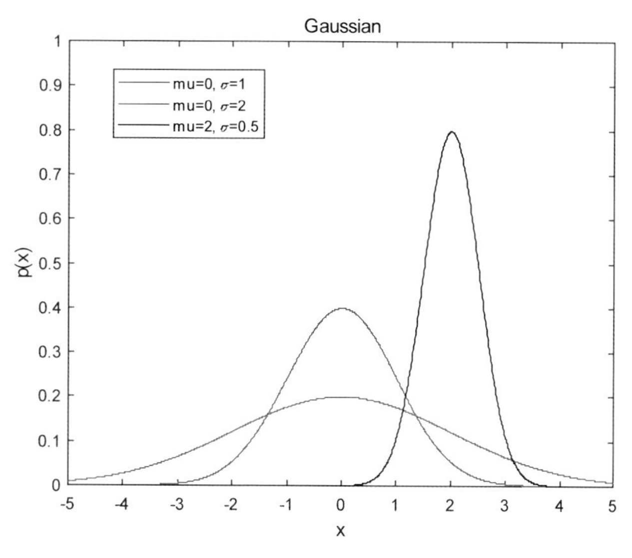

그림 2.5 가우시안 분포 ($\mu=0,\ \sigma=1;\ \mu=0,\ \sigma=2;\ \mu=2,\ \sigma=0.5$)

기댓값이 μ_{X}, 공분산이 P_{XX}인 가우시안 랜덤 벡터 X의 확률밀도함수는 다음과 같이 정의한다.

$$
\begin{aligned}
p_{\mathrm{X}}(\mathrm{x}) &= N(\mathrm{x}|\mu_{\mathrm{X}},\ P_{\mathrm{XX}}) \\
&= \frac{1}{\sqrt{(2\pi)^n \det P_{\mathrm{XX}}}} \exp\left\{-\frac{1}{2}(\mathrm{x}-\mu_{\mathrm{X}})^T P_{\mathrm{XX}}^{-1}(\mathrm{x}-\mu_{\mathrm{X}})\right\}
\end{aligned}
\tag{2.91}
$$

여기서 n은 X의 차원이고, $\det P_{\mathrm{XX}}$는 P_{XX}의 행렬식(determinant)을 나타낸다.

가우시안 랜덤 변수 X는 간단히 $X \sim N(x|\mu,\ \sigma^2)$, 가우시안 랜덤 벡터 X는 $\mathrm{X} \sim N(\mathrm{x}|\mu_{\mathrm{X}},\ P_{\mathrm{XX}})$로 표기하기도 한다. 다음 그림은 몇 가지 기댓값과 공분산에 따른 2차원 가우시안 확률밀도함수의 모양을 그린 것이다. 상호 공분산(공분산 행렬의 대각항 이외의 항, off-diagonal terms)이 0인 경우, 기댓값을 중심으로 윤곽선(contour)이 원이며, 상호 공분산이 0이 아닌 경우 윤곽선이 타원이 되는 것을 알 수 있다.

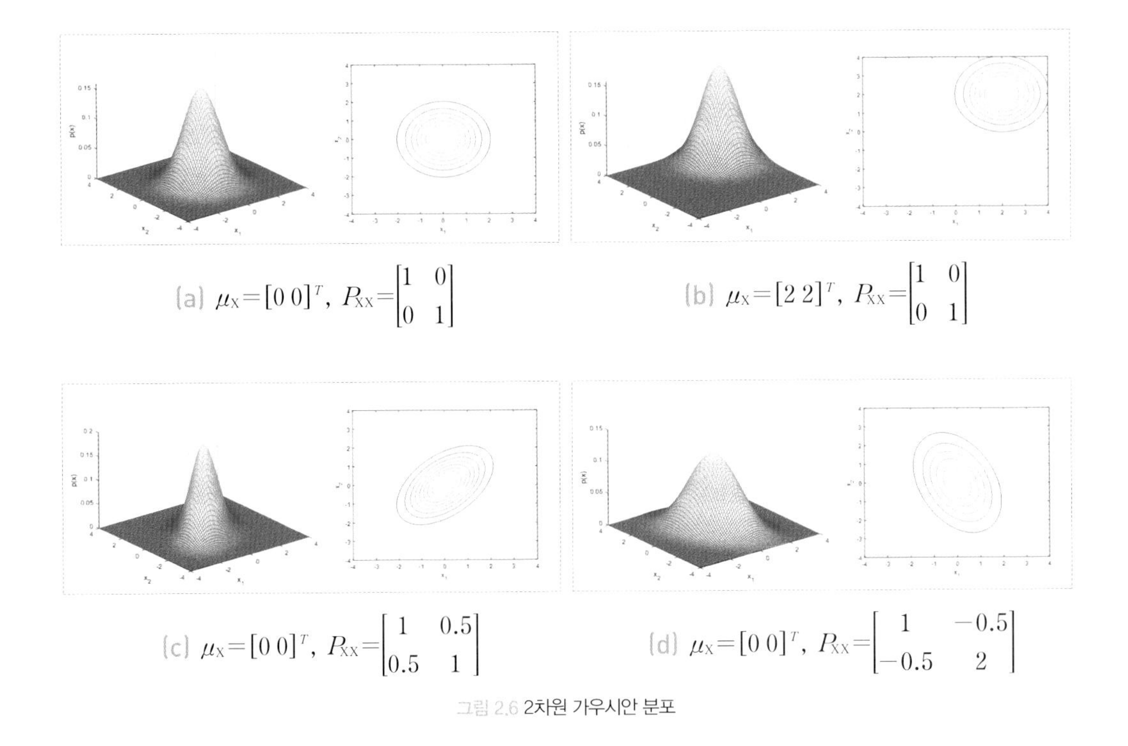

(a) $\mu_X = [0\ 0]^T,\ P_{XX} = \begin{bmatrix} 1 & 0 \\ 0 & 1 \end{bmatrix}$ (b) $\mu_X = [2\ 2]^T,\ P_{XX} = \begin{bmatrix} 1 & 0 \\ 0 & 1 \end{bmatrix}$

(c) $\mu_X = [0\ 0]^T,\ P_{XX} = \begin{bmatrix} 1 & 0.5 \\ 0.5 & 1 \end{bmatrix}$ (d) $\mu_X = [0\ 0]^T,\ P_{XX} = \begin{bmatrix} 1 & -0.5 \\ -0.5 & 2 \end{bmatrix}$

그림 2.6 2차원 가우시안 분포

예제 2.10 가우시안 랜덤 벡터 $X = [X_1\ X_2]^T$의 기댓값이 μ_X, 공분산 행렬이 P_{XX}로 주어졌을 때, 윤곽선은 μ_X를 중심으로 하는 타원임을 보여라.

풀이 확률밀도함수의 값이 상수 c_1인 윤곽선의 식은 다음과 같이 주어진다.

$$p_X(x) = \frac{1}{\sqrt{(2\pi)^n \det P_{XX}}} \exp\left\{-\frac{1}{2}(x-\mu_X)^T P_{XX}^{-1}(x-\mu_X)\right\} = c_1$$

x를 제외하고는 모두 상수이므로, 위 식은 다음과 같이 쓸 수 있다.

$$(x-\mu_X)^T P_{XX}^{-1}(x-\mu_X) = c_2 > 0$$

여기서 c_2는 상수다. 공분산 행렬 P_{XX}는 정정행렬(positive-definite matrix)이므로 0보다 큰 실수 고윳값(eigenvalue) λ_1, λ_2와 서로 직각인 단위 고유벡터(eigenvector) v_1, v_2를 갖는다. 따라서 다음과 같이 행렬을 분할할 수 있다.

$$P_{XX}=E\Lambda E^T,\ E=[v_1 v_2],\ \Lambda=diag(\lambda_1,\ \lambda_2),\ E^TE=I$$

위 식으로부터 $P_{XX}^{-1}=E\Lambda^{-1}E^T$가 되므로, $y=E^T(x-\mu_X)$로 좌표 변환하면 윤곽선 식은 다음과 같이 쓸 수 있다.

$$\begin{aligned}(x-\mu_X)^TP_{XX}^{-1}(x-\mu_X)&=(x-\mu_X)^TE\Lambda^{-1}E^T(x-\mu_X)\\&=y^T\Lambda^{-1}y\\&=\frac{y_1^2}{\lambda_1}+\frac{y_2^2}{\lambda_2}=c_2\end{aligned}$$

여기서 $y=[y_1\ y_2]^T$이다. 위 식은 타원의 식이므로, 가우시안 확률밀도함수의 윤곽선은 μ_X를 중심으로 하는 타원이며, 주축의 길이는 $\sqrt{\lambda_1}$, $\sqrt{\lambda_2}$, 주축의 방향은 각각 v_1, v_2임을 알 수 있다.

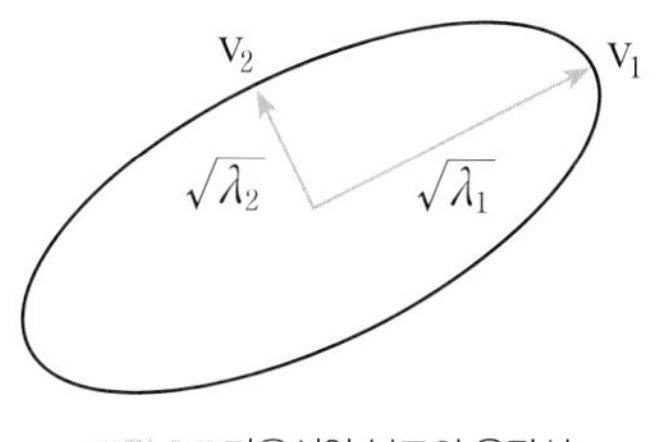

그림 2.7 가우시안 분포의 윤곽선

예제 2.11 랜덤 벡터 $X\sim N(x|\mu_X,\ P_{XX})$의 특성 함수를 구하라.

풀이 식 (2.88)과 (2.91)에 의해 가우시안 랜덤 벡터 X의 특성 함수는 다음과 같다.

$$\Phi_X(\omega)=\int_{-\infty}^{\infty}\frac{1}{\sqrt{(2\pi)^n\det P_{XX}}}\exp\left\{j\omega^Tx-\frac{1}{2}(x-\mu_X)^TP_{XX}^{-1}(x-\mu_X)\right\}dx \qquad (2.92)$$

공분산 행렬의 역행렬을 $P_{XX}^{-1}=DD^T$로 분할하고 다음과 같은 변환식을 도입하면,

$$z=D^T(x-\mu_X) \tag{2.93}$$

특성 함수 (2.92)를 다음과 같이 쓸 수 있다.

$$\Phi_X(\omega)=\int_{-\infty}^{\infty}\frac{\exp(j\omega^T\mu_X)}{\det D\sqrt{(2\pi)^n\det P_{XX}}}\exp\left\{j\omega^T(D^T)^{-1}z-\frac{1}{2}z^Tz\right\}dz \tag{2.94}$$

위 식에서 지수항의 중괄호 {·} 부분을 따로 정리하면 다음과 같다.

$$j\omega^T(D^T)^{-1}z-\frac{1}{2}z^Tz=-\frac{1}{2}(z-jD^{-1}\omega)^T(z-jD^{-1}\omega)-\frac{1}{2}\omega^T(D^T)^{-1}D^{-1}\omega \tag{2.95}$$

또한 $P_{XX}^{-1}=DD^T$로부터 $\det(P_{XX}^{-1})=(\det D)^2=(\det P_{XX})^{-1}$이 성립하므로,

$$\det D=(\det P_{XX})^{-1/2} \tag{2.96}$$

이 된다. 식 (2.95)와 (2.96)을 식 (2.94)에 대입하면 특성 함수는 다음과 같이 간략화된다.

$$\begin{aligned}\Phi_X(\omega)&=\exp\left(j\omega^T\mu_X-\frac{1}{2}\omega^TP_{XX}\omega\right)\\&\quad\int_{-\infty}^{\infty}\frac{1}{\sqrt{(2\pi)^n}}\exp\left\{-\frac{1}{2}(z-jD^{-1}\omega)^T(z-jD^{-1}\omega)\right\}dz\end{aligned} \tag{2.97}$$

위 식의 적분항은 가우시안 확률밀도함수의 적분이므로 1이다. 따라서 랜덤 벡터 $X\sim N(\mu_X,\ P_{XX})$의 특성 함수는 다음과 같다.

$$\Phi_X(\omega)=\exp\left(j\omega^T\mu_X-\frac{1}{2}\omega^TP_{XX}\omega\right) \tag{2.98}$$

랜덤 벡터 X와 Z로 이루어진 랜덤 벡터 $Y=\begin{bmatrix} X \\ Z \end{bmatrix}$가 가우시안 분포를 가지면 X와 Z를 결합 가우시안(joint Gaussian) 랜덤 벡터라고 한다. 이때, 결합 가우시안 확률밀도함수는 다음과 같다.

$$p_{XZ}(x,\ z)=p_Y(y)=N(y|\mu_Y,\ P_{YY}) \tag{2.99}$$

Y의 기댓값과 공분산을 X와 Z의 기댓값과 공분산으로 표현하면 다음과 같다.

$$\mu_Y=\begin{bmatrix} \mu_X \\ \mu_Z \end{bmatrix},\ P_{YY}=\begin{bmatrix} P_{XX} & P_{XZ} \\ P_{ZX} & P_{ZZ} \end{bmatrix} \tag{2.100}$$

여기서,

$$P_{XX}=E[(X-\mu_X)(X-\mu_X)^T],\ P_{ZZ}=E[(Z-\mu_Z)(Z-\mu_Z)^T]$$

$$P_{XZ}=E[(X-\mu_X)(Z-\mu_Z)^T]=P_{ZX}^T$$

이다.

가우시안 랜덤 벡터는 다음과 같은 중요한 특성을 가지고 있다.

첫째, 가우시안 랜덤 벡터의 선형변환도 가우시안 랜덤 벡터가 된다. 즉, $X\sim N(x|\mu_X,\ P_{XX})$이면

$$Z=AX\sim N(z|A\mu_X,\ AP_{XX}A^T) \tag{2.101}$$

이 된다. 여기서 A는 $m\times n$ 행렬($m\leq n$)이다.

둘째, 랜덤 벡터 X와 Z가 결합 가우시안 분포를 가지면 X와 Z도 각각 가우시안 랜덤 벡터가 된다. 즉, $p_{XZ}(x,\ z)=p_Y(y)=N(y|\mu_Y,\ P_{YY})$이면

$$X\sim N(x|\mu_X,\ P_{XX}),\ Z\sim N(z|\mu_Z,\ P_{ZZ}) \tag{2.102}$$

이다.

셋째, 랜덤 벡터 X와 Z가 결합 가우시안 분포를 가질 때 두 랜덤 벡터가 비상관 관계이면 서로 독립이다.

넷째, 두 가우시안 랜덤 벡터 X과 Z가 독립이면 두 벡터의 합도 가우시안 랜덤 벡터가 된다. 즉, $X \sim N(x|\mu_X, P_{XX})$, $Z \sim N(z|\mu_Z, P_{ZZ})$이면,

$$X + Z \sim N(\mu_X + \mu_Z, P_{XX} + P_{ZZ}) \tag{2.103}$$

이다.

다섯째, 랜덤 벡터 X와 Z가 결합 가우시안 분포를 가지면 랜덤 벡터 X의 조건부 확률밀도함수 또는 랜덤 벡터 Z의 조건부 확률밀도함수도 가우시안이다.

예제 2.12 가우시안 랜덤 벡터의 첫 번째 특성을 증명하라.

풀이 랜덤 벡터 Y가 가우시안 랜덤 벡터 X의 선형변환으로 주어진다고 하자.

$$Y = AX$$

여기서 A는 $Rank(A) = m$인 임의의 $m \times n$ 행렬($m \leq n$)이기 때문에, Y와 ω는 m차원이다. 따라서 랜덤 벡터 Y의 특성 함수는 다음과 같이 주어진다.

$$\begin{aligned}
\Phi_Y(\omega) &= E[e^{j\omega^T Y}] = E[e^{j\omega^T AX}] \\
&= \Phi_X(A^T \omega) \\
&= \exp\left(j\omega^T A\mu_X - \frac{1}{2}(A^T\omega)^T P_{XX}(A^T\omega)\right) \\
&= \exp\left(j\omega^T A\mu_X - \frac{1}{2}\omega^T (AP_{XX}A^T)\omega\right)
\end{aligned}$$

따라서 $Y = AX \sim N(y|A\mu_X, AP_{XX}A^T)$가 된다.

예제 2.13 가우시안 랜덤 벡터의 두 번째 특성을 증명하라.

풀이 랜덤 벡터 X와 Z로 이루어진 랜덤 벡터 $Y=\begin{bmatrix}X\\Z\end{bmatrix}$가 가우시안 분포를 갖는다고 하자. 그러면 $X=[I\ 0]\begin{bmatrix}X\\Z\end{bmatrix}=[I\ 0]Y$로 쓸 수 있다. 따라서 가우시안 랜덤 벡터의 첫 번째 특성에 의해서 가우시안 랜덤 벡터의 선형변환도 가우시안 랜덤 벡터가 되므로 랜덤 벡터 X도 가우시안 벡터가 된다. 식 (2.101)에 의해 랜덤 벡터 X의 기댓값은

$$E[X]=[I\ 0]\mu_Y=[I\ 0]\begin{bmatrix}\mu_X\\ \mu_Z\end{bmatrix}=\mu_X$$

가 되고, 공분산은

$$Cov(X)=[I\ 0]P_{YY}\begin{bmatrix}I\\0\end{bmatrix}=[I\ 0]\begin{bmatrix}P_{XX} & P_{XZ}\\ P_{ZX} & P_{ZZ}\end{bmatrix}\begin{bmatrix}I\\0\end{bmatrix}=P_{XX}$$

가 된다.

예제 2.14 가우시안 랜덤 벡터의 세 번째 특성을 증명하라.

풀이 랜덤 벡터 X와 Z가 결합 가우시안 분포를 가지면 X와 Z도 각각 가우시안 랜덤 벡터가 된다. 각각의 가우시안 랜덤 벡터를 $X\sim N(\mu_X,\ P_{XX})$, $Z\sim N(\mu_Z,\ P_{ZZ})$라 하자. 만약 두 랜덤 벡터가 비상관 관계이면 $P_{XZ}=E[(X-\mu_X)(Z-\mu_Z)^T]=0$이다. 따라서 식 (2.100)에서

$$P_{YY}=\begin{bmatrix}P_{XX} & 0\\ 0 & P_{ZZ}\end{bmatrix}$$

이 되므로, 결국

$$P_{YY}^{-1}=\begin{bmatrix}P_{XX}^{-1} & 0\\ 0 & P_{ZZ}^{-1}\end{bmatrix},\ \det P_{YY}=\det P_{XX}\det P_{ZZ}$$

이 성립한다. 위 식을 X와 Z의 결합 가우시안 확률밀도함수에 대입하면 다음과 같이 된다.

$$\begin{aligned} p_{XZ}(x,\ z) = p_Y(y) &= N(y|\mu_Y,\ P_{YY}) \\ &= N(x|\mu_X,\ P_{XX})N(z|\mu_Z,\ P_{ZZ}) \\ &= p_X(x)p_Z(z) \end{aligned}$$

따라서 X와 Z는 서로 독립이다.

예제 2.15 가우시안 랜덤 벡터의 네 번째 특성을 증명하라.

풀이 서로 독립인 두 가우시안 랜덤 벡터 X와 Z의 합을 Y라고 하자.

$$Y = X + Z$$

그러면 식 (2.87)에 의해 랜덤 벡터 Y의 특성 함수는 다음과 같이 주어진다.

$$\Phi_Y(\omega) = E[e^{j\omega^T Y}] = E[e^{j\omega^T (X+Z)}] = E[e^{j\omega^T X} e^{j\omega^T Z}]$$

두 랜덤 벡터가 독립이면 $E[e^{j\omega^T X} e^{j\omega^T Z}] = E[e^{j\omega^T X}]E[e^{j\omega^T Z}]$이 성립하므로 특성 함수는 다음과 같이 된다.

$$\Phi_Y(\omega) = E[e^{j\omega^T X}]E[e^{j\omega^T Z}] = \Phi_X(\omega)\Phi_Z(\omega)$$

$X \sim N(\mu_X,\ P_{XX})$, $Z \sim N(\mu_Z,\ P_{ZZ})$이면, 각각의 특성 함수는

$$\Phi_X(\omega) = \exp\left(j\omega^T \mu_X - \frac{1}{2}\omega^T P_{XX}\omega\right),\ \Phi_Z(\omega) = \exp\left(j\omega^T \mu_Z - \frac{1}{2}\omega^T P_{ZZ}\omega\right)$$

이므로 랜덤 벡터 Y의 특성함수는

$$\begin{aligned}\Phi_Z(\omega) &= \exp\Big(j\omega^T\mu_X - \frac{1}{2}\omega^T P_{XX}\omega\Big)\exp\Big(j\omega^T\mu_Z - \frac{1}{2}\omega^T P_{ZZ}\omega\Big)\\ &= \exp\Big(j\omega^T(\mu_X+\mu_Z) - \frac{1}{2}\omega^T(P_{XX}+P_{ZZ})\omega\Big)\end{aligned}$$

가 된다. 이는 확률밀도함수가 $N(\mu_X+\mu_Z,\ P_{XX}+P_{ZZ})$인 랜덤 벡터의 특성함수이므로 랜덤 벡터 Y는 가우시안 랜덤 벡터가 된다.

예제 2.16 가우시안 랜덤 벡터의 다섯 번째 특성을 증명하라.

풀이 랜덤 벡터 X와 Z가 결합 가우시안 분포를 가지면 X와 Z도 각각 가우시안 랜덤 벡터가 된다. 따라서 $X \sim N(\mu_X,\ P_{XX})$, $Z \sim N(\mu_Z,\ P_{ZZ})$라고 하면 랜덤 벡터 X의 조건부 확률밀도함수는 다음과 같이 주어진다.

$$\begin{aligned}p_{X|Z}(x|z) &= \frac{p_{XZ}(x,\ z)}{p_Z(z)} = \frac{p_Y(y)}{p_Z(z)}\\ &= \frac{\sqrt{(2\pi)^p \det P_{ZZ}}}{\sqrt{(2\pi)^{n+p}\det P_{YY}}}\exp\Big(-\frac{1}{2}\{(y-\mu_Y)^T P_{YY}^{-1}(y-\mu_Y) - (z-\mu_Z)^T P_{ZZ}^{-1}(z-\mu_Z)\}\Big)\end{aligned} \tag{2.104}$$

여기서, n은 X의 차원(dimension)이고 p는 Z의 차원이며,

$$P_{YY}^{-1} = \begin{bmatrix} D^{-1} & -D^{-1}P_{XZ}P_{ZZ}^{-1} \\ -P_{ZZ}^{-1}P_{ZX}D^{-1} & P_{ZZ}^{-1} + P_{ZZ}^{-1}P_{ZX}D^{-1}P_{XZ}P_{ZZ}^{-1} \end{bmatrix}$$

$$D = P_{XX} - P_{XZ}P_{ZZ}^{-1}P_{ZX}$$

이다. 위 식을 식 (2.104)을 대입하고 지수항의 중괄호 {·} 부분을 따로 정리하면 다음과 같다.

$$\begin{aligned}
&(\mathrm{y}-\mu_{\mathrm{Y}})^T P_{\mathrm{YY}}^{-1}(\mathrm{y}-\mu_{\mathrm{Y}})-(\mathrm{z}-\mu_{\mathrm{Z}})^T P_{\mathrm{ZZ}}^{-1}(\mathrm{z}-\mu_{\mathrm{Z}}) \\
&\quad=\begin{bmatrix}\mathrm{x}-\mu_{\mathrm{X}} \\ \mathrm{z}-\mu_{\mathrm{Z}}\end{bmatrix}^T P_{\mathrm{YY}}^{-1}\begin{bmatrix}\mathrm{x}-\mu_{\mathrm{X}} \\ \mathrm{z}-\mu_{\mathrm{Z}}\end{bmatrix}-(\mathrm{z}-\mu_{\mathrm{Z}})^T P_{\mathrm{ZZ}}^{-1}(\mathrm{z}-\mu_{\mathrm{Z}}) \\
&\quad=(\mathrm{x}-\mu_{\mathrm{X}})^T D^{-1}(\mathrm{x}-\mu_{\mathrm{X}})-(\mathrm{x}-\mu_{\mathrm{X}})^T D^{-1} P_{\mathrm{XZ}} P_{\mathrm{ZZ}}^{-1}(\mathrm{z}-\mu_{\mathrm{Z}}) \\
&\qquad-(\mathrm{z}-\mu_{\mathrm{Z}})^T P_{\mathrm{ZZ}}^{-1} P_{\mathrm{ZX}} D^{-1}(\mathrm{x}-\mu_{\mathrm{X}}) \\
&\qquad+(\mathrm{z}-\mu_{\mathrm{Z}})^T(P_{\mathrm{ZZ}}^{-1}+P_{\mathrm{ZZ}}^{-1} P_{\mathrm{ZX}} D^{-1} P_{\mathrm{XZ}} P_{\mathrm{ZZ}}^{-1})(\mathrm{z}-\mu_{\mathrm{Z}}) \\
&\qquad-(\mathrm{z}-\mu_{\mathrm{Z}})^T P_{\mathrm{ZZ}}^{-1}(\mathrm{z}-\mu_{\mathrm{Z}})
\end{aligned} \tag{2.105}$$

식 (2.105)를 식 (2.104)에 대입하고 정리하면 다음과 같은 식을 얻을 수 있다.

$$p_{\mathrm{X|Z}}(\mathrm{x}|\mathrm{z})=\frac{1}{\sqrt{(2\pi)^n \det P_{\mathrm{X|Z}}}}\exp\left(-\frac{1}{2}\{(\mathrm{x}-\mu_{\mathrm{X|Z}})^T P_{\mathrm{X|Z}}^{-1}(\mathrm{x}-\mu_{\mathrm{X|Z}})\}\right) \tag{2.106}$$

여기서,

$$\begin{aligned}
P_{\mathrm{X|Z}} &= D = P_{\mathrm{XX}}-P_{\mathrm{XZ}} P_{\mathrm{ZZ}}^{-1} P_{\mathrm{ZX}} \\
\mu_{\mathrm{X|Z}} &= \mu_{\mathrm{X}}+P_{\mathrm{XZ}} P_{\mathrm{ZZ}}^{-1}(\mathrm{z}-\mu_{\mathrm{Z}})
\end{aligned} \tag{2.107}$$

이다. 따라서 랜덤 벡터 X의 조건부 확률밀도함수는 가우시안이다.

2.5 랜덤 프로세스

2.5.1 정의

랜덤 변수 $X \equiv X(e)$는 확률 실험의 결과(e)에 실숫값을 대응시키는 함수로 정의했다. 랜덤 프로세스(random process)는 확률 실험의 결과에 시간 함수를 대응시키는 함수로 정의한다.

$$X(t) \equiv X(t,\ e) \tag{2.108}$$

벡터 랜덤 프로세스는 구성요소가 (스칼라) 랜덤 프로세스인 벡터다.

$$\mathrm{X}(t) \equiv \mathrm{X}(t, e) = [X_1(t, e) X_2(t, e) \ldots X_n(t, e)]^T \tag{2.109}$$

벡터 랜덤 프로세스도 간략히 랜덤 프로세스라고 부른다. 랜덤 프로세스는 시간에 따라 변화하는 확률 실험을 모델링하는 데 이용된다. 예를 들면, 시시각각으로 변하는 주식가격, 어떤 지점에서의 바람의 세기, 또는 센서의 노이즈 등이 있다.

랜덤 프로세스는 일반적으로 대문자로 쓰며 랜덤 프로세스가 실제 취할 수 있는 시간 함수에는 소문자를 쓴다. 즉, 확률실험 결과인 e에 대응하는 랜덤 프로세스가 갖는 시간 함수가 $\mathrm{x}(t)$이면, $\mathrm{X}(t, e) = \mathrm{x}(t, e)$ 또는 $\mathrm{X}(t) = \mathrm{x}(t)$로 표기한다. $\mathrm{x}(t)$는 시간 t에서 랜덤 프로세스의 상태(state)를 표시하며 샘플 함수(sample function)라고 한다.

랜덤 프로세스 $\mathrm{X}(t, e)$는 시간(t)과 확률 실험 결과(e)라는 2개의 변수로 이루어진 함수다. 시간 t를 특정 시점 $t=t_1$으로 고정한다면 랜덤 프로세스는 랜덤 벡터 $\mathrm{X}_1 = \mathrm{X}(t_1, e)$가 된다. 또 다른 시점 $t=t_2$에서는 랜덤 프로세스가 또 다른 랜덤 벡터 $\mathrm{X}_2 = \mathrm{X}(t_2, e)$가 된다. 확률 실험 결과($e$)를 특정 실험 결과 $e=e_1$으로 고정한다면 랜덤 프로세스는 샘플 함수 $\mathrm{X}(t, e_1) = \mathrm{x}(t, e_1)$가 된다. 또 다른 실험 결과 $e=e_2$에서는 랜덤 프로세스가 또 다른 샘플 함수 $\mathrm{X}(t, e_2) = \mathrm{x}(t, e_2)$가 된다. 샘플 함수는 확정적(deterministic) 함수이며 샘플 함수를 총칭해 앙상블(ensemble)이라고 한다.

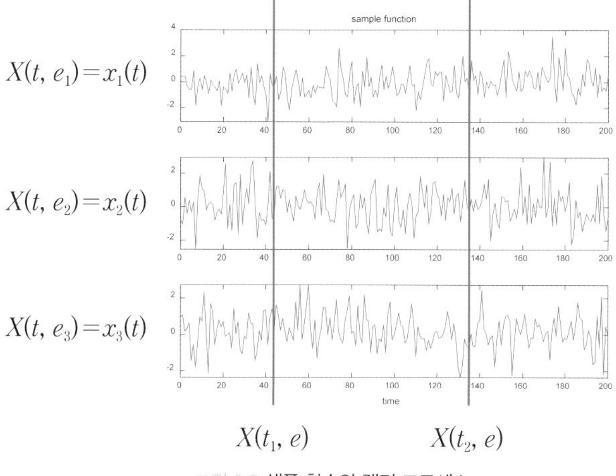

그림 2.8 샘플 함수와 랜덤 프로세스

시간이 연속적이지 않고 이산적(discrete)인 경우, 랜덤 프로세스를 이산시간(discrete-time) 랜덤 프로세스 또는 랜덤 시퀀스(random sequence)라고 한다.

$$\mathrm{X}(k) \equiv \mathrm{X}(k,\ e) = [X_1(k,\ e) X_2(k,\ e) \ldots X_n(k,\ e)]^T \tag{2.110}$$

여기서 k는 시간 인덱스로서, 정숫값($k=\ldots,\ -1,\ 0,\ 1,\ 2,\ \ldots$)을 갖는다.

2.5.2 평균 함수와 자기 상관함수

랜덤 프로세스의 확률밀도함수는 매 시점 달라질 수 있기 때문에 시간의 함수다. 랜덤 프로세스의 확률밀도함수는 $p_{\mathrm{X}}(\mathrm{x}(t))$로 표시한다. 시점 $t=t_1$에서 랜덤 프로세스의 기댓값 또는 앙상블 평균 함수(mean function)는 랜덤 벡터의 구성 요소 각각의 기댓값으로 정의한다. 즉,

$$\mu_{\mathrm{X}}(t_1) = E[\mathrm{X}(t_1)] \tag{2.111}$$

시점 t_1과 t_2에서 두 랜덤 벡터는 결합 확률밀도함수 $p_{\mathrm{X}}(\mathrm{x}(t_1),\ \mathrm{x}(t_2))$를 갖는다. 랜덤 프로세스의 어느 시점과 다른 시점에서의 자기 상관도를 나타내기 위해 자기 상관함수(autocorrelation function) $R_{\mathrm{XX}}(t_1,\ t_2)$를 다음과 같이 정의한다.

$$\begin{aligned} R_{\mathrm{XX}}(t_1,\ t_2) &= E[\mathrm{X}(t_1)\mathrm{X}^T(t_2)] \\ &= \begin{bmatrix} E[X_1(t_1)X_1(t_2)] & \cdots & E[X_1(t_1)X_n(t_2)] \\ \vdots & \ddots & \vdots \\ E[X_n(t_1)X_1(t_2)] & \cdots & E[X_n(t_1)X_n(t_2)] \end{bmatrix} \end{aligned} \tag{2.112}$$

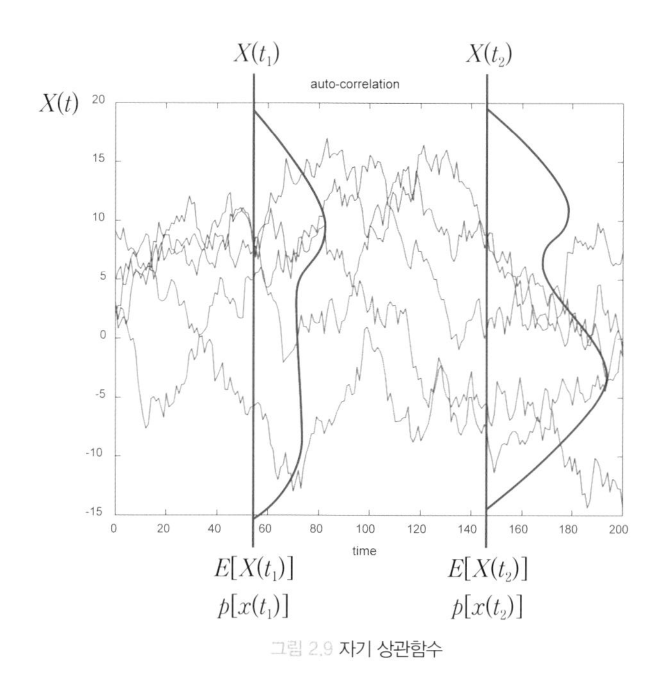

그림 2.9 자기 상관함수

자기 공분산함수(auto-covariance function) $P_{XX}(t_1, t_2)$는 다음과 같이 정의한다.

$$P_{XX}(t_1, t_2) = E[(X(t_1) - E[X(t_1)])(X(t_2) - E[X(t_2)])^T] \tag{2.113}$$

랜덤 시퀀스의 평균, 공분산함수, 상관함수 등의 정의는 랜덤 프로세스의 경우와 동일하다.

예제 2.12 $X(t)$는 랜덤 프로세스로, 다음과 같이 정의된다.

$$X(t) = A\exp(-Bt),\ t \geq 0$$

여기서 A와 B는 서로 독립인 랜덤 변수이고, A의 평균과 분산은 각각 μ_A, σ_A^2다. 또한 B의 확률밀도함수는 다음과 같이 주어진다.

$$p_B(b) = \begin{cases} \lambda\exp(-\lambda b), & b \geq 0 \\ 0, & b < 0 \end{cases}$$

여기서 λ는 상수다. $X(t)$의 평균과 자기 상관함수를 구하라.

풀이 A와 B는 서로 독립인 랜덤 변수이므로 평균은 다음과 같다.

$$\begin{aligned}\mu_X(t) &= E[X(t)] = E[Ae^{-Bt}] = E[A]E[e^{-Bt}] \\ &= \mu_A \int_{-\infty}^{\infty} e^{-bt} p_B(b)db \\ &= \mu_A \int_0^{\infty} e^{-bt} \lambda e^{-\lambda b} db \\ &= \mu_A \left[-\frac{\lambda e^{-b(t+\lambda)}}{t+\lambda}\right]_0^{\infty} = \frac{\mu_A \lambda}{t+\lambda}\end{aligned}$$

자기 상관함수는 다음과 같다.

$$\begin{aligned}R_{XX}(t_1, t_2) &= E[X(t_1)X(t_2)] = E[A^2 e^{(-Bt_1 - Bt_2)}] \\ &= E[A^2]E[e^{(-Bt_1 - Bt_2)}] \\ &= (\sigma_A^2 + \mu_X^2) \int_0^{\infty} e^{-b(t_1+t_2)} \lambda e^{-\lambda b} db \\ &= \frac{(\sigma_A^2 + \mu_X^2)\lambda}{\lambda + t_1 + t_2}\end{aligned}$$

2.5.3 정상 프로세스

정상(stationarity)이란 랜덤 프로세스의 확률적 특성 일부 또는 전부가 시불변(time-invariant)이라는 뜻이다. 정상 프로세스에는 엄밀한 의미의 정상(SSS, strict-sense stationary) 프로세스와 넓은 의미의 정상(WSS, wide-sense stationary) 프로세스로 두 가지 종류가 있다.

랜덤 프로세스 $X(t)$의 확률밀도함수에서 임의의 m개의 시점 $t_1 < t_2 < \ldots < t_m$을 취했을 때 $X(t_1)$, $X(t_2)$, ..., $X(t_m)$의 결합 확률밀도함수가 임의의 $h > 0$에 대해

$$p_X(x(t_1), x(t_2), \ldots, x(t_m)) = p_X(x(t_1+h), x(t_2+h), \ldots, x(t_m+h)) \tag{2.114}$$

가 성립하면, $X(t)$를 엄밀한 의미의 정상(SSS) 프로세스라고 말한다. $X(t)$가 SSS 프로세스이면 앙상블 평균은 상수가 되며, 임의의 두 시점에서의 랜덤 벡터 $X(t_1)$과 $X(t_2)$의 자기 상관함수 $R_{XX}(t_1, t_2)$는 두 시점의 시간 차(t_2-t_1)의 함수가 된다. 즉,

$$E[X(t)]=\text{constant} \tag{2.115}$$

$$R_{XX}(t_1, t_2)=R_{XX}(t_2-t_1)=R_{XX}(\tau) \tag{2.116}$$

여기서 $\tau=t_2-t_1$이다.

랜덤 프로세스 $X(t)$의 앙상블 평균이 상수이고 $R_{XX}(t_1, t_2)=R_{XX}(t_2-t_1)=R_{XX}(\tau)$이면, $X(t)$를 넓은 의미의 정상(WSS) 프로세스라고 말한다. $X(t)$가 SSS 프로세스이면 WSS 프로세스이지만, 그 역은 성립하지 않는다.

정상 랜덤 시퀀스의 정의도 랜덤 프로세스의 경우와 동일하다.

예제 2.18 SSS이면 WSS임을 증명하라.

풀이 정상 프로세스의 정의 (2.114)에 의해서, 임의의 t에 대해 랜덤 벡터 $X(t_1)$의 확률밀도함수는 $X(t)=X(t_1+(t-t_1))$의 확률밀도함수와 같다. 따라서 앙상블 평균은

$$E[X(t_1)]=E[X(t)]$$

가 성립하므로 모든 시간에서 앙상블 평균은 동일한 값을 갖기 때문에 $E[X(t)]=\text{constant}$다. 한편, 임의의 t에 대해 두 랜덤 벡터 $X(t_1)$과 $X(t_2)$의 결합 확률밀도함수는 $X(t)=X(t_1+(t-t_1))$과 $X(t_2+(t-t_1))=X(t+(t_2-t_1))$의 결합 확률밀도함수와 같아야 한다. 따라서 랜덤 벡터 $X(t_1)$과 $X(t_2)$의 자기 상관함수는 다음과 같아야 한다.

$$\begin{aligned} R_{XX}(t_1, t_2) &= E[X(t_1)X^T(t_2)]=E[X(t)X^T(t+(t_2-t_1))] \\ &= R_{XX}(t, t+(t_2-t_1)) \end{aligned}$$

위 식은 임의의 시간 t에서 항상 성립해야 하므로 $R_{XX}(t_1, t_2)=R_{XX}(t_2-t_1)$가 되어 임의의 두 시점에서의 랜덤 벡터 $X(t_1)$과 $X(t_2)$의 자기 상관함수는 두 시점의 시간 차 (t_2-t_1)의 함수가 된다.

예제 2.19 $X(t)$는 랜덤 프로세스로서 다음과 같이 정의된다.

$$X(t)=a\cos(\omega t+\Theta)$$

여기서 a는 상수이고, Θ는 랜덤 변수로서 확률밀도함수는 다음과 같이 주어진다.

$$p_\Theta(\theta)=\begin{cases}1, & 0\leq\theta\leq 2\pi \\ 0, & otherwise\end{cases}$$

$X(t)$가 WSS 프로세스인지 아닌지 판별하라.

풀이 앙상블 평균은 다음과 같다.

$$\begin{aligned}E[X(t)] &= E[a\cos(\omega t+\Theta)] \\ &= E[a\cos\omega t\cos\Theta - a\sin\omega t\sin\Theta] \\ &= a\cos\omega t E[\cos\Theta] - a\sin\omega t E[\sin\Theta] \\ &= 0\end{aligned}$$

자기 상관함수는 다음과 같다.

$$\begin{aligned}R_{XX}(t_1, t_2) &= E[X(t_1)X(t_2)] \\ &= E[a\cos(\omega t_1+\Theta)a\cos(\omega t_2+\Theta)] \\ &= \frac{a^2}{2}E[\cos(\omega(t_1+t_2)+2\Theta)+\cos(\omega(t_2-t_1))] \\ &= \frac{a^2}{2}\cos(\omega(t_2-t_1)) \\ &= R_{XX}(t_2-t_1)\end{aligned}$$

따라서 평균이 상수이고 자기 상관함수가 두 시점 간의 시간 차 (t_2-t_1)의 함수이므로 $X(t)$는 WSS 프로세스다.

예제 2.20 $E[\mathrm{X}(t)\mathrm{X}^T(t)]=R_{\mathrm{XX}}(0)\geq 0$임을 증명하라.

풀이 임의의 실수 벡터 **a**에 대해 다음 값을 계산해 보자.

$$\begin{aligned}\mathbf{a}^T R_{\mathrm{XX}}(0)\mathbf{a} &= \mathbf{a}^T E[\mathrm{X}(t)\mathrm{X}^T(t)]\mathbf{a} \\ &= E[\mathbf{a}^T \mathrm{X}(t)\mathrm{X}^T(t)\mathbf{a}] \\ &= E[(\mathbf{a}^T \mathrm{X}(t))^2]\geq 0\end{aligned}$$

따라서 자기 상관함수 $R_{\mathrm{XX}}(0)$는 준정정 행렬이다.

스칼라 WSS 프로세스인 경우, $X(t)$와 $Y(t)$의 자기 상관함수 $R_{XX}(\tau)$의 특성은 다음과 같이 정리할 수 있다.

(a) $E[X^2(t)]=R_{XX}(0)\geq 0$ (2.117)

(b) $R_{XX}(\tau)=R_{XX}(-\tau)$ (2.118)

(c) $|R_{XX}(\tau)|\leq R_{XX}(0)$ (2.119)

즉, 자기 상관함수 $R_{XX}(\tau)$는 $\tau=0$일 때 최댓값을 가지며 우함수(even function)라는 것을 알 수 있다. 랜덤 시퀀스의 자기 상관함수 $R_{\mathrm{XX}}(n)$의 특성도 랜덤 프로세스의 경우와 동일하다. 여기서 n은 시간 인덱스의 차인 $n=k_2-k_1$을 의미한다.

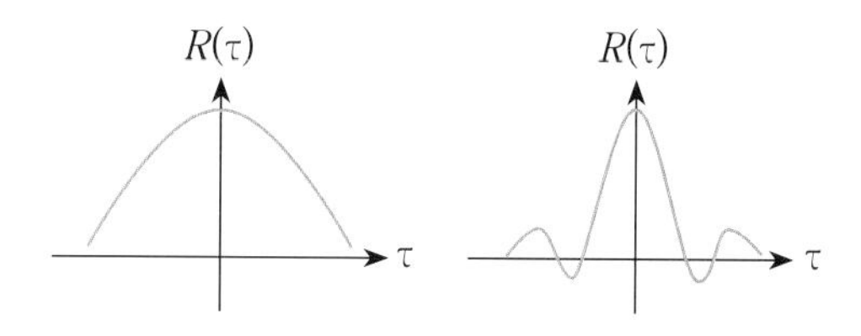

그림 2.10 자기 상관함수 $R_{XX}(\tau)$의 일반적인 모양

예제 2.21 식 (2.118)과 (2.119)를 증명하라.

풀이 자기 상관함수 $R_{XX}(\tau)$의 정의에 의해 다음과 같이 증명할 수 있다.

$$\begin{aligned} R_{XX}(\tau) &= E[X(t)X(t+\tau)] = E[X(t+\tau)X(t)] \\ &= R_{XX}(-\tau) \end{aligned}$$

또한 슈바르츠(Schwarz) 부등식 정리에 의해,

$$\begin{aligned} (R_{XX}(\tau))^2 &= (E[X(t)X(t+\tau)])^2 \\ &\le E[X^2(t)]E[X^2(t+\tau)] \\ &= (R_{XX}(0))^2 \end{aligned}$$

이므로 $|R_{XX}(\tau)| \le R_{XX}(0)$이 성립한다.

WSS 프로세스 $X(t)$의 자기 상관함수 $R_{XX}(\tau)$의 물리적 의미는 무엇일까? 그림 2.11의 (a)와 같이 $R_{XX}(\tau)$ 값이 τ에 대해 급격히 감소하면 두 비교 시점의 시간 간격이 커질수록 두 시점의 랜덤 프로세스 값의 상관도가 급격히 떨어진다는 의미이고, 반대로 (b)와 같이 τ에 대해 서서히 감소하면 비교 시점 간의 시간 간격이 커도 두 시점의 랜덤 프로세스 값의 상관도는 높다는 뜻이다. 따라서 $R_{XX}(\tau)$는 시간 t에 대한 $X(t)$의 변화율의 척도로서 기능한다는 것을 알 수 있다. 즉 $X(t)$에 대한 일종의 주파수 응답과 같은 역할을 하는 것이다. 다음 절에서 이에 대해 더 논의해 보자.

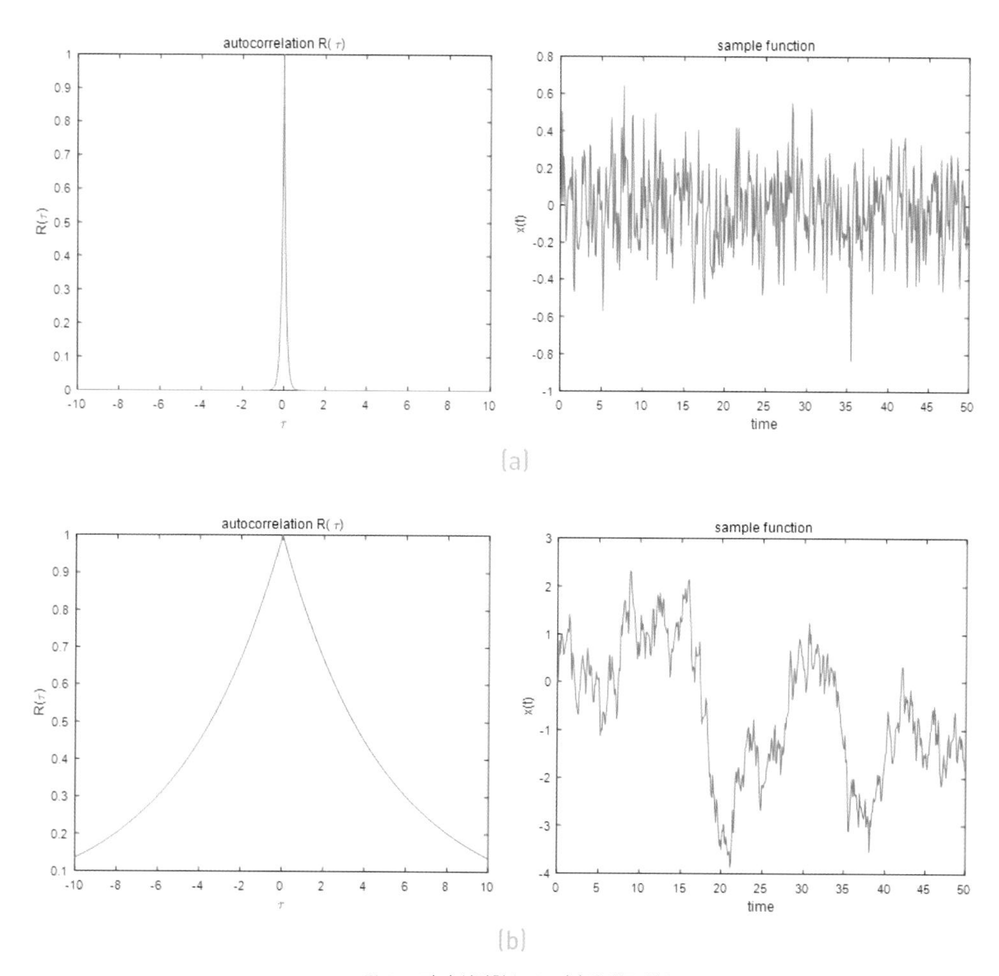

그림 2.11 자기 상관함수 $R_{XX}(\tau)$와 샘플 함수

2.5.4 파워스펙트럴밀도

WSS 랜덤 프로세스의 파워스펙트럴밀도(PSD, power spectral density) $S_{XX}(\omega)$는 자기 상관함수의 푸리에 변환(Fourier transform)으로 정의한다.

$$S_{XX}(\omega)=\int_{-\infty}^{\infty} R_{XX}(\tau)e^{-j\omega\tau}d\tau \tag{2.120}$$

여기서 ω는 단위가 $rad/\sec$인 주파수다. 푸리에 역변환을 이용하면 파워스펙트럴밀도에서 자기 상관함수를 얻을 수 있다.

$$R_{XX}(\tau)=\frac{1}{2\pi}\int_{-\infty}^{\infty} S_{XX}(\omega)e^{j\omega\tau}d\omega \tag{2.121}$$

자기 상관함수는 시간 영역에서 랜덤 프로세스의 자기 상관도를 나타내고 주파수 영역에서는 그 프로세스가 포함하고 있는 파워(power) 또는 에너지의 분포를 나타내는 함수다. 랜덤 프로세스 $X(t)$의 파워는 자기 상관함수 또는 파워스펙트럴밀도로부터 다음과 같이 계산할 수 있다.

$$\begin{aligned} E[X(t)X^T(t)] &= R_{XX}(0) \\ &= \frac{1}{2\pi}\int_{-\infty}^{\infty} S_{XX}(\omega)d\omega \end{aligned} \tag{2.122}$$

WSS 랜덤 시퀀스의 파워스펙트럴밀도 $S_{XX}(\hat{\omega})$는 자기 상관함수의 이산시간 푸리에 변환(discrete-time Fourier transform)으로 정의한다.

$$S_{XX}(\hat{\omega})=\sum_{n=-\infty}^{\infty} R_{XX}(n)e^{-j\hat{\omega}n} \tag{2.123}$$

여기서 $\hat{\omega}$는 이산시간 주파수이며 범위는 $\hat{\omega}\in[-\pi, \pi]$다. 이산시간 푸리에 역변환을 이용하면 파워스펙트럴밀도에서 자기 상관함수를 얻을 수 있다.

$$R_{XX}(n)=\frac{1}{2\pi}\int_{-\pi}^{\pi} S_{XX}(\hat{\omega})e^{j\hat{\omega}n}d\hat{\omega} \tag{2.124}$$

랜덤 시퀀스 $X(k)$의 파워는 자기 상관함수 또는 파워스펙트럴밀도로부터 다음과 같이 계산할 수 있다.

$$\begin{aligned} E[X(k)X^T(k)] &= R_{XX}(0) \\ &= \frac{1}{2\pi}\int_{-\pi}^{\pi} S_{XX}(\hat{\omega})d\hat{\omega} \end{aligned} \tag{2.125}$$

예제 2.22 자기 상관함수 $R(\tau)$가 다음과 같이 주어졌다. 파워스펙트럴밀도를 구하라.

$$R(\tau)=e^{-\alpha|\tau|},\ \alpha>0,\ -\infty<\tau<\infty$$

풀이 파워스펙트럴밀도의 정의 (2.120)으로부터 다음과 같이 계산할 수 있다.

$$\begin{aligned}S(\omega)&=\int_{-\infty}^{\infty}R(\tau)e^{-j\omega\tau}d\tau=\int_{-\infty}^{\infty}e^{-\alpha|\tau|}e^{-j\omega\tau}d\tau\\&=\int_{-\infty}^{0}e^{(\alpha-j\omega)\tau}d\tau+\int_{0}^{\infty}e^{-(\alpha+j\omega)\tau}d\tau\\&=\frac{2\alpha}{\alpha^2+\omega^2}\end{aligned}$$

그림 2.12는 서로 다른 크기의 α 값에 대한 자기 상관함수와 파워스펙트럴밀도의 그림이다. 시간 영역에서 자기 상관함수의 변화가 급격할수록 주파수 영역에서의 파워스펙트럴밀도는 넓게 분포되는 것을 알 수 있다.

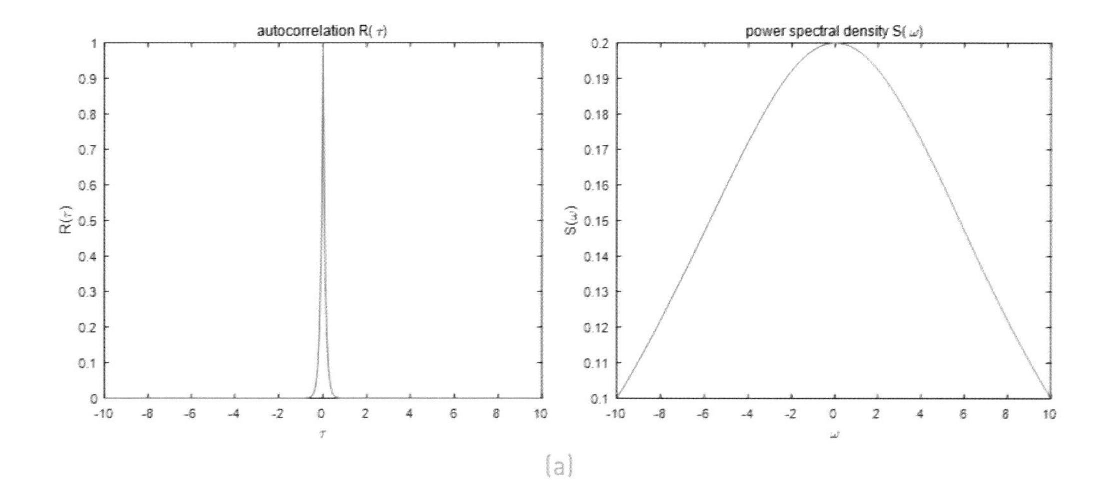

(a)

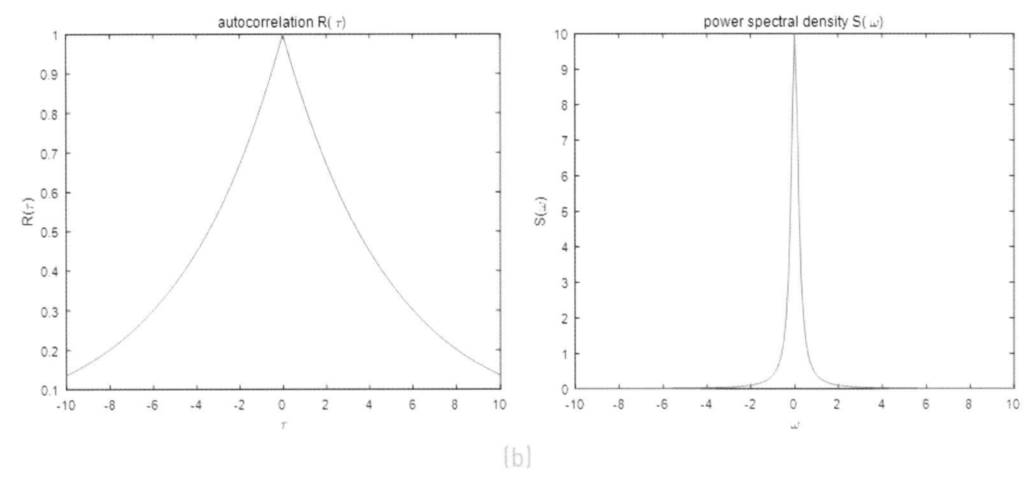

(b)

그림 2.12 자기 상관함수 $R_{XX}(\tau)$와 파워스펙트럴밀도 $S_{XX}(\omega)$

2.5.5 화이트 노이즈

모든 시점에서 비상관 관계에 있는, 즉 시간적으로 비상관 관계에 있는 랜덤 프로세스를 화이트 노이즈(white noise, 백색 잡음)라고 한다. 화이트 노이즈 $\mathrm{V}(t)$는 확정적(deterministic) 시스템에서 임펄스(impulse)의 개념과 유사한 신호로서, 자기 상관함수가 다음과 같이 디랙 델타함수로 주어지는 넓은 의미의 정상(WSS) 프로세스로 정의한다.

$$\begin{aligned} E[\mathrm{V}(t)\mathrm{V}^T(t+\tau)] &= R_{\mathrm{VV}}(\tau) \\ &= S_0\delta(\tau) \end{aligned} \tag{2.126}$$

여기서 S_0는 상수 행렬이다. 식 (2.120)에 의해서 화이트 노이즈의 파워스펙트럴밀도는 다음과 같이 상수행렬로 주어진다.

$$\begin{aligned} S_{\mathrm{VV}}(\omega) &= \int_{-\infty}^{\infty} R_{\mathrm{VV}}(\tau)e^{-j\omega\tau}d\tau \\ &= S_0\int_{-\infty}^{\infty} \delta(\tau)e^{-j\omega\tau}d\tau = S_0 \end{aligned} \tag{2.127}$$

즉, 화이트 노이즈는 전 주파수 영역에서 동일한 파워스펙트럴밀도 값을 갖는다는 것을 알 수 있다. 빛이 전 주파수에서 고른 에너지 분포를 가지면 백색으로 보이는 것에 빗대어, 전 주파수에서 고른 에너지 분포를 갖는 프로세스를 화이트 노이즈라고 부르는 것이다. 화이트 노이즈가 아닌 프로세스를 컬러 노이즈(colored noise)라고 한다.

한편, 자기 상관함수가 다음과 같이 크로넥커 델타(Kronecker delta) 함수로 주어지는 WSS 랜덤 시퀀스 $\mathrm{V}(k)$를 화이트 노이즈 시퀀스로 정의한다.

$$\begin{aligned} E[\mathrm{V}(k)\mathrm{V}^T(k+m)] &= R_{\mathrm{VV}}(m) \\ &= S_0\delta_m \end{aligned} \tag{2.128}$$

여기서 δ_m은 크로넥커 델타 함수로서 다음과 같이 정의된다.

$$\delta_m = \begin{cases} 1, & m=0 \\ 0, & m \neq 0 \end{cases} \tag{2.129}$$

식 (2.123)에 의해서 화이트 노이즈 시퀀스의 파워스펙트럴밀도는 $S_{\mathrm{VV}}(\hat{\omega}) = S_0$이며, 전 주파수 영역에서 일정한 파워스펙트럴밀도 값을 갖는다는 것을 알 수 있다.

그림 2.13은 화이트 노이즈의 예다.

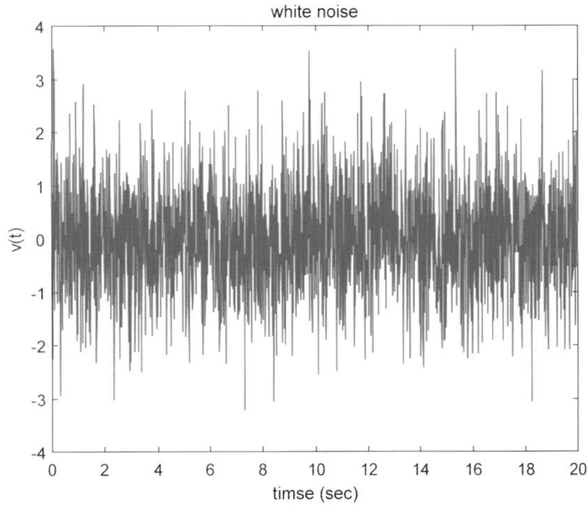

그림 2.13 화이트 노이즈

매 시점 t 또는 k에서 화이트 노이즈 $\mathrm{V}(t)$ 또는 $\mathrm{V}(k)$의 확률밀도함수가 가우시안 함수로 주어지면 $\mathrm{V}(t)$ 또는 $\mathrm{V}(k)$를 가우시안 화이트 노이즈라고 한다.

예제 2.23 파워스펙트럴밀도가 S_0인 화이트 노이즈 프로세스 $V(t)$의 파워 $E[V^2(t)]$와 파워스펙트럴밀도가 S_0인 화이트 노이즈 시퀀스 $V(k)$의 파워 $E[V^2(k)]$를 구하라.

풀이 랜덤 프로세스의 파워는 자기 상관함수로부터 다음과 같이 계산할 수 있다.

$$E[V^2(t)] = R_{VV}(0) = S_0\delta(0) = \infty$$

따라서 파워가 무한대가 된다. 한편, 화이트 노이즈 시퀀스의 파워는

$$E[V^2(k)] = R_{VV}(0) = S_0\delta_0 = S_0$$

로서 유한값이다.

2.5.6 에르고딕 프로세스

임의의 확정적(deterministic) 함수 $\mathrm{x}(t)$의 시간 평균(time average)은 다음과 같이 정의된다.

$$<\mathrm{x}(t)> = \lim_{T\to\infty}\frac{1}{T}\int_{-T/2}^{T/2}\mathrm{x}(t)dt \tag{2.130}$$

또한, 함수 $\mathrm{x}(t)$의 시간 상관도(time correlation)는 다음과 같이 정의된다.

$$<\mathrm{x}(t)\mathrm{x}^T(t+\tau)> = \lim_{T\to\infty}\frac{1}{T}\int_{-T/2}^{T/2}\mathrm{x}(t)\mathrm{x}^T(t+\tau)dt \tag{2.131}$$

함수 $x(t)$가 정상 랜덤 프로세스 $X(t)$의 한 샘플 함수라고 할 때 $X(t)$의 앙상블 평균 $E[X(t)]$와 시간 평균 $<x(t)>$가 같다면, 즉 $E[X(t)] = <x(t)>$이면, 정상 랜덤 프로세스 $X(t)$를 평균적 에르고딕 프로세스(ergodic process in the mean)라고 한다. 또한, $X(t)$의 앙상블 자기 상관도 $E[X(t)X^T(t+\tau)]$와 시간 상관도 $<x(t)x^T(t+\tau)>$가 같다면, 즉 $E[X(t)X^T(t+\tau)] = <x(t)x^T(t+\tau)>$이면, 정상 랜덤 프로세스 $X(t)$를 상관적 에르고딕 프로세스라고 한다.

랜덤 시퀀스의 경우, 시간 평균은 다음과 같이 정의되고

$$<x(k)> = \lim_{N\to\infty} \frac{1}{2N+1} \sum_{k=-N}^{N} x(k) \tag{2.132}$$

시간 상관도는 다음과 같이 정의된다.

$$<x(k)x^T(k+m)> = \lim_{N\to\infty} \frac{1}{2N+1} \sum_{k=-N}^{N} x(k)x^T(k+m) \tag{2.133}$$

에르고딕 프로세스는 정상 랜덤 프로세스에서 추출한 임의의 샘플 함수 한 개가 랜덤 프로세스의 확률적 정보를 모두 포함하고 있는 프로세스라고 말할 수 있다. 실제 많은 공학 문제에서 랜덤 프로세스의 확률밀도함수가 알려져 있지 않고 샘플 함수도 수 개 정도밖에 얻을 수 없는 점을 고려하면, 에르고딕 프로세스 가정은 제한된 샘플 함수를 가지고 랜덤 프로세스의 확률적 정보를 얻을 수 있는 근거가 되기 때문에 공학적으로 중요한 가정이다.

일반적으로 어떤 랜덤 프로세스가 에르고딕 프로세스인지 아닌지를 판별하는 것은 매우 어렵다. 관심 있는 독자는 참고문헌[10]을 참고하기 바란다. 여기서 증명은 하지 않겠지만, 화이트 노이즈는 에르고딕 프로세스임을 기억하기 바란다.

다음은 에르고딕 프로세스 정의에 의해 간단히 에르고딕 프로세스 여부를 판별할 수 있는 예제다.

예제 2.24

예제 2.19에서 다룬 랜덤 프로세스 $X(t)$는 다음과 같이 정의된다.

$$X(t)=a\cos(\omega t+\Theta)$$

여기서 a는 상수이고, Θ는 랜덤 변수로서 확률밀도함수는 다음과 같이 주어진다.

$$p_{\Theta}(\theta)=\begin{cases}1, & 0\le\theta\le 2\pi \\ 0, & otherwise\end{cases}$$

$X(t)$는 에르고딕 프로세스인가?

풀이

예제 2.19에서 구한 대로 앙상블 평균은 $E[X(t)]=0$이고, 자기 상관함수는 $R_{XX}(\tau)=\frac{a^2}{2}\cos(\omega\tau)$이다. 이제 $X(t)$의 임의의 한 샘플 함수를

$$x(t)=a\cos(\omega t+\theta)$$

라고 할 때, 시간 평균을 구하면

$$<x(t)>=\lim_{T\to\infty}\frac{1}{T}\int_{-T/2}^{T/2}a\cos(\omega t+\theta)dt=0$$

이다. 따라서 시간 평균과 앙상블 평균이 같으므로 $X(t)$는 평균적 에르고딕 프로세스임을 알 수 있다. 한편, 시간 상관도를 구하면,

$$\begin{aligned}<x(t)x(t+\tau)> &=\lim_{T\to\infty}\frac{1}{T}\int_{-T/2}^{T/2}a^2\cos(\omega t+\theta)\cos(\omega(t+\tau)+\theta)dt \\ &=\lim_{T\to\infty}\frac{a^2}{2T}\int_{-T/2}^{T/2}[\cos(\omega\tau)+\cos(\omega(2t+\tau)+2\theta)]dt \\ &=\frac{1}{2}a^2\cos(\omega\tau)\end{aligned}$$

이다. 따라서 시간 상관도와 자기 상관함수가 같으므로 $X(t)$는 상관적 에르고딕 프로세스임을 알 수 있다.

2.5.7 독립동일분포 프로세스

랜덤 프로세스 $X(t)$를 구성하는 랜덤 벡터들이 모두 서로 독립이고 동일한 확률밀도함수를 가지면 $X(t)$를 독립동일분포(iid, independent, identically distributed) 프로세스라고 한다. 독립동일분포 시퀀스는 랜덤 시퀀스 $X(k)$를 구성하는 랜덤 벡터들이 모두 서로 독립이고 동일한 확률밀도함수를 갖는 시퀀스로 정의한다.

2.5.8 마르코프 프로세스

마르코프(Markov) 프로세스(또는 시퀀스)는 '현재의 확률 정보가 주어진 조건 하에서 미래와 과거는 무관한(또는 조건부 독립인)' 랜덤 프로세스(또는 시퀀스)를 의미한다. 즉, 특정 시점 t_1에서 랜덤 프로세스 $X(t_1)$의 확률분포가 알려져 있을 때 시점 $t>t_1$에서 $X(t)$의 확률분포가 시점 $s<t_1$에서 $X(s)$의 확률분포에 무관하다면 랜덤 프로세스 $X(t)$를 마르코프 프로세스라고 정의한다. 확률밀도함수로 마르코프 프로세스를 표현하면 다음과 같다.

$$p_X(\mathrm{x}(t)|\mathrm{x}(s),\ s\le t_1)=p_X(\mathrm{x}(t)|\mathrm{x}(t_1)),\ \forall t>t_1 \tag{2.134}$$

마르코프 시퀀스의 정의도 마르코프 프로세스의 정의와 같다. 즉, 마르코프 시퀀스는 바로 한 단계 전의 확률분포에 의해서만 결정된다. 확률밀도함수를 이용해 마르코프 시퀀스 $X(k)$를 표현하면 다음과 같다.

$$p_X(\mathrm{x}(k)|\mathrm{x}(k-1),\ \mathrm{x}(k-2),\ \ldots,\ \mathrm{x}(0))=p_X(\mathrm{x}(k)|\mathrm{x}(k-1)),\ \forall k \tag{2.135}$$

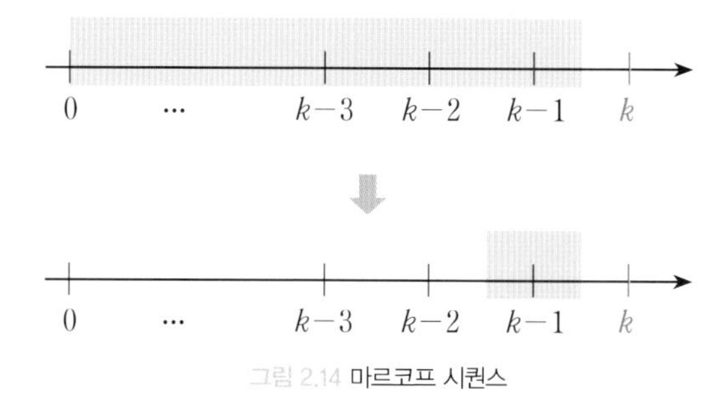

그림 2.14 마르코프 시퀀스

2.5.9 랜덤 프로세스의 미분

랜덤 프로세스 $X(t)$가 다음 식을 만족하면 시간 $t=t_0$에서 평균제곱연속(continuity in the mean square sense)이라고 정의한다.

$$\lim_{t\to t_0} E[(X(t)-X(t_0))^2]=0 \tag{2.136}$$

랜덤 프로세스가 $t=t_0$에서 평균제곱연속이면, 일반적인 확정적(deterministic) 함수와 마찬가지로 다음과 같이 간단히 표기한다.

$$\lim_{t\to t_0} X(t)=X(t_0) \tag{2.137}$$

예제 2.25 다음 식을 증명하라.

$$E\left[\lim_{t\to t_0} X(t)\right]=\lim_{t\to t_0} E[X(t)] \tag{2.138}$$

풀이 $X(t)-X(t_0)$의 분산은 0보다 크거나 같으므로

$$\begin{aligned} 0 &\le Var(X(t)-X(t_0)) \\ &=E[(X(t)-X(t_0))^2]-(E[X(t)-X(t_0)])^2 \end{aligned}$$

이다. 따라서,

$$\begin{aligned} E[(X(t)-X(t_0))^2] &\ge (E[X(t)-X(t_0)])^2 \\ &=(E[X(t)]-E[X(t_0)])^2 \end{aligned}$$

여기서, $X(t)$가 $t=t_0$에서 평균제곱연속이면 $t\to t_0$에 따라 위 식의 왼쪽 항은 0에 접근한다. 따라서 오른쪽 항도 $E[X(t)]\to E[X(t_0)]$가 되므로 식 (2.138)이 성립한다.

랜덤 프로세스도 시간에 따라 변화하므로 미분이 가능하다. 랜덤 프로세스 $X(t)$의 미분 $\dot{X}(t)$는 다음 식을 만족하는 랜덤 프로세스로 정의한다.

$$\lim_{h\to 0} E\left[\left(\frac{X(t+h)-X(t)}{h}-\dot{X}(t)\right)^2\right]=0 \tag{2.139}$$

위 식을 평균제곱 미분이라고 한다. 위 식이 성립하면, 랜덤 프로세스의 미분은 다음과 같이 간단히 표기한다.

$$\begin{aligned}\dot{X}(t) &= \frac{dX(t)}{dt} \\ &= \lim_{t\to t_0}\frac{X(t+h)-X(t)}{h}\end{aligned} \tag{2.140}$$

$X(t)$의 모든 샘플 함수가 미분 가능하다면 $X(t)$도 미분 가능하지만, 그 역이 반드시 성립하는 것은 아니다.

예제 2.26 다음 식과 같이 랜덤 프로세스의 미분과 평균 연산자 $E[\cdot]$는 교환법칙이 성립함을 증명하라.

$$E[\dot{X}(t)]=\frac{d}{dt}E[X(t)] \tag{2.141}$$

풀이 식 (2.138)로부터 $E\left[\lim_{t\to t_0} X(t)\right]=\lim_{t\to t_0} E[X(t)]$가 성립하므로,

$$\begin{aligned}E[\dot{X}(t)] &= E\left[\lim_{h\to 0}\frac{X(t+h)-X(t)}{h}\right]=\lim_{h\to 0}E\left[\frac{X(t+h)-X(t)}{h}\right] \\ &= \lim_{h\to 0}\frac{E[X(t+h)]-E[X(t)]}{h} \\ &= \frac{d}{dt}E[X(t)]\end{aligned}$$

이 된다.

예제 2.27 다음 식과 같이 랜덤 프로세스의 적분과 평균 연산자 $E[\cdot]$는 교환법칙이 성립함을 증명하라.

$$E\left[\int X(t)dt\right]=\int E[X(t)]dt \tag{2.142}$$

풀이 다음과 같이 랜덤 프로세스 $Y(t)$의 미분이 $X(t)$와 같다고 하자.

$$\dot{Y}(t)=X(t)$$

위 식은 다음과 같이 확률 적분 방정식으로 표현할 수도 있다.

$$Y(t)=\int X(t)dt$$

식 (2.141)로부터 랜덤 프로세스의 미분과 평균 연산자 $E[\cdot]$는 교환이 가능하므로 다음 식이 성립한다.

$$E[\dot{Y}(t)]=\frac{d}{dt}E[Y(t)]=E[X(t)]$$

위 식의 양변을 적분하면,

$$E[Y(t)]=\int E[X(t)]dt$$

이고, $Y(t)=\int X(t)dt$이므로 식 (2.142)가 성립한다.

03장

정적 시스템의 상태 추정

정적 추정(static estimation)은 시간에 따라 변하지 않는 상수 파라미터를 추정하는 것이고, 동적 추정(dynamic estimation)은 시간에 따라 변하는 상태변수를 추정하는 것이다. 이 장에서는 상수 파라미터의 추정에 관한 이론에 대해 알아본다. 이 장에서 다루는 내용은 동적 추정기인 칼만필터의 기초 배경이 될 것이다.

3.1 기본 개념

미지의 상수벡터 $X \in R^n$와 측정벡터 $Z \in R^p$가 주어졌다고 가정하자. Z는 X와 연관돼 있어서 Z를 측정하면 미지의 상수벡터 X에 관한 정보를 알 수 있다고 가정한다. 이를 일반적인 비선형 방정식으로 표현하면 다음과 같다.

$$Z = h(X, V) \tag{3.1}$$

여기서 V는 센서의 측정 노이즈를 나타내는 랜덤 벡터다. 덧셈형 측정 노이즈의 경우는 다음과 같이 표현된다.

$$Z = h(X) + V \tag{3.2}$$

X와 Z가 선형 관계인 경우는 다음과 같이 표현된다.

$$Z = HX + V \tag{3.3}$$

여기서 $H \in R^{p \times n}$를 측정행렬(measurement matrix)이라고 한다. V가 랜덤 벡터이므로 Z도 랜덤 벡터가 된다.

예컨대, 레이다로 어떤 물체의 2차원 위치를 측정하는 간단한 시스템을 생각해 보자. 그림 3.1과 같이 물체는 미지의 위치(좌표계 x, y)에 고정돼 있고, 레이다는 물체까지의 거리(R)와 방위각(ψ)을 측정할 수 있다고 가정한다. 그러면 레이다가 측정하는 거리와 방위각은 다음과 같이 주어진다.

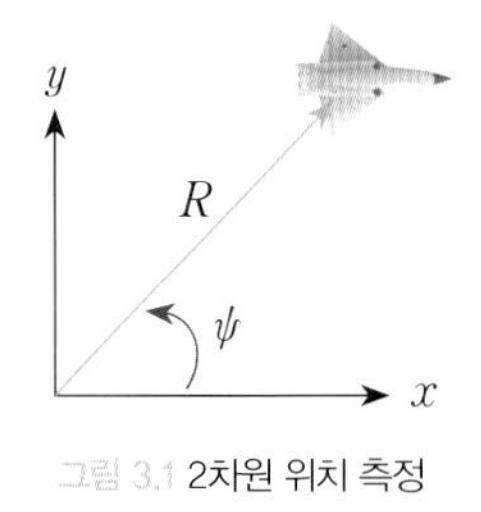

그림 3.1 2차원 위치 측정

$$\begin{aligned} R &= \sqrt{x^2 + y^2} \\ \psi &= \tan^{-1}\left(\frac{y}{x}\right) \end{aligned} \tag{3.4}$$

센서에는 항상 측정 노이즈가 존재하기 마련이므로 실제 레이다가 산출하는 값은 노이즈가 섞여 있는 거리와 방위각이 될 것이다. 따라서 측정 방정식은 다음과 같다.

$$Z_1 = R + V_r = \sqrt{x^2 + y^2} + V_r$$
$$Z_2 = \psi + V_\psi = \tan^{-1}\left(\frac{y}{x}\right) + V_\psi \qquad (3.5)$$

여기서 V_r과 V_ψ는 각각 거리와 방위각의 측정 노이즈다. 위 식을 벡터 형식으로 표현하면 다음과 같다.

$$\begin{aligned} \mathrm{Z} &= \begin{bmatrix} Z_1 \\ Z_2 \end{bmatrix} = \mathrm{h}(\mathrm{X}) + \mathrm{V} \\ &= \begin{bmatrix} \sqrt{x^2+y^2} \\ \tan^{-1}(y/x) \end{bmatrix} + \begin{bmatrix} V_r \\ V_\psi \end{bmatrix} \end{aligned} \qquad (3.6)$$

여기서 $\mathrm{X} = [x\ y]^T$이고 물체가 미지의 위치에 고정돼 있으므로 X는 상수 파라미터가 된다.

측정이 반복적으로 여러 차례 이루어진다면 식 (3.1)의 측정 방정식은 다음과 같이 표현할 수 있다.

$$\mathrm{Z}(k) = \mathrm{h}(\mathrm{X},\ \mathrm{V}(k),\ k) \qquad (3.7)$$

여기서 k는 측정 반복 횟수를 의미하지만, 시간 인덱스로 해석하는 것이 일반적이다. 식 (3.2)와 (3.3)에도 시간 인덱스를 포함하면 각각 다음과 같이 쓸 수 있다.

$$\mathrm{Z}(k) = \mathrm{h}(\mathrm{X},\ k) + \mathrm{V}(k)$$
$$\mathrm{Z}(k) = \mathrm{H}(k)\mathrm{X} + \mathrm{V}(k) \qquad (3.8)$$

측정 방정식 자체도 시간의 함수일 수도 있으므로 일반적으로 측정 방정식은 시간의 함수로 표현한다. 측정 노이즈도 측정할 때마다 다를 것이므로 역시 시간의 함수다. 또한 측정은 독립적으로 이루어지므로 측정 노이즈는 시간적으로 독립이거나 비상관(uncorrelated)이다.

$k=0$부터 시간 k까지의 랜덤 측정벡터를 모두 모아놓은 측정벡터 집합을 다음과 같이 표기하기로 한다.

$$Z_k = \{Z(0),\ Z(1),\ \ldots,\ Z(k)\} \tag{3.9}$$

또한, 랜덤 측정 벡터가 취한 값(또는 실제 측정된 값, $Z(k)=z(k)$)들의 집합을 다음과 같이 표기하기로 한다.

$$z_k = \{z(0),\ z(1),\ \ldots,\ z(k)\} \tag{3.10}$$

이때 $Z_k = z_k$가 의미하는 바는 다음 식과 같다.

$$Z_k = z_k : \{Z(0)=z(0),\ Z(1)=z(1),\ \ldots,\ Z(k)=z(k)\} \tag{3.11}$$

정적 추정 문제는 다음과 같이 측정벡터의 집합 z_k를 함수로 하는 상수벡터 X의 추정기(estimator)를 설계하는 문제다.

$$\hat{x}(k) = g(z_k) \tag{3.12}$$

측정벡터가 $Z_k = z_k$로 주어지면 추정값은 확정된 값(deterministic value)이지만, 측정벡터가 확정되지 않고 랜덤 벡터로 주어지면 추정값도 랜덤 벡터가 된다.

$$\hat{X}(k) = g(Z_k) \tag{3.13}$$

추정기는 미지의 상수벡터 X를 어떤 성격으로 규정하느냐에 따라 크게 베이즈 방법(Bayesian approach)과 비베이즈 방법(non-Bayesian approach)으로 나뉜다.

베이즈 방법에서는 X를 랜덤 벡터로 본다. 따라서 X에 관한 사전(a priori) 확률정보를 알고 있다고 가정한다. 측정벡터 Z는 X에 관한 확률정보를 좀 더 정확하게 보강해주는 역할을 한다. 베이즈 방법에는 최대사후(MAP, maximum a posteriori) 추정기와 최소평균제곱오차(MMSE, minimum mean-square error) 추정기가 있다.

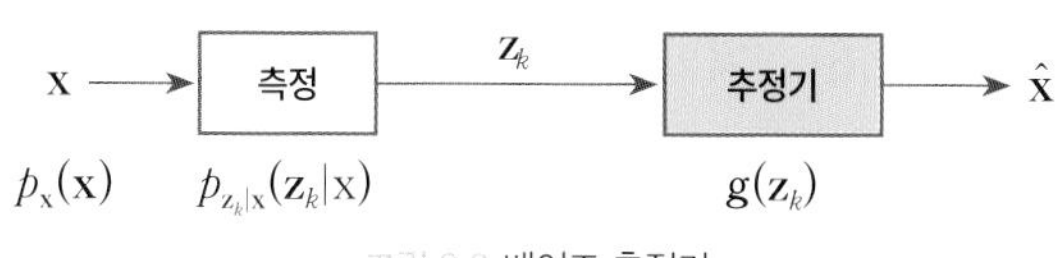

그림 3.2 베이즈 추정기

반면, 비베이즈 방법에서는 X를 미지의 확정된 값(deterministic value)으로 본다. 따라서 X에 관한 사전 확률정보가 전혀 없으며 X에 관한 정보는 오로지 측정벡터 Z를 통해서만 얻을 수 있다고 가정한다. 비베이즈 방법에는 최대빈도(ML, maximum likelihood) 추정기와 최소제곱(LS, least−squares) 추정기가 있다.

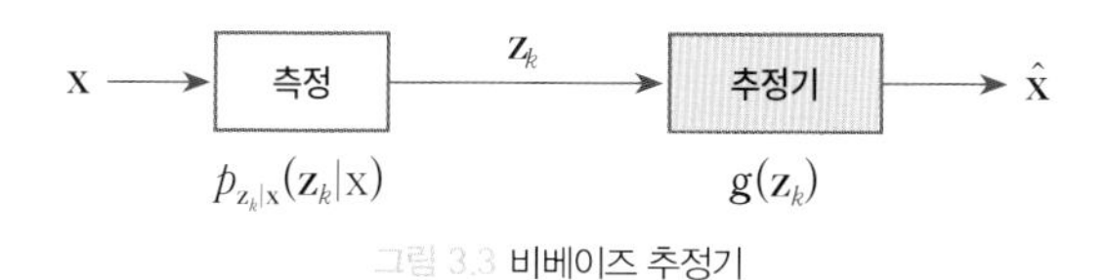

그림 3.3 비베이즈 추정기

추정기의 평가 요소로는 추정값의 바이어스(bias) 여부, 실제와의 부합성, 추정오차의 공분산 등이 있다.

3.1.1 바이어스

미지의 상수벡터 X가 랜덤 벡터이고 사전(a priori) 확률정보가 확률밀도함수 $p_X(x)$로 주어졌을 때, 다음과 같이 추정값의 기댓값과 상수벡터의 기댓값이 같은 추정기를 바이어스가 없는(unbiased) 추정기라고 한다.

$$E[\hat{X}]=E[X] \tag{3.14}$$

상수벡터 X가 미지의 확정된 값 x일 때는 다음과 같이 추정값의 기댓값이 미지의 상수벡터의 실제값과 같은 추정기를 바이어스가 없는 추정기라고 한다.

$$E[\hat{X}]=x \tag{3.15}$$

$k \to \infty$일 때 식 (3.14)와 (3.15)가 성립한다면, 이때의 추정기를 점근적으로 바이어스가 없는 (asymptotically unbiased) 추정기라고 한다.

3.1.2 부합성

미지의 상수벡터 X가 랜덤 벡터일 때, 다음과 같이 추정값이 평균제곱(mean-square) 관점에서 실제값으로 수렴한다면 그때의 추정기는 실제와 부합되는(consistent) 추정기라고 한다.

$$\lim_{k \to \infty} E[(\mathrm{X} - \hat{\mathrm{X}}(k))^T (\mathrm{X} - \hat{\mathrm{X}}(k))] = 0 \quad (3.16)$$

상수벡터 X가 미지의 확정된 값 x일 때는 다음과 같을 때의 추정기를 실제와 부합되는 추정기라고 한다.

$$\lim_{k \to \infty} E[(\mathrm{x} - \hat{\mathrm{X}}(k))^T (\mathrm{x} - \hat{\mathrm{X}}(k))] = 0 \quad (3.17)$$

3.1.3 추정오차의 공분산

그렇다면 어느 추정기가 산출한 값이 상대적으로 좋은 추정값이라고 할 수 있을까? 추정값의 질(quality)은 일반적으로 추정오차의 공분산(covariance)으로 평가한다. 추정오차의 공분산 값이 작을수록 양질의 추정값으로 본다.

미지의 상수벡터 X가 랜덤 벡터일 때 바이어스가 없는 추정기의 추정오차 공분산은 다음과 같이 주어진다.

$$E[(\mathrm{X} - \hat{\mathrm{X}})(\mathrm{X} - \hat{\mathrm{X}})^T] \quad (3.18)$$

상수벡터 X가 미지의 확정된 값 x일 때 추정오차 공분산은 다음과 같다.

$$E[(\mathrm{x} - \hat{\mathrm{X}})(\mathrm{x} - \hat{\mathrm{X}})^T] \quad (3.19)$$

3.2 최대사후(MAP) 추정기

베이즈 정리에 의하면 측정벡터 $Z_k = z_k$를 조건으로 하는 미지의 랜덤 벡터 X의 확률밀도함수는 다음과 같이 주어진다.

$$p_{X|Z_k}(x|z_k) = \frac{p_{Z_k|X}(z_k|x)p_X(x)}{p_{Z_k}(z_k)} \tag{3.20}$$

여기서 $p_X(x)$는 벡터 Z_k가 z_k로 측정되기 전인 사전(a priori)에 알고 있는 X의 확률밀도함수이고, $p_{Z_k}(z_k)$는 측정벡터 집합 Z_k의 확률밀도함수로서 측정 과정의 확률정보를 나타낸다. $p_{Z_k|X}(z_k|x)$는 X=x를 조건으로 하는 Z_k의 조건부 확률밀도함수로서, x에 따라 특정 측정벡터 집합 z_k가 얼마나 자주 나타나는가를 나타내는 빈도함수(likelihood function)다. 한편 $p_{X|Z_k}(x|z_k)$는 $Z_k = z_k$로 측정이 이루어진 후(a posteriori)에 주어진 X의 조건부 확률밀도함수다.

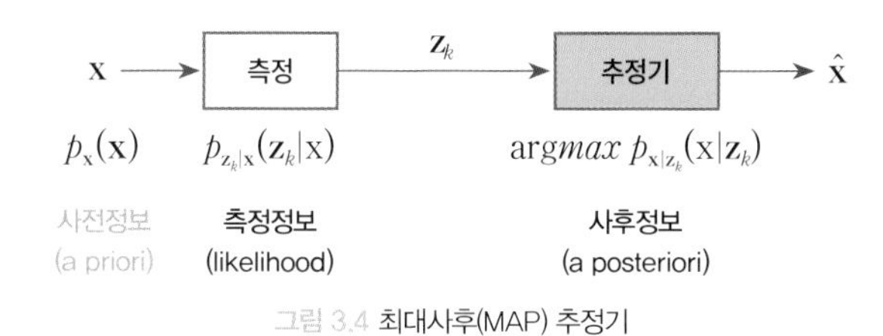

그림 3.4 최대사후(MAP) 추정기

최대사후(MAP, maximum a posteriori) 추정기는 미지의 랜덤 벡터 X의 조건부 확률밀도함수가 최댓값일 때의 x의 값(mode)을 X의 추정값으로 정의한다.

$$\begin{aligned}\hat{x}^{MAP} &= \operatorname{argmax} p_{X|Z_k}(x|z_k) \\ &= \operatorname{argmax}[p_{Z_k|X}(z_k|x)p_X(x)]\end{aligned} \tag{3.21}$$

3.3 최대빈도(ML) 추정기

비베이즈 추정기는 추정하고자 하는 벡터 X를 미지의 확정된 값으로 본다. 따라서 X는 랜덤 벡터가 아니고 사전 확률정보도 전혀 없는 확정된 벡터이므로 소문자 x로 표기하는 것이 타당하다.

측정벡터 z는 벡터 x값에 따라 달라질 것이므로 Z의 확률밀도함수는 미지의 벡터 x의 함수가 된다. 즉, $p_Z(z(x))$로 표기할 수 있다. 또한 측정벡터 집합의 결합(joint) 확률밀도함수는 $p_{Z_k}(z_k(x))$로 표기한다.

최대빈도(ML, maximum likelihood) 추정기는 측정벡터 집합 Z_k의 결합 확률밀도함수를 최대로 하는 x의 값을 추정값으로 정의한다. 즉,

$$\hat{x}^{ML} = \text{argmax}\, p_{Z_k}(z_k(x)) \tag{3.22}$$

식 (3.21)과 (3.22)를 비교해 보면 확률밀도함수를 최대로 하는 값을 추정값으로 정의한다는 점에서 최대빈도(ML) 추정기가 최대사후(MAP) 추정기의 비베이즈 버전임을 알 수 있다.

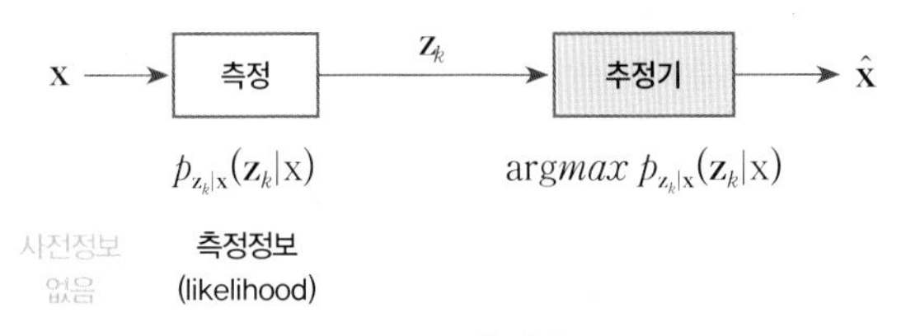

그림 3.5 최대빈도(ML) 추정기

한편, 최대빈도(ML) 추정기를 정의할 때 최대사후(MAP) 추정기와의 표기의 일관성을 유지하기 위해 확률밀도함수 $p_{Z_k}(z_k(x))$를 다음과 같이 조건부 확률밀도함수의 형식으로 표현하는 것이 일반적이다. 즉,

$$\hat{x}^{ML} = \text{argmax}\, p_{Z_k|X}(z_k|x) \tag{3.23}$$

여기서 $p_{Z_k|X}(z_k|x)$는 $X=x$를 조건으로 하는 Z의 조건부 확률밀도함수로서, x에 따라 특정 측정벡터 집합 z_k가 얼마나 자주 나타나는가를 나타내는 빈도함수다. 이 표기법은 최대빈도(ML) 추정기의 정의를 명확하게 이해하는 데 도움이 되고 표기의 일관성이 유지된다는 장점이 있다.

3.4 최소평균제곱오차(MMSE) 추정기

측정벡터 집합이 $Z_k=z_k$로 주어졌을 때, 최소평균제곱오차(MMSE, minimum mean-square error) 추정기는 다음과 같은 조건부 평균추정오차 또는 조건부 평균제곱오차를 최소로 하는 추정기로 정의한다.

$$\begin{aligned} J &= E[(X-\hat{x})^T(X-\hat{x})|Z_k=z_k] \\ &= \int_{-\infty}^{\infty}(x-g(z_k))^T(x-g(z_k))p_{X|Z_k}(x|z_k)dx \end{aligned} \tag{3.24}$$

최소평균제곱오차(MMSE) 추정기는 다음과 같이 표현한다.

$$\hat{x}^{MMSE}=\operatorname{argmin} E[(X-\hat{x})^T(X-\hat{x})|Z_k=z_k] \tag{3.25}$$

측정벡터가 $Z_k=z_k$로 주어지면 식 (3.24)에서 추정기 $\hat{x}=g(z_k)$는 확정적 값이 된다는 점에 유의하며 식 (3.24)의 오른쪽 항을 풀어 써보자.

$$\begin{aligned} J &= E[X^TX-X^T\hat{x}-\hat{x}^TX+\hat{x}^T\hat{x}|Z_k=z_k] \\ &= E[X^TX|Z_k=z_k]-2\hat{x}^TE[X|Z_k=z_k]+\hat{x}^T\hat{x} \end{aligned} \tag{3.26}$$

위 식에서 추정기 $\hat{x}=g(z_k)$는 확정적 값이기 때문에 $E[\cdot]$ 연산자 밖으로 나올 수 있다. 평가함수 J의 최솟값을 구하기 위해 J를 $\hat{x}$로 미분하면 다음과 같다.

$$\frac{\partial J}{\partial \hat{x}}=-2E[X|Z_k=z_k]+2\hat{x} \tag{3.27}$$

평가함수 J의 최솟값은 미분값이 0일 때 얻어지므로, 위 식을 풀면 최소평균제곱오차(MMSE) 추정기는 다음과 같이 된다.

$$\hat{\mathrm{x}}^{MMSE}=E[\mathrm{X}|\mathrm{Z}_k=\mathrm{z}_k] \tag{3.28}$$

즉, 최소평균제곱오차(MMSE) 추정기는 측정벡터 집합이 $\mathrm{Z}_k=\mathrm{z}_k$로 주어졌을 때 X의 조건부 기댓값으로 주어진다. 베이즈 정리를 이용하면 MMSE 추정값을 다음과 같이 표현할 수 있다.

$$\begin{aligned}\hat{\mathrm{x}}^{MMSE}&=E[\mathrm{X}|\mathrm{Z}_k=\mathrm{z}_k]\\&=\int_{-\infty}^{\infty}\mathrm{x}p_{\mathrm{X}|\mathrm{Z}_k}(\mathrm{x}|\mathrm{z}_k)d\mathrm{x}\\&=\frac{\int_{-\infty}^{\infty}\mathrm{x}p_{\mathrm{Z}_k|\mathrm{X}}(\mathrm{z}_k|\mathrm{x})p_{\mathrm{X}}(\mathrm{x})d\mathrm{x}}{\int_{-\infty}^{\infty}p_{\mathrm{Z}_k|\mathrm{X}}(\mathrm{z}_k|\mathrm{x})p_{\mathrm{X}}(\mathrm{x})d\mathrm{x}}\end{aligned} \tag{3.29}$$

측정벡터가 $\mathrm{Z}_k=\mathrm{z}_k$로 주어지면 최소평균제곱오차(MMSE) 추정값은 확정된 값이지만, 측정벡터가 확정되지 않고 랜덤 벡터로 주어지면 최소평균제곱오차(MMSE) 추정기는 다음과 같이 되어 추정값도 랜덤 벡터가 된다.

$$\hat{\mathrm{X}}^{MMSE}=E[\mathrm{X}|\mathrm{Z}_k] \tag{3.30}$$

최소평균제곱오차(MMSE) 추정기의 성능을 알아보기 위해 다음과 같이 추정오차 $\tilde{\mathrm{X}}$를 정의하자.

$$\tilde{\mathrm{X}}=\mathrm{X}-\hat{\mathrm{X}}^{MMSE} \tag{3.31}$$

이제 추정오차 $\tilde{\mathrm{X}}$의 평균을 구해보자.

$$\begin{aligned}E[\tilde{\mathrm{X}}]&=E[\mathrm{X}-\hat{\mathrm{X}}^{MMSE}]\\&=E[\mathrm{X}]-E[E[\mathrm{X}|\mathrm{Z}_k]]\\&=E[\mathrm{X}]-E[\mathrm{X}]=0\end{aligned} \tag{3.32}$$

추정오차 $\tilde{X}$의 평균이 0이므로 최소평균제곱오차(MMSE) 추정값의 기댓값은 미지의 랜덤 벡터 X의 기댓값과 같다는 것을 알 수 있다. 즉, 최소평균제곱오차(MMSE) 추정기는 바이어스가 없는 추정기임을 알 수 있다. 이번에는 추정오차 $\tilde{X}$의 공분산을 구해보자.

$$\begin{aligned} P_{\tilde{X}\tilde{X}} &= E[(\tilde{X}-E[\tilde{X}])(\tilde{X}-E[\tilde{X}])^T] \\ &= E[\tilde{X}\tilde{X}^T] = E[E[\tilde{X}\tilde{X}^T|Z_k]] \\ &= E[P_{XX|Z_k}] \end{aligned} \tag{3.33}$$

추정오차 $\tilde{X}$의 공분산은 측정벡터 집합 Z_k를 조건으로 하는 X의 조건부 공분산의 평균으로 주어진다. 만약 측정벡터가 $Z_k = z_k$로 주어지면 추정오차 $\tilde{X}$의 공분산은 다음과 같이 측정벡터 집합이 $Z_k = z_k$로 주어졌을 때 X의 조건부 공분산으로 주어진다.

$$\begin{aligned} P_{\tilde{X}\tilde{X}} &= E[\tilde{X}\tilde{X}^T] \\ &= E[(X-E[X|Z_k=z_k])(X-E[X|Z_k=z_k])^T] \\ &= P_{XX|Z_k} \end{aligned} \tag{3.34}$$

직각법칙(orthogonality principle)에 의하면 최소평균제곱오차(MMSE) 추정오차는 측정변수로 구성되는 임의의 함수 $g_j(\ )$와 항상 직각이다. 이를 수식으로 표현하면 다음과 같다.

$$E[(X_i - \hat{X}_i^{MMSE})g_j(Z)] = 0, \ \forall i, j \tag{3.35}$$

여기서 X_i는 랜덤 벡터 X의 i번째 요소, $\hat{X}_i^{MMSE}$는 최소평균제곱오차(MMSE) 추정벡터 $\hat{X}^{MMSE}$의 i번째 요소, $g_j(Z)$는 측정벡터 Z의 함수 g(Z)의 j번째 요소를 나타내고, 측정벡터는 확정되지 않고 랜덤 벡터로 주어진다. 식 (3.35)는 최소평균제곱오차(MMSE) 추정오차 벡터의 모든 요소가 측정벡터로 구성되는 임의의 함수의 모든 요소와 직각임을 의미하는데, 이를 벡터 형식으로 쓰면 다음과 같다.

$$E[(X - \hat{X}^{MMSE})g^T(Z)] = 0 \tag{3.36}$$

직각법칙인 식 (3.36)을 증명하기 위해 식 (3.28)을 이용해 식 (3.36)을 전개하면 다음과 같다.

$$\begin{aligned} E[(X-\hat{X}^{MMSE})g^T(Z)] &= E[Xg^T(Z)] - E[E[X|Z]g^T(Z)] \\ &= E[Xg^T(Z)] - E[E[Xg^T(Z)|Z]] \\ &= E[Xg^T(Z)] - E[Xg^T(Z)] = 0 \end{aligned} \tag{3.37}$$

함수를 $g(Z)=Z$로 놓으면 식 (3.37)은 다음과 같이 된다.

$$E[(X-\hat{X}^{MMSE})Z^T] = 0 \tag{3.38}$$

식 (3.38)에 의하면 최소평균제곱오차(MMSE) 추정값 $\hat{X}_i^{MMSE}$는 랜덤 변수 X_i를 측정변수 $\{Z_j, j=1, \ldots, m\}$의 선형조합으로 이루어진 공간(span)에 투사(projection)한 값으로 주어지며, 이때 추정오차 $X_i-\hat{X}_i^{MMSE}$는 그 공간과 직각이다.

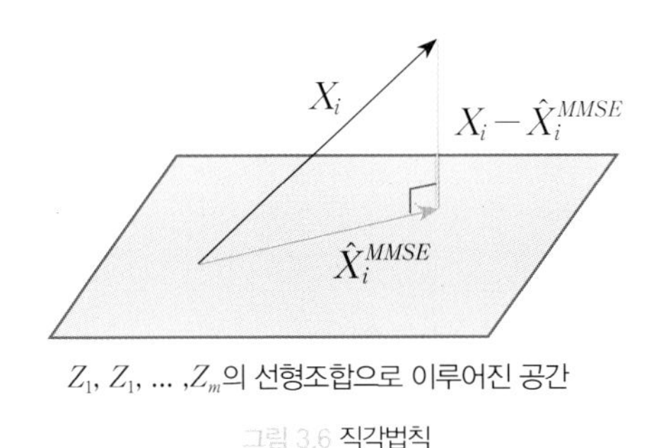

그림 3.6 직각법칙

3.4.1 결합 가우시안 MMSE 추정기

두 랜덤 벡터 X와 Z가 결합 가우시안 분포를 갖는 경우에 대해, 랜덤 벡터 X의 최소평균제곱오차(MMSE) 추정값 $\hat{x}^{MMSE}$를 구해보자.

두 랜덤 벡터가 결합 가우시안이라면 각각의 랜덤 벡터도 가우시안 분포를 갖는다. 먼저 랜덤 벡터 X와 Z가 다음과 같은 확률밀도함수를 갖는다고 가정하자.

$$X \sim N(\mu_X, P_{XX}),\ Z \sim N(\mu_Z, P_{ZZ}) \tag{3.39}$$

또한 두 랜덤 벡터의 결합 확률밀도함수는 다음과 같이 주어졌다고 가정한다.

$$Y=\begin{bmatrix}X\\Z\end{bmatrix}\sim N(\mu_Y,\ P_{YY}) \tag{3.40}$$

결합 랜덤 벡터 Y의 평균 μ_Y, 공분산 P_{YY}는 각각 다음과 같이 주어진다.

$$\mu_Y=\begin{bmatrix}\mu_X\\\mu_Z\end{bmatrix},\ P_{YY}=\begin{bmatrix}P_{XX} & P_{XZ}\\P_{ZX} & P_{ZZ}\end{bmatrix} \tag{3.41}$$

여기서 P_{XZ}는 두 랜덤 벡터 X와 Z의 공분산을 의미한다.

랜덤 벡터 X의 최소평균제곱오차(MMSE) 추정값 $\hat{x}^{MMSE}$를 구하기 위해서는 Z=z를 조건으로 하는 X의 조건부 확률밀도함수가 필요하다. 조건부 확률밀도함수 $p_{X|Z}(x|z)$는 다음과 같이 주어진다.

$$\begin{aligned}p_{X|Z}(x|z)&=\frac{p_{XZ}(x,\ z)}{p_Z(z)}=\frac{p_Y(y)}{p_Z(z)}\\&=\frac{\sqrt{(2\pi)^p\det P_{ZZ}}}{\sqrt{(2\pi)^{n+p}\det P_{YY}}}\exp\left(-\frac{1}{2}\begin{Bmatrix}(y-\mu_Y)^TP_{YY}^{-1}(y-\mu_Y)\\-(z-\mu_Z)^TP_{ZZ}^{-1}(z-\mu_Z)\end{Bmatrix}\right)\end{aligned} \tag{3.42}$$

위 식에 식 (3.41)을 대입하고 정리하면 다음과 같다.

$$p_{X|Z}(x|z)=\frac{1}{\sqrt{(2\pi)^n\det P_{XX|Z}}}\exp\left(-\frac{1}{2}(x-E[X|Z=z])^TP_{XX|Z}^{-1}(x-E[X|Z=z])\right) \tag{3.43}$$

여기서,

$$\begin{aligned}&E[X|Z=z]=\mu_X+P_{XZ}P_{ZZ}^{-1}(z-\mu_Z)\\&P_{XX|Z}=P_{XX}-P_{XZ}P_{ZZ}^{-1}P_{ZX}\end{aligned} \tag{3.44}$$

이다. 따라서 두 랜덤 벡터 X와 Z가 결합 가우시안 분포를 갖는 경우에 대해 랜덤 벡터 X의 최소평균제곱오차(MMSE) 추정값 $\hat{x}^{MMSE}$와 추정오차 공분산은 다음과 같이 주어진다.

$$\hat{x}^{MMSE}(z)=\mu_X+P_{XZ}P_{ZZ}^{-1}(z-\mu_Z)$$
$$P_{\tilde{X}\tilde{X}}=P_{XX|Z}=P_{XX}-P_{XZ}P_{ZZ}^{-1}P_{ZX} \tag{3.45}$$

두 랜덤 벡터 X와 Z가 결합 가우시안 분포를 갖는 경우, 랜덤 벡터 X의 최소평균제곱오차(MMSE) 추정 알고리즘을 정리하면 다음과 같다.

결합 가우시안 MMSE 추정 알고리즘

시스템: 미지의 랜덤 벡터 X와 측정벡터 Z 사이에 명시적인 관계식이 필요하지 않다.

가정: 두 랜덤 벡터 X와 Z가 결합 가우시안(joint Gaussian) 분포를 갖는다.

$$X\sim N(\mu_X,\ P_{XX}),\ Z\sim N(\mu_Z,\ P_{ZZ})$$
$$Y=\begin{bmatrix}X\\Z\end{bmatrix}\sim N(\mu_Y,\ P_{YY}),\ \mu_Y=\begin{bmatrix}\mu_X\\\mu_Z\end{bmatrix},\ P_{YY}=\begin{bmatrix}P_{XX} & P_{XZ}\\P_{ZX} & P_{ZZ}\end{bmatrix}$$

추정기:

$$\hat{x}^{MMSE}(z)=\mu_X+P_{XZ}P_{ZZ}^{-1}(z-\mu_Z)$$
$$P_{\tilde{X}\tilde{X}}=P_{XX}-P_{XZ}P_{ZZ}^{-1}P_{ZX}$$

3.4.2 선형 측정인 경우의 결합 가우시안 MMSE 추정기

미지의 랜덤 벡터 X와 측정벡터 Z가 다음과 같이 선형 관계식을 갖는다고 하자.

$$Z=HX+V \tag{3.46}$$

여기서 X와 측정 노이즈인 V는 다음과 같이 가우시안 랜덤 벡터로 주어지며, 두 랜덤 벡터는 서로 비상관이라고 가정한다.

$$X\sim N(\mu_X,\ P_{XX}),\ V\sim N(0,\ R),\ E[(X-\mu_X)V^T]=0 \tag{3.47}$$

랜덤 벡터 X와 V는 서로 비상관인 가우시안 랜덤 벡터이고 랜덤 벡터 X와 Z는 선형함수 관계이므로 랜덤 벡터 X와 Z는 결합 가우시안 분포를 갖는다. 따라서 랜덤 벡터 Z를 조건으로 하는 랜덤 벡터 X의 최소평균제곱오차(MMSE) 추정값 $\hat{x}^{MMSE}$는 식 (3.45)로 주어진다.

먼저 Z의 평균을 구해보자.

$$\begin{aligned}\mu_Z &= E[Z] = E[HX+V] = HE[X] \\ &= H\mu_X\end{aligned} \tag{3.48}$$

다음으로 Z의 공분산을 구해보자.

$$\begin{aligned}P_{ZZ} &= E[(Z-\mu_Z)(Z-\mu_Z)^T] \\ &= E[(H(X-\mu_X)+V)(H(X-\mu_X)+V)^T] \\ &= HP_{XX}H^T + E[H(X-\mu_X)V^T] + E[V(X-\mu_X)^T H^T] + R \\ &= HP_{XX}H^T + R\end{aligned} \tag{3.49}$$

다음으로 X와 Z의 상호 공분산을 구해보자.

$$\begin{aligned}P_{XZ} &= E[(X-\mu_X)(Z-\mu_Z)^T] \\ &= E[(X-\mu_X)(H(X-\mu_X)+V)^T] \\ &= P_{XX}H^T + E[(X-\mu_X)V^T] \\ &= P_{XX}H^T\end{aligned} \tag{3.50}$$

식 (3.49)와 (3.50)을 식 (3.45)에 대입하면 최소평균제곱오차(MMSE) 추정값과 추정오차 공분산을 구할 수 있다. 즉, 랜덤 벡터 X와 측정벡터 Z가 선형 관계식을 가질 경우, 최소평균제곱오차(MMSE) 추정값은 다음과 같이 주어진다.

$$\hat{x}^{MMSE}(z) = \mu_X + P_{XX}H^T(HP_{XX}H^T + R)^{-1}(z - H\mu_X) \tag{3.51}$$

또한 추정오차 공분산은 다음과 같이 주어진다.

$$
\begin{aligned}
P_{\tilde{X}\tilde{X}} &= P_{XX|Z} \\
&= P_{XX} - P_{XX}H^T(HP_{XX}H^T + R)^{-1}HP_{XX} \\
&= (P_{XX}^{-1} + H^T R^{-1} H)^{-1}
\end{aligned}
\tag{3.52}
$$

식 (3.52)의 마지막 항은 행렬 역변환 정리(matrix inversion lemma)에 의한 것이다.

행렬 역변환 정리는 다음과 같다.

$$(A+BCD)^{-1} = A^{-1} - A^{-1}B(DA^{-1}B + C^{-1})^{-1}DA^{-1}$$

위 식에 의하면, 최소평균제곱오차(MMSE) 추정값과 공분산은 측정값 z에 포함된 미지의 랜덤 벡터 X에 관한 확률 정보를 이용해 사전에 주어진 X에 관한 평균값과 공분산을 수정함으로써 얻어진다는 것을 알 수 있다. 여기서 오차 공분산은 측정값 z의 함수가 아니므로 실제 측정과 무관하게 사전에 미리 계산할 수 있다. 또한 위 식에 의하면 $P_{XX|Z} \leq P_{XX}$이므로 측정값 z를 조건으로 하는 랜덤 벡터 X의 추정오차가 사전에 주어진 랜덤 벡터 X의 공분산보다 더 작아지는 것을 알 수 있다.

이상의 결과를 정리하면 다음과 같다.

선형 측정인 경우 결합 가우시안 MMSE 추정 알고리즘

시스템: $Z = HX + V$

가정: $X \sim N(\mu_X,\ P_{XX}),\ V \sim N(0,\ R),\ E[(X-\mu_X)V^T] = 0$

추정기:

$$\hat{x}^{MMSE}(z) = \mu_X + P_{XX}H^T(HP_{XX}H^T + R)^{-1}(z - H\mu_X)$$

$$
\begin{aligned}
P_{\tilde{X}\tilde{X}} &= P_{XX} - P_{XX}H^T(HP_{XX}H^T + R)^{-1}HP_{XX} \\
&= (P_{XX}^{-1} + H^T R^{-1} H)^{-1}
\end{aligned}
$$

3.4.3 선형 MMSE 추정기

측정벡터 z와 미지의 랜덤 벡터 X의 추정값 $\hat{x}$가 식 (3.53)과 같이 선형관계에 있을 때 이 추정기를 선형 추정기(linear estimator)라고 한다.

$$\hat{x}(z) = Az + b \tag{3.53}$$

측정벡터가 Z=z로 확정되지 않고 랜덤 벡터로 주어졌다면 선형 추정기는

$$\hat{X}(Z) = AZ + b \tag{3.54}$$

로 표현된다. 선형 최소평균제곱오차(LMMSE, linear minimum mean-square error) 추정기는 다음 평가함수를 최소로 하는 선형 추정기로 정의한다.

$$\begin{aligned} J &= E[(X - \hat{X}^{LMMSE})^T (X - \hat{X}^{LMMSE})] \\ &= trE[(X - \hat{X}^{LMMSE})(X - \hat{X}^{LMMSE})^T] \end{aligned} \tag{3.55}$$

여기서 $tr[\cdot]$는 trace를 의미한다. 위 평가함수에 선형 추정기 식 (3.55)를 대입하고 정리하면 다음과 같다.

$$\begin{aligned} J &= trE[(X - \hat{X}^{LMMSE})(X - \hat{X}^{LMMSE})^T] \\ &= trE[(X - AZ - b)(X - AZ - b)^T] \\ &= trE[(X - AZ - b - E[X] + E[X])(X - AZ - b - E[X] + E[X])^T] \\ &= tr\begin{Bmatrix} P_{XX} + A(P_{ZZ} + E[Z](E[Z])^T)A^T + (E[X] - b)(E[X] - b)^T \\ -2AE[Z](E[X] - b)^T - 2AP_{XZ} \end{Bmatrix} \end{aligned} \tag{3.56}$$

여기서 A와 b는 확정적(deterministic) 행렬과 벡터로서, 평가함수가 최소가 되게 정해져야 한다. 위 평가함수가 최소가 되기 위한 필요조건은 다음과 같다.

$$\frac{\partial J}{\partial \mathrm{b}}=2(E[\mathrm{X}]-\mathrm{b})-2\mathrm{A}E[\mathrm{Z}]=0$$
$$\frac{\partial J}{\partial \mathrm{A}}=2\mathrm{A}(\mathrm{P}_{ZZ}+E[\mathrm{Z}](E[\mathrm{Z}])^T-2\mathrm{P}_{XZ}-2(E[\mathrm{X}]-\mathrm{b})(E[\mathrm{Z}])^T=0 \tag{3.57}$$

위 식을 이용해 A와 b를 구하면 다음과 같다.

$$\mathrm{A}=\mathrm{P}_{XZ}\mathrm{P}_{ZZ}^{-1}$$
$$\mathrm{b}=E[\mathrm{X}]-\mathrm{P}_{XZ}\mathrm{P}_{ZZ}^{-1}E[\mathrm{Z}] \tag{3.58}$$

위 식을 식 (3.54)에 대입하면 선형 최소평균제곱오차(LMMSE) 추정기는 다음과 같이 주어진다.

$$\hat{\mathrm{X}}^{LMMSE}(\mathrm{Z})=E[\mathrm{X}]+\mathrm{P}_{XZ}\mathrm{P}_{ZZ}^{-1}(\mathrm{Z}-E[\mathrm{Z}]) \tag{3.59}$$

측정벡터가 Z=z로 확정된다면 선형 최소평균제곱오차(LMMSE) 추정기는 다음과 같이 주어진다.

$$\hat{\mathrm{x}}^{LMMSE}(\mathrm{z})=E[\mathrm{X}]+\mathrm{P}_{XZ}\mathrm{P}_{ZZ}^{-1}(\mathrm{z}-E[\mathrm{Z}]) \tag{3.60}$$

선형 최소평균제곱오차(LMMSE) 추정값의 평균을 구하면 다음과 같다.

$$E[\hat{\mathrm{X}}^{LMMSE}(\mathrm{Z})]=E[E[\mathrm{X}]]+\mathrm{P}_{XZ}\mathrm{P}_{ZZ}^{-1}(E[\mathrm{Z}]-E[\mathrm{Z}])$$
$$=E[\mathrm{X}] \tag{3.61}$$

따라서 선형 최소평균제곱오차(LMMSE) 추정기는 바이어스가 없는 추정기임을 알 수 있다. 한편, 추정오차 공분산은 다음과 같이 주어진다.

$$\mathrm{P}_{\tilde{X}\tilde{X}}=E[(\tilde{\mathrm{X}}-E[\tilde{\mathrm{X}}])(\tilde{\mathrm{X}}-E[\tilde{\mathrm{X}}])^T]$$
$$=E[\tilde{\mathrm{X}}\tilde{\mathrm{X}}^T]=E[(\mathrm{X}-\hat{\mathrm{X}}^{LMMSE})(\mathrm{X}-\hat{\mathrm{X}}^{LMMSE})^T]$$
$$=\mathrm{P}_{XX}-\mathrm{P}_{XZ}\mathrm{P}_{ZZ}^{-1}\mathrm{P}_{ZX} \tag{3.62}$$

이상의 결과를 정리하면 다음과 같다.

선형 MMSE 추정 알고리즘

시스템: 미지의 랜덤 벡터 X와 측정벡터 Z 사이에 명시적인 관계식이 필요하지 않다.

가정: 선형 추정기, $\hat{X}(Z) = AZ + b$

추정기:

$$\hat{X}^{LMMSE}(Z) = E[X] + P_{XZ}P_{ZZ}^{-1}(Z - E[Z])$$

$$P_{\tilde{X}\tilde{X}} = P_{XX} - P_{XZ}P_{ZZ}^{-1}P_{ZX}$$

직각법칙에 의하면 선형 최소평균제곱오차(LMMSE) 추정오차는 측정변수로 구성되는 임의의 선형함수 $h_j(\ )$와 항상 직각이다. 이를 수식으로 표현하면 다음과 같다.

$$E[(X_i - \hat{X}_i^{LMMSE})h_j(Z)] = 0, \ \ \forall i, j \tag{3.63}$$

여기서 식 (3.63)이 식 (3.35)와 다른 점은 함수 $h_j(\ )$는 선형함수여야 한다는 것이다. 식 (3.35)와 같이 비선형함수 $g_j(\ )$라면 식 (3.63)은 성립하지 않는다. 식 (3.63)은 선형 최소평균제곱오차(LMMSE) 추정오차 벡터의 모든 요소가 측정벡터로 구성되는 임의의 선형함수의 모든 요소와 직각임을 의미하는데, 이를 벡터 형식으로 쓰면 다음과 같다.

$$E[(X - \hat{X}^{LMMSE})h^T(Z)] = 0 \tag{3.64}$$

직각법칙인 식 (3.64)를 증명하기 위해 선형함수를 일반적인 형태인 $h(Z) = CZ + d$로 놓자. 여기서 C와 d는 각각 상수행렬과 벡터다. 선형 최소평균제곱오차(LMMSE) 추정기는 바이어스가 없는 추정기임을 이용하고, 식 (3.59)를 식 (3.64)에 대입하면 다음과 같다.

$$\begin{aligned} E[(X - \hat{X}^{LMMSE})h^T(Z)] &= E[(X - E[X] - A(Z - E[Z]))(CZ + d)^T] \\ &= E[(X - E[X] - A(Z - E[Z]))(C(Z - E[Z]) + CE[Z] + d)^T] \\ &= P_{XZ}C^T - (P_{XZ}P_{ZZ}^{-1})P_{ZZ}C^T \\ &= 0 \end{aligned} \tag{3.65}$$

선형함수를 h(Z)=Z로 놓으면 식 (3.65)는 다음과 같이 된다.

$$E[(X-\hat{X}^{LMMSE})Z^T]=0 \tag{3.66}$$

식 (3.66)에 의하면 선형 최소평균제곱오차(LMMSE) 추정값 $\hat{X}_i^{LMMSE}$는 랜덤 변수 X_i를 측정변수 $\{Z_j,\ j=1,\ \ldots,\ m\}$의 선형조합으로 이루어진 공간(span)에 투사(projection)한 값으로 주어지며, 이때 추정오차 $X_i-\hat{X}_i^{LMMSE}$는 그 공간과 직각이다.

3.4.4 선형 측정인 경우의 선형 MMSE 추정기

미지의 랜덤 벡터 X와 측정벡터 Z가 다음과 같이 선형 관계식을 갖는다고 하자.

$$Z=HX+V \tag{3.67}$$

여기서 X와 측정 노이즈인 V는 다음과 같이 임의의 확률분포를 갖는 랜덤 벡터로 주어지며, 두 랜덤 벡터는 서로 비상관이라고 가정한다.

$$X\sim(\mu_X,\ P_{XX}),\ V\sim(0,\ R),\ E[(X-\mu_X)V^T]=0 \tag{3.68}$$

랜덤 벡터 Z=z를 조건으로 하는 랜덤 벡터 X의 선형 최소평균제곱오차(LMMSE) 추정값 $\hat{X}^{LMMSE}$는 식 (3.60)으로 주어진다.

먼저 Z의 기댓값을 구해보자.

$$\begin{aligned}\mu_Z&=E[Z]=E[HX+V]=HE[X]\\&=H\mu_X\end{aligned} \tag{3.69}$$

다음으로 Z의 공분산을 구해보자.

$$\begin{aligned}P_{ZZ}&=E[(Z-\mu_Z)(Z-\mu_Z)^T]\\&=E[(H(X-\mu_X)+V)(H(X-\mu_X)+V)^T]\\&=HP_{XX}H^T+E[H(X-\mu_X)V^T]+E[V(X-\mu_X)^TH^T]+R\\&=HP_{XX}H^T+R\end{aligned} \tag{3.70}$$

다음으로 X와 Z의 상호 공분산을 구해보자.

$$\begin{aligned} P_{XZ} &= E[(X-\mu_X)(Z-\mu_Z)^T] \\ &= E[(X-\mu_X)(H(X-\mu_X)+V)^T] \\ &= P_{XX}H^T + E[(X-\mu_X)V^T] \\ &= P_{XX}H^T \end{aligned} \tag{3.71}$$

식 (3.70)과 (3.71)을 식 (3.60)에 대입하면 선형 최소평균제곱오차(LMMSE) 추정값을 구할 수 있다.

$$\hat{x}^{LMMSE}(z) = \mu_X + P_{XX}H^T(HP_{XX}H^T + R)^{-1}(z - H\mu_X) \tag{3.72}$$

추정오차 공분산은 다음과 같이 주어진다.

$$\begin{aligned} P_{\tilde{X}\tilde{X}} &= P_{XX} - P_{XX}H^T(HP_{XX}H^T + R)^{-1}HP_{XX} \\ &= (P_{XX}^{-1} + H^TR^{-1}H)^{-1} \end{aligned} \tag{3.73}$$

이상의 결과를 정리하면 다음과 같다.

알고리즘

선형 측정인 경우 선형 MMSE 추정 알고리즘

시스템: $Z = HX + V$

가정: $X \sim (\mu_X,\ P_{XX})$, $V \sim (0,\ R)$, $E[(X-\mu_X)V^T] = 0$

선형 추정기 $\hat{X}(Z) = AZ + b$

추정기:

$$\hat{X}^{LMMSE}(Z) = \mu_X + P_{XX}H^T(HP_{XX}H^T + R)^{-1}(Z - H\mu_X)$$

$$\begin{aligned} P_{\tilde{X}\tilde{X}} &= P_{XX} - P_{XX}H^T(HP_{XX}H^T + R)^{-1}HP_{XX} \\ &= (P_{XX}^{-1} + H^TR^{-1}H)^{-1} \end{aligned}$$

3.5 WLS 추정기

측정 방정식이 $Z(k)=h(x, k)+V(k)$이고 실제 측정된 측정벡터 집합이 $z_k=\{z(0), z(1), \ldots, z(k)\}$로 주어졌을 때 최소제곱(LS) 추정기는 다음과 같은 제곱오차를 최소로 하는 추정기로 정의한다.

$$J(k)=\sum_{n=0}^{k}(z(n)-h(\hat{x}^{LS}, n))^T(z(n)-h(\hat{x}^{LS}, n)) \tag{3.74}$$

여기서 제곱오차의 합 J는 k값에 따라 제곱오차 계산 범위가 결정되므로 k값이 클수록 제곱오차의 합이 더 커지는 k의 함수다.

식 (3.74)와 (3.24)를 비교해 보면, 제곱오차를 최소로 하는 값을 추정값으로 정의한다는 점에서 최소제곱(LS) 추정기가 최소평균제곱오차(MMSE) 추정기의 비베이즈 버전임을 알 수 있다.

최소제곱(LS) 추정기는 측정 노이즈의 확률정보에 대해 어떠한 가정도 두지 않는다는 특징이 있다. 따라서 측정 노이즈를 랜덤 벡터가 아닌 어떤 결정적인 값(deterministic value)으로 봐도 무방하다.

측정 방정식이 $Z(k)=H(k)x+V(k)$로서 선형으로 주어지고 실제 측정된 측정벡터 집합이 $z_k=\{z(0), z(1), \ldots, z(k)\}$로 주어졌을 때, 가중최소제곱(WLS, weighted least-squares) 추정기는 다음과 같은 가중제곱오차를 최소로 하는 추정기로 정의한다.

$$J(k)=\sum_{n=0}^{k}(z(n)-H(n)\hat{x}^{WLS})^T R^{-1}(n)(z(n)-H(n)\hat{x}^{WLS}) \tag{3.75}$$

여기서 $R(n)$을 가중 행렬이라고 하는데, 가중 행렬은 제곱오차의 각 요소별 중요도에 따라 결정된다. 특정 요소의 제곱오차가 다른 요소의 제곱오차보다 더 작아야 한다면 해당 요소의 가중치를 더 크게 설정한다. 측정 방정식을 측정벡터의 집합 형태로 쓰면 다음과 같다.

$$Z^k=\begin{bmatrix} Z(0) \\ \vdots \\ Z(k) \end{bmatrix}=\begin{bmatrix} H(0) \\ \vdots \\ H(k) \end{bmatrix}x+\begin{bmatrix} V(0) \\ \vdots \\ V(k) \end{bmatrix}=H^k x+V^k \tag{3.76}$$

그러면 식 (3.75)의 가중제곱오차는 다음과 같이 쓸 수 있다.

$$J(k)=(z^k-H^k\hat{x}^{WLS})^T(R^k)^{-1}(z^k-H^k\hat{x}^{WLS}) \tag{3.77}$$

여기서,

$$z^k=\begin{bmatrix} z(0) \\ \vdots \\ z(k) \end{bmatrix},\ R^k=\begin{bmatrix} R(0) & \cdots & 0 \\ \vdots & \ddots & \vdots \\ 0 & \cdots & R(k) \end{bmatrix}$$

이다. $J(k)$의 최솟값을 구하기 위해 $J(k)$를 $\hat{x}^{WLS}$로 미분하면 다음과 같다.

$$\frac{\partial J(k)}{\partial \hat{x}^{WLS}}=-2(H^k)^T(R^k)^{-1}(z^k-H^k\hat{x}^{WLS}) \tag{3.78}$$

$J(k)$의 최솟값은 미분값이 0일 때 얻어지므로, 위 식을 풀면 k에서의 가중최소제곱(WLS) 추정기는 다음과 같이 된다.

$$\hat{x}^{WLS}(k)=[(H^k)^T(R^k)^{-1}H^k]^{-1}(H^k)^T(R^k)^{-1}z^k \tag{3.79}$$

측정벡터가 $Z^k=z^k$로 주어지면 가중최소제곱(WLS) 추정값은 확정된 값이지만, 측정벡터가 확정되지 않고 랜덤 벡터로 주어지면 가중최소제곱(WLS) 추정기는 다음과 같이 돼서 추정값도 랜덤 벡터가 된다.

$$\hat{X}^{WLS}(k)=[(H^k)^T(R^k)^{-1}H^k]^{-1}(H^k)^T(R^k)^{-1}Z^k \tag{3.80}$$

이때, 추정오차 $\tilde{X}$는 다음과 같이 주어진다.

$$\begin{aligned}\tilde{X}(k) &= x - \hat{X}^{WLS}(k) \\ &= -[(H^k)^T (R^k)^{-1} H^k]^{-1} (H^k)^T (R^k)^{-1} V^k\end{aligned} \tag{3.81}$$

또한 추정오차의 공분산 $P_{\tilde{X}\tilde{X}}$는 다음과 같이 주어진다.

$$\begin{aligned}P_{\tilde{X}\tilde{X}}(k) &= E[\tilde{X}(k)\tilde{X}^T(k)] \\ &= [(H^k)^T (R^k)^{-1} H^k]^{-1} (H^k)^T (R^k)^{-1} E[V^k (V^k)^T](R^k)^{-1} H^k [(H^k)^T (R^k)^{-1} H^k]^{-1}\end{aligned} \tag{3.82}$$

측정 노이즈 $V(k)$의 평균이 0이고, 공분산이 가중치와 동일하게 주어지고 시간적으로 비상관이라면, 즉

$$E[V(k)V^T(l)] = R(k)\delta_{kl} \tag{3.83}$$

이라면, 공분산 $P_{\tilde{X}\tilde{X}}$는 다음과 같이 간략화된다.

$$P_{\tilde{X}\tilde{X}}(k) = [(H^k)^T (R^k)^{-1} H^k]^{-1} \tag{3.84}$$

3.5.1 궤환 WLS 추정기

식 (3.79)로 주어진 가중최소제곱(WLS) 추정기 형식을 배치(batch, 일괄 처리) 형식이라고 한다. 새로운 측정값 $z(k+1)$이 얻어진다면 $z(0)$에서부터 $z(k+1)$까지 측정벡터를 다시 모아서 z^{k+1}을 만들고, 이와 연관된 H^{k+1}과 R^{k+1}을 새로 구축한 다음, 식 (3.79)를 이용해 $k+1$에서의 추정값 $\hat{x}^{WLS}(k+1)$을 다시 계산해야 한다. 새로운 측정값을 얻을 때마다 이와 같은 작업을 반복하는 것은 매우 불편한 일이 아닐 수 없다. 반면에 새로운 측정값을 얻을 때마다 기존의 추정값을 수정하는 형식을 궤환(recursive) 형식이라고 한다. 이 절에서는 식 (3.79)로 주어진 배치 형식의 가중최소제곱(WLS) 추정기를 궤환 형식으로 바꿔본다. 먼저 새로운 측정값 $z(k+1)$을 얻었다면 다음과 같이 측정벡터, 측정행렬, 측정 노이즈, 가중치 등을 다음과 같이 분할해 표기할 수 있다.

$$z^{k+1}=\begin{bmatrix} z^k \\ z(k+1) \end{bmatrix},\ H^{k+1}=\begin{bmatrix} H^k \\ H(k+1) \end{bmatrix},$$
$$v^{k+1}=\begin{bmatrix} v^k \\ v(k+1) \end{bmatrix},\ R^{k+1}=\begin{bmatrix} R^k & 0 \\ 0 & R(k+1) \end{bmatrix} \tag{3.85}$$

식 (3.84)로 주어진 공분산 행렬을 $k+1$에서 궤환 형식으로 계산하면 다음과 같다.

$$\begin{aligned} P_{\tilde{X}\tilde{X}}^{-1}(k+1) &= (H^{k+1})^T (R^{k+1})^{-1} H^{k+1} \\ &= [(H^k)^T\ H^T(k+1)] \begin{bmatrix} R^k & 0 \\ 0 & R(k+1) \end{bmatrix}^{-1} \begin{bmatrix} H^k \\ H(k+1) \end{bmatrix} \\ &= (H^k)^T (R^k)^{-1} H^k + H^T(k+1) R^{-1}(k+1) H(k+1) \\ &= P_{\tilde{X}\tilde{X}}^{-1}(k) + H^T(k+1) R^{-1}(k+1) H(k+1) \end{aligned} \tag{3.86}$$

행렬 역변환 정리를 이용하면 식 (3.86)을 다음과 같이 쓸 수 있다.

$$\begin{aligned} P_{\tilde{X}\tilde{X}}(k+1) &= [P_{\tilde{X}\tilde{X}}^{-1}(k) + H^T(k+1) R^{-1}(k+1) H(k+1)]^{-1} \\ &= P_{\tilde{X}\tilde{X}}(k) - P_{\tilde{X}\tilde{X}}(k) H^T(k+1) \\ &\quad \times [H(k+1) P_{\tilde{X}\tilde{X}}(k) H^T(k+1) + R(k+1)]^{-1} H(k+1) P_{\tilde{X}\tilde{X}}(k) \end{aligned} \tag{3.87}$$

다음과 같이 새로운 행렬을 정의하면,

$$\begin{aligned} S(k+1) &= H(k+1) P_{\tilde{X}\tilde{X}}(k) H^T(k+1) + R(k+1) \\ K(k+1) &= P_{\tilde{X}\tilde{X}}(k) H^T(k+1) S^{-1}(k+1) \end{aligned} \tag{3.88}$$

식 (3.87)을 식 (3.89)로 간략하게 표기할 수 있다.

$$\begin{aligned} P_{\tilde{X}\tilde{X}}(k+1) &= P_{\tilde{X}\tilde{X}}(k) - K(k+1) H(k+1) P_{\tilde{X}\tilde{X}}(k) \\ &= P_{\tilde{X}\tilde{X}}(k) - K(k+1) S(k+1) K^T(k+1) \end{aligned} \tag{3.89}$$

이번에는 식 (3.89)의 양변에 $H^T(k+1)R^{-1}(k+1)$을 곱해보자. 그러면,

$$\begin{aligned}
&P_{\tilde{X}\tilde{X}}(k+1)H^T(k+1)R^{-1}(k+1) \\
&\quad = P_{\tilde{X}\tilde{X}}(k)H^T(k+1)R^{-1}(k+1) \\
&\qquad - P_{\tilde{X}\tilde{X}}(k)H^T(k+1)[H(k+1)P_{\tilde{X}\tilde{X}}(k)H^T(k+1)+R(k+1)]^{-1} \\
&\qquad\ \times H(k+1)P_{\tilde{X}\tilde{X}}(k)H^T(k+1)+R^{-1}(k+1) \\
&\quad = P_{\tilde{X}\tilde{X}}(k)H^T(k+1)S^{-1}(k+1) \\
&\quad = K(k+1)
\end{aligned} \tag{3.90}$$

이 되어, 식 (3.90)은 식 (3.88)로 정의된 $K(k+1)$의 또 다른 수학적 표현이라고 볼 수 있다.

이제 식 (3.79)로 주어진 추정값을 $k+1$에서 궤환 형식으로 표현해 보자. $k+1$에서의 추정값은 식 (3.79)의 k 대신에 $k+1$을 대입해 계산하면 된다.

$$\begin{aligned}
\hat{x}^{WLS}(k+1) &= [(H^{k+1})^T(R^{k+1})^{-1}H^{k+1}]^{-1}(H^{k+1})^T(R^{k+1})^{-1}z^{k+1} \\
&= P_{\tilde{X}\tilde{X}}(k+1)(H^{k+1})^T(R^{k+1})^{-1}z^{k+1}
\end{aligned} \tag{3.91}$$

식 (3.91)의 오른쪽 항을 좀 더 전개해 보자. 그러면 다음 식을 얻을 수 있다.

$$\begin{aligned}
(H^{k+1})^T(R^{k+1})^{-1}z^{k+1} &= [(H^k)^T\ H^T(k+1)]\begin{bmatrix} R^k & 0 \\ 0 & R(k+1) \end{bmatrix}^{-1}\begin{bmatrix} z^k \\ z(k+1) \end{bmatrix} \\
&= (H^k)^T(R^k)^{-1}z^k + H^T(k+1)R^{-1}(k+1)z(k+1)
\end{aligned} \tag{3.92}$$

식 (3.92)를 식 (3.91)에 대입하면,

$$\begin{aligned}
\hat{x}^{WLS}(k+1) &= P_{\tilde{X}\tilde{X}}(k+1)(H^k)^T(R^k)^{-1}z^k \\
&\quad + P_{\tilde{X}\tilde{X}}(k+1)H^T(k+1)R^{-1}(k+1)z(k+1)
\end{aligned} \tag{3.93}$$

이 된다. 다시 식 (3.89)와 (3.90)을 대입하면 다음과 같이 된다.

$$\begin{aligned}
\hat{x}^{WLS}(k+1) &= [I-K(k+1)H(k+1)]P_{\tilde{X}\tilde{X}}(k)(H^k)^T(R^k)^{-1}z^k \\
&\quad + K(k+1)z(k+1) \\
&= [I-K(k+1)H(k+1)]\hat{x}^{WLS}(k)+K(k+1)z(k+1)
\end{aligned} \tag{3.94}$$

최종적으로 궤환 WLS 추정값은 다음과 같이 주어진다.

$$\hat{x}^{WLS}(k+1)=\hat{x}^{WLS}(k)+K(k+1)[z(k+1)-H(k+1)\hat{x}^{WLS}(k)] \tag{3.95}$$

식 (3.95)에 의하면, 새로운 추정값 $\hat{x}^{WLS}(k+1)$은 이전의 추정값과 수정항으로 구성됨을 알 수 있다. 수정항은 측정벡터 $z(k+1)$과 시간 k에서 측정벡터를 추정한 값의 차이와, 게인(gain) $K(k+1)$로 구성된다. 식 (3.95), (3.87), (3.89)가 궤환 가중최소제곱(WLS) 추정기를 이루는 식인데, 이를 정리하면 다음과 같다.

알고리즘

궤환 WLS 추정 알고리즘

시스템: $Z(k)=H(k)x+V(k)$

가정: $V(k)\sim(0,\ R(k)),\quad E[V(k)V^T(l)]=R(k)\delta_{kl}$

평가함수:

$$J(k)=\sum_{n=0}^{k}(z(n)-H(n)\hat{x}^{WLS})^T R^{-1}(n)(z(n)-H(n)\hat{x}^{WLS})$$

추정기 초기화 ($k=0$):

$$\hat{x}^{WLS}(0)=[(H(0))^T(R(0))^{-1}H(0)]^{-1}(H(0))^T(R(0))^{-1}z(0)$$

$$P_{\tilde{x}\tilde{x}}(0)=[(H(0))^T(R(0))^{-1}H(0)]^{-1}$$

추정기:

$$\hat{x}^{WLS}(k+1)=\hat{x}^{WLS}(k)+K(k+1)[z(k+1)-H(k+1)\hat{x}^{WLS}(k)]$$

$$S(k+1)=H(k+1)P_{\tilde{x}\tilde{x}}(k)H^T(k+1)+R(k+1)$$

$$K(k+1)=P_{\tilde{x}\tilde{x}}(k)H^T(k+1)S^{-1}(k+1)$$

$$\begin{aligned}P_{\tilde{x}\tilde{x}}(k+1)&=P_{\tilde{x}\tilde{x}}(k)-K(k+1)H(k+1)P_{\tilde{x}\tilde{x}}(k)\\&=P_{\tilde{x}\tilde{x}}(k)-K(k+1)S(k+1)K^T(k+1)\end{aligned}$$

3.6 추정기 설계 예제

이제 예제를 통해 각 추정기를 구체적으로 설계해 보자.

예제 3.1 선형 측정 방정식과 미지의 파라미터 X 및 측정 노이즈의 확률밀도함수가 각각 다음과 같이 주어졌다.

$$Z=X+V \tag{3.96}$$

$$p_X(x)=\begin{cases}1, & 0\le x\le 1\\ 0, & otherwise\end{cases},\quad p_V(v)=e^{-v}\,(v\ge 0) \tag{3.97}$$

최대사후(MAP)와 최소평균제곱오차(MMSE) 추정기 및 최대빈도(ML)와 최소제곱(LS) 추정기를 설계하라.

풀이 빈도함수 $p_{Z|X}(z|x)$는 다음과 같이 주어진다.

$$\begin{aligned}p_{Z|X}(z|x)&=p_V(z-x)=\begin{cases}e^{-(z-x)}, & z-x\ge 0\\ 0, & z-x<0\end{cases}\\ &=\begin{cases}e^{-(z-x)}, & x\le z\\ 0, & x>z\end{cases}\end{aligned} \tag{3.98}$$

X와 Z의 결합 확률밀도함수는 다음과 같이 주어진다.

$$\begin{aligned}p_{XZ}(x,\ z)&=p_{Z|X}(z|x)p_X(x)\\ &=\begin{cases}e^{-(z-x)}, & 0\le x\le 1,\ x\le z\\ 0, & otherwise\end{cases}\end{aligned} \tag{3.99}$$

따라서 Z의 확률밀도함수는 다음과 같이 구할 수 있다.

$$p_Z(z)=\int_{-\infty}^{\infty} p_{XZ}(x,\ z)dx=\begin{cases}\int_0^1 e^{-(z-x)}dx,\ z>1\\ \int_0^z e^{-(z-x)}dx,\ 0\le z\le 1\end{cases}$$
$$=\begin{cases}e^{-z}(e-1),\ z>1\\ 1-e^{-z},\quad 0\le z\le 1\end{cases} \tag{3.100}$$

식 (3.99)와 (3.100)을 이용하면 사후(a posteriori) 조건부 확률밀도함수 $p_{X|Z}(x|z)$를 다음과 같이 구할 수 있다.

$$p_{X|Z}(x|z)=\frac{p_{XZ}(x,\ z)}{p_Z(z)}=\left\{\begin{array}{l}\frac{e^x}{(e-1)},\ 0\le x\le 1,\ z>1\\ \frac{e^{-(z-x)}}{1-e^{-z}},\ 0\le x\le z\le 1\\ 0,\ otherwise\end{array}\right\} \tag{3.101}$$

식 (3.101)을 이용해 최대사후(MAP) 추정값을 다음과 같이 산출할 수 있다.

$$\hat{x}^{MAP}=\text{argmax}\,p_{X|Z}(x|z)=\begin{cases}1,\quad z>1\\ z,\quad 0\le z\le 1\end{cases} \tag{3.102}$$

최소평균제곱오차(MMSE) 추정값은 다소 복잡한 전개과정이 필요하다.

$$\hat{x}^{MMSE}=E[X|Z=z]=\int_{-\infty}^{\infty} xp_{X|Z}(x|z)dx$$
$$=\begin{cases}\int_0^1 x\frac{e^x}{(e-1)}dx,\quad z>1\\ \int_0^z x\frac{e^{-(z-x)}}{(1-e^{-z})}dx,\ z\le 1\end{cases}$$
$$=\begin{cases}\frac{1}{(e-1)}\int_0^1 xe^x dx=\frac{1}{(e-1)}[(x-1)e^x]_0^1,\ z>1\\ \frac{e^{-z}}{1-e^{-z}}\int_0^z xe^x dx=\frac{e^{-z}}{1-e^{-z}}[(x-1)e^x]_0^z,\ z\le 1\end{cases} \tag{3.103}$$
$$=\begin{cases}\frac{1}{(e-1)},\quad z>1\\ \frac{(z-1)+e^{-z}}{1-e^{-z}},\ z\le 1\end{cases}$$

한편, 최대빈도(ML) 추정기와 최소제곱(LS) 추정기는 미지의 파라미터 X를 확정된 값으로 본다. 따라서 X는 사전 확률정보가 전혀 없다고 간주한다. 식 (3.98)을 이용해 최대빈도(ML) 추정값을 구하면 다음과 같이 측정값이 바로 추정값이 된다.

$$\begin{aligned}\hat{x}^{ML} &= \operatorname{argmax} p_{Z|X}(z|x) \\ &= z\end{aligned} \tag{3.104}$$

최소제곱(LS) 추정값도 다음과 같이 측정값이 추정값이 된다.

$$\begin{aligned}\hat{x}^{LS} &= \operatorname{argmin} J = \operatorname{argmin}(z-x)^2 \\ &= z\end{aligned} \tag{3.105}$$

다음 그림은 측정값 z에 대해서 최대사후(MAP), 최소평균제곱오차(MMSE), 최대빈도(ML) 및 최소제곱(LS) 추정기가 각각 산출한 추정값을 그린 것이다.

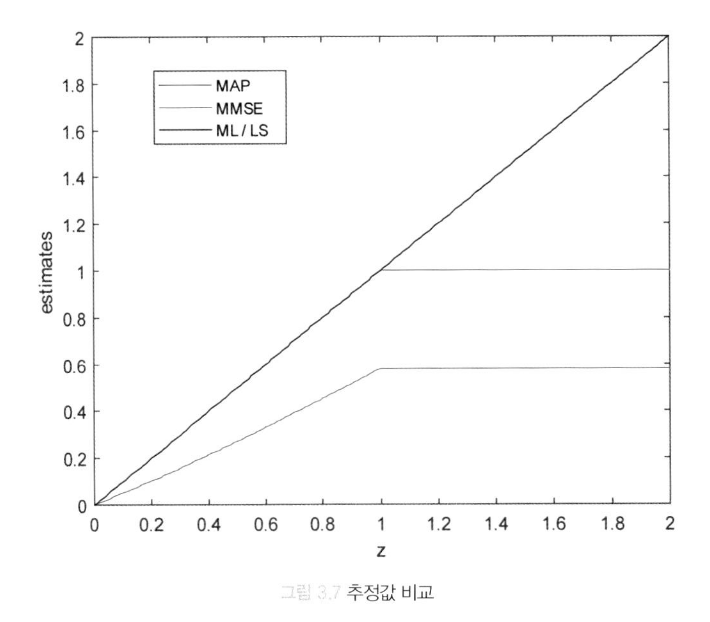

그림 3.7 추정값 비교

예제 3.2 측정 방정식이 비선형이고, 미지의 파라미터 X 및 측정 노이즈의 확률밀도함수가 각각 다음과 같이 주어졌다.

$$Z=\log\left(\frac{1}{X}\right)+V \tag{3.106}$$

$$p_X(x)=\begin{cases}1, & 0\le x\le 1\\ 0, & otherwise\end{cases},\ p_V(v)=e^{-v}(v\ge 0) \tag{3.107}$$

최대사후(MAP), 최소평균제곱오차(MMSE), 최대빈도(ML), 최소제곱(LS) 추정기를 설계하라.

풀이 빈도함수 $p_{Z|X}(z|x)$는 다음과 같이 주어진다.

$$\begin{aligned}p_{Z|X}(z|x)&=p_V\left(z-\log\frac{1}{x}\right)=\begin{cases}e^{-(z-\log(1/x))}, & z-\log(1/x)\ge 0\\ 0, & z-\log(1/x)<0\end{cases}\\ &=\begin{cases}\frac{1}{x}e^{-z}, & x\ge e^{-z}\\ 0, & x<e^{-z}\end{cases}\end{aligned} \tag{3.108}$$

X와 Z의 결합 확률밀도함수는 다음과 같이 주어진다.

$$\begin{aligned}p_{XZ}(x,\ z)&=p_{Z|X}(z|x)p_X(x)\\ &=\begin{cases}\frac{1}{x}e^{-z}, & e^{-z}\le x\le 1,\ z\ge 0\\ 0, & otherwise\end{cases}\end{aligned} \tag{3.109}$$

따라서 Z의 확률밀도함수는 다음과 같이 구할 수 있다.

$$\begin{aligned}p_Z(z)&=\int_{-\infty}^{\infty}p_{XZ}(x,\ z)dx\\ &=\int_{e^{-z}}^{1}\frac{1}{x}e^{-z}dx=e^{-z}[\log x]_{e^{-z}}^{1}=ze^{-z},\ z\ge 0\end{aligned} \tag{3.110}$$

식 (3.109)와 (3.110)을 이용해 사후(a posteriori) 조건부 확률밀도함수 $p_{X|Z}(x|z)$를 구하면 다음과 같다.

$$p_{X|Z}(x|z)=\frac{p_{Z|X}(z|x)p_X(x)}{p_Z(z)}=\begin{cases}\frac{1}{xz}, & e^{-z}\leq x\leq 1,\ z\geq 0\\ 0, & otherwise\end{cases} \tag{3.111}$$

식 (3.111)을 이용해 최대사후(MAP) 추정값과 최소평균제곱오차(MMSE) 추정값을 각각 다음과 같이 산출할 수 있다.

$$\hat{x}^{MAP}=\text{argmax}\,p_{X|Z}(x|z)=e^{-z} \tag{3.112}$$

$$\begin{aligned}\hat{x}^{MMSE}&=E[X|Z=z]=\int_{-\infty}^{\infty}xp_{X|Z}(x|z)dx\\ &=\int_{e^{-z}}^{1}x\frac{1}{xz}dx=\frac{1-e^{-z}}{z},\ z>0\end{aligned} \tag{3.113}$$

식 (3.108)을 이용해 최대빈도(ML) 추정값을 구하면 다음과 같다.

$$\begin{aligned}\hat{x}^{ML}&=\text{argmax}\,p_{Z|X}(z|x)\\ &=e^{-z}\end{aligned} \tag{3.114}$$

최소제곱(LS) 추정값도 다음과 같이 구할 수 있다.

$$\begin{aligned}\hat{x}^{LS}&=\text{argmin}\,J=\text{argmin}\,(z-\log(1/x))^2\\ &=e^{-z}\end{aligned} \tag{3.115}$$

다음 그림은 측정값 z에 대해 최대사후(MAP), 최소평균제곱오차(MMSE), 최대빈도(ML) 및 최소제곱(LS) 추정기가 각각 산출한 추정값을 그린 것이다.

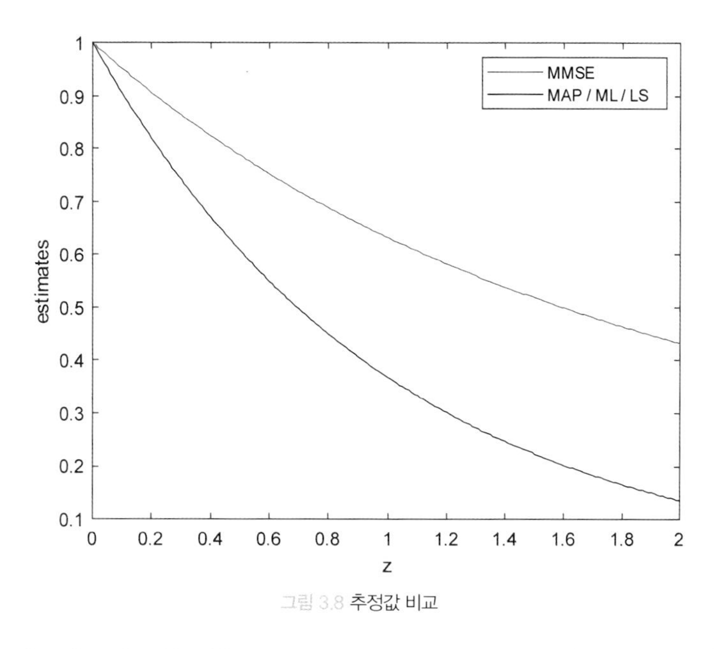

그림 3.8 추정값 비교

예제 3.3 예제 3.1과 똑같은 측정 방정식과 확률밀도함수가 다음과 같이 주어졌다.

$$Z = X + V \tag{3.116}$$

$$p_X(x) = \begin{cases} 1, & 0 \le x \le 1 \\ 0, & otherwise \end{cases}, \quad p_V(v) = e^{-v} \ (v \ge 0) \tag{3.117}$$

선형 최소평균제곱오차(LMMSE) 추정기를 설계하라.

풀이 식 (3.117)로 주어진 확률밀도함수를 이용해 X의 기댓값을 구하면 다음과 같다.

$$E[X] = \int_{-\infty}^{\infty} x p_X(x) dx = \int_0^1 x dx = \frac{1}{2} \tag{3.118}$$

예제 3.1에서 구한 Z의 확률밀도함수 (3.100)을 이용해 Z의 기댓값과 2차 모멘트를 구하면 다음과 같다.

$$\begin{aligned} E[Z] &= \int_{-\infty}^{\infty} z p_Z(z) dz = \int_0^1 z(1-e^{-z}) dz + \int_1^{\infty} z e^{-z}(e-1) dz \\ &= \left[\frac{z^2}{2} + (z+1)e^{-z}\right]_0^1 + (1-e)[(z+1)e^{-z}]_1^{\infty} \\ &= \frac{3}{2} \end{aligned} \tag{3.119}$$

$$\begin{aligned} E[Z^2] &= \int_{-\infty}^{\infty} z^2 p_Z(z) dz = \int_0^1 z^2(1-e^{-z}) dz + \int_1^{\infty} z^2 e^{-z}(e-1) dz \\ &= \left[\frac{z^3}{3} + (z^2+2z+2)e^{-z}\right]_0^1 + (1-e)[(z^2+2z+2)e^{-z}]_1^{\infty} \\ &= \frac{10}{3} \end{aligned} \tag{3.120}$$

X와 Z의 결합 확률밀도함수 (3.99)를 이용해 상관도를 구하면 다음과 같다.

$$\begin{aligned} E[XZ] &= \int_{-\infty}^{\infty}\int_{-\infty}^{\infty} xz p_{XZ}(x, z) dx dz = \int_0^1 \int_x^{\infty} xz e^{-(z-x)} dz dx \\ &= \int_0^1 x e^x [(x+1)e^{-x}] dx = \int_0^1 (x^2+x) dx = \frac{5}{6} \end{aligned} \tag{3.121}$$

이제 식 (3.119), (3.120), (3.121)을 이용해 X와 Z의 상호 공분산과 Z의 분산을 구하면 다음과 같다.

$$P_{XZ} = E[XZ] - E[X]E[Z] = \frac{5}{6} - \frac{3}{4} = \frac{1}{12} \tag{3.122}$$

$$P_{ZZ} = E[Z^2] - (E[Z])^2 = \frac{10}{3} - \frac{9}{4} = \frac{13}{12} \tag{3.123}$$

식 (3.118), (3.119), (3.122), (3.123)을 식 (3.60)에 대입하면 다음과 같이 선형 최소평균제곱오차(LMMSE) 추정값을 구할 수 있다.

$$\begin{aligned} \hat{x}^{LMMSE} &= E[X] + P_{XZ} P_{ZZ}^{-1}(z - E[Z]) \\ &= \frac{5}{13} + \frac{z}{13} \end{aligned} \tag{3.124}$$

다음 그림은 예제 3.1에서 구한 비선형 최소평균제곱오차(MMSE) 추정값과 선형 최소평균제곱오차(LMMSE) 추정값을 비교한 그림이다.

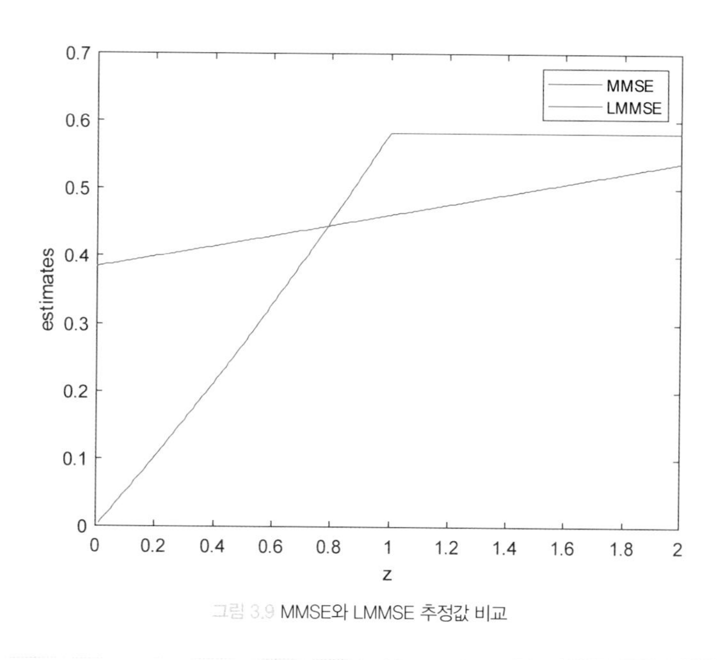

그림 3.9 MMSE와 LMMSE 추정값 비교

예제 3.4 예제 3.2와 똑같은 측정 방정식과 확률밀도함수가 다음과 같이 주어졌다.

$$Z = \log\left(\frac{1}{X}\right) + V \tag{3.125}$$

$$p_X(x) = \begin{cases} 1, & 0 \le x \le 1 \\ 0, & otherwise \end{cases}, \quad p_V(v) = e^{-v} (v \ge 0) \tag{3.126}$$

선형 최소평균제곱오차(LMMSE) 추정기를 설계하라.

풀이 식 (3.126)으로 주어진 확률밀도함수를 이용해 X의 기댓값을 구하면 다음과 같다.

$$E[X] = \int_{-\infty}^{\infty} x p_X(x) dx = \int_0^1 x dx = \frac{1}{2} \tag{3.127}$$

예제 3.2에서 구한 Z의 확률밀도함수 (3.110)을 이용해 Z의 기댓값과 2차 모멘트를 구하면 다음과 같다.

$$E[Z]=\int_{-\infty}^{\infty} zp_Z(z)dz=\int_0^{\infty} z^2e^{-z}dz=2 \tag{3.128}$$

$$E[Z^2]=\int_{-\infty}^{\infty} z^2p_Z(z)dz=\int_0^{\infty} z^3e^{-z}dz=6 \tag{3.129}$$

X와 Z의 결합 확률밀도함수 (3.109)를 이용해 상관도를 구하면 다음과 같다.

$$E[XZ]=\int_{-\infty}^{\infty}\int_{-\infty}^{\infty} xzp_{XZ}(x,\ z)dxdz=\int_0^{\infty}\int_{e^{-z}}^{1} ze^{-z}dxdz=\frac{3}{4} \tag{3.130}$$

이제, 식 (3.128), (3.129), (3.130)을 이용해 X와 Z의 상호 공분산과 Z의 분산을 구하면 다음과 같다.

$$P_{XZ}=E[XZ]-E[X]E[Z]=\frac{3}{4}-\frac{1}{2}(2)=-\frac{1}{4} \tag{3.131}$$

$$P_{ZZ}=E[Z^2]-(E[Z])^2=6-4=2 \tag{3.132}$$

식 (3.127), (3.128), (3.131), (3.132)를 식 (3.60)에 대입하면 다음과 같이 선형 최소평균제곱오차(LMMSE) 추정값을 구할 수 있다.

$$\begin{aligned}\hat{x}^{LMMSE}&=E[X]+P_{XZ}P_{ZZ}^{-1}(z-E[Z])\\&=\frac{3}{4}-\frac{z}{8}\end{aligned} \tag{3.133}$$

다음 그림은 예제 3.2에서 구한 비선형 최소평균제곱오차(MMSE) 추정값과 선형 최소평균제곱오차(LMMSE) 추정값을 비교한 그림이다.

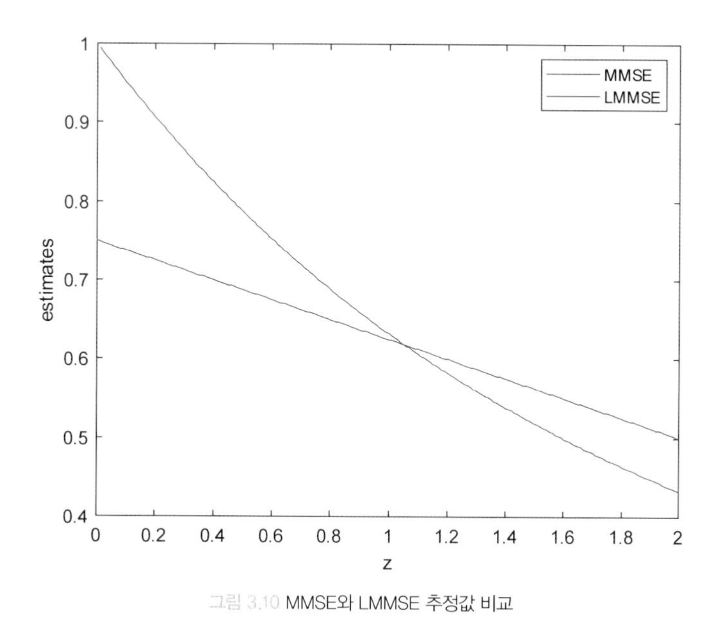

그림 3.10 MMSE와 LMMSE 추정값 비교

3.7 추정기 비교

3.7.1 MAP 추정기와 ML 추정기

최대사후(MAP) 추정기와 최대빈도(ML) 추정기는 확률밀도함수를 최대로 하는 값(mode)을 추정값으로 정의한다는 점에서 같다. 하지만 최대사후(MAP) 추정기는 미지의 값 X를 랜덤 벡터로 보며 X에 관한 사전 확률정보를 알고 있다고 가정하지만, 최대빈도(ML) 추정기는 X를 미지의 확정된 값으로 보며 X에 관한 사전 확률정보가 전혀 없고 X에 관한 정보는 오로지 측정벡터 Z를 통해서만 얻을 수 있다고 가정한다는 차이점이 있다. 이러한 차이점이 무엇을 의미하는지 다음 예제를 통해 살펴보자.

다음과 같이 스칼라 선형 측정 방정식이 주어졌다고 하자.

$$Z = X + V \tag{3.134}$$

여기서 측정 노이즈 V는 평균이 0이고 분산이 σ_v^2인 가우시안 랜덤 변수라고 가정한다.

$$V \sim N(0,\ \sigma_v^2) \tag{3.135}$$

먼저, X를 미지의 확정된 값으로 보고 X의 빈도함수를 구해보자.

$$p_{Z|X}(z|x) = N(z|x,\ \sigma_v^2) = \frac{1}{\sqrt{2\pi\sigma_v^2}} \exp\left(-\frac{(z-x)^2}{2\sigma_v^2}\right) \tag{3.136}$$

최대빈도(ML) 추정값은 X의 빈도함수를 최대로 하는 값이므로 다음과 같이 측정값 z를 추정값으로 산출한다.

$$\hat{x}^{ML} = \text{argmax}\, p_{Z|X}(z|x) = z \tag{3.137}$$

이번에는 X의 사전 확률정보가 다음과 같이 가우시안 확률밀도함수로 주어졌다고 가정하자.

$$p_X(x) = N(x|\bar{x},\ \sigma_x^2) \tag{3.138}$$

여기서 X와 Z는 서로 독립인 랜덤 변수로 가정한다. 그러면 측정변수 $Z=z$를 조건으로 하는 랜덤 변수 X의 확률밀도함수는 다음과 같이 주어진다.

$$\begin{aligned} p_{X|Z}(x|z) &= \frac{p_{Z|X}(z|x)p_X(x)}{p_Z(z)} \\ &= \frac{p_{Z|X}(z|x)p_X(x)}{\int p_{Z|X}(z|x)p_X(x)dx} \\ &= \frac{1}{c_0} \exp\left(-\frac{(z-x)^2}{2\sigma_v^2} - \frac{(x-\bar{x})^2}{2\sigma_x^2}\right) \end{aligned} \tag{3.139}$$

여기서 c_0는 정규화 상수다. 위 식을 좀 더 전개해 정리하면 다음과 같이 가우시안 확률밀도함수를 얻을 수 있다.

$$p_{X|Z}(x|z) = \frac{1}{c_1} \exp\left(-\frac{(x-\hat{x}(z))^2}{2\sigma_1^2}\right) \tag{3.140}$$

여기서,

$$\hat{x}(z)=\bar{x}+\frac{\sigma_x^2}{\sigma_x^2+\sigma_v^2}(z-\bar{x})$$
$$\sigma_1^2=\frac{\sigma_x^2\sigma_v^2}{\sigma_x^2+\sigma_v^2},\ c_1=\frac{1}{\sqrt{2\pi\sigma_1^2}} \quad (3.141)$$

이다. 최대사후(MAP) 추정기는 조건부 확률밀도함수가 최댓값일 때의 x값을 추정값으로 정의하므로 다음과 같이 추정값을 산출한다.

$$\begin{aligned}\hat{x}^{MAP} &= \text{argmax}\, p_{X|Z}(x|z) \\ &=\bar{x}+\frac{\sigma_x^2}{\sigma_x^2+\sigma_v^2}(z-\bar{x})\end{aligned} \quad (3.142)$$

즉, 최대사후(MAP) 추정기는 최대빈도(ML) 추정값 z에 X의 사전 확률정보로부터 얻어진 $\bar{x}$를 적절히 결합해 추정값을 산출함을 알 수 있다. 측정값이 $Z=z$로 확정되지 않았다면 식 (3.137)의 최대빈도(ML) 추정값과 식 (3.142)의 최대사후(MAP) 추정값은 다음과 같이 랜덤 변수가 된다.

$$\hat{X}^{ML}=Z \quad (3.143)$$

$$\hat{X}^{MAP}=\bar{x}+\frac{\sigma_x^2}{\sigma_x^2+\sigma_v^2}(Z-\bar{x}) \quad (3.144)$$

그렇다면 어느 추정기가 산출한 값이 상대적으로 좋은 추정값이라고 할 수 있을까? 먼저 최대빈도(ML) 추정오차의 평균과 분산을 구해보자.

$$E[\tilde{X}^{ML}]=E[x-\hat{X}^{ML}]=E[x-Z]=E[-V]=0$$
$$E[(\tilde{X}^{ML}-E[\tilde{X}^{ML}])^2]=E[(\tilde{X}^{ML})^2]=E[(x-\tilde{X}^{ML})^2]=E[V^2]=\sigma_v^2 \quad (3.145)$$

다음으로 최대사후(MAP) 추정오차의 평균과 분산을 구해보자.

$$
\begin{aligned}
E[\tilde{X}^{MAP}] &= E[X - \hat{X}^{MAP}] \\
&= E\left[X - \frac{\sigma_v^2}{\sigma_x^2 + \sigma_v^2}\bar{x} - \frac{\sigma_x^2}{\sigma_x^2 + \sigma_v^2}(X + V)\right] \\
&= E\left[\frac{\sigma_v^2}{\sigma_x^2 + \sigma_v^2}(X - \bar{x}) - \frac{\sigma_x^2}{\sigma_x^2 + \sigma_v^2}V\right] = 0
\end{aligned}
\tag{3.146}
$$

$$
\begin{aligned}
E[(\tilde{X}^{MAP} - E[\tilde{X}^{MAP}])^2] &= E[(\tilde{X}^{MAP})^2] \\
&= \left(\frac{\sigma_v^2}{\sigma_x^2 + \sigma_v^2}\right)^2 E[(X - \bar{x})^2] + \left(\frac{\sigma_x^2}{\sigma_x^2 + \sigma_v^2}\right)^2 E[V^2] \\
&= \left(\frac{\sigma_v^2}{\sigma_x^2 + \sigma_v^2}\right)^2 \sigma_x^2 + \left(\frac{\sigma_x^2}{\sigma_x^2 + \sigma_v^2}\right)^2 \sigma_v^2 \\
&= \frac{\sigma_v^4\sigma_x^2 + \sigma_v^2\sigma_x^4}{(\sigma_x^2 + \sigma_v^2)^2} = \frac{\sigma_x^2\sigma_v^2}{\sigma_x^2 + \sigma_v^2} \le \sigma_v^2
\end{aligned}
$$

최대빈도(ML) 추정오차의 평균과 최대사후(MAP) 추정오차의 평균이 모두 0이므로 두 추정기는 바이어스가 없는 추정기임을 알 수 있다. 분산의 경우는 식 (3.146)에서 보듯이 최대사후(MAP) 추정기의 분산이 최대빈도(ML) 추정기의 분산보다 작음을 알 수 있다. 이유는 최대사후(MAP) 추정기가 미지의 상수 X에 대한 사전 확률정보를 이용할 수 있기 때문이다.

식 (3.146)으로 주어진 X의 분산값이 $\sigma_x^2 \to \infty$이면 최대사후(MAP) 추정값과 추정오차의 분산은 어떻게 될까? 식 (3.144)와 (3.146)에 의하면 최대사후(MAP) 추정값과 분산은 최대빈도(ML) 추정값과 분산과 각각 일치함을 알 수 있다. X의 분산값이 $\sigma_x^2 \to \infty$라는 의미는 X에 관한 사전 확률정보가 전혀 없다는 뜻이기 때문에 이 경우 최대사후(MAP) 추정기는 최대빈도(ML) 추정기와 동일하다.

3.7.2 MAP 추정기와 MMSE 추정기

최대사후(MAP) 추정기와 최소평균제곱오차(MMSE) 추정기는 측정벡터 집합이 $Z_k = z_k$임을 조건으로 하는 미지의 랜덤 벡터 X의 조건부 확률밀도함수를 이용한다는 점에서는 같다. 최대사후(MAP)는 조건부 확률밀도함수를 최대로 하는 값을 추정값으로 정의하지만, 최소평균제곱오차(MMSE) 추정기는 X의 조건부 기댓값을 추정값으로 정의한다는 점에서 차이가 있다.

X의 조건부 확률밀도함수가 가우시안이라면 두 추정기가 산출하는 값은 같다. 왜냐하면 가우시안 분포함수의 모드 값과 평균값은 같기 때문이다. 식 (3.134)로 주어지는 측정 방정식과 식 (3.138)로 주어지는 미지의 X의 확률밀도함수를 이용하면 식 (3.140)으로 주어지는 조건부 확률밀도함수를 얻을 수 있다. 이 경우, 확률밀도함수는 가우시안이기 때문에 최소평균제곱오차(MMSE) 추정기도 최대사후(MAP) 추정기와 동일한 식 (3.142)로 주어지는 것이다.

3.7.3 MMSE 추정기와 WLS 추정기

최소평균제곱오차(MMSE) 추정기와 가중최소제곱(WLS) 추정기는 제곱오차(square error)를 최소로 하는 값을 추정값으로 정의한다는 점에서 같다. 하지만 최소평균제곱오차(MMSE) 추정기는 미지의 값 X를 랜덤 벡터로 보며 X에 관한 사전 확률정보를 알고 있다고 가정해 조건부 평균추정오차를 최소화하지만, 가중최소제곱(WLS) 추정기는 X를 미지의 확정된 값으로 보며 X에 관한 사전 확률정보가 전혀 없고 X에 관한 정보는 오로지 측정벡터 Z를 통해서만 얻을 수 있다고 가정해 측정벡터의 추정오차를 최소화한다는 차이점이 있다. 이러한 차이점이 무엇을 의미하는지 살펴보자.

먼저 3.7.1절에서 논의한 대로 다음과 같이 스칼라 선형 측정 방정식이 주어졌다고 하자.

$$Z = X + V \tag{3.147}$$

여기서 측정 노이즈 $V \sim N(v|0,\ \sigma_v^2)$는 평균이 0이고 분산이 σ_v^2인 가우시안 랜덤 변수라고 가정한다. X의 사전 확률정보도 다음과 같이 가우시안 확률밀도함수로 주어졌다고 가정하자.

$$p_X(x) = N(x|\bar{x},\ \sigma_x^2) \tag{3.148}$$

여기서 식 (3.147)과 (3.148)은 각각 식 (3.134)와 (3.138)과 동일한 식이다. 그렇다면 최소평균제곱오차(MMSE) 추정기는 최대사후(MAP) 추정기와 동일한 식 (3.144)로 주어진다. 이번에는 가중최소제곱(WLS) 추정값을 구해보자. 가중최소제곱(WLS) 추정기는 다음과 같은 측정값 추정오차의 제곱을 최소로 하는 추정값을 산출한다.

$$\hat{x}^{WLS} = \arg\min J = \arg\min R^{-1}(z-x)^2 \tag{3.149}$$

여기서 R은 가중치다. 식 (3.149)를 풀면 가중최소제곱(WLS) 추정값은 $\hat{x}^{WLS} = z$로 주어지므로 $\hat{x}^{ML}$과 동일함을 알 수 있다. 따라서 이 경우 최소평균제곱오차(MMSE) 추정기와 가중최소제곱(WLS) 추정기의 비교는 3.7.1절에서 논의한 바와 같은 결론을 내릴 수 있다.

이번에는 궤환 가중최소제곱(WLS) 추정기와 최소평균제곱오차(MMSE) 추정기를 비교해 보자. 측정 방정식이 다음과 같이 선형으로 주어졌다고 하자.

$$\mathrm{Z}(k) = \mathrm{H}(k)\mathrm{x} + \mathrm{V}(k) \tag{3.150}$$

여기서 측정 노이즈 $\mathrm{V}(k)$는 다음과 같은 확률 특성을 갖는 가우시안 랜덤 벡터라고 가정한다.

$$\mathrm{V}(k) \sim N(0,\ \mathrm{R}(k)),\ E[\mathrm{V}(k)\mathrm{V}^T(l)] = \mathrm{R}(k)\delta_{kl} \tag{3.151}$$

실제 측정된 측정벡터 집합이 $\mathrm{z}_k = \{\mathrm{z}(0),\ \mathrm{z}(1),\ \ldots,\ \mathrm{z}(k)\}$로 주어졌을 때, 가중최소제곱(WLS) 추정기는 다음과 같은 가중제곱오차를 최소로 하는 추정기다.

$$J(k) = \sum_{n=0}^{k}\left(\mathrm{z}(n) - \mathrm{H}(n)\hat{\mathrm{x}}\right)^T \mathrm{R}^{-1}(n)\left(\mathrm{z}(n) - \mathrm{H}(n)\hat{\mathrm{x}}\right) \tag{3.152}$$

여기서 가중 행렬은 측정 노이즈의 공분산과 동일하게 $\mathrm{R}(n)$로 설정한다. 주의할 점은 가중최소제곱(WLS) 추정기는 측정 노이즈에 대해서 어떠한 가정도 두지 않는다는 점이다. 즉, 식 (3.151)과 같은 가우시안 노이즈가 아니더라도 공분산 $\mathrm{R}(n)$만 일치한다면 어떠한 측정 노이즈에 대해서도 동일한 추정값을 산출한다. 궤환 가중최소제곱(WLS) 추정기는 식 (3.95)와 (3.90)에 주어진 대로 다음과 같은 추정값을 산출한다.

$$\hat{\mathrm{x}}^{WLS}(k) = \hat{\mathrm{x}}^{WLS}(k-1) + \mathrm{K}(k)[\mathrm{z}(k) - \mathrm{H}(k)\hat{\mathrm{x}}^{WLS}(k-1)] \tag{3.153}$$

$$\mathrm{K}(k) = \mathrm{P}_{\tilde{\mathrm{x}}\tilde{\mathrm{x}}}(k-1)\mathrm{H}^T(k)(\mathrm{H}(k)\mathrm{P}_{\tilde{\mathrm{x}}\tilde{\mathrm{x}}}(k-1)\mathrm{H}^T(k) + \mathrm{R}(k))^{-1}$$

추정오차의 공분산은 식 (3.89)에 주어진 대로 다음과 같다.

$$P_{\tilde{X}\tilde{X}}(k)= P_{\tilde{X}\tilde{X}}(k-1)-P_{\tilde{X}\tilde{X}}(k-1)H^T(k) \times(H(k)P_{\tilde{X}\tilde{X}}(k-1)H^T(k)+R(k))^{-1}H(k)P_{\tilde{X}\tilde{X}}(k-1) \quad (3.154)$$

미지의 랜덤 벡터 X의 사전 확률정보가 가우시안 확률분포로 주어진다면 측정 방정식 (3.147)이 선형이고 측정 노이즈가 가우시안 확률분포를 가지므로 최소평균제곱오차(MMSE) 추정값과 추정오차 공분산은 식 (3.51)와 (3.52)로 주어질 것이다. 두 식을 비교해 보자. 인덱스 k의 전 단계인 $k-1$에서의 가중최소제곱(WLS) 추정값 $\hat{x}^{WLS}(k-1)$을 μ_X로, 가중최소제곱(WLS) 추정오차 공분산 $P_{\tilde{X}\tilde{X}}(k-1)$을 P_{XX}로 놓으면, 인덱스 k에서의 가중최소제곱(WLS) 추정값 $\hat{x}^{WLS}(k-1)$과 추정오차 공분산 $P_{\tilde{X}\tilde{X}}(k)$는 최소평균제곱오차(MMSE) 추정값 $\hat{x}^{MMSE}$와 추정오차 공분산 $P_{\tilde{X}\tilde{X}}$와 완전히 일치함을 알 수 있다.

이 두 추정기의 식이 동일하다는 의미는 세 가지로 해석할 수 있다. 첫째, 궤환 가중최소제곱(WLS) 추정기에서 $\hat{x}^{WLS}(k-1)$와 $P_{\tilde{X}\tilde{X}}(k-1)$을 미지의 랜덤 벡터 X의 사전 확률정보로 본다면 가중최소제곱(WLS) 추정기는 최소평균제곱오차(MMSE) 추정기의 구조와 일치한다. 둘째, 측정벡터와 미지의 랜덤 벡터가 가우시안 분포를 갖는다면 궤환 가중최소제곱(WLS) 추정기가 산출하는 추정값은 최소평균제곱오차(MMSE) 추정값과 동일하다. 셋째, 측정벡터와 미지의 랜덤 벡터가 가우시안 확률분포를 갖지 않는다 하더라고 그 확률분포의 평균과 공분산이 가우시안 확률분포의 평균 및 공분산과 같다면 궤환 가중최소제곱(WLS) 추정기가 산출하는 추정값은 가우시안 확률분포를 가정한 최소평균제곱오차(MMSE) 추정값과 동일하다.

3.7.4 ML 추정기와 WLS 추정기

측정 방정식이 다음과 같이 선형으로 주어졌다고 하자.

$$Z(k)=H(k)x+V(k) \quad (3.155)$$

여기서 측정 노이즈 $\mathrm{V}(k)$는 다음과 같은 확률 특성을 갖는 가우시안 랜덤 벡터라고 가정한다.

$$\mathrm{V}(k) \sim N(0,\ \mathrm{R}(k)),\ E[\mathrm{V}(k)\mathrm{V}^T(l)] = \mathrm{R}(k)\delta_{kl} \tag{3.156}$$

측정벡터가 $\mathrm{Z}_k = \mathrm{z}_k$로 주어졌을 때 미지의 벡터 x의 최대빈도(ML) 추정기를 구해보자. 최대빈도(ML) 추정기는 식 (3.157)로 주어진다.

$$\hat{\mathrm{x}}^{ML} = \mathrm{argmax}\, p_{\mathrm{Z}_k|\mathrm{X}}(\mathrm{z}_k|\mathrm{x}) \tag{3.157}$$

여기서 측정 노이즈는 독립 랜덤 시퀀스이므로 빈도함수는 다음과 같이 개별 빈도함수의 곱으로 쓸 수 있다.

$$\begin{aligned} p_{\mathrm{Z}_k|\mathrm{X}}(\mathrm{z}_k|\mathrm{x}) &= p_{\mathrm{Z}(k)\cdots\mathrm{Z}(0)|\mathrm{X}}(\mathrm{z}(k),\ \ldots,\ \mathrm{z}(0)|\mathrm{x}) \\ &= p_{\mathrm{Z}(k)|\mathrm{X}}(\mathrm{z}(k)|\mathrm{x})\cdots p_{\mathrm{Z}(1)|\mathrm{X}}(\mathrm{z}(0)|\mathrm{x}) \\ &= \prod_{n=0}^{k} p_{\mathrm{Z}(n)|\mathrm{X}}(\mathrm{z}(n)|\mathrm{x}) \end{aligned} \tag{3.158}$$

또한 측정 노이즈가 가우시안 확률분포를 가지므로 측정벡터도 가우시안 확률분포를 갖는다. 따라서 x의 최대빈도(ML) 추정값은 다음과 같이 된다.

$$\begin{aligned} \hat{\mathrm{x}}^{ML} &= \mathrm{argmax}\, p_{\mathrm{Z}_k|\mathrm{X}}(\mathrm{z}_k|\mathrm{x}) \\ &= \mathrm{argmax} \prod_{n=0}^{k} p_{\mathrm{Z}(n)|\mathrm{X}}(\mathrm{z}(n)|\mathrm{x}) \\ &= \mathrm{argmin} \sum_{n=0}^{k} (\mathrm{z}(n) - \mathrm{H}(n)\mathrm{x})^T \mathrm{R}^{-1}(n)(\mathrm{z}(n) - \mathrm{H}(n)\mathrm{x}) \end{aligned} \tag{3.159}$$

식 (3.152)와 위 식을 비교해 보면, 측정 방정식이 선형일 때 측정 노이즈가 가우시안 랜덤 벡터일 때의 최대빈도(ML) 추정기 문제는 가중치를 측정 노이즈의 공분산과 같은 $\mathrm{R}(n)$으로 하는 가중최소제곱(WLS) 추정기 문제와 동일한 것임을 알 수 있다.

3.7.5 결합 가우시안 MMSE 추정기와 선형 MMSE 추정기

선형 최소평균제곱오차(LMMSE) 추정기인 식 (3.60)과 (3.62)는 결합 가우시안 최소평균제곱오차(MMSE) 추정기인 식 (3.45)와 일치함을 알 수 있다. 선형 최소평균제곱오차(LMMSE) 추정기는 측정 방정식과 측정 노이즈의 확률분포에 관한 어떠한 가정도 하지 않았기 때문에 측정 방정식이 선형이든 비선형이든, 또는 노이즈가 가우시안이든 아니든 선형 추정기 중에서는 최적의 추정값을 산출한다. 한편, 결합 가우시안 최소평균제곱오차(MMSE) 추정기는 측정벡터와 추정하고자 하는 미지의 랜덤 벡터 간에 결합 가우시안 가정을 했을 때의 최적 추정기다. 이 두 추정기의 식이 동일하다는 의미는 세 가지로 해석할 수 있다.

첫째, 최소평균제곱오차(MMSE) 추정기는 측정벡터와 미지의 랜덤 벡터가 결합 가우시안 분포를 가지면 최적의 추정값을 산출한다. 그리고 이 추정기는 선형이다.

둘째, 최소평균제곱오차(MMSE) 추정기는 측정벡터와 미지의 랜덤 벡터가 가우시안 분포를 갖지 않는다면 선형 추정기 중에서 최상(best)의 추정값을 산출한다.

셋째, 측정벡터와 미지의 랜덤 벡터가 가우시안 분포를 갖지 않는다면 선형 최소평균제곱오차(LMMSE) 추정기보다 더 우수한 최적의 비선형 추정기가 존재할 수도 있다. 즉, 최소평균제곱오차(MMSE) 추정기 입장에서 가우시안 확률밀도함수는 측정 노이즈의 확률분포함수로서는 가장 나쁜 확률분포에 해당한다.

3.8 표기법에 대해

지금까지 이 책에서는 랜덤 변수는 대문자로 표기하고 랜덤 변수가 실제 취할 수 있는 값은 소문자로 표기했다. 예를 들면, X는 랜덤 변수를, x는 랜덤 변수가 실제 취한 값을 의미한다. 또한 랜덤 변수 X의 확률밀도함수는 $p_X(x)$로 표기했다. 이러한 표기 방법은 무엇이 랜덤 변수인지, 무엇이 랜덤 변수가 실제 취한 값인지 명확하게 구별해주는 장점은 있으나, 특별히 이 두 값을 명시적으로 구별해야 하는 경우를 제외하고는 표기만 복잡하게 한다는 단점이 있다.

따라서 이 책에서는 다음 장부터 특별한 경우를 제외하고는 랜덤 변수와 랜덤 변수가 실제 취할 수 있는 값을 모두 소문자로 표기하고자 한다. 그러므로 문맥에 따라서 x는 랜덤 변수를 의미할 수도 있고, 그 랜덤 변수가 실제 취한 값을 의미할 수도 있다. 또한 확률밀도함수는 랜덤 변수를 의미하는 아래 첨자를 빼고 단순히 $p(x)$로 표기하기로 한다. 이러한 표기법에 의하면 랜덤 변수의 X의 기댓값은 $E[x]$로, 랜덤 변수 Y가 y로 주어진 X의 조건부 기댓값은 $E[x|y]$로 표기한다. 랜덤 변수 Y를 조건으로 하는 X의 조건부 기댓값도 동일하게 $E[x|y]$로 표기한다. 따라서 문맥에 따라서 $E[x|y]$는 확정된 값일 수도, 랜덤 변수일 수도 있다.

그리고 스칼라와 벡터, 행렬을 구별하기 위해 스칼라는 일반 글꼴의 소문자, 벡터는 굵은 글꼴의 소문자로, 행렬은 굵은 글꼴의 대문자로 표기한다. 따라서 이제부터는 $\mathbf{x}$는 랜덤 벡터 또는 그 랜덤 벡터가 실제 취한 값을 나타내며, $\mathbf{X}$는 랜덤 벡터가 아니라 행렬을 의미한다. 랜덤 시퀀스(또는 프로세스)도 랜덤 변수 또는 랜덤 벡터와 동일한 표기법을 따른다.

04장

칼만필터

최소평균제곱오차(MMSE, minimum mean-square error) 추정기 문제를 시간 영역으로 확장한 것이 칼만필터다. 이 장에서는 앞 장의 내용을 바탕으로 이 책의 핵심에 해당하는 칼만필터를 다룬다. 우선 이산시간 칼만필터를 수학적으로 유도하고 그 특성을 살펴보며 다양한 칼만필터의 변형들에 대해 알아본다. 또한 이산시간 칼만필터에서 연속시간 칼만필터를 수학적으로 유도하는 과정을 살펴본다. 다음으로 칼만필터를 구현할 때 제기되는 몇 가지 이슈와 해결 방법도 알아본다.

4.1 베이즈 필터

베이즈 필터(Bayes filter)는 이산시간(discrete-time) 확률 동적 시스템(stochastic dynamical system)의 상태변수를 추정하기 위한 확률론적인 방법으로서, 칼만필터를 비롯한 대부분의 상태변수 추정 알고리즘의 근간을 이룬다.

이산시간 확률 동적 시스템은 일반적으로 다음과 같은 상태공간 방정식으로 표현된다.

$$\mathrm{x}(k+1)=\mathrm{f}(\mathrm{x}(k),\ \mathrm{u}(k),\ \mathrm{w}(k),\ k) \tag{4.1}$$

여기서 $x(k) \in R^n$는 상태변수, $w(k) \in R^m$는 프로세스 노이즈, $u(k) \in R^q$는 시스템의 입력벡터(input vector)다. $f(\cdot, k)$는 시변(time-varying) 비선형 함수로, 정확히 알고 있다고 가정한다. 입력 $u(k)$는 랜덤 시퀀스이거나 확정된 값을 가지며, 프로세스 노이즈 $w(k)$는 랜덤 시퀀스다. 프로세스 노이즈가 랜덤 시퀀스이기 때문에 시스템이 확정적일지라도 상태변수 $x(k)$는 랜덤 시퀀스가 된다. 일반적인 측정 모델은 다음과 같이 표현한다.

$$z(k) = h(x(k), v(k), k) \tag{4.2}$$

여기서 $z(k) \in R^p$는 측정벡터, $v(k) \in R^p$는 측정 노이즈로서 랜덤 시퀀스다. $h(\cdot, k)$는 시변 비선형 함수로서, 역시 정확히 알고 있다고 가정한다. 상태변수와 측정 노이즈가 모두 랜덤 시퀀스이므로 측정벡터도 랜덤 시퀀스다. 측정벡터는 상태변수와 함수 관계를 가지므로 $z(k)$를 측정하면 상태변수 $x(k)$에 관한 정보를 알 수 있다.

프로세스 노이즈 $w(k)$와 측정 노이즈 $v(k)$의 확률밀도함수는 정확히 알고 있으며 서로 독립인 화이트 노이즈라고 가정한다. 그리고 상태변수 초깃값 $x(0)$의 확률밀도함수도 정확히 알고 있으며 프로세스 및 측정 노이즈 시퀀스와 독립이라고 가정한다.

초기부터 시간 $k-1$까지의 입력벡터 집합 U_{k-1}과 시간 k까지의 측정벡터 집합 Z_k를 다음과 같이 표기하면,

$$\begin{aligned} U_{k-1} &= \{u(0), u(1), \ldots, u(k-1)\} \\ Z_k &= \{z(0), z(1), \ldots, z(k)\} \end{aligned} \tag{4.3}$$

확률 동적 시스템에서 상태변수 추정 문제는 입력벡터 집합 U_{k-1}과 측정벡터 집합 Z_k를 조건으로 하는 상태변수의 시퀀스 $\{x(0), x(1), \ldots, x(k)\}$를 추정하는 문제다. 상태변수 $x(k)$에 관한 모든 정보는 확률밀도함수를 통해 파악할 수 있으므로 상태변수 추정 문제는 입력벡터 집합 U_{k-1}과 측정벡터 집합 Z_k를 조건으로 한 상태변수 $x(k)$의 조건부 확률밀도함수 $p(x(k)|Z_k, U_{k-1})$을 구하는 문제로 귀결된다.

노트 식 (4.1)과 같은 시스템 모델을 고려하면 입력벡터 $u(k)$는 상태변수 $x(k)$에 영향을 미치지 않기 때문에 입력벡터 집합은 U_k 대신에 초기부터 시간 $k-1$까지인 U_{k-1}을 조건으로 한다.

한편, 시스템 모델의 상태변수 초깃값 및 노이즈의 확률적 특성으로 인해 시스템 (4.1)은 마르코프 시퀀스가 된다. 즉,

$$p(x(k)|x(k-1),\ x(k-2),\ \dots,\ x(0),\ Z_{k-1},\ U_{k-1}) \\ =p(x(k)|x(k-1),\ u(k-1)) \tag{4.4}$$

이다. 또한 정적(static) 시스템인 측정 모델과 노이즈의 확률적 특성으로 인해 현재의 측정벡터 $z(k)$는 현재의 상태변수 $x(k)$에만 의존하고 입력 시퀀스와 과거의 측정과는 무관하다. 즉,

$$p(z(k)|x(k),\ Z_{k-1},\ U_{k-1})=p(z(k)|x(k)) \tag{4.5}$$

이다. 식 (4.4)의 $p(x(k)|x(k-1),\ u(k-1))$은 이전의 상태변수 $x(k-1)$과 입력 $u(k-1)$로부터 다음 상태변수 $x(k)$로의 변환을 나타내는 상태천이(state-transition) 확률밀도함수로서, 확률 동적 시스템의 모델이라고 볼 수 있다. 사실 상태천이 확률밀도함수를 정확히 알고 있고 시스템의 상태변수가 마르코프 시퀀스라면 식 (4.1)과 같은 정형화된 시스템 모델이 필요 없다. 식 (4.5)의 $p(z(k)|x(k))$는 상태변수로부터 측정으로의 변환을 기술하므로 측정 모델이라고 볼 수 있다. 마찬가지로 $p(z(k)|x(k))$를 정확히 안다면 식 (4.2)와 같은 정형화된 측정 모델은 필요 없다.

노트

식 (4.4)와 (4.5)의 증명은 다음과 같다. 여기서는 혼돈을 막기 위해 잠시 랜덤 벡터를 원래대로 대문자로 표기하고, 그 랜덤 벡터가 갖는 값은 소문자로 표기한다. 먼저, 다음과 같이 $X(k) \le x_k$일 조건부 확률을 구해보자.

$$P\left\{\begin{array}{l} X(k) \le x_k \\ \quad | X(k-1)=x(k-1), \ldots, X(0)=x(0), Z(k-1)=z(k-1), \ldots, Z(0)=z(0) \\ \quad U(k-1)=u(k-1), \ldots, U(0)=u(0) \end{array}\right\}$$

$$=P\left\{\begin{array}{l} f(X(k-1), U(k-1), W(k-1), k-1) \le x_k \\ \quad | X(k-1)=x(k-1), \ldots, X(0)=x(0), Z(k-1)=z(k-1), \ldots, Z(0)=z(0) \\ \quad U(k-1)=u(k-1), \ldots, U(0)=u(0) \end{array}\right\}$$

여기서 $X(k-1)=x(k-1)$, $U(k-1)=u(k-1)$로 주어졌으므로 위 식은 다음과 같이 된다.

$$=P\left\{\begin{array}{l} f(x(k-1), u(k-1), W(k-1), k-1) \le x_k \\ \quad | X(k-1)=x(k-1), \ldots, X(0)=x(0), Z(k-1)=z(k-1), \ldots, Z(0)=z(0), \\ \quad U(k-1)=u(k-1), \ldots, U(0)=u(0) \end{array}\right\}$$

(*) 위 식에서 프로세스 노이즈 $W(k-1)$는 $\{W(n), n=0, \ldots, k-2\}$와 서로 독립이고 측정 노이즈 $\{V(n), n=0, \ldots, k-1\}$ 및 $X(0)$와도 서로 독립인 화이트 노이즈이기 때문에 조건부 확률은 다음과 같이 된다.

$$=P\{f(x(k-1), u(k-1), W(k-1), k-1) \le x_k\}$$

위 식은 다음과 같이 표현할 수 있으므로,

$$=P\left\{\begin{array}{l} f(X(k-1), U(k-1), W(k-1), k-1) \le x_k \\ \quad | X(k-1)=x(k-1), U(k-1)=u(k-1) \end{array}\right\}$$

$$=P\{X(k) \le x_k \,|\, X(k-1)=x(k-1), U(k-1)=u(k-1)\}$$

이 되어 식 (4.4)가 성립한다.

한편, 식 (4.5)를 증명하기 위해 $Z(k) \le z_k$일 조건부 확률을 구해보자.

$$P\left\{\begin{aligned} &Z(k) \le z_k \\ &\quad | X(k)=x(k),\ \dots,\ X(0)=x(0),\ Z(k-1)=z(k-1),\ \dots,\ Z(0)=z(0), \\ &\quad U(k-1)=u(k-1),\ \dots,\ U(0)=u(0) \end{aligned}\right\}$$

$$=P\left\{\begin{aligned} &h(X(k),\ V(k),\ k) \le z_k \\ &\quad | X(k)=x(k),\ \dots,\ X(0)=x(0),\ Z(k-1)=z(k-1),\ \dots,\ Z(0)=z(0) \end{aligned}\right\}$$

여기서 $X(k)=x(k)$로 주어졌으므로 위 식은 다음과 같이 된다.

$$=P\left\{\begin{aligned} &h(x(k),\ V(k),\ k) \le z_k \\ &\quad | X(k)=x(k),\ \dots,\ X(0)=x(0),\ Z(k-1)=z(k-1),\ \dots,\ Z(0)=z(0) \end{aligned}\right\}$$

(**) 위 식에서 측정 노이즈 $V(k)$가 $\{V(n),\ n=0,\ \dots,\ k-1\}$과 서로 독립이고 $\{W(n),\ n=0,\ \dots,\ k-1\}$ 및 $X(0)$와도 서로 독립인 화이트 노이즈이기 때문에 조건부 확률은 다음과 같이 된다.

$$=P\{h(x(k),\ V(k),\ k) \le z_k\}$$

위 식은 다음과 같이 표현할 수 있으므로,

$$=P\{h(X(k),\ V(k),\ k) \le z_k | X(k)=x(k)\}$$
$$=P\{Z(k) \le z_k | X(k)=x(k)\}$$

식 (4.5)가 성립한다.

프로세스 노이즈 $W(k-1)$이 $X(k-1)$의 함수라면, (*)의 문장은 '$X(k-1)=x(k-1)$을 조건으로 한 프로세스 노이즈 $W(k-1)$이 $X(k-1)$의 함수 $\{W(n),\ n=0,\ \dots,\ k-2\}$와 서로 독립이고 측정 노이즈 $\{V(n),\ n=0,\ \dots,\ k-1\}$ 및 $X(0)$과도 서로 독립인 화이트 노이즈라면'으로 바뀌어야 한다. 마찬가지로 측정 노이즈 $V(k)$가 $X(k)$의 함수라면, (**)의 문장은 '$X(k)=x(k)$를 조건으로 한 측정 노이즈 $V(k)$가 $\{V(n),\ n=0,\ \dots,\ k-1\}$과

서로 독립이고 $\{W(n),\ n=0,\ \ldots,\ k-1\}$ 및 $X(0)$과도 서로 독립인 화이트 노이즈라면'으로 바뀌어야 한다. 이와 같은 엄격성을 피하기 위해 5장에서 다룰 확장 칼만필터에서는 식 (4.1)과 (4.2)로 주어지는 시스템 및 측정 모델에서 노이즈를 분리한 식 (5.1)과 (5.2)를 사용한다.

베이즈 필터는 베이즈 정리와 식 (4.4) 및 (4.5)를 이용해 조건부 확률밀도함수 $p(\mathrm{x}(k)|\mathrm{Z}_k,\ \mathrm{U}_{k-1})$을 구하는 알고리즘이다.

그림 4.1은 베이즈 필터에서 보는 확률 동적 시스템의 모델과 측정 모델을 도시한 것이다.

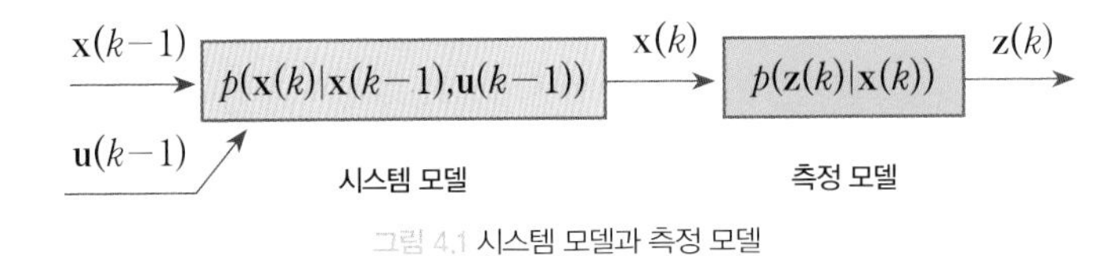

그림 4.1 시스템 모델과 측정 모델

이제 $p(\mathrm{x}(k)|\mathrm{Z}_k,\ \mathrm{U}_{k-1})$을 구해보자. 베이즈 정리에 의하면, $p(\mathrm{x}(k)|\mathrm{Z}_k,\ \mathrm{U}_{k-1})$은 다음과 같이 전개할 수 있다.

$$\begin{aligned}p(\mathrm{x}(k)|\mathrm{Z}_k,\ \mathrm{U}_{k-1}) &= \frac{p(\mathrm{Z}_k|\mathrm{x}(k),\ \mathrm{U}_{k-1})p(\mathrm{x}(k)|\mathrm{U}_{k-1})}{p(\mathrm{Z}_k|\mathrm{U}_{k-1})} \\ &= \frac{p(\mathrm{z}(k),\ \mathrm{Z}_{k-1}|\mathrm{x}(k),\ \mathrm{U}_{k-1})p(\mathrm{x}(k)|\mathrm{U}_{k-1})}{p(\mathrm{z}(k),\ \mathrm{Z}_{k-1}|\mathrm{U}_{k-1})} \\ &= \frac{p(\mathrm{z}(k)|\mathrm{Z}_{k-1},\ \mathrm{x}(k),\ \mathrm{U}_{k-1})p(\mathrm{Z}_{k-1}|\mathrm{x}(k),\ \mathrm{U}_{k-1})p(\mathrm{x}(k)|\mathrm{U}_{k-1})}{p(\mathrm{z}(k)|\mathrm{Z}_{k-1},\ \mathrm{U}_{k-1})p(\mathrm{Z}_{k-1}|\mathrm{U}_{k-1})}\end{aligned} \tag{4.6}$$

여기서 다음과 같은 관계식을 이용하면,

$$p(\mathrm{Z}_{k-1}|\mathrm{x}(k),\ \mathrm{U}_{k-1}) = \frac{p(\mathrm{x}(k)|\mathrm{Z}_{k-1},\ \mathrm{U}_{k-1})p(\mathrm{Z}_{k-1}|\mathrm{U}_{k-1})}{p(\mathrm{x}(k)|\mathrm{U}_{k-1})} \tag{4.7}$$

식 (4.6)은 다음과 같이 된다.

$$p(\mathrm{x}(k)|\mathrm{Z}_k,\ \mathrm{U}_{k-1})=\frac{p(\mathrm{z}(k)|\mathrm{x}(k),\ \mathrm{Z}_{k-1},\ \mathrm{U}_{k-1})p(\mathrm{x}(k)|\mathrm{Z}_{k-1},\ \mathrm{U}_{k-1})}{p(\mathrm{z}(k)|\mathrm{Z}_{k-1},\ \mathrm{U}_{k-1})} \tag{4.8}$$

식 (4.5)에 의하면 식 (4.8)은 다음과 같이 된다.

$$p(\mathrm{x}(k)|\mathrm{Z}_k,\ \mathrm{U}_{k-1})=\frac{p(\mathrm{z}(k)|\mathrm{x}(k))p(\mathrm{x}(k)|\mathrm{Z}_{k-1},\ \mathrm{U}_{k-1})}{p(\mathrm{z}(k)|\mathrm{Z}_{k-1},\ \mathrm{U}_{k-1})} \tag{4.9}$$

여기서 $p(\mathrm{x}(k)|\mathrm{Z}_k,\ \mathrm{U}_{k-1})$은 $\mathrm{z}(k)$ 값을 측정한 후의 확률밀도함수이기 때문에 사후(a posteriori) 확률밀도함수라고 하고, $p(\mathrm{x}(k)|\mathrm{Z}_{k-1},\ \mathrm{U}_{k-1})$은 $\mathrm{z}(k)$ 값을 측정하기 전의 확률밀도함수이기 때문에 사전(a priori) 확률밀도함수라고 한다. $p(\mathrm{z}(k)|\mathrm{x}(k))$를 빈도함수(likelihood function)라고 하고, $p(\mathrm{z}(k)|\mathrm{Z}_{k-1},\ \mathrm{U}_{k-1})$은 정규화(normalizing) 함수라고 하며, 다음과 같이 계산할 수 있다.

$$p(\mathrm{z}(k)|\mathrm{Z}_{k-1},\ \mathrm{U}_{k-1})=\int_{\mathrm{x}(k)}p(\mathrm{z}(k)|\mathrm{x}(k))p(\mathrm{x}(k)|\mathrm{Z}_{k-1},\ \mathrm{U}_{k-1})d\mathrm{x}(k) \tag{4.10}$$

식 (4.10)을 식 (4.9)에 대입하면 다음 식을 얻을 수 있다.

$$p(\mathrm{x}(k)|\mathrm{Z}_k,\ \mathrm{U}_{k-1})=\frac{p(\mathrm{z}(k)|\mathrm{x}(k))p(\mathrm{x}(k)|\mathrm{Z}_{k-1},\ \mathrm{U}_{k-1})}{\int_{\mathrm{x}(k)}p(\mathrm{z}(k)|\mathrm{x}(k))p(\mathrm{x}(k)|\mathrm{Z}_{k-1},\ \mathrm{U}_{k-1})d\mathrm{x}(k)} \tag{4.11}$$

식 (4.11)은 $p(\mathrm{x}(k)|\mathrm{Z}_{k-1},\ \mathrm{U}_{k-1})$이 주어졌을 때 측정 모델 $p(\mathrm{z}(k)|\mathrm{x}(k))$를 이용해 $p(\mathrm{x}(k)|\mathrm{Z}_k,\ \mathrm{U}_{k-1})$을 계산할 수 있는 식이기 때문에 측정 업데이트(measurement update) 식이라고 한다.

식 (4.11)에서 사전 확률밀도함수를 좀 더 전개하면 다음과 같다.

$$\begin{aligned}p(\mathrm{x}(k)|\mathrm{Z}_{k-1},\ \mathrm{U}_{k-1})&=\int_{\mathrm{x}(k-1)}p(\mathrm{x}(k)|\mathrm{x}(k-1),\ \mathrm{Z}_{k-1},\ \mathrm{U}_{k-1})p(\mathrm{x}(k-1)|\mathrm{Z}_{k-1},\ \mathrm{U}_{k-1})d\mathrm{x}(k-1)\\&=\int_{\mathrm{x}(k-1)}p(\mathrm{x}(k)|\mathrm{x}(k-1),\ \mathrm{u}(k-1))p(\mathrm{x}(k-1)|\mathrm{Z}_{k-1},\ \mathrm{U}_{k-2})d\mathrm{x}(k-1)\end{aligned} \tag{4.12}$$

여기서 $x(k)$는 마르코프 시퀀스라는 식 (4.4)를 사용했다. 위 식의 두 번째 줄에서 U_{k-1}이 U_{k-2}로 바뀐 이유는 입력벡터 $u(k-1)$이 상태변수 $x(k-1)$에 영향을 미치지 않아 제거했기 때문이다. 위 식은 $p(x(k-1)|Z_{k-1}, U_{k-2})$가 주어졌을 때 시스템 모델 $p(x(k)|x(k-1), u(k-1))$을 이용해 $p(x(k)|Z_{k-1}, U_{k-1})$을 계산할 수 있는 식이기 때문에 시간 업데이트(time update) 식 또는 상태 예측(state prediction) 식이라고 한다.

결론적으로 베이즈 필터는 측정 업데이트 식 (4.11)과 시간 업데이트 식 (4.12)가 번갈아 작동하는 궤환 필터다. 그림 4.2는 베이즈 필터의 구조를 그림으로 도시한 것이다.

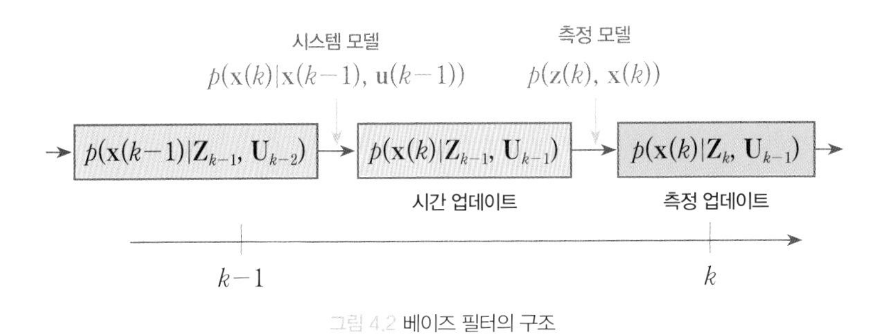

그림 4.2 베이즈 필터의 구조

베이즈 필터는 시간 $k-1$에서 주어진 사후 확률밀도함수로부터 시간 k에서의 사후 확률밀도함수를 계산할 수 있는 개념적인 필터로서, 극히 제한적인 조건에서만 해석적인 해를 얻을 수 있다. 칼만필터가 그 예다.

4.2 칼만필터의 유도

4.2.1 대상 모델

칼만필터는 다음과 같은 이산시간 선형 확률 동적 시스템을 기본 대상 모델로 한다.

$$\begin{aligned} x(k+1) &= F(k)x(k)+G(k)u(k)+G_w(k)w(k) \\ z(k) &= H(k)x(k)+v(k) \end{aligned} \tag{4.13}$$

여기서 $x(k) \in R^n$는 상태변수, $w(k) \in R^m$는 프로세스 노이즈, $u(k) \in R^q$는 시스템의 입력, $z(k) \in R^p$는 측정벡터, $v(k) \in R^p$는 측정 노이즈다. $F(k)$, $G(k)$, $G_w(k)$, $H(k)$는 각각 시스템 행렬, 입력 행렬, 노이즈 게인 행렬, 측정 행렬로서 모두 확정된 값을 갖는다. 이 행렬이 모두 상수행렬이라면 시스템 (4.13)은 선형 시불변(LTI) 시스템이 된다. 입력벡터 $u(k)$는 확정된 값을 가지며, 노이즈 $w(k)$와 $v(k)$는 각각 랜덤시퀀스다.

프로세스 노이즈 $w(k)$와 측정 노이즈 $v(k)$, 상태변수 초깃값 $x(0)$의 확률적 특성에 대해서는 다음과 같이 가정한다.

[칼만필터 가정] 프로세스 노이즈 $w(k)$와 측정 노이즈 $v(k)$는 각각 평균이 0이고 공분산이 $Q(k)$와 $R(k)$이며 서로 독립인 가우시안 화이트 노이즈 시퀀스다. 즉,

$$
\begin{aligned}
& w(k) \sim N(0,\ Q(k)),\ v(k) \sim N(0,\ R(k)) \\
& E[w(k)w^T(l)] = Q(k)\delta_{kl},\ E[v(k)v^T(l)] = R(k)\delta_{kl} \\
& E[w(k)v^T(l)] = 0,\ \forall k,\ l
\end{aligned}
\tag{4.14}
$$

이 된다. 여기서 δ_{kl}는 크로네커 델타 함수다. 상태변수 초깃값 $x(0)$는 평균이 $\bar{x}_0$, 공분산이 P_0이며, 노이즈 $w(k)$와 $v(k)$와는 서로 독립인 가우시안 랜덤 벡터다. 즉,

$$
\begin{aligned}
& x(0) \sim N(\bar{x}_0,\ P_0) \\
& E[(x(0) - \bar{x}_0)w^T(k)] = 0,\ E[(x(0) - \bar{x}_0)v^T(k)] = 0
\end{aligned}
\tag{4.15}
$$

이다. 시스템의 초깃값 $x(0)$에 대한 정보를 정확히 알고 있다면 $P_0 = 0$으로, 시스템의 초깃값에 대한 정보를 전혀 알지 못한다면 $P_0 = \infty$로 놓으면 된다.

노트

노이즈와 상태변수의 초깃값을 모두 가우시안이라고 가정했으므로 프로세스 노이즈 시퀀스와 측정 노이즈 시퀀스, 상태변수 초깃값이 서로 비상관 관계에 있어도 서로 독립(independence)인 것과 마찬가지다.

식 (4.13)에서 $\mathrm{x}(k)$의 평균과 공분산의 전파식을 유도해 보자. 먼저 $\mathrm{x}(k)$의 평균 전파식은 다음과 같이 간단히 구할 수 있다.

$$\begin{aligned} E[\mathrm{x}(k+1)] &= E[\mathrm{F}(k)\mathrm{x}(k)+\mathrm{G}(k)\mathrm{u}(k)+\mathrm{G_w}(k)\mathrm{w}(k)] \\ &= \mathrm{F}(k)E[\mathrm{x}(k)]+\mathrm{G}(k)\mathrm{u}(k)+\mathrm{G_w}(k)E[\mathrm{w}(k)] \\ &= \mathrm{F}(k)E[\mathrm{x}(k)]+\mathrm{G}(k)\mathrm{u}(k) \end{aligned} \tag{4.16}$$

측정벡터의 평균도 다음과 같이 계산할 수 있다.

$$\begin{aligned} E[\mathrm{z}(k)] &= E[\mathrm{H}(k)\mathrm{x}(k)+\mathrm{v}(k)] \\ &= \mathrm{H}(k)E[\mathrm{x}(k)]+E[\mathrm{v}(k)] \\ &= \mathrm{H}(k)E[\mathrm{x}(k)] \end{aligned} \tag{4.17}$$

상태변수 오차를 $\tilde{\mathrm{x}}(k)=\mathrm{x}(k)-E[\mathrm{x}(k)]$로 정의하면 식 (4.13)과 식 (4.16)에 의해 오차의 전파식은 다음과 같이 된다.

$$\tilde{\mathrm{x}}(k+1)=\mathrm{F}(k)\tilde{\mathrm{x}}(k)+\mathrm{G_w}(k)\mathrm{w}(k) \tag{4.18}$$

그러면 상태변수의 공분산 전파식은 다음과 같이 구할 수 있다.

$$\begin{aligned} \mathrm{P}(k+1) &= E[\tilde{\mathrm{x}}(k+1)\tilde{\mathrm{x}}^T(k+1)] \\ &= E\left[\left(\mathrm{F}(k)\tilde{\mathrm{x}}(k)+\mathrm{G_w}(k)\mathrm{w}(k)\right)\left(\mathrm{F}(k)\tilde{\mathrm{x}}(k)+\mathrm{G_w}(k)\mathrm{w}(k)\right)^T\right] \\ &= \mathrm{F}(k)\mathrm{P}(k)\mathrm{F}^T(k)+\mathrm{G_w}(k)\mathrm{Q}(k)\mathrm{G_w}^T(k) \end{aligned} \tag{4.19}$$

위 식에서 [칼만필터 가정]에 의해 상태변수의 초깃값과 프로세스 노이즈는 서로 독립이므로 $E[\tilde{\mathrm{x}}(k)\mathrm{w}^T(k)]=0$임을 이용했다. 한편, 측정벡터 오차를 $\tilde{\mathrm{z}}(k)=\mathrm{z}(k)-E[\mathrm{z}(k)]$로 정의하면 식 (4.13)과 식 (4.17)에 의해서 측정벡터의 공분산은 다음과 같이 계산된다.

$$\begin{aligned} P_{zz}(k) &= E[\tilde{z}(k)\tilde{z}^T(k)] \\ &= H(k)E[\tilde{x}(k)\tilde{x}^T(k)]H^T(k) + E[v(k)v^T(k)] \\ &\quad + H(k)E[\tilde{x}(k)v^T(k)] + E[v(k)\tilde{x}^T(k)]H^T(k) \\ &= H(k)P(k)H^T(k) + R(k) \end{aligned} \tag{4.20}$$

위와 마찬가지로 측정 노이즈 $v(k)$는 [칼만필터 가정]에 의해 상태변수의 초깃값과 독립이므로 $E[\tilde{x}(k)v^T(k)]=0$임을 이용했다. 또한, 상태변수 $x(k)$와 측정값 $z(k)$의 상호 공분산은 정의에 의해 다음과 같이 계산된다.

$$\begin{aligned} P_{xz}(k) &= E[\tilde{x}(k)\tilde{z}^T(k)] \\ &= E[\tilde{x}(k)(H(k)\tilde{x}(k)+v(k))^T] \\ &= E[\tilde{x}(k)\tilde{x}^T(k)]H^T(k) + E[\tilde{x}(k)v^T(k)] \\ &= P(k)H^T(k) \end{aligned} \tag{4.21}$$

그리고 $x(k)$와 $z(k)$는 평균과 공분산이 식 (4.22)로 주어지는 결합 가우시안 확률분포를 갖는다.

$$\begin{bmatrix} x(k) \\ z(k) \end{bmatrix} \sim N\left(\begin{bmatrix} \bar{x}(k) \\ \bar{z}(k) \end{bmatrix}, \begin{bmatrix} P(k) & P_{xz}(k) \\ P_{xz}^T(k) & P_{zz}(k) \end{bmatrix} \right) \tag{4.22}$$

여기서 $\bar{x}(k)=E[x(k)]$, $\bar{z}(k)=E[z(k)]$다.

프로세스 노이즈 $w(k)$와 측정 노이즈 $v(k)$, 상태변수 초깃값 $x(0)$이 가우시안이 아니더라도, $x(k)$와 $z(k)$는 식 (4.22)와 똑같은 평균과 공분산을 갖는 결합 확률분포를 갖는다. 다만, 이 경우에는 가우시안 확률분포를 갖지 않을 뿐이다.

4.2.2 문제 정의

칼만필터는 주어진 선형 시스템 (4.13)과 프로세스 노이즈 $w(k)$, 측정 노이즈 $v(k)$, 상태변수 초깃값 $x(0)$의 확률적 특성에 대한 [칼만필터 가정]을 기반으로, 시간 k까지의 측정벡터 집합 $Z_k=\{z(0), z(1), ..., z(k)\}$가 주어진 조건 하에 시간 k에서의 상태변수 $x(k)$의 최소평균제곱오차

(MMSE) 추정값 $\hat{\mathrm{x}}(k)$를 계산하는 상태변수 추정기다. 여기서 입력벡터 $\mathrm{u}(k)$는 확정된 값을 가진다고 가정했으므로 조건부 확률밀도함수에서 입력벡터 집합 $\mathrm{U}_{k-1}=\{\mathrm{u}(0), \mathrm{u}(1), \ldots, \mathrm{u}(k-1)\}$은 삭제한다.

$$\begin{aligned}\hat{\mathrm{x}}(k) &= \operatorname{argmin} E\left[\left(\mathrm{x}(k)-\hat{\mathrm{x}}(k)\right)^T\left(\mathrm{x}(k)-\hat{\mathrm{x}}(k)\right)|\mathrm{Z}_k\right] \\ &= E\left[\mathrm{x}(k)|\mathrm{Z}_k\right] \\ &= \int_{\mathrm{x}(k)} \mathrm{x}(k) p(\mathrm{x}(k)|\mathrm{Z}_k) d\mathrm{x}(k)\end{aligned} \tag{4.23}$$

4.2.3 베이즈 필터를 이용한 칼만필터의 유도

$\mathrm{x}(k)$와 $z(k)$는 결합 가우시안 시퀀스이기 때문에 어떠한 m과 k에 대해서도 $\mathrm{Z}_m=\{\mathrm{z}(0), \mathrm{z}(1), \ldots, \mathrm{z}(m)\}$을 조건으로 하는 $\mathrm{x}(k)$의 조건부 확률밀도함수는 가우시안이 된다. 따라서 다음 식이 성립한다.

$$\begin{aligned}&p(\mathrm{x}(k)|\mathrm{Z}_k)=N\left(\mathrm{x}(k)|\hat{\mathrm{x}}(k|k), \mathrm{P}(k|k)\right) \\ &p(\mathrm{x}(k)|\mathrm{Z}_{k-1})=N\left(\mathrm{x}(k)|\hat{\mathrm{x}}(k|k-1), \mathrm{P}(k|k-1)\right)\end{aligned} \tag{4.24}$$

여기서,

$$\begin{aligned}&\hat{\mathrm{x}}(k|k)=E\left[\mathrm{x}(k)|\mathrm{Z}_k\right] \\ &\mathrm{P}(k|k)=E\left[\left(\mathrm{x}(k)-\hat{\mathrm{x}}(k|k)\right)\left(\mathrm{x}(k)-\hat{\mathrm{x}}(k|k)\right)|\mathrm{Z}_k\right] \\ &\hat{\mathrm{x}}(k|k-1)=E\left[\mathrm{x}(k)|\mathrm{Z}_{k-1}\right] \\ &\mathrm{P}(k|k-1)=E\left[\left(\mathrm{x}(k)-\hat{\mathrm{x}}(k|k-1)\right)\left(\mathrm{x}(k)-\hat{\mathrm{x}}(k|k-1)\right)|\mathrm{Z}_{k-1}\right]\end{aligned} \tag{4.25}$$

이다. 기호 $(k|k)$는 시간 k까지의 측정 데이터 집합 Z_k를 조건으로 하는 시간 k에서의 상태변수 평균값과 공분산을 의미하고, 기호 $(k|k-1)$은 시간 $k-1$까지의 측정 데이터 집합 Z_{k-1}을 조건으로 하는 시간 k에서의 상태변수 평균값과 공분산을 의미한다.

칼만필터는 4.2절에서 논의한 베이즈 필터를 이용해 유도할 수 있다. 먼저 시간 k에서 상태변수 평균과 추정오차 공분산이 각각 $\hat{x}(k|k-1)$과 $P(k|k-1)$로 주어졌다고 가정하자. 그러면 $x(k)$와 $z(k)$는 결합 가우시안 분포를 가지므로 식 (4.22)로부터 시간 $k-1$까지의 측정 데이터 집합을 조건으로 하는 시간 k에서의 $x(k)$와 $z(k)$의 결합 확률밀도함수는 다음과 같이 된다.

$$p(x(k),\ z(k)|Z_{k-1})=N\left(\begin{bmatrix} x(k) \\ z(k) \end{bmatrix} \middle| \begin{bmatrix} \hat{x}(k|k-1) \\ \hat{z}(k|k-1) \end{bmatrix}, \begin{bmatrix} P(k|k-1) & P_{xz}(k|k-1) \\ P_{xz}^T(k|k-1) & P_{zz}(k|k-1) \end{bmatrix}\right) \tag{4.26}$$

여기서 측정 예측값(measurement prediction) $\hat{z}(k|k-1)$은 식 (4.17)로부터 다음과 같이 계산할 수 있다.

$$\begin{aligned} \hat{z}(k|k-1) &= E[z(k)|Z_{k-1}] = E[H(k)x(k)+v(k)|Z_{k-1}] \\ &= H(k)\hat{x}(k|k-1) \end{aligned} \tag{4.27}$$

$v(k)$와 $\{z(i),\ i=0,\ ...,\ k-1\}$은 결합 가우시안이고 노이즈는 서로 독립이므로 $v(k)$와 Z_{k-1}은 서로 독립이다. 따라서 위 식에서 $E[v(k)|Z_{k-1}]=E[v(k)]=0$이다.

측정 예측값 오차를 $\tilde{z}(k|k-1)=z(k)-\hat{z}(k|k-1)$로 정의하면 측정 예측 공분산 $P_{zz}(k|k-1)$은 식 (4.20)으로부터 다음과 같이 계산할 수 있다.

$$\begin{aligned} P_{zz}(k|k-1) &= E[\tilde{z}(k|k-1)\tilde{z}^T(k|k-1)|Z_{k-1}] \\ &= H(k)P(k|k-1)H^T(k)+R(k) \end{aligned} \tag{4.28}$$

측정 예측값 오차 $\tilde{z}(k|k-1)$은 이노베이션(innovation) 또는 측정 잔차(measurement residual)로 불리며 중요한 특성을 가지고 있는데, 이에 대해서는 뒤에서 다시 논의하기로 한다.

한편, 사전 상태변수 추정오차를 $\tilde{x}(k|k-1)=x(k)-\hat{x}(k|k-1)$로 정의하면 상호 공분산 $P_{xz}(k|k-1)$은 식 (4.21)에 의해 다음과 같이 계산된다.

$$\begin{aligned} P_{xz}(k|k-1) &= E[\tilde{x}(k|k-1)\tilde{z}^T(k|k-1)|Z_{k-1}] \\ &= P(k|k-1)H^T(k) \end{aligned} \tag{4.29}$$

$x(k)$와 $z(k)$는 결합 가우시안 분포를 가지므로 식 (2.82)로부터 시간 k까지의 측정 데이터 집합 Z_k를 조건으로 하는 시간 k에서의 상태변수 $x(k)$의 사후 조건부 확률밀도함수식 (4.9)는 다음과 같이 된다.

$$p(x(k)|Z_k)=p(x(k)|z(k),\ Z_{k-1})=N(x(k)|\hat{x}(k|k),\ P(k|k)) \tag{4.30}$$

식 (2.83)으로부터 평균과 공분산은 각각 다음과 같이 된다.

$$\begin{aligned}\hat{x}(k|k) &\equiv E[x(k)|z(k),\ Z_{k-1}]=E[x(k)|Z_k]\\ &=E[x(k)|Z_{k-1}]+K(k)(z(k)-E[z(k)|Z_{k-1}])\\ &=\hat{x}(k|k-1)+K(k)(z(k)-H(k)\hat{x}(k|k-1))\end{aligned} \tag{4.31}$$

$$K(k)=P_{xz}(k|k-1)P_{zz}^{-1}(k|k-1) \tag{4.32}$$

$$\begin{aligned}P(k|k) &=E[\tilde{x}(k|k-1)\tilde{x}^T(k|k-1)|Z_{k-1}]\\ &\quad -P_{xz}(k|k-1)P_{zz}^{-1}(k|k-1)P_{xz}^T(k|k-1)\\ &=P(k|k-1)-P_{xz}(k|k-1)P_{zz}^{-1}(k|k-1)P_{xz}^T(k|k-1)\end{aligned} \tag{4.33}$$

측정벡터 집합 Z_k를 조건으로 하는 시간 k에서의 상태변수 $x(k)$의 최소평균제곱오차(MMSE) 추정값은 $E[x(k)|Z_k]$로 주어지므로, 평균 $\hat{x}(k|k)$가 칼만필터가 산출해야 하는 $x(k)$의 최소평균제곱오차(MMSE) 추정값이고 그때의 추정오차 공분산은 $P(k|k)$다.

식 (4.31)과 (4.33)은 $\hat{x}(k|k-1)$과 $P(k|k-1)$이 주어졌을 때 측정값 $z(k)$를 이용해 $\hat{x}(k|k)$와 $P(k|k)$를 추정할 수 있는 식이기 때문에 측정 업데이트(measurement update) 식이라고 한다. 식 (4.32)의 $K(k)$는 칼만 게인(Kalman gain)이라고 한다.

상태변수 $x(k)$의 사후 조건부 확률밀도함수는 식 (4.9)를 이용해 직접 구할 수도 있다. 먼저 빈도함수 $p(z(k)|x(k))$는 식 (4.13)의 측정 방정식으로부터 다음과 같이 계산된다.

$$p(z(k)|x(k))=N(z(k)|H(k)x(k),\ R(k)) \tag{4.34}$$

한편, $\mathrm{x}(k)$와 $\mathrm{z}(k)$의 결합 확률밀도함수는 가우시안이므로 정규화 함수 $p(\mathrm{z}(k)|\mathrm{Z}_{k-1})$도 역시 평균과 공분산이 각각 식 (4.27)과 (4.28)로 주어지는 가우시안이다.

$$p(\mathrm{z}(k)|\mathrm{Z}_{k-1})=N\big(\mathrm{z}(k)|\hat{\mathrm{z}}(k|k-1),\ \mathrm{P}_{zz}(k|k-1)\big) \tag{4.35}$$

식 (4.24), (4.34), (4.35)를 식 (4.9)에 대입하면 상태변수 $\mathrm{x}(k)$의 사후 조건부 확률밀도함수는 식 (4.30)으로 계산된다.

이번에는 상태변수 $\mathrm{x}(k+1)$의 사전 조건부 확률밀도함수 $p(\mathrm{x}(k+1)|\mathrm{Z}_k)$를 구해보자. $p(\mathrm{x}(k+1)|\mathrm{Z}_k)$는 식 (4.12)의 적분식을 이용해 계산할 수 있지만, $p(\mathrm{x}(k)|\mathrm{Z}_k)$가 식 (4.30)으로 주어졌으므로 다음과 같이 쉽게 구할 수 있다. 시스템 방정식 (4.13)에서 입력 $\mathrm{u}(k)$는 확정된 값이고 $\mathrm{x}(k+1)$은 서로 독립인 두 개의 가우시안 랜덤 벡터 $\mathrm{x}(k)$와 $\mathrm{w}(k)$의 선형변환의 합이기 때문에 $p(\mathrm{x}(k+1)|\mathrm{Z}_k)$는 다음과 같은 가우시안 확률밀도함수가 된다.

$$p(\mathrm{x}(k+1)|\mathrm{Z}_k)=N\big(\mathrm{x}(k+1)|\hat{\mathrm{x}}(k+1|k),\ \mathrm{P}(k+1|k)\big) \tag{4.36}$$

여기서 평균과 공분산은 각각 다음과 같다.

$$\begin{aligned}\hat{\mathrm{x}}(k+1|k)&=E[\mathrm{x}(k+1)|\mathrm{Z}_k]=E[\mathrm{F}(k)\mathrm{x}(k)+\mathrm{G}(k)\mathrm{u}(k)+\mathrm{G}_w(k)\mathrm{w}(k)|\mathrm{Z}_k]\\&=\mathrm{F}(k)\hat{\mathrm{x}}(k|k)+\mathrm{G}(k)\mathrm{u}(k)\end{aligned} \tag{4.37}$$

$$\begin{aligned}\mathrm{P}(k+1|k)&=E[(\mathrm{x}(k+1)-\hat{\mathrm{x}}(k+1|k))(\mathrm{x}(k+1)-\hat{\mathrm{x}}(k+1|k))^T|\mathrm{Z}_k]\\&=\mathrm{F}(k)\mathrm{P}(k|k)\mathrm{F}^T(k)+\mathrm{G}_w(k)\mathrm{Q}(k)\mathrm{G}_w^T(k)\end{aligned} \tag{4.38}$$

$\mathrm{w}(k)$와 $\{\mathrm{z}(i),\ i=0,\ \ldots,\ k\}$는 결합 가우시안이고 노이즈는 서로 독립이므로 $\mathrm{w}(k)$와 Z_k는 서로 독립이다. 따라서 위 식에서 $E[\mathrm{w}(k)|\mathrm{Z}_k]=E[\mathrm{w}(k)]=0$이다.

식 (4.37)과 (4.38)은 $\hat{\mathrm{x}}(k|k)$와 $\mathrm{P}(k|k)$가 주어졌을 때 시스템 모델을 이용해 $\hat{\mathrm{x}}(k+1|k)$와 $\mathrm{P}(k+1|k)$를 추정할 수 있는 식이기 때문에 시간 업데이트 식이라고 한다.

측정 잔차는 칼만필터에서 중요한 역할을 하기 때문에 특별히 새로운 기호를 부여하기로 한다. 즉, 측정 잔차를 편의상 $\tilde{z}(k|k-1) \rightarrow \tilde{z}(k)$로, 측정 잔차의 공분산을 $P_{zz}(k|k-1) \rightarrow S(k)$로 표기한다. 그러면 식 (4.28)은 다음 식으로 쓸 수 있다.

$$S(k)=H(k)P(k|k-1)H^T(k)+R(k) \tag{4.39}$$

4.3 칼만필터 알고리즘

4.3.1 기본 알고리즘

4.2절에서 유도한 칼만필터 식을 알고리즘 형태로 정리하면 다음과 같다.

알고리즘

칼만필터(Kalman Filter) 알고리즘

시스템:

$$\begin{aligned} x(k+1)&=F(k)x(k)+G(k)u(k)+G_w(k)w(k) \\ z(k)&=H(k)x(k)+v(k) \end{aligned} \tag{4.40}$$

$$x(0) \sim N(\bar{x}_0,\ P_0)$$

$$w(k) \sim N(0,\ Q(k)),\ v(k) \sim N(0,\ R(k))$$

가정:

$$\begin{aligned} &E[w(k)w^T(l)]=Q(k)\delta_{kl},\ E[v(k)v^T(l)]=R(k)\delta_{kl} \\ &E[w(k)v^T(l)]=0 \end{aligned} \tag{4.41}$$

$$E[(x(0)-\bar{x}_0)w^T(k)]=0,\ E[(x(0)-\bar{x}_0)v^T(k)]=0$$

시간 업데이트:

$$\hat{x}(k+1|k)=F(k)\hat{x}(k|k)+G(k)u(k) \tag{4.42}$$

$$P(k+1|k)=F(k)P(k|k)F^T(k)+G_w(k)Q(k)G_w^T(k)$$

측정 업데이트:

$$\hat{x}(k|k)=\hat{x}(k|k-1)+K(k)(z(k)-H(k)\hat{x}(k|k-1)) \tag{4.43}$$

$$K(k)=P(k|k-1)H^T(k)S^{-1}(k)$$

$$S(k)=H(k)P(k|k-1)H^T(k)+R(k)$$

$$P(k|k)=P(k|k-1)-P(k|k-1)H^T(k)S^{-1}(k)H(k)P(k|k-1)$$

시스템 모델과 칼만필터의 관계는 그림 4.3에 나와 있다. 칼만필터는 시스템 모델에 기반한 필터로서 시스템 행렬 F(k), 입력 행렬 G(k), 측정 행렬 H(k)를 그대로 복사해 사용한다. 칼만필터로의 입력은 시스템 입력 u(k)와 측정값 z(k)다.

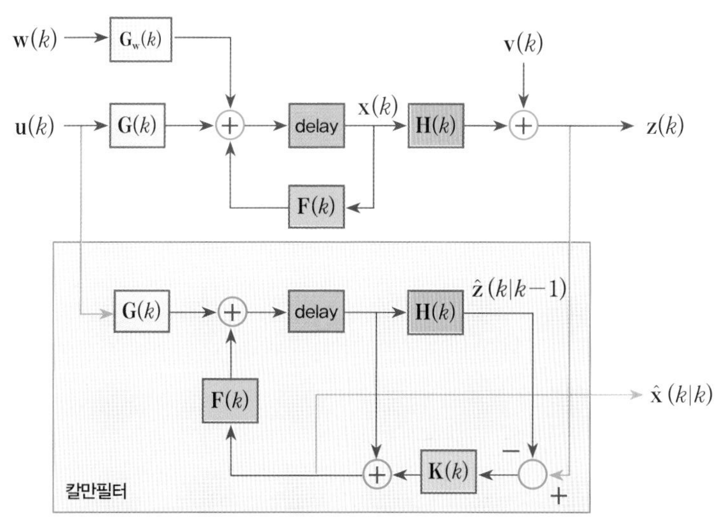

그림 4.3 칼만필터의 구조

칼만필터는 시간 업데이트와 측정 업데이트라는 두 가지 단계로 구성돼 있다. 두 단계 사이의 관계는 그림 4.4에 나와 있다.

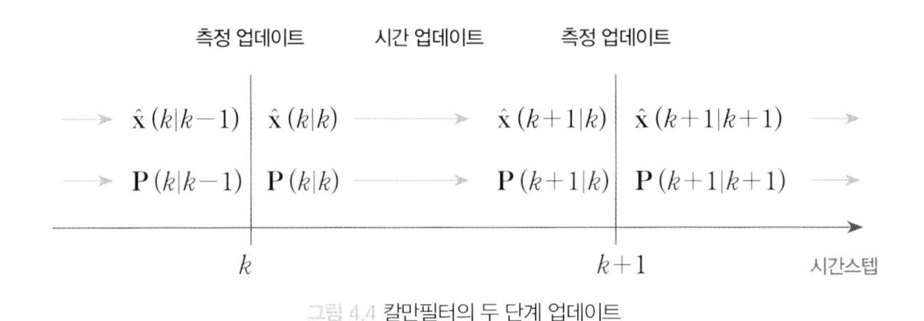

그림 4.4 칼만필터의 두 단계 업데이트

그림에서 보듯이, 시간 k에서 상태변수 추정값 $\hat{x}(k|k)$와 공분산 $P(k|k)$를 안다면 다음 시간 $k+1$에서 측정값 $z(k+1)$을 처리하기 전에 먼저 시스템 모델을 이용해 시간 업데이트를 수행한다. 시간 업데이트에서 추정값 $\hat{x}(k+1|k)$와 공분산 $P(k+1|k)$를 계산한 후에 측정값을 이용해 추정값과 공분산을 재조정한다. 측정값을 이용한 재조정 과정이 측정 업데이트이며 이 결과로 시간 $k+1$에서의 상태변수 추정값 $\hat{x}(k+1|k+1)$과 공분산 $P(k+1|k+1)$이 계산된다.

4.3.2 칼만필터의 여러 형태

식 (4.43)으로 주어진 칼만필터의 측정 업데이트에서 공분산 식은 다음과 같이 여러 가지 형태로 변형될 수 있다.

$$\begin{aligned} P(k|k) &= P(k|k-1) - P(k|k-1)H^T(k)S^{-1}(k)H(k)P(k|k-1) \\ &= P(k|k-1) - K(k)S(k)K^T(k) \\ &= P(k|k-1) - K(k)H(k)P(k|k-1) \\ &= (I - K(k)H(k))P(k|k-1) \end{aligned} \tag{4.44}$$

위 식에서 네 번째 줄이 계산하기가 가장 간단한 식이다. 하지만 수치 계산 시 공분산이 대칭행렬이 안 되거나 정정(positive-definite) 행렬이 안 될 가능성이 있다. 시간 k에서의 상태변수 $x(k)$의 사후 추정오차 $\tilde{x}(k|k)$를 식 (4.40)과 (4.43)을 이용해 쓰면,

$$\begin{aligned} \tilde{x}(k|k) &= x(k) - \hat{x}(k|k) \\ &= (I - K(k)H(k))\big(x(k) - \hat{x}(k|k-1)\big) + K(k)v(k) \end{aligned} \tag{4.45}$$

가 되므로 사후 공분산은 다음과 같이 표현할 수도 있다.

$$P(k|k)=(I-K(k)H(k))P(k|k-1)(I-K(k)H(k))^T+K(k)R(k)K^T(k) \tag{4.46}$$

식 (4.46)을 공분산 측정 업데이트 식의 요셉(Joseph) 형태라고 한다. 위 식은 계산량이 많기는 하지만, 수치 계산 시에도 공분산이 정정 행렬이 되는 것을 보장한다.

행렬 역변환 정리를 이용하면 식 (4.44)에서 주어진 공분산 식을 다음과 같이 쓸 수 있다.

$$P^{-1}(k|k)=P^{-1}(k|k-1)+H^T(k)R^{-1}(k)H(k) \tag{4.47}$$

위 식에서 $P^{-1}(k|k)$를 정보 행렬(information matrix)이라고 하며, 정보 필터(information filter)를 유도하는 데 사용된다. 정보 필터에서는 공분산의 역행렬을 계산한다.

행렬 역변환 정리는 다음과 같다.

$$(A+BCD)^{-1}=A^{-1}-A^{-1}B(DA^{-1}B+C^{-1})^{-1}DA^{-1}$$

이번에는 식 (4.43)의 공분산 식 양변에 $H^T(k)R^{-1}(k)$를 곱해보자. 그러면,

$$\begin{aligned} P(k|k)H^T(k)R^{-1}(k) &= P(k|k-1)H^T(k)R^{-1}(k) \\ &\quad -P(k|k-1)H^T(k)S^{-1}(k)H(k)P(k|k-1)H^T(k)R^{-1}(k) \\ &= P(k|k-1)H^T(k)S^{-1}(k)[S(k)-H(k)P(k|k-1)H^T(k)]R^{-1}(k) \\ &= P(k|k-1)H^T(k)S^{-1}(k) \\ &= K(k) \end{aligned} \tag{4.48}$$

가 되어 칼만필터 게인의 다른 형태가 얻어진다. 따라서 칼만필터 게인은 사전 공분산뿐만 아니라 사후 공분산의 함수로도 표현될 수 있다.

$$\begin{aligned} K(k) &= P(k|k-1)H^T(k)(H(k)P(k|k-1)H^T(k)+R(k))^{-1} \\ &= P(k|k)H^T(k)R^{-1}(k) \end{aligned} \tag{4.49}$$

위 식은 암묵적으로 측정 노이즈 $v(k)$의 공분산 $R(k)$의 역행렬이 존재해야 한다는 것을 의미한다. 역행렬이 존재하기 위해서는 $R(k)$가 정정 행렬이어야 하며 $R(k)>0$이라는 가정이 필요하다.

칼만필터 게인 식으로 식 (4.49)의 두 번째 줄을 사용하려면 사후 공분산은 식 (4.44)의 첫 번째 줄이나 식 (4.47)로 계산해야 한다. 왜냐하면 식 (4.49)의 두 번째 줄은 사후 공분산의 함수이기 때문에 사후 공분산을 계산할 때는 칼만필터 게인이 필요 없는 식이 필요하다. 사후 공분산 식은 식 (4.44), (4.46), (4.47) 등으로 표현될 수 있고 칼만필터 게인 식도 식 (4.49) 등으로 표현될 수 있기 때문에 측정 업데이트 식은 이들의 조합으로 이루어진 많은 형태로 변형시킬 수 있다. 그중 대표적인 형태는 다음과 같다.

알고리즘

칼만필터 측정 업데이트의 다른 형태

측정 업데이트:

$$\hat{x}(k|k)=\hat{x}(k|k-1)+K(k)\big(z(k)-H(k)\hat{x}(k|k-1)\big) \tag{4.50}$$

$$P^{-1}(k|k)=P^{-1}(k|k-1)+H^T(k)R^{-1}(k)H(k)$$

$$K(k)=P(k|k)H^T(k)R^{-1}(k)$$

이제 시간 업데이트와 측정 업데이트의 두 단계로 나누어진 식을 단일 업데이트 식으로 통합해 보자. 식 (4.43)의 상태변수 추정식을 식 (4.42)에 대입하면 다음과 같이 된다.

$$\hat{x}(k+1|k)=F(k)\hat{x}(k|k-1)+F(k)K(k)\big(z(k)-H(k)\hat{x}(k|k-1)\big)+G(k)u(k) \tag{4.51}$$

식 (4.51)은 시간 $k-1$에서의 사전 상태변수 추정값 $\hat{x}(k|k-1)$에서 시간 k에서의 사전 상태변수 추정값 $\hat{x}(k+1|k)$를 바로 계산할 수 있는 식이다. 공분산의 경우도 마찬가지로 단일 업데이트 식으로 통합할 수 있다.

$$\begin{aligned}P(k+1|k)=&F(k)P(k|k-1)F^T(k)+G_w(k)Q(k)G_w^T(k)\\&-F(k)P(k|k-1)H^T(k)\big(H(k)P(k|k-1)H^T(k)+R(k)\big)^{-1}H(k)P(k|k-1)F^T(k)\end{aligned} \tag{4.52}$$

식 (4.52)를 리카티 방정식(Riccati equation)이라고 부른다.

이제 간단한 예제를 통해 칼만필터의 작동 원리를 이해해 보자.

예제 4.1 다음과 같은 스칼라 시스템이 있다.

$$\begin{aligned}
&x(k+1)=x(k)+w(k)\\
&z(k)=x(k)+v(k)\\
&x(0)\sim N(x_0,\ P_0),\ w(k)\sim N(0,\ Q),\ v(k)\sim N(0,\ R)\\
&E[w(k)w(l)]=Q\delta_{kl},\ E[v(k)v(l)]=R\delta_{kl},\ E[w(k)v(l)]=0\\
&E[(x(0)-x_0)w(k)]=0,\ E[(x(0)-x_0)v(k)]=0
\end{aligned} \tag{4.53}$$

위 시스템은 시간이 지남에 따라 서서히 변화하는 스칼라 변수 $x(k)$를 측정 노이즈가 있는 센서로 직접 측정하는 상황을 수식으로 표현한 것이다. 프로세스 노이즈의 분산값 Q는 스칼라 변수 $x(k)$가 시간에 따라 얼마나 빨리 변화하는지를 모델링한 것으로서, Q가 클수록 스칼라 변수 $x(k)$는 더욱 빨리 변화한다. 측정 노이즈의 분산값 R은 측정값의 정확도를 모델링한 것이다. R이 클수록 측정값은 부정확해진다. 위 시스템에 대해 칼만필터를 설계해 보자.

풀이 식 (4.53)과 식 (4.13), (4.14)를 비교해 보면 $u(k)=0$이고, $F(k)=G_w(k)=H(k)=1$, $Q(k)=Q$, $R(k)=R$임을 알 수 있다. 따라서 칼만필터의 시간 업데이트 식은 다음과 같이 된다.

$$\begin{aligned}
&\hat{x}(k+1|k)=\hat{x}(k|k),\ \hat{x}(0|0)=x_0\\
&P(k+1|k)=P(k|k)+Q,\ P(0|0)=P_0
\end{aligned} \tag{4.54}$$

측정 업데이트 식은 다음과 같이 된다.

$$\begin{aligned}
&\hat{x}(k|k)=\hat{x}(k|k-1)+K(k)(z(k)-\hat{x}(k|k-1))\\
&K(k)=\frac{P(k|k-1)}{P(k|k-1)+R}\\
&P(k|k)=P(k|k-1)-\frac{P^2(k|k-1)}{P(k|k-1)+R}
\end{aligned} \tag{4.55}$$

그림 4.5(a)는 $x_0=0$, $P_0=1$, $Q=1$, $R=1$일 때 칼만필터의 거동을 시뮬레이션한 것이다. 칼만필터가 상태변수를 잘 추정하는 것을 볼 수 있다. 그림에서 빨간색은 시스템의 상태변수, 파란색은 상태변수 추정값, 검은색은 측정값이다. 그림 4.5(b)는 추정 오차 $\tilde{x}(k)=x(k)-\hat{x}(k|k)$와 오차의 표준편차 $\sigma=\sqrt{P(k|k)}$를 그린 것이다. 추정 오차가 계산된 표준편차의 범위 내에 있음을 알 수 있다. 그림 4.5(c)는 사전 공분산과 사후 공분산을 그린 것이다. 사후 공분산이 사전 공분산보다 작은 값을 갖는 것을 볼 수 있는데, 이는 측정값 $z(k)$를 조건으로 하는 상태변수의 추정 오차가 측정값을 이용하기 전에 추정한 상태변수 추정 오차보다 더 작다는 것을 의미한다.

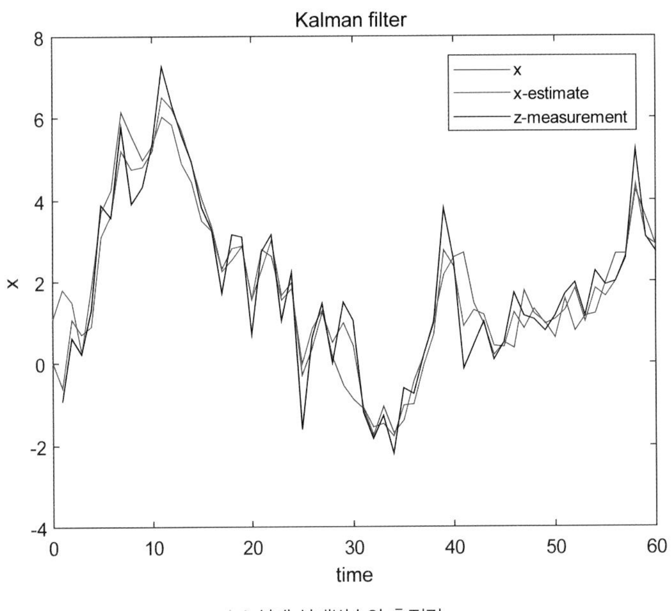

(a) 실제 상태변수와 추정값

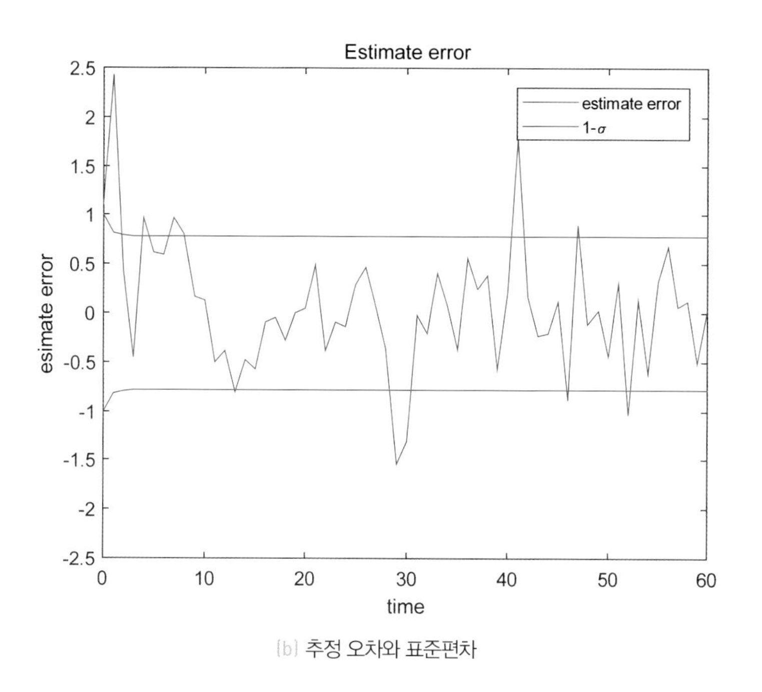

(b) 추정 오차와 표준편차

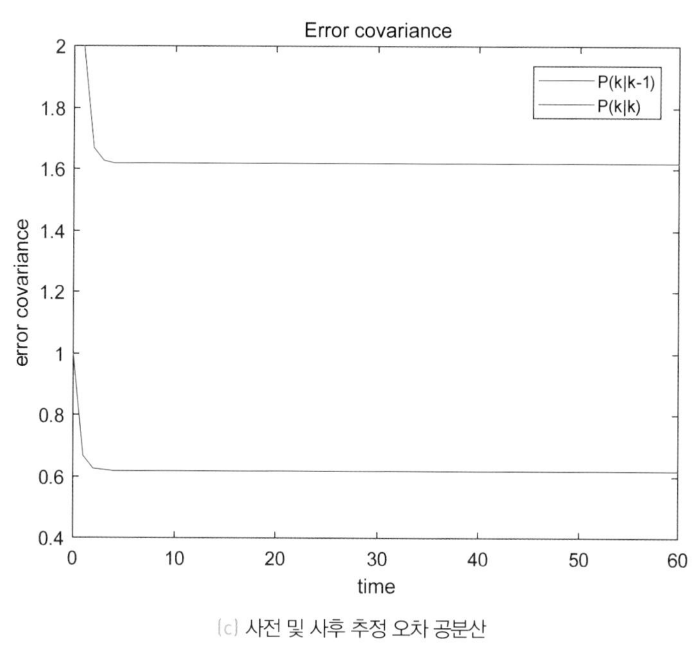

(c) 사전 및 사후 추정 오차 공분산

그림 4.5 칼만필터의 거동

$Q=0$이면 프로세스 노이즈는 항상 $w(k)=0$이 되어 시스템 (4.53)은 다음과 같이 된다.

$$x(k+1)=x(k)$$
$$z(k)=x(k)+v(k) \tag{4.56}$$
$$x(0)\sim N(x_0,\ P_0),\ v(k)\sim N(0,\ R)$$

즉, 상태변수는 $x(k)=x$로, 상수가 된다. 이때 칼만필터의 시간 업데이트 식 (4.54)는 다음과 같이 된다.

$$\hat{x}(k+1|k)=\hat{x}(k|k),\ \hat{x}(0|0)=x_0$$
$$P(k+1|k)=P(k|k),\ P(0|0)=P_0 \tag{4.57}$$

위 식을 측정 업데이트 식 (4.55)에 대입하면 측정 업데이트 식은 다음과 같이 된다.

$$\hat{x}(k|k)=\hat{x}(k|k-1)+K(k)(z(k)-\hat{x}(k|k-1))$$
$$=\hat{x}(k-1|k-1)+K(k)(z(k)-\hat{x}(k-1|k-1))$$
$$K(k)=\frac{P(k-1|k-1)}{P(k-1|k-1)+R} \tag{4.58}$$
$$P(k|k)=P(k-1|k-1)-\frac{P^2(k-1|k-1)}{P(k-1|k-1)+R}=\frac{P(k-1|k-1)R}{P(k-1|k-1)+R}$$

따라서 $k=1$일 때 상태변수 추정값과 공분산은 다음과 같이 된다.

$$\hat{x}(1|1)=x_0+K(1)(z(1)-x_0)$$
$$K(1)=\frac{P_0}{P_0+R}$$
$$P(1|1)=\frac{P_0R}{P_0+R}$$

$k=2$일 때 상태변수 추정값과 공분산은 다음과 같이 된다.

$$\hat{x}(2|2)=\hat{x}(1|1)+K(2)(z(2)-\hat{x}(1|1))$$
$$K(2)=\frac{P(1|1)}{P(1|1)+R}=\frac{P_0}{2P_0+R}$$
$$P(2|2)=\frac{P(1|1)R}{P(1|1)+R}=\frac{P_0R}{2P_0+R}$$

결국 임의의 시간 k에서 상태변수 추정값과 공분산은 다음과 같이 표현된다.

$$\begin{aligned} K(k) &= \frac{P_0}{kP_0+R} \\ \hat{x}(k|k) &= \hat{x}(k-1|k-1)+K(k)(z(k)-\hat{x}(k-1|k-1)) \\ &= (1-K(k))\hat{x}(k-1|k-1)+K(k)z(k) \\ P(k|k) &= \frac{P_0 R}{kP_0+R} \end{aligned} \tag{4.59}$$

$P_0=\infty$라면 상수 x에 관한 확률 정보가 전혀 없다는 뜻으로 x는 그야말로 미지의 상수가 된다. 이때는 식 (4.159)에 의해서 칼만필터 게인은 $K(k)=\frac{1}{k}$이 되고, 공분산은 $P(k|k)=\frac{R}{k}$이 된다. 그리고 상수 추정값은

$$\begin{aligned} \hat{x}(k|k) &= \left(\frac{k-1}{k}\right)\hat{x}(k-1|k-1)+\frac{1}{k}z(k) \\ &= \frac{1}{k}\sum_{i=1}^{k} z(i) \end{aligned}$$

가 된다. 따라서 시간 k에서 상수의 추정값은 시간 k까지의 측정값을 평균한 것이 된다. 공분산은 시간에 반비례하므로 미지의 상수를 여러 번 측정할수록 추정값의 정확도는 향상된다고 말할 수 있다.

$P_0=0$이라면 상수 $x(k)$가 $x(k)=x_0$라는 것을 정확히 알고 있다는 이야기가 된다. 이때는 식 (4.59)에 의해서 칼만필터 게인은 $K(k)=0$이 되고, 공분산도 $P(k|k)=0$이 된다. 그리고 상수 추정값은

$$\hat{x}(k|k)=\hat{x}(k-1|k-1)=x_0$$

이 된다. 칼만필터 게인이 0이므로 추정값은 측정값을 전혀 이용하지 않는다. 이는 당연한 결과로, 해당 상숫값을 정확히 알고 있으므로 상숫값을 추정하는 데 측정값이 필요 없기 때문이다.

$R=\infty$라면 측정값을 전혀 신뢰할 수 없다는 이야기가 된다. 이때는 식 (4.59)에 의해서 칼만필터 게인은 $K(k)=0$이 되고, 공분산은 $P(k|k)=P_0$가 된다. 그리고 상수 추정값은

$$\hat{x}(k|k)=\hat{x}(k-1|k-1)=x_0$$

이 된다. 즉, 칼만필터는 측정값을 신뢰할 수 없기 때문에 측정값을 전혀 이용하지 않고, 당초 상수 x의 사전 확률정보로 주어진 평균과 공분산을 그대로 유지한다.

4.4 칼만필터의 특징

4.4.1 최적 필터

칼만필터는 [칼만필터 가정]을 만족하면 최적(optimal)의 MMSE 추정기이고, [칼만필터 가정]에서 프로세스 노이즈 $\mathrm{w}(k)$와 측정 노이즈 $\mathrm{v}(k)$, 상태변수 초깃값 $\mathrm{x}(0)$의 확률분포가 가우시안 분포가 아니고 임의의 확률분포를 갖는다고 가정하면 최상(best)의 선형 MMSE 추정기가 된다. 여기서 최적이라는 의미는 식 (4.60)으로 주어진 평균제곱오차를 최소로 하는 상태변수 추정기는 선형 추정기와 비선형 추정기를 통틀어서 칼만필터가 제일 우수하다는 뜻이며, 최상이라는 의미는 선형 추정기 중에서만 칼만필터가 제일 우수하다는 뜻이다. 이는 비선형 추정기 중에는 칼만필터보다 더 우수한 성능을 보이는 추정기가 존재할 수 있다는 뜻이기도 하다.

$$\hat{\mathrm{x}}(k)=\mathrm{argmin}\, E[(\mathrm{x}(k)-\hat{\mathrm{x}}(k))^T(\mathrm{x}(k)-\hat{\mathrm{x}}(k))|Z_k] \tag{4.60}$$

따라서 칼만필터 입장에서 보면 가우시안 확률밀도함수가 여러 가지 확률분포 중에서는 가장 나쁜 확률분포라고 말할 수 있다.

노트

측정벡터 z와 랜덤 벡터 x의 추정값 $\hat{x}$가 다음 식과 같이 선형(사실은 어파인, affine) 관계에 있을 때, 이 추정기를 선형 추정기(linear estimator)라고 한다.

$$\hat{x}(z) = Az + b$$

가우시안 분포가 아닌 임의의 확률분포일 때 칼만필터가 최상의 선형 MMSE 추정기가 된다는 것은 4.5절 칼만필터의 다른 유도 방법에서 증명한다.

4.4.2 성능 예측 기능

칼만필터가 계산하는 상태변수 추정값의 질(quality)은 공분산의 크기로 평가할 수 있다. 특히 공분산 행렬에서 대각요소는 특정 상태변수의 분산을 나타내므로 이 분산값이 크면 해당 상태변수 추정이 부정확한 것이고, 작다면 정확하다고 판단할 수 있다.

칼만필터의 공분산 식을 보면 공분산의 시간 업데이트 식뿐만 아니라 공분산의 측정 업데이트 식도 상태변수나 측정값의 함수가 아닌 것을 알 수 있다. 이는 칼만필터를 실제 시스템에 적용하기 전에 공분산을 미리 계산할 수 있다는 것을 의미한다. 또한 칼만필터 설계 단계에서 칼만필터가 계산할 상태변수 추정값의 질을 미리 알 수 있다는 의미이기도 하다.

식 (4.43)에 의하면 칼만필터 게인은 사전 공분산 $P(k|k-1)$의 크기에 비례하고, 측정 잔차의 공분산 $S(k)$의 크기에 반비례하는 것을 알 수 있다. 사전 공분산은 시스템 모델을 이용해 시간 업데이트한 상태변수 예측값 $\hat{x}(k|k-1)$의 정확도를 나타내고 측정 잔차의 공분산은 측정값 $z(k)$의 정확도를 나타내므로 상태변수 예측이 정확하고(사전 공분산이 작고) 측정값이 부정확하다면(측정 잔차 공분산이 크다면) 칼만필터 게인은 작은 값을 가질 것이고, 상태변수 예측이 부정확하고(사전 공분산이 크고) 측정값이 정확하다면(측정 잔차 공분산이 작다면) 칼만필터 게인은 큰 값을 가질 것이다. 즉, 시스템 모델이 측정값보다 더 정확하다면 칼만필터 게인은 작은 값을 가져서 시스템 모델에 더 의존(또는 신뢰)하게 되고, 반대로 측정값이 더 정확하다면 게인은 큰 값을 갖게 되어 측정값에 더 의존(또는 신뢰)하게 된다.

또한 식 (4.43)의 공분산식에 의하면, $P(k|k) \leq P(k|k-1)$이므로 측정값 $z(k)$를 조건으로 하는 상태변수 $x(k)$의 추정 오차가 측정값을 이용하기 전에 추정한 상태변수 추정오차보다 같거나 더 작아진다는 것을 알 수 있다. 즉, 노이즈가 심한 측정값일지라도 이용하는 것이 그렇지 않은 경우보다 더 좋다는 뜻이기도 하다.

4.4.3 두 단계의 업데이트

앞서 언급했듯이 칼만필터는 시간 업데이트와 측정 업데이트라는 두 가지 단계로 구성된다. 시간 업데이트는 시스템 모델과 프로세스 노이즈의 확률적 특성을 이용해 상태변수 추정값과 공분산을 예측하는 단계이고, 측정 업데이트는 측정값을 이용해 시간 업데이트에서 예측한 상태변수 추정값과 공분산을 조정하는 단계다. 이와 같이 칼만필터가 두 단계의 업데이트로 구성돼 있기 때문에 갖는 장점이 있는데, 그것은 바로 측정값이 있을 때만 측정 업데이트를 실시하면 된다는 점이다.

예를 들면 측정값이 불규칙하게 얻어진다든가, 센서의 신호가 일시적으로 막히는 경우 등 측정 업데이트를 할 시점에 측정값이 없거나 이용할 수 없는 경우가 있다. 이러한 경우에는 측정 업데이트 단계를 생략하고 시간 업데이트만 실시하면 된다.

다른 예로서 서로 다른 측정 주기를 갖는 다수의 센서를 이용하는 경우가 있다. 예를 들면, GPS신호와 관성 센서의 신호를 동시에 이용하는 경우다. GPS 신호는 초당 1회 내지 10회 정도 수신할 수 있지만, 관성 센서의 신호는 초당 100회 이상 수신할 수 있다. 이때는 센서별로 측정값을 수신할 때마다 그 측정값만을 기반으로 하는 측정 업데이트를 실시하면 된다.

또 다른 예로서, 시간 업데이트와 측정 업데이트의 주기가 다른 경우가 있다. 연속시간 시스템을 이산시간 모델로 바꿀 때는 변환 오차가 크지 않게 샘플링 주기를 짧게 하지만, 측정값은 센서의 특성상 샘플링 주기가 느릴 수 있다. 이 경우에는 칼만필터의 시간 업데이트를 측정 업데이트보다 더 빠른 주기로 처리하면 된다.

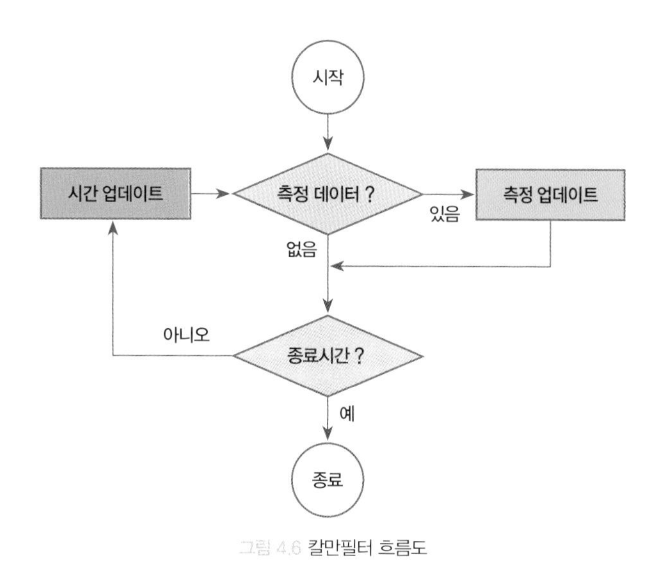

그림 4.6 칼만필터 흐름도

4.4.4 자가진단 기능

칼만필터의 이노베이션 또는 측정 잔차 $\tilde{z}(k)=z(k)-\hat{z}(k|k-1)$에 대해 논의해 보자. 측정 잔차의 특성은 다음과 같이 정리할 수 있다.

$$\begin{aligned} &\tilde{z}(k)=N(0,\ S(k)) \\ &S(k)=H(k)P(k|k-1)H^T(k)+R(k) \\ &E[\tilde{z}(k)\tilde{z}^T(l)]=S(k)\delta_{kl} \end{aligned} \tag{4.61}$$

즉, 측정 잔차는 평균이 0이고 공분산이 $S(k)$인 가우시안 화이트 노이즈 프로세스다. 평균이 0인 것은 최소평균제곱오차(MMSE) 추정기가 바이어스가 없는 추정기라는 점을 이용해 증명할 수 있다. 측정 잔차가 화이트 노이즈 프로세스라는 것은 다음과 같이 증명할 수 있다. 우선 식 (2.88)의 관계식을 이용하면,

$$E[\tilde{z}(k)\tilde{z}^T(l)]=E[E[\tilde{z}(k)\tilde{z}^T(l)|Z_{k-1}]] \tag{4.62}$$

이다. $\tilde{z}(l)$은 Z_l의 선형함수이고, $l\le k-1$이면 Z_{l-1}의 조건하에서 $\tilde{z}(l)$은 확정된 값을 가지므로 $E[\cdot]$ 연산자 밖으로 나올 수 있다. 따라서,

$$E[E[\tilde{z}(k)\tilde{z}^T(l)|Z_{k-1}]] = E[E[\tilde{z}(k)|Z_{k-1}]\tilde{z}^T(l)] \tag{4.63}$$

가 되고, $E[\tilde{z}(k)|Z_{k-1}] = E[z(k) - \hat{z}(k|k-1)|Z_{k-1}] = 0$이 되므로

$$E[\tilde{z}(k)\tilde{z}^T(l)] = 0, \ k \neq l \tag{4.64}$$

이 성립한다.

측정 잔차 $\tilde{z}(k)$가 Z_k의 선형함수라는 것은 다음과 같이 증명할 수 있다. 먼저 측정 잔차는 정의에 의해 $\tilde{z}(k) = z(k) - H(k)\hat{x}(k|k-1)$이므로 $z(k)$와 $\hat{x}(k|k-1)$의 함수다. $\hat{x}(k|k-1)$은 식 (4.37)과 (4.31)에 의해

$$\begin{aligned} \hat{x}(k|k-1) = & F(k-1)\hat{x}(k-1|k-2) + G(k-1)u(k-1) \\ & + F(k-1)K(k-1)\big(z(k-1) - H(k-1)\hat{x}(k-1|k-2)\big) \end{aligned} \tag{4.65}$$

가 되어 $z(k-1)$과 $\hat{x}(k-1|k-2)$의 함수가 된다. 다시 $\hat{x}(k-1|k-2)$는 $z(k-2)$의 함수가 되므로 결국 측정 잔차는 $Z_k = \{z(0), z(1), \dots, z(k)\}$의 선형함수가 된다.

이제, 시간 k까지의 측정벡터 집합 $Z_k = \{z(0), z(1), \dots, z(k)\}$의 결합 확률밀도함수 $p(Z_k)$를 계산해 보자.

$$\begin{aligned} p(Z_k) &= p(z(k), Z_{k-1}) = p(z(k)|Z_{k-1})p(Z_{k-1}) \\ &= \prod_{i=0}^{k} p(z(i)|Z_{i-1}) \end{aligned} \tag{4.66}$$

[칼만필터 가정]에 의해서 $p(z(i)|Z_{i-1})$도 가우시안이 되므로,

$$\begin{aligned} p(z(i)|Z_{i-1}) &= N\big(z(i)|\hat{z}(i|i-1), S(i)\big) \\ &= N\big(z(i) - \hat{z}(i|i-1)|0, S(i)\big) \\ &= N\big(\tilde{z}(i)|0, S(i)\big) \\ &= p\big(\tilde{z}(i)\big) \end{aligned} \tag{4.67}$$

식 (4.66)은 다음과 같이 된다.

$$p(\mathrm{Z}_k)=\prod_{i=0}^{k} p(\tilde{\mathrm{z}}(i)) \tag{4.68}$$

즉, 시간 k까지의 측정벡터 집합 Z_k의 결합 확률밀도함수는 시간 k까지의 측정 잔차의 확률밀도함수의 곱과 같다. 식 (4.68)에서 명시적으로 드러나지는 않지만, 결합 확률밀도함수 $p(\mathrm{Z}_k)$는 특정 시스템 모델에 기반한 측정값들의 확률밀도함수이므로 시스템 모델의 빈도함수(likelihood function of the system model)라고 한다. [칼만필터 가정](즉, 프로세스 노이즈와 측정 노이즈가 가우시안 분포를 갖는다면)에 의해 측정 잔차는 가우시안 분포를 갖게 될 뿐만 아니라 화이트 노이즈 시퀀스가 된다.

칼만필터를 실제 시스템에 구현해 작동시켰을 때 칼만필터가 산출하는 상태변수 추정값이 실제 시스템의 상태변수를 제대로 추정하고 있는지 아닌지 어떻게 확인할 수 있을까? 컴퓨터를 이용해 칼만필터를 시뮬레이션하는 상황이라면 칼만필터가 제대로 작동하는지 아닌지를 금방 알 수 있다. 왜냐하면 상태변수의 실제값과 칼만필터가 산출하는 추정값을 비교해 보면 되기 때문이다. 그렇지만 실제 시스템에 구현해 작동하는 상황이라면 시스템의 실제 상태변수 값을 모르기 때문에 이와 같은 직접 비교는 불가능하다. 실제 상태변수 값을 안다면 칼만필터를 이용할 필요가 없을 것이다.

하지만 측정 잔차를 이용하면 칼만필터의 성능을 검증할 수 있다. 측정 잔차는 측정값과 측정 예측값의 차이이므로 칼만필터가 알 수 있는 값이다. 칼만필터가 제대로 작동하고 있다면 식 (4.67)에 주어진 바와 같이 측정 잔차는 평균이 0이고 공분산이 $\mathrm{S}(k)$인 화이트 노이즈 시퀀스여야 하므로 측정 잔차의 확률적 특성을 파악해 칼만필터가 제대로 작동하는지를 간접적으로 판별하는 것이 가능하다. 측정 잔차의 평균이 0이 아니거나 공분산이 $\mathrm{S}(k)$가 아니거나 화이트 노이즈 시퀀스가 아니라면 칼만필터가 제대로 작동하고 있지 않다는 증거가 된다. 이 경우, 칼만필터 설계 시에 사용한 시스템 모델 파라미터인 $\mathrm{F}(k)$, $\mathrm{G_w}(k)$, $\mathrm{H}(k)$가 실제 시스템과 다른지, 아니면 노이즈 $\mathrm{w}(k)$와 $\mathrm{v}(k)$의 확률적 특성이 실제와 다른지 등 여러 가지 오류 가능성을 검토해 보고, 측정 잔차가 평균이 0이고 공분산이 $\mathrm{S}(k)$인 화이트 노이즈가 되도록 시스템 모델 파라미터와 $\mathrm{Q}(k)$, $\mathrm{R}(k)$를 조절

(tuning)해야 한다. 작동 중에 이러한 조절이 가능하게 한 칼만필터를 적응 칼만필터(adaptive Kalman filter)라고 한다.

한편, 측정 잔차를 이용하면 센서의 고장이나 오작동을 검출할 수 있고 이로 인한 불량 데이터를 걸러낼 수 있다. 예를 들면 그림 4.7과 같이 측정잔차의 공분산 $S(k)$를 이용해 측정 예측값 $\hat{z}(k|k-1)$을 중심으로 실제 측정값 $z(k)$가 위치해야 할 유효범위(validation region)를 설정하고, 실제 측정값이 이 범위를 반복적으로 벗어난다면 해당 센서를 고장으로 판정하고 이 측정값을 칼만필터에 더이상 사용하지 않을 수도 있다.

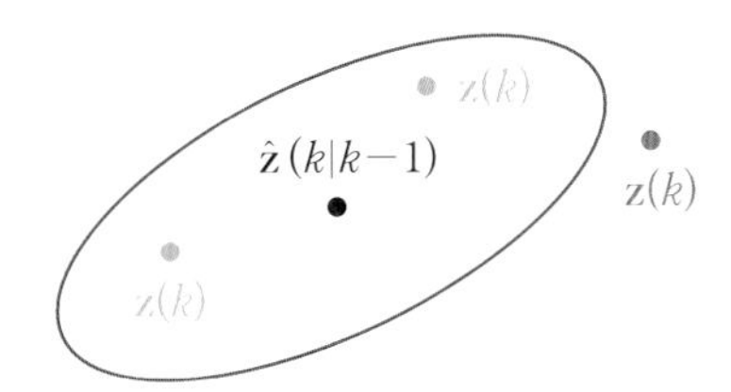

그림 4.7 유효범위 안에 있는 측정값(파란색)과 밖에 있는 측정값(빨간색)의 예

그렇다면 측정 잔차의 실제 평균과 공분산은 어떻게 계산할 수 있을까? 또 측정 잔차가 화이트 노이즈라는 것은 어떻게 판별할 수 있을까? 화이트 노이즈 시퀀스는 에르고딕(ergodic) 시퀀스이기 때문에 시간 영역의 확률 정보로 확률 특성 파악이 가능하다. 따라서 일정 시간 동안 측정 잔차의 데이터를 수집한 후 시간 평균과 시간 상관도(time-correlation), 공분산을 계산해 칼만필터가 산출한 평균 및 공분산과 비교하고 화이트 노이즈인지 아닌지를 판별하면 된다. 일정 시간 N 동안의 측정 잔차의 시간 평균과 시간 상관도, 공분산은 다음과 같이 계산한다.

$$\bar{s}=\frac{1}{N}\sum_{j=k-N}^{k}\tilde{z}(j)$$

$$\hat{S}=\frac{1}{N}\sum_{j=k-N}^{k}(\tilde{z}(j)-\bar{s})(\tilde{z}(j)-\bar{s})^{T} \tag{4.69}$$

$$<(\tilde{z}(k)-\bar{s})(\tilde{z}(k+m)-\bar{s})^{T}>=\frac{1}{N}\sum_{j=k-N}^{k}(\tilde{z}(j)-\bar{s})(\tilde{z}(j+m)-\bar{s})^{T}$$

4.5 칼만필터의 다른 유도 방법[1]

4.5.1 선형 MMSE 추정식을 이용한 유도

식 (4.14)와 (4.15)로 주어진 [칼만필터 가정]에서 프로세스 노이즈 $\mathbf{w}(k)$와 측정 노이즈 $\mathbf{v}(k)$, 상태변수 초깃값 $\mathbf{x}(0)$의 확률분포가 가우시안 분포가 아니고 임의의 확률분포를 갖는다면 칼만필터 식을 유도하는 데 이용했던 4.1절의 확률밀도함수 전파식을 이용할 수 없다. 왜냐하면 [칼만필터 가정]에서 제시된 것이 평균과 공분산뿐이라서 정확한 확률밀도함수를 모르기 때문이다(반면, 가우시안 분포는 평균과 공분산만으로 정의되기 때문에 확률밀도함수를 정확히 알 수 있다). 물론 정확한 확률밀도함수가 제시된다고 해도 가우시안 분포가 아닌 이상 임의의 확률밀도함수의 전파식을 계산하는 일은 매우 어렵다. 따라서 상태변수 $\mathbf{x}(k)$의 최소평균제곱오차(MMSE) 추정값 $\hat{\mathbf{x}}(k|k)=E[\mathbf{x}(k)|Z_k]$를 계산하는 것은 거의 불가능하다.

한편 2장에서 다룬 선형 최소평균제곱오차(LMMSE) 추정기는 측정 방정식과 측정 노이즈의 확률분포에 관한 어떠한 가정도 하지 않은 조건에서 선형 평균제곱오차를 최소로 하는 추정기로서, 노이즈가 가우시안이든 임의의 확률분포로 주어지든 노이즈의 평균과 공분산 정보만 이용했다. 따라서 이 추정기는 식 (4.14)와 (4.15)로 주어진 [칼만필터 가정]에서 가우시안 확률 분포 대신에 임의의 확률분포를 갖는 조건과 부합하는 추정기다. 이 절에서는 선형 최소평균제곱오차(LMMSE) 추정식을 이용해 칼만필터 방정식을 유도해 본다.

먼저, 선형 최소평균제곱오차(LMMSE) 추정식을 다시 써보자. 선형 최소평균제곱오차(LMMSE) 추정기는 측정벡터 $\mathbf{z}$가 주어졌을 때 평균제곱오차 $E[(\mathbf{x}-\hat{\mathbf{x}}^{LMMSE})^T(\mathbf{x}-\hat{\mathbf{x}}^{LMMSE})]$를 최소화하는 추정기로서 다음과 같이 주어진다.

$$\hat{\mathbf{x}}^{LMMSE}(\mathbf{z})=E[\mathbf{x}]+P_{xz}P_{zz}^{-1}(\mathbf{z}-E[\mathbf{z}]) \tag{4.70}$$

선형 최소평균제곱오차(LMMSE) 추정기의 추정 오차 공분산은 다음과 같이 주어진다.

1 이 단원은 필요에 따라 건너뛰어도 상관없다.

$$\begin{aligned} P_{\tilde{x}\tilde{x}} &= E\left[\left(x-\hat{x}^{LMMSE}\right)\left(x-\hat{x}^{LMMSE}\right)^T\right] \\ &= P_{xx} - P_{xz}P_{zz}^{-1}P_{zx} \end{aligned} \tag{4.71}$$

이제, 칼만필터를 유도할 때 필요한 선형 최소평균제곱오차(LMMSE) 추정기의 특성에 대해 알아보자. 조건부 평균 $E[x|z]$와 구별하기 위해 편의상 선형 최소평균제곱오차(LMMSE) 추정값을 $L[x|z]=\hat{x}^{LMMSE}(z)$로 표시하기로 한다. 그러면 선형 최소평균제곱오차(LMMSE) 추정기는 다음과 같은 특성을 갖는다.

첫째, 직각법칙에 의해서 다음 식이 성립한다.

$$E[(x-L[x|z])h^T(z)]=0 \tag{4.72}$$

여기서 $h(z)$는 z의 선형함수다.

둘째, 선형 최소평균제곱오차(LMMSE) 추정 연산자 $L[\cdot]$는 선형 연산자다. 즉, 다음 식이 성립한다.

$$L[A_1x_1+A_2x_2|z]=A_1L[x_1|z]+A_2L[x_2|z] \tag{4.73}$$

여기서 A_1과 A_2는 상수행렬이다.

[증명] 랜덤 벡터 y가 랜덤 벡터 x의 선형변환인 $y=Ax+b$로 주어졌다고 하자. 그러면, 식 (4.70)에 의해서 y의 선형 최소평균제곱오차(LMMSE) 추정값은 다음과 같이 주어진다.

$$L[y|z]=E[y]+P_{yz}P_{zz}^{-1}(z-E[z]) \tag{4.74}$$

여기서 y와 z의 상호 공분산 P_{yz}와 x와 z의 상호 공분산 P_{xz}의 관계식은 다음과 같이 주어지고,

$$\begin{aligned} P_{yz} &= E[(y-E[y])(z-E[z])^T]=AE[(x-E[x])(z-E[z])^T] \\ &= AP_{xz} \end{aligned} \tag{4.75}$$

$E[y]=AE[x]$이므로, $L[y|z]$은 다음과 같이 된다.

$$\begin{aligned} L[y|z] &= AE[x]+b+AP_{xz}P_{zz}^{-1}(z-E[z]) \\ &= AL[x|z]+b \end{aligned} \tag{4.76}$$

이제 $A=[A_1 A_2]$, $x=\begin{bmatrix} x_1 \\ x_2 \end{bmatrix}$, $b=0$으로 놓으면 $y=A_1x_1+A_2x_2$이므로 위 식에 대입하면 식 (4.73)이 성립한다.

셋째, $Cov(z_1, z_2)=0$이면 측정벡터 z_1과 z_2가 주어졌을 때 조건부 선형 최소평균제곱오차(LMMSE) 추정값과 추정오차 공분산은 다음과 같이 주어진다.

$$L[x|z_1, z_2]=L[x|z_1]+L[x|z_2]-E[x] \tag{4.77}$$

$$E[(x-L[x|z_1, z_2])(x-L[x|z_1, z_2])^T]=P_{xx}-P_{xz_1}P_{z_1z_1}^{-1}P_{z_1x}-P_{xz_2}P_{z_2z_2}^{-1}P_{z_2x} \tag{4.78}$$

[증명] 랜덤 벡터 z를 $z=\begin{bmatrix} z_1 \\ z_2 \end{bmatrix}$로 놓으면 x와 z의 상호 공분산 P_{xz}는 다음과 같이 된다.

$$\begin{aligned} P_{xz} &= E[(x-E[x])[(z_1-E[z_1])^T\ (z_2-E[z_2])^T]] \\ &= [P_{xz_1}P_{xz_2}] \end{aligned} \tag{4.79}$$

또한, $Cov(z_1, z_2)=0$이므로 z의 공분산 P_{zz}는 $P_{zz}=\begin{bmatrix} P_{z_1z_1} & 0 \\ 0 & P_{z_2z_2} \end{bmatrix}$가 된다. 이 식을 식 (4.70)에 대입하면,

$$\begin{aligned} L[x|z]=L[x|z_1, z_2] &= E[x]+P_{xz}P_{zz}^{-1}(z-E[z]) \\ &= E[x]+P_{xz_1}P_{z_1z_1}^{-1}(z_1-E[z_1])+P_{xz_2}P_{z_2z_2}^{-1}(z_2-E[z_2]) \end{aligned} \tag{4.80}$$

이 되므로 식 (4.77)이 성립한다. 또한 공분산 식을 식 (4.71)에 대입하면 식 (4.78)이 성립한다.

넷째, y와 z가 서로 선형함수라면, 즉 $y = Az + b$이고 A^{-1}이 존재하면 다음 식이 성립한다.

$$L[x|y] = L[x|z] \tag{4.81}$$

[증명] $L[x|y] = E[x] + P_{xy}P_{yy}^{-1}(y - E[y])$다. 여기서 $y = Az + b$이므로 x와 y의 상호 공분산 P_{xy}는

$$\begin{aligned} P_{xy} &= E[(x - E[x])E[(y - E[y])^T] = E[(x - E[x])E[(z - E[z])^T]A^T \\ &= P_{xz}A^T \end{aligned} \tag{4.82}$$

가 되고, y의 공분산 P_{yy}는

$$\begin{aligned} P_{yy} &= E[(y - E[y])E[(y - E[y])^T] = AE[(z - E[z])E[(z - E[z])^T]A^T \\ &= AP_{zz}A^T \end{aligned} \tag{4.83}$$

가 된다. 따라서 $L[x|y]$는

$$\begin{aligned} L[x|y] &= E[x] + P_{xy}P_{yy}^{-1}(y - E[y]) \\ &= E[x] + P_{xz}A^T(AP_{zz}A^T)^{-1}A(z - E[z]) \\ &= E[x] + P_{xz}P_{zz}^{-1}(z - E[z]) \end{aligned} \tag{4.84}$$

이 되므로 $L[x|y] = L[x|z]$가 성립한다.

이제, 측정벡터 집합 Z_{k-1}과 Z_k를 조건으로 하는 시간 k에서의 상태변수 $x(k)$의 선형 최소평균제곱오차(LMMSE) 추정값과 공분산을 다음과 같이 표시하기로 한다.

$$\begin{aligned} &\hat{x}(k|k) = L[x(k)|Z_k],\ \tilde{x}(k|k) = x(k) - \hat{x}(k|k) \\ &P(k|k) = E[\tilde{x}(k|k)\tilde{x}^T(k|k)] \\ &\hat{x}(k|k-1) = L[x(k)|Z_{k-1}],\ \tilde{x}(k|k-1) = x(k) - \hat{x}(k|k-1) \\ &P(k|k-1) = E[\tilde{x}(k|k-1)\tilde{x}^T(k|k-1)] \end{aligned} \tag{4.85}$$

위 식에서 정의된 $\hat{x}(k|k)$와 $\hat{x}(k|k-1)$은 식 (4.25)에서 정의된 것과 다르다는 점에 주의해야 한다. 측정벡터 집합 Z_{k-1}을 조건으로 하는 시간 k에서의 측정벡터 $z(k)$의 선형 최소평균제곱오차(LMMSE) 추정값과 측정 예측값의 오차 또는 측정 잔차를 다음과 같이 표시하기로 한다.

$$\begin{aligned}\hat{z}(k|k-1) &= L[z(k)|Z_{k-1}] \\ \tilde{z}(k) = \tilde{z}(k|k-1) &= z(k) - \hat{z}(k|k-1)\end{aligned} \tag{4.86}$$

측정 잔차 $\tilde{z}(k)$는 선형 최소평균제곱오차(LMMSE) 추정기의 특성으로부터 다음과 같은 특성을 갖는다.

첫째, 측정 잔차 $\tilde{z}(k)$는 Z_k의 선형함수다. 또한 측정 잔차의 집합을 $\tilde{Z}_k = \{\tilde{z}(0), \tilde{z}(1), \ldots, \tilde{z}(k)\}$로 표시하면 $\tilde{Z}_k$는 측정벡터의 집합 Z_k와 서로 선형함수다.

둘째, 선형 최소평균제곱오차(LMMSE) 추정기는 바이어스가 없는 추정기이며 직각법칙인 식 (4.72)를 만족하므로 다음 식이 성립한다.

$$E[\tilde{z}(k)] = 0, \; E[\tilde{z}(k)(Z_{k-1})^T] = 0 \tag{4.87}$$

셋째, 따라서 측정 잔차 $\tilde{z}(k)$는 화이트 노이즈 시퀀스다. 즉,

$$E[\tilde{z}(k)\tilde{z}^T(l)] = 0, \; k \neq l \tag{4.88}$$

지금까지 살펴본 선형 최소평균제곱오차(LMMSE) 추정기와 측정 잔차의 특성을 이용해 칼만필터를 유도한다. $L[\cdot]$은 선형 연산자이므로 식 (4.85)와 (4.86)을 이용하면 측정 잔차는 다음과 같이 표현할 수 있다.

$$\begin{aligned}\tilde{z}(k) &= z(k) - \hat{z}(k|k-1) = z(k) - L[z(k)|Z_{k-1}] \\ &= z(k) - L[H(k)x(k) + v(k)|Z_{k-1}] \\ &= H(k)\tilde{x}(k|k-1) + v(k)\end{aligned} \tag{4.89}$$

위 식은 $v(k)$와 Z_{k-1}이 서로 독립이므로 $L[v(k)|Z_{k-1}] = E[v(k)] = 0$임을 이용했다.

노트 x와 y가 서로 비상관 관계이더라도 x와 y의 공분산 P_{xy}가 0이 되므로 $L[x|y]$의 정의에 의해서

$$L[x|y]=E[x]+P_{xy}P_{yy}^{-1}(y-E[y])=E[x]$$

가 된다.

측정 잔차의 집합 $\tilde{Z}_k$와 측정벡터의 집합 Z_k가 서로 선형함수이므로 식 (4.77)과 (4.81)을 이용하면 Z_k를 조건으로 하는 시간 k에서의 상태변수 $x(k)$의 선형 최소평균제곱오차(LMMSE) 추정값은 다음과 같이 쓸 수 있다.

$$\begin{aligned}\hat{x}(k|k)&=L[x(k)|Z_k]=L[x(k)|\tilde{Z}_k]\\&=L[x(k)|\tilde{Z}_{k-1}]+L[x(k)|\tilde{z}(k)]-E[x(k)]\end{aligned} \tag{4.90}$$

위 식에서 마지막 두 항은 식 (4.70)과 (4.87)에 의해서 다음과 같이 된다.

$$L[x(k)|\tilde{z}(k)]-E[x(k)]=Cov(x(k),\ \tilde{z}(k))(Cov(\tilde{z}(k),\ \tilde{z}(k)))^{-1}\tilde{z}(k) \tag{4.91}$$

여기서 $E[\tilde{x}(k|k-1)]=0$이므로 $E[x(k)]=\hat{x}(k|k-1)$이 되어 $Cov(x(k),\ \tilde{z}(k))$는 다음과 같이 계산된다.

$$\begin{aligned}Cov(x(k),\ \tilde{z}(k))&=E[(x(k)-E[x(k)])\tilde{z}^T(k)]\\&=E[\tilde{x}(k|k-1)(H(k)\tilde{x}(k|k-1)+v(k))^T]\\&=P(k|k-1)H^T(k)\end{aligned} \tag{4.92}$$

위 식은 측정 노이즈 $v(k)$가 상태변수의 초깃값과 서로 독립이므로 $E[\tilde{x}(k)v^T(k)]=0$이 됨을 이용했다. 한편, $Cov(\tilde{z}(k),\ \tilde{z}(k))$는 다음과 같이 계산된다.

$$
\begin{aligned}
Cov(\tilde{z}(k), \tilde{z}(k)) &= E[\tilde{z}(k)\tilde{z}^T(k)] \\
&= E[(H(k)\tilde{x}(k|k-1)+v(k))(H(k)\tilde{x}(k|k-1)+v(k))^T] \\
&= H(k)P(k|k-1)H^T(k)+R(k) \\
&\equiv S(k)
\end{aligned} \tag{4.93}
$$

식 (4.93)은 측정 잔차의 공분산이 $S(k)$임을 말한다. 따라서 식 (4.87)과 (4.88)에 의해서 측정 잔차의 특성을 다음과 같이 정리할 수 있다.

$$
\begin{aligned}
&\tilde{z}(k) \sim (0, S(k)) \\
&S(k) = H(k)P(k|k-1)H^T(k)+R(k) \\
&E[\tilde{z}(k)\tilde{z}^T(l)] = S(k)\delta_{kl}
\end{aligned} \tag{4.94}
$$

즉, 측정 잔차는 평균이 0이고 공분산이 $S(k)$인 화이트 노이즈 프로세스다.

식 (4.92)와 (4.93)을 식 (4.91)에 대입하면 식 (4.90)은 다음과 같이 된다.

$$
\hat{x}(k|k) = \hat{x}(k|k-1)+P(k|k-1)H^T(k)S^{-1}(k)(z(k)-H(k)\hat{x}(k|k-1)) \tag{4.95}
$$

시간 k에서의 상태변수 $x(k)$의 사후 추정오차 $\tilde{x}(k|k)$는 식 (4.95)로부터 다음과 같이 계산할 수 있다.

$$
\tilde{x}(k|k) = \tilde{x}(k|k-1)-P(k|k-1)H^T(k)S^{-1}(k)\tilde{z}(k) \tag{4.96}
$$

따라서 사후 추정오차의 공분산은 다음과 같이 된다.

$$
\begin{aligned}
P(k|k) &= E[\tilde{x}(k|k)\tilde{x}^T(k|k)] \\
&= P(k|k-1)-P(k|k-1)H^T(k)S^{-1}(k)H(k)P(k|k-1)
\end{aligned} \tag{4.97}
$$

식 (4.95)와 (4.97)은 $\hat{x}(k|k-1)$과 $P(k|k-1)$이 주어졌을 때, $\hat{x}(k|k)$와 $P(k|k)$를 추정할 수 있는 측정 업데이트 식으로서, 식 (4.31)과 (4.33)의 형태와 일치함을 확인할 수 있다.

이번에는 측정벡터 집합 Z_k를 조건으로 하는 시간 $k+1$에서의 상태변수 $x(k+1)$의 선형 최소평균제곱오차(LMMSE) 추정값과 공분산을 구해보자. $L[\cdot]$은 선형 연산자고 시스템 방정식 (4.13)에서 입력 $u(k)$는 확정된 값이므로 상태변수 $x(k+1)$의 선형 최소평균제곱오차(LMMSE) 추정값은 다음과 같이 된다.

$$\begin{aligned}\hat{x}(k+1|k) &= L[x(k+1)|Z_k] \\ &= L[F(k)x(k)+G(k)u(k)+G_w(k)w(k)|Z_k] \\ &= F(k)\hat{x}(k|k)+G(k)u(k)\end{aligned} \tag{4.98}$$

여기서 프로세스 노이즈 $w(k)$는 Z_k와 서로 독립이므로 $L[w(k)|Z_k]=0$이 됨을 이용했다. 이때 추정오차 공분산은 정의에 의해 다음과 같이 구할 수 있다.

$$\begin{aligned}P(k+1|k) &= E[\tilde{x}(k+1|k)\tilde{x}^T(k+1|k)] \\ &= E\left[(F(k)\tilde{x}(k|k)+G_w(k)w(k))(F(k)\tilde{x}(k|k)+G_w(k)w(k))^T\right] \\ &= F(k)P(k|k)F^T(k)+G_w(k)Q(k)G_w^T(k)\end{aligned} \tag{4.99}$$

위 식에서 상태변수의 초깃값과 프로세스 노이즈는 서로 독립이므로 $E\left[\tilde{x}(k|k)w^T(k)\right]=0$임을 이용했다.

식 (4.98)과 (4.99)는 $\hat{x}(k|k)$와 $P(k|k)$가 주어졌을 때 $\hat{x}(k+1|k)$과 $P(k+1|k)$을 추정할 수 있는 시간 업데이트 식으로서, 식 (4.37)과 (4.38)의 형태와 일치함을 확인할 수 있다.

이와 같이 칼만필터는 확률분포함수가 가우시안이 아닌 임의의 분포를 가질 때 선형 최소평균제곱오차(LMMSE) 값을 최소로 하는 추정기이기 때문에 최상의 선형 최소평균제곱오차(LMMSE) 추정기라고 할 수 있다.

4.5.2 WLS 추정식을 이용한 유도

상태변수의 측정 업데이트식인 식 (4.31)과 (4.32)가 궤환(recursive) 가중최소제곱(WLS, weighted least-squares) 식인 식 (3.95)와 유사하고 공분산의 업데이트식인 식 (4.33)도 식 (3.89)와 유사함을 알 수 있다. 차이가 있다면 궤환 가중최소제곱(WLS)에서는 시간 $k+1$에서의 추정값을 계산할 때 시간 $k+1$에서의 측정값과 시간 k에서의 추정값을 이용한다는 데 있는데, 이 유는 궤환 가중최소제곱(WLS) 추정식은 상수 파라미터를 추정하기 위한 식인 반면에 동적시스템의 상태변수는 시간에 따라 변화하는 값이기 때문이다. 따라서,

$$
\begin{aligned}
&\hat{\mathrm{x}}^{WLS}(k+1) \rightarrow \hat{\mathrm{x}}(k+1|k+1) \\
&\hat{\mathrm{x}}^{WLS}(k) \rightarrow \hat{\mathrm{x}}(k+1|k) \\
&\mathrm{P}_{\tilde{\mathrm{x}}\tilde{\mathrm{x}}}(k+1) \rightarrow \mathrm{P}(k+1|k+1) \\
&\mathrm{P}_{\tilde{\mathrm{x}}\tilde{\mathrm{x}}}(k) \rightarrow \mathrm{P}(k+1|k)
\end{aligned}
\tag{4.100}
$$

로 치환하면, 궤환 가중최소제곱(WLS) 식은 최소평균제곱오차(MMSE) 또는 선형 최소평균제곱오차(LMMSE) 추정식을 이용해 유도된 칼만필터의 측정 업데이트 식과 일치한다.

그렇다면 측정값을 이용하지 않고 시간 k에서 주어진 상태변수 $\mathrm{x}(k)$의 평균 $\hat{\mathrm{x}}(k|k)$와 추정오차 공분산 $\mathrm{P}(k|k)$를 이용해 다음 시간 $k+1$에서의 상태변수 $\mathrm{x}(k+1)$의 평균 $\hat{\mathrm{x}}(k+1|k)$과 추정오차 공분산 $\mathrm{P}(k+1|k)$은 어떻게 예측할 수 있을까? 이 경우 측정값을 이용하지 않고 예측하는 것이므로 4.2.1절에서 논의한 바 있는 확률 선형 동적시스템의 평균과 공분산의 전파식을 이용하는 것이 타당할 것이다. 4.2.1절에서는 시스템에 대한 정보만을 이용해 평균과 공분산이 어떻게 전파되는지를 다뤘다.

식 (4.16)의 평균값 전파식은 $E[\mathrm{x}(k)]$가 주어진 조건에서 $E[\mathrm{x}(k+1)]$을 어떻게 계산하는가에 관한 식이고, 식 (4.19)의 공분산 전파식은 $\mathrm{P}(k)$가 주어진 조건에서 $\mathrm{P}(k+1)$를 어떻게 계산하는가에 관한 식이므로 식 (4.16)과 식 (4.19)에서

$$
\begin{aligned}
&E[\mathrm{x}(k)] \rightarrow \hat{\mathrm{x}}(k|k) \\
&E[\mathrm{x}(k+1)] \rightarrow \hat{\mathrm{x}}(k+1|k) \\
&\mathrm{P}(k) \rightarrow \mathrm{P}(k|k) \\
&\mathrm{P}(k+1) \rightarrow \mathrm{P}(k+1|k)
\end{aligned}
\tag{4.101}
$$

로 치환하면, 식 (4.16)과 식 (4.19)는 최소평균제곱오차(MMSE) 또는 선형 최소평균제곱오차(LMMSE) 추정식을 이용해 유도된 칼만필터의 시간 업데이트 식과 일치한다.

궤환 가중최소제곱(WLS) 추정식으로 칼만필터를 유도하는 과정을 보면, 시스템의 운동 방정식이 주어지지 않는 경우에 칼만필터는 미지의 상수 파라미터를 추정할 수 있는 궤환 가중최소제곱(WLS) 추정기임을 알 수 있다.

4.6 연속시간 시스템의 칼만필터

4.6.1 연속시간 시스템

연속시간 선형 시불변(LTI, linear time-invariant) 확률 동적 시스템은 일반적으로 다음과 같은 상태공간 방정식으로 표현된다.

$$\dot{x}(t)=Ax(t)+Bu(t)+G_w w(t) \tag{4.102}$$

여기서 $x(t)\in R^n$는 상태변수, $w(t)\in R^m$는 프로세스 노이즈, $u(t)\in R^q$는 시스템의 입력벡터다. A, B와 G_w는 각각 시스템 행렬, 입력 행렬, 노이즈 게인 행렬로서 상수 행렬이며, 정확히 알고 있다고 가정한다. 입력 $u(t)$는 확정된 값을 가지며, 프로세스 노이즈 $w(t)$는 랜덤 프로세스다. 또한 일반적인 연속시간 선형 측정 모델은 다음과 같이 표현된다.

$$z(t)=Hx(t)+v(t) \tag{4.103}$$

여기서 $z(t)\in R^p$는 측정벡터, $v(t)\in R^p$는 측정 노이즈로서 랜덤 프로세스다. H는 출력 행렬로서 상수 행렬이며, 역시 정확히 알고 있다고 가정한다.

프로세스 노이즈 $w(t)$와 측정 노이즈 $v(t)$는 평균이 0이고 파워스펙트럴밀도(PSD)가 각각 Q_c와 R_c이며 서로 독립인 화이트 노이즈 프로세스라고 가정한다. 즉,

$$\begin{aligned}
&w(t)\sim(0,\ Q_c),\ v(t)\sim(0,\ R_c)\\
&E[w(t)w^T(\tau)]=Q_c\delta(t-\tau),\ E[v(t)v^T(\tau)]=R_c\delta(t-\tau)\\
&E[w(t)v^T(\tau)]=0,\ \forall t,\ \tau
\end{aligned} \tag{4.104}$$

여기서 $\delta(t-\tau)$는 디랙 델타(Dirac delta) 함수다. 상태변수 초깃값 $\mathrm{x}(0)$는 평균이 $\bar{\mathrm{x}}_0$, 공분산이 P_0이며, 노이즈 $\mathrm{w}(t)$와 $\mathrm{v}(t)$와는 서로 독립인 랜덤 벡터라고 가정한다. 즉,

$$\begin{aligned} &\mathrm{x}(0)\sim(\bar{\mathrm{x}}_0,\ \mathrm{P}_0) \\ &E[(\mathrm{x}(0)-\bar{\mathrm{x}}_0)\mathrm{w}^T(t)]=0,\ E[(\mathrm{x}(0)-\bar{\mathrm{x}}_0)\mathrm{v}^T(t)]=0 \end{aligned} \tag{4.105}$$

4.6.2 연속시간 시스템의 이산시간 등가 모델

식 (4.102)의 연속시간 시스템에서 입력을 T초마다 샘플링해 시스템에 인가한다고 가정하자. 즉,

$$\mathrm{u}(t)=\mathrm{u}(t_k),\ t_k\leq t<t_{k+1} \tag{4.106}$$

여기서 $T=t_{k+1}-t_k$는 샘플링 시간이고, $\mathrm{u}(t_k)$는 시간 $t=t_k$에서 $\mathrm{u}(t)$ 값을 의미한다. 그러면, 샘플링 구간 $t\in[t_k,\ t_{k+1})$에서 연속시간 시스템의 해를 구하면 다음과 같이 된다.

$$\begin{aligned} \mathrm{x}(t_{k+1}) &= e^{\mathrm{A}T}\mathrm{x}(t_k)+\int_{t_k}^{t_{k+1}} e^{\mathrm{A}(t_{k+1}-\tau)}\mathrm{Bu}(\tau)d\tau+\int_{t_k}^{t_{k+1}} e^{\mathrm{A}(t_{k+1}-\tau)}\mathrm{G_w w}(\tau)d\tau \\ &= e^{\mathrm{A}T}\mathrm{x}(t_k)+\int_{t_k}^{t_{k+1}} e^{\mathrm{A}(t_{k+1}-\tau)}\mathrm{B}d\tau\mathrm{u}(t_k)+\int_{t_k}^{t_{k+1}} e^{\mathrm{A}(t_{k+1}-\tau)}\mathrm{G_w w}(\tau)d\tau \end{aligned} \tag{4.107}$$

위 식의 오른쪽에서 3번째 항은 화이트 노이즈를 적분한 것으로, 다음과 같이 이산시간 프로세스 노이즈 $\mathrm{w}(t_k)$로 정의한다.

$$\mathrm{w}(t_k)=\int_{t_k}^{t_{k+1}} e^{\mathrm{A}(t_{k+1}-\tau)}\mathrm{G_w w}(\tau)d\tau \tag{4.108}$$

그러면 식 (4.107)은 다음과 같이 된다.

$$\mathrm{x}(t_{k+1})=e^{\mathrm{A}T}\mathrm{x}(t_k)+\int_{t_k}^{t_{k+1}} e^{\mathrm{A}(t_{k+1}-\tau)}\mathrm{B}d\tau\mathrm{u}(t_k)+\mathrm{w}(t_k) \tag{4.109}$$

위 식에서 적분변수를 $\lambda=\tau-t_k$로 변환하고, 다시 $\tau=T-\lambda$로 두 번 변환해 정리하면,

$$\mathrm{x}(t_{k+1})=e^{\mathrm{A}T}\mathrm{x}(t_k)+\int_0^T e^{\mathrm{A}\tau}\mathrm{B}d\tau\mathrm{u}(t_k)+\mathrm{w}(t_k) \tag{4.110}$$

가 된다. 이산시간 시스템의 기호를 따르기 위해 다음과 같이 정의하면,

$$\mathrm{x}(k+1)=\mathrm{x}(t_{k+1}),\ \mathrm{x}(k)=\mathrm{x}(t_k),\ \mathrm{u}(k)=\mathrm{u}(t_k),\ \mathrm{w}(k)=\mathrm{w}(t_k) \tag{4.111}$$

다음과 같이 연속시간 시스템 (4.102)의 이산시간 등가 모델(equivalent model)을 얻을 수 있다.

$$\mathrm{x}(k+1)=\mathrm{F}\mathrm{x}(k)+\mathrm{G}\mathrm{u}(k)+\mathrm{w}(k) \tag{4.112}$$

여기서,

$$\mathrm{F}=e^{\mathrm{A}T} \tag{4.113}$$

$$\mathrm{G}=\int_0^T e^{\mathrm{A}\tau}\mathrm{B}d\tau \tag{4.114}$$

이다. 이제 이산시간 프로세스 노이즈 $\mathrm{w}(k)$의 공분산을 Q_c의 함수로 계산해 보자. $\mathrm{w}(k)$의 평균은 0이므로 프로세스 노이즈 $\mathrm{w}(k)$의 공분산 Q는 다음과 같이 된다.

$$\begin{aligned}\mathrm{Q}&=E[\mathrm{w}(k)\mathrm{w}^T(k)]\\&=\int_{t_k}^{t_{k+1}}\int_{t_k}^{t_{k+1}} e^{\mathrm{A}(t_{k+1}-\tau)}\mathrm{G}_\mathrm{w}E[\mathrm{w}(\tau)\mathrm{w}^T(\sigma)]\mathrm{G}_\mathrm{w}^T e^{\mathrm{A}^T(t_{k+1}-\sigma)}d\sigma d\tau\end{aligned} \tag{4.115}$$

여기서 $E[\mathrm{w}(\tau)\mathrm{w}^T(\sigma)]=\mathrm{Q}_c\delta(\sigma-\tau)$이기 때문에 위 식은 다음과 같이 간략화된다.

$$\mathrm{Q}=\int_{t_k}^{t_{k+1}} e^{\mathrm{A}(t_{k+1}-\tau)}\mathrm{B}_w\mathrm{Q}_c\mathrm{B}_\mathrm{w}^T e^{\mathrm{A}^T(t_{k+1}-\tau)}d\tau \tag{4.116}$$

앞에서와 마찬가지로 적분변수를 두 번 변환해 정리하면 이산시간 프로세스 노이즈 $\mathrm{w}(k)$의 공분산은 최종적으로 다음과 같이 계산된다.

$$Q=\int_0^T e^{A\tau}G_w Q_c G_w^T e^{A^T\tau} d\tau \tag{4.117}$$

여기서 주의할 점은 연속시간 프로세스 노이즈의 파워스펙트럴밀도(PSD) Q_c가 대각(diagonal) 행렬이더라도 이산시간 프로세스 노이즈의 공분산 Q는 대각 행렬이 아닐 수도 있다는 것이다. 즉, 샘플링이 프로세스 노이즈 각 성분 간의 독립성을 훼손할 수도 있다.

이번에는 연속시간 측정 모델 (4.103)의 이산시간 등가 모델을 구해보자. 측정 모델은 동적운동이 없는 정적 시스템이기 때문에 다음과 같이 간단히 샘플링된 변환식을 구할 수 있다.

$$\mathrm{z}(k)=H\mathrm{x}(k)+\mathrm{v}(k) \tag{4.118}$$

여기서 $\mathrm{z}(k)=\mathrm{z}(t_k)$, $\mathrm{x}(k)=\mathrm{x}(t_k)$, $\mathrm{v}(k)=\mathrm{v}(t_k)$다. 이산시간 노이즈 $\mathrm{v}(k)$의 공분산을 계산하기 위해 먼저 디랙 델타 함수를 근사화하는 단위 사각형(unit rectangle) 함수 $\prod(t)$를 정의한다.

$$\prod(t)=\begin{cases}1, & -1/2\le t\le 1/2 \\ 0, & otherwise\end{cases} \tag{4.119}$$

그러면 디랙 델타 함수 $\delta(t)$와 크로넥커 델타 함수 δ_{tt}는 다음과 같이 단위 사각형 함수의 극한으로 표현할 수 있다.

$$\begin{aligned}\delta(t)&=\lim_{T\to 0}\frac{1}{T}\prod\left(\frac{t}{T}\right)\\ \delta_{tt}&=\lim_{T\to 0}\prod\left(\frac{t}{T}\right)\end{aligned} \tag{4.120}$$

가 된다.

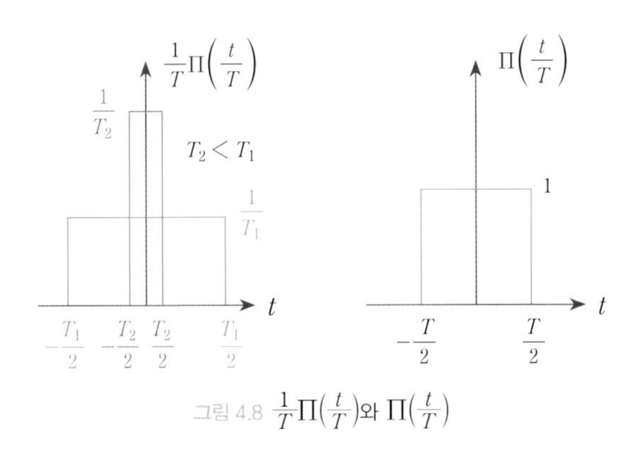

그림 4.8 $\frac{1}{T}\Pi\left(\frac{t}{T}\right)$와 $\Pi\left(\frac{t}{T}\right)$

이산시간 화이트 노이즈 $\mathrm{v}(k)$의 공분산은 $\mathrm{R}\delta_{kk}$로서 유한한 값을 갖지만, 연속시간 화이트 노이즈 $\mathrm{v}(t)$의 공분산은 $\mathrm{R}_c\delta(t)$로서 무한대의 값을 가지므로 샘플링 시간 T가 0으로 수렴할 때 이산시간 노이즈의 공분산이 연속시간 노이즈의 공분산으로 수렴하게 한다. 그러면 다음 식이 성립한다.

$$
\begin{aligned}
\mathrm{R}_c\delta(t) &= \lim_{T\to 0}\mathrm{R}_c\frac{1}{T}\Pi\left(\frac{t}{T}\right) \\
&= \lim_{T\to 0}\left(\frac{\mathrm{R}_c}{T}\right)\Pi\left(\frac{t}{T}\right) \\
&= \lim_{T\to 0}\mathrm{R}\Pi\left(\frac{t}{T}\right) \\
&= \mathrm{R}\delta_{tt}
\end{aligned}
\tag{4.121}
$$

따라서 위 식에 의하면 측정 노이즈 $\mathrm{v}(k)$의 공분산 R은 다음과 같다.

$$
\mathrm{R} = \frac{\mathrm{R}_c}{T} \tag{4.122}
$$

샘플링이 상태변수 초깃값 $\mathrm{x}(0)$의 확률정보 $\overline{\mathrm{x}}_0$와 P_0에 미치는 영향은 없다.

이산시간 등가 모델 (4.113), (4.114), (4.117)을 테일러 시리즈(Taylor series)로 전개하면 다음과 같다.

$$
\begin{aligned}
F &= e^{AT} \approx I + AT + \frac{A^2T^2}{2} + \cdots \\
G &\approx BT + \frac{ABT^2}{2} + \cdots \\
Q &\approx G_w Q_c G_w^T T + \frac{(AG_w Q_c G_w^T + G_w Q_c G_w^T A^T)T^2}{2} + \cdots
\end{aligned} \tag{4.123}
$$

샘플링 시간 T가 매우 작다면 위 식에서 T^2 이상은 절삭할 수 있다. 이를 오일러 근사(Euler's approximation)라고 한다. 그러면 프로세스 노이즈의 공분산은 파워스펙트럴밀도(PSD)에 T를 곱해서, 그리고 측정 노이즈의 공분산은 파워스펙트럴밀도(PSD)를 T로 나눠서 계산할 수 있다.

4.6.3 연속시간 칼만필터

연속시간 시스템 (4.102)와 (4.103)에 대한 칼만필터는 4.6.2절에서 유도한 이산시간 등가 시스템을 이용해 이산시간에서 설계하는 방법이 일반적이지만, 직접 연속시간 칼만필터(continuous-time Kalman filter)를 설계하는 방법도 있다. 이 절에서는 샘플링 시간 T가 매우 작다는 가정하에 이산시간 등가 모델 (4.112)와 (4.118)에 대해서 이산시간 칼만필터를 설계한 후 샘플링 시간을 $T \to 0$으로 보내는 방법으로 연속시간 칼만필터를 유도해 본다.

샘플링 시간 T가 매우 작을 때 연속시간 시스템 (4.102)와 (4.103)의 이산시간 등가 모델은 다음과 같다.

$$
\begin{aligned}
x(k+1) &= (I + AT)x(k) + BTu(k) + G_w w(k) \\
z(k) &= Hx(k) + v(k)
\end{aligned} \tag{4.124}
$$

여기서 $w(k) \sim (0,\ Q_c T)$와 $v(k) \sim (0,\ R_c/T)$는 화이트 노이즈이며 $x(0) \sim (\bar{x}_0,\ P_0)$이고, $w(k)$, $v(k)$, $x(0)$은 서로 독립이다. 그러면 칼만필터 알고리즘 표의 식 (4.42), (4.43), (4.44)에 의해 공분산 업데이트 식은 다음과 같이 된다.

$$
P(k+1|k) = (I + AT)P(k|k)(I + AT)^T + G_w Q_c G_w^T T \tag{4.125}
$$

$$
K(k+1) = P(k+1|k)H^T\left(HP(k+1|k)H^T + \frac{R_c}{T}\right)^{-1} \tag{4.126}
$$

$$\mathrm{P}(k+1|k+1)=(\mathrm{I}-\mathrm{K}(k+1)\mathrm{H})\mathrm{P}(k+1|k) \tag{4.127}$$

먼저 연속시간에서 공분산 업데이트 식과 칼만 게인을 구하기 위해 식 (4.126)에서 T를 0으로 보내보자. 그러면,

$$\begin{aligned}\lim_{T\to 0}\frac{1}{T}\mathrm{K}(k) &= \mathrm{P}(k|k-1)\mathrm{H}^T(\mathrm{HP}(k|k-1)\mathrm{H}^T T+\mathrm{R})^{-1} \\ &= \mathrm{P}(k|k-1)\mathrm{H}^T\mathrm{R}_c^{-1}\end{aligned} \tag{4.128}$$

이 되어

$$\lim_{T\to 0}\mathrm{K}(k)=0 \tag{4.129}$$

의 결과가 초래된다. 이는 샘플링 시간이 작을수록 칼만필터의 게인도 점점 작아져서 0이 된다는 이야기인데, 결국 연속시간 칼만필터의 게인 $\mathrm{K}(t)$는 단순히 $T\to 0$에서 $\mathrm{K}(t_k)=\mathrm{K}(k)$로 정의해서는 안 된다는 뜻이다.

한편, 식 (4.125)를 전개하면

$$\mathrm{P}(k+1|k)=\mathrm{P}(k|k)+(\mathrm{AP}(k|k)+\mathrm{P}(k|k)\mathrm{A}^T+\mathrm{G_w Q_c G_w^T})T+O(T^2) \tag{4.130}$$

가 되는데, 위 식에 (4.127)을 대입하면 다음과 같이 된다.

$$\begin{aligned}\mathrm{P}(k+1|k) &= (\mathrm{I}-\mathrm{K}(k)\mathrm{H})\mathrm{P}(k|k-1) \\ &\quad +(\mathrm{A}(\mathrm{I}-\mathrm{K}(k)\mathrm{H})\mathrm{P}(k|k-1)+(\mathrm{I}-\mathrm{K}(k)\mathrm{H})\mathrm{P}(k|k-1)\mathrm{A}^T+\mathrm{G_w Q_c G_w^T})T+O(T^2)\end{aligned} \tag{4.131}$$

여기서 $O(T^2)$는 T^2 이상으로 된 고차항(order of T^2)을 나타낸다. 위 식의 양변을 T로 나누면 다음과 같다.

$$\begin{aligned}\frac{1}{T}(\mathrm{P}(k+1|k)-\mathrm{P}(k|k-1)) &= \mathrm{AP}(k|k-1)+\mathrm{P}(k|k-1)\mathrm{A}^T+\mathrm{G_w Q_c G_w^T} \\ &\quad -\mathrm{AK}(k)\mathrm{HP}(k|k-1)-\mathrm{K}(k)\mathrm{HP}(k|k-1)\mathrm{A}^T \\ &\quad -\frac{1}{T}\mathrm{K}(k)\mathrm{HP}(k|k-1)+O(T)\end{aligned} \tag{4.132}$$

연속시간 공분산 $P(t)$를 $P(t_k)=P(k|k-1)$로 정의하고, 위 식에서 극한 $T\rightarrow 0$를 취하면 식 (4.128)과 (4.129)에 의해서 다음과 같은 연속시간 공분산의 미분 방정식을 얻을 수 있다.

$$\dot{P}(t)=AP(t)+P(t)A^T+G_wQ_cG_w^T-P(t)H^TR_c^{-1}HP(t) \tag{4.133}$$

위 식을 연속시간 리카티 방정식(Riccati equation)이라고 한다.

한편, 칼만필터 알고리즘 표의 식 (4.42)와 (4.43)에 의해서 상태변수 추정 업데이트 식은 다음과 같이 된다.

$$\begin{aligned}\hat{x}(k+1|k+1)&=\hat{x}(k+1|k)+K(k+1)\big(z(k+1)-H\hat{x}(k+1|k)\big)\\&=(I+AT)\hat{x}(k|k)+BTu(k)\\&\quad+K(k+1)\big[z(k+1)-H\big((I+AT)\hat{x}(k|k)+BTu(k)\big)\big]\end{aligned} \tag{4.134}$$

위 식의 양변을 T로 나누고 정리하면 다음과 같다.

$$\begin{aligned}\frac{\hat{x}(k+1|k+1)-\hat{x}(k|k)}{T}&=A\hat{x}(k|k)+Bu(k)\\&\quad+\frac{K(k+1)}{T}\big[z(k+1)-H\hat{x}(k|k)-H\big(A\hat{x}(k|k)+Bu(k)\big)T\big]\end{aligned} \tag{4.135}$$

극한 $T\rightarrow 0$에서 $\hat{x}(t)$가 $\hat{x}(t_k)=\hat{x}(k|k)$라면, 위 식의 극한은 식 (4.128)에 의해 다음과 같이 상태변수 추정 업데이트 식이 된다.

$$\dot{\hat{x}}(t)=A\hat{x}(t)+Bu(t)+P(t)H^TR_c^{-1}[z(t)-H\hat{x}(t)] \tag{4.136}$$

연속시간 칼만 게인 $K(t)$를 극한 $T\rightarrow 0$에서 $K(t_k)=\frac{1}{T}K(k)$로 정의한다면 칼만 게인은 다음 식과 같이 된다.

$$K(t)=P(t)H^TR_c^{-1} \tag{4.137}$$

따라서 식 (4.136)은 다음 식으로 쓸 수 있다.

$$\dot{\hat{x}}(t)=A\hat{x}(t)+Bu(t)+K(t)(z(t)-H\hat{x}(t)) \tag{4.138}$$

지금까지 유도된 연속시간 칼만필터 알고리즘을 정리하면 다음과 같다.

알고리즘

연속시간 칼만필터(Continuous-time Kalman Filter) 알고리즘

시스템:

$$\begin{aligned}\dot{x}(t)&=Ax(t)+Bu(t)+G_w w(t)\\ z(t)&=Hx(t)+v(t)\end{aligned} \tag{4.139}$$

$$x(0)\sim N(\bar{x}_0,\ P_0)$$

가정:

$$\begin{aligned}&w(t)\sim(0,\ Q_c),\ v(t)\sim(0,\ R_c)\\ &E[w(t)w^T(\tau)]=Q_c\delta(t-\tau),\ E[v(t)v^T(\tau)]=R_c\delta(t-\tau)\\ &E[w(t)v^T(\tau)]=0,\ \forall t,\ \tau\end{aligned} \tag{4.140}$$

$$E[(x(0)-\bar{x}_0)w^T(t)]=0,\ E[(x(0)-\bar{x}_0)v^T(t)]=0$$

공분산 업데이트:

$$\dot{P}(t)=AP(t)+P(t)A^T+G_wQ_cG_w^T-P(t)H^TR_c^{-1}HP(t) \tag{4.141}$$

상태 추정 업데이트:

$$\dot{\hat{x}}(t)=A\hat{x}(t)+Bu(t)+K(t)(z(t)-H\hat{x}(t)) \tag{4.142}$$

칼만 게인:

$$K(t)=P(t)H^TR_c^{-1} \tag{4.143}$$

연속시간 칼만필터 알고리즘은 A, B, G_w, H, Q_c, R_c가 시변(time-varying) 행렬이라도 성립한다. 이산시간 칼만필터와 달리 연속시간 칼만필터 알고리즘에서 특기할 점은 시간 업데이트와 측정 업데이트로 구분되지 않는다는 것과 Q_c, R_c가 노이즈의 공분산이 아니라 파워스펙트럴밀도

(PSD)라는 점, 그리고 식 (4.133)과 (4.135)에서 보듯이 R_c가 정정(positive-definite) 행렬이어야 한다는 점을 명시적으로 요구한다는 것이다. 이산시간 칼만필터와 동일하게 연속시간 칼만필터도 상태변수 초깃값과 노이즈가 모두 가우시안 분포를 갖는다면 최적 상태 추정 $\hat{x}(t)$를 산출하고, 임의의 확률 분포를 갖는다면 최상의 선형 추정을 산출한다. 그림 4.9는 연속시간 칼만필터의 구조를 보여준다. 연속시간 칼만필터도 시스템 모델에 기반한 필터로서 시스템 행렬 A, 입력 행렬 B, 측정 행렬 H를 그대로 복사해 사용한다. 칼만필터로의 입력은 시스템 입력 u(t)와 측정값 z(t)다.

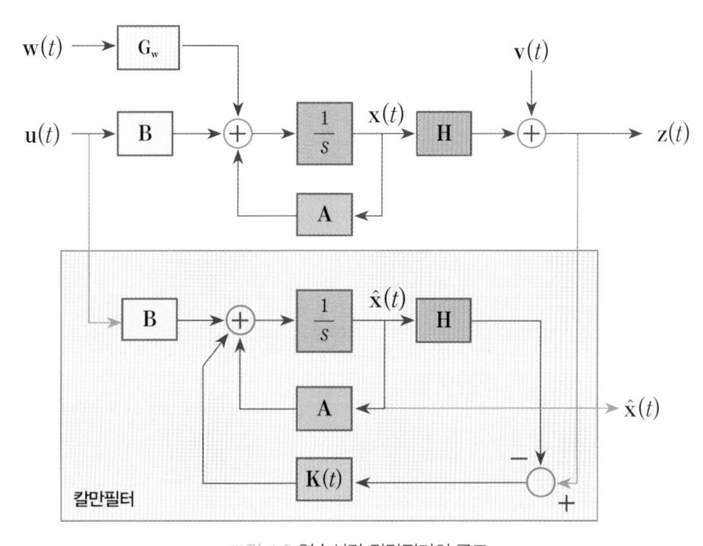

그림 4.9 연속시간 칼만필터의 구조

4.6.4 하이브리드 칼만필터

연속시간 시스템에 대해서는 이산시간 등가 시스템을 이용해 이산시간에서 칼만필터를 설계하는 방법과 직접 연속시간에서 설계하는 방법을 설명했는데, 이 절에서는 두 가지를 조합한 방법을 소개한다. 이 방법은 연속시간에서 상태 추정값과 공분산을 시간 업데이트하고 이산시간 측정 데이터를 이용해 측정 업데이트를 수행한다.

다음과 같은 연속시간 선형 시불변(LTI) 확률 동적 시스템에 대해 특정 시각 t_k에서만 측정값을 얻을 수 있다고 가정한다. 그러면 연속시간 시스템 및 이산시간 선형 측정 모델은 다음과 같이 표현할 수 있다.

$$\begin{aligned} \dot{x}(t) &= Ax(t)+Bu(t)+G_w w(t) \\ z(k) &= Hx(k)+v(k) \end{aligned} \tag{4.144}$$

여기서 $x(k)$는 $x(t_k)$를 의미한다. 프로세스 노이즈 $w(t) \sim (0, Q_c)$와 측정 노이즈 $v(k) \sim (0, R)$은 서로 독립인 화이트 노이즈이며, 상태변수 초깃값 $x(0) \sim (\bar{x}_0, P_0)$와도 서로 독립이라고 가정한다. 여기서 주의할 점은 Q_c는 파워스펙트럴밀도(PSD, power spectral density)이고 R은 공분산 행렬이라는 것이다. 이와 같이 연속시간 시스템에 이산시간 측정 모델을 적용한 칼만필터를 하이브리드(hybrid) 칼만필터라고 한다.

시간 $t_{k-1} \le t < t_k$에서 수행되는 하이브리드 칼만필터의 시간 업데이트 식은 연속시간 칼만필터의 공분산과 상태 추정식 (4.141)과 (4.142)에서 $H=0$으로 놓으면 얻을 수 있다. 또한 시각 $t=t_k$에서 수행되는 측정 업데이트 식은 이산시간 칼만필터의 측정 업데이트 식 (4.43)을 이용하면 된다. 하이브리드 칼만필터 알고리즘을 정리하면 다음과 같다.

알고리즘

하이브리드 칼만필터(Hybrid Kalman Filter) 알고리즘

시스템:

$$\dot{x}(t) = Ax(t)+Bu(t)+G_w w(t)$$
$$z(k) = Hx(k)+v(k)$$

$$x(0) \sim (\bar{x}_0, P_0),\ w(t) \sim (0, Q_c),\ v(k) \sim (0, R)$$

가정:

$w(t)$와 $v(t)$는 서로 독립인 화이트 노이즈이며, $x(0)$과도 서로 독립

시간 업데이트:

$$\dot{P}(t) = AP(t)+P(t)A^T+G_w Q_c G_w^T,\ t_{k-1} \le t < t_k$$
$$\dot{\hat{x}}(t) = A\hat{x}(t)+Bu(t)$$

측정 업데이트:

$$\hat{x}(k|k)=\hat{x}(k|k-1)+K(k)(z(k)-H(k)\hat{x}(k|k-1))$$

$$K(k)=P(k|k-1)H^T(k)S^{-1}(k)$$

$$S(k)=H(k)P(k|k-1)H^T(k)+R(k)$$

$$P(k|k)=P(k|k-1)-P(k|k-1)H^T(k)S^{-1}(k)H(k)P(k|k-1)$$

하이브리드 칼만필터 알고리즘은 A, B, G_w, H, Q_c, R가 시변 행렬이라도 성립한다. 그리고 상태 변수 초깃값과 노이즈가 모두 가우시안 분포를 갖는다면 최적 상태 추정 $\hat{x}(t)$를 산출하고, 임의의 확률 분포를 갖는다면 최상의 선형 추정을 산출한다. 연속시간 시스템의 이산시간 등가 모델을 이용한 칼만필터와 달리, 하이브리드 칼만필터에서 특기할 점은 샘플 시각 t_k의 간격이 일정(equally spaced)하지 않아도 된다는 것이다. 따라서 불규칙적이거나 간헐적으로 측정이 이루어지는 연속 시간 시스템에도 쉽게 적용할 수 있다는 장점이 있다.

4.7 순차 처리 칼만필터

독립적으로 작동하는 서로 다른 종류의 센서가 D개 있다고 가정하자. 그러면 센서별로 D개의 측정 방정식이 만들어지고 센서별 측정 노이즈는 서로 독립이므로 전체 측정 방정식과 그 확률적 특성은 다음과 같이 된다.

$$\begin{aligned} z(k)=\begin{bmatrix} z_1(k) \\ z_2(k) \\ \vdots \\ z_D(k) \end{bmatrix}&=\begin{bmatrix} H_1(k) \\ H_2(k) \\ \vdots \\ H_D(k) \end{bmatrix}x(k)+\begin{bmatrix} v_1(k) \\ v_2(k) \\ \vdots \\ v_D(k) \end{bmatrix} \\ &=H(k)x(k)+v(k) \end{aligned} \quad (4.145)$$

$$v(k)\sim N\left(0, \begin{bmatrix} R_1(k) & 0 & \cdots & 0 \\ 0 & R_2(k) & & 0 \\ \vdots & & \ddots & \vdots \\ 0 & 0 & \cdots & R_D(k) \end{bmatrix}\right) \quad (4.146)$$

여기서 $R_j(k)$는 측정값 $z_j(k)$의 측정 노이즈 $v_j(k)$의 공분산이다.

이 경우에 측정벡터 $z(k)$를 한꺼번에 처리하지 않고, 한 번에 측정값 $z_j(k)$ 하나씩만 이용해 순차적으로 칼만필터의 측정 업데이트를 구현할 수 있다. 이런 필터를 순차 처리 칼만필터(sequential Kalman filter)라고 한다. 순차 처리 칼만필터는 이종의 센서를 융합할 수 있는 프레임워크를 제공한다.

측정값 $z_j(k)$를 처리하는 데 사용하는 칼만필터 게인을 $K^{(j)}(k)$, $z_j(k)$를 이용해 업데이트된 상태변수 추정값을 $\hat{x}^{(j)}(k|k)$, 공분산을 $P^{(j)}(k|k)$라고 하면 시간 업데이트 직후의 상태변수 추정값과 공분산은 다음과 같이 표현할 수 있다.

$$\begin{aligned} \hat{x}^{(0)}(k|k) &= \hat{x}(k|k-1) \\ P^{(0)}(k|k) &= P(k|k-1) \end{aligned} \tag{4.147}$$

그러면 상태변수 추정값 $\hat{x}^{(j)}(k|k)$와 공분산 $P^{(j)}(k|k)$, 그리고 칼만필터 게인 $K^{(j)}(k)$는 다음과 같이 표준 칼만필터의 측정 업데이트 식을 이용해 계산할 수 있다.

$$\begin{aligned} \hat{x}^{(j)}(k|k) &= \hat{x}^{(j-1)}(k|k) + K^{(j)}(k)\left(z_j(k) - H_j(k)\hat{x}^{(j-1)}(k|k)\right) \\ K^{(j)}(k) &= P^{(j)}(k|k)H_j^T(k)(H_j(k)P^{(j)}(k|k)H_j^T(k) + R_j(k))^{-1} \\ P^{(j)}(k|k) &= (I - K^{(j)}(k)H_j(k))P^{(j-1)}(k|k), \ j = 1, \ \dots, \ D \end{aligned} \tag{4.148}$$

또는 수학적으로 동일한 측정 업데이트의 다른 식 (4.50)을 이용해 계산할 수도 있다.

$$\begin{aligned} \hat{x}^{(j)}(k|k) &= \hat{x}^{(j-1)}(k|k) + K^{(j)}(k)\left(z_j(k) - H_j(k)\hat{x}^{(j-1)}(k|k)\right) \\ (P^{(j)})^{-1}(k|k) &= (P^{(j)})^{-1}(k|k) + H_j^T(k)R_j^{-1}(k)H_j(k) \\ K^{(j)}(k) &= P^{(j)}(k|k)H_j^T(k)R_j^{-1}(k), \ j = 1, \ \dots, \ D \end{aligned} \tag{4.149}$$

D개의 측정값을 모두 업데이트하면 D번의 이터레이션(iteration)이 끝났을 때 $\hat{x}(k|k) = \hat{x}^{(D)}(k|k)$와 $P(k|k) = P^{(D)}(k|k)$가 되고, 이를 이용해 표준 칼만필터의 시간 업데이트를 수행한다.

순차 처리 칼만필터의 장점은 표준 칼만필터에 비해서 계산량이 적다는 것이다. 특히 센서별 측정 방정식이 모두 스칼라(scalar)일 경우에는 식 (4.148)의 칼만 게인 계산식에서 역행렬 항이 스칼라가 되므로 다음과 같이 역행렬을 계산할 필요가 없어진다.

$$K^{(j)}(k)=\frac{P^{(j)}(k|k)H_j^T(k)}{H_j(k)P^{(j)}(k|k)H_j^T(k)+R_j(k)} \tag{4.150}$$

칼만필터 알고리즘에서 계산상의 가장 큰 부담은 역행렬을 계산하는 것이다. 특히 임베디드 시스템(embedded system)에는 역행렬을 계산할 수 있는 수학 라이브러리가 없는 경우가 있는데, 이 경우 표준 칼만필터 대신에 순차 처리 칼만필터를 사용하는 것이 유리하다.

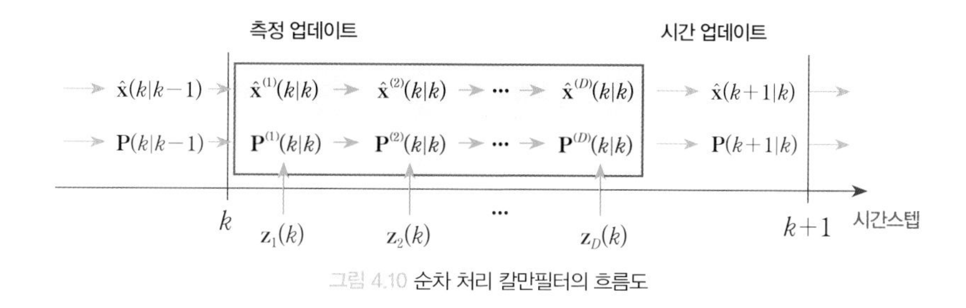

그림 4.10 순차 처리 칼만필터의 흐름도

이제 순차 처리 칼만필터가 D개의 측정값을 순차적으로 모두 업데이트한 후 산출한 $\hat{x}^{(D)}(k|k)$와 $P^{(D)}(k|k)$가 측정벡터 $z(k)$를 한꺼번에 처리해 업데이트된 $\hat{x}(k|k)$, $P(k|k)$와 같은 값이 되는지 증명해 보자.

먼저 식 (4.149)에서 D번의 이터레이션을 하면 다음과 같이 $(P^{(D)})^{-1}(k|k)$를 계산할 수 있다.

$$(P^{(D)})^{-1}(k|k)=(P^{(0)})^{-1}(k|k)+\sum_{j=1}^{D}H_j^T(k)R_j^{-1}(k)H_j(k) \tag{4.151}$$

한편 식 (4.50)과 (4.145)로부터 $P^{-1}(k|k)$를 계산하면 다음과 같다.

$$
\begin{aligned}
\mathrm{P}^{-1}(k|k) &= \mathrm{P}^{-1}(k|k-1) + \mathrm{H}^T(k)\mathrm{R}^{-1}(k)\mathrm{H}(k) \\
&= \mathrm{P}^{-1}(k|k-1) + [\mathrm{H}_1^T(k) \ldots \mathrm{H}_D^T(k)] \begin{bmatrix} \mathrm{R}_1^{-1}(k) & & 0 \\ & \ddots & \\ 0 & & \mathrm{R}_D^{-1}(k) \end{bmatrix} \begin{bmatrix} \mathrm{H}_1(k) \\ \vdots \\ \mathrm{H}_D(k) \end{bmatrix} \\
&= \mathrm{P}^{-1}(k|k-1) + \sum_{j=1}^{D} \mathrm{H}_j^T(k)\mathrm{R}_j^{-1}(k)\mathrm{H}_j(k)
\end{aligned} \tag{4.152}
$$

식 (4.147)에서 $\mathrm{P}^{(0)}(k|k)=\mathrm{P}(k|k-1)$이므로 식 (4.151)과 (4.152)는 같은 식이다. 따라서 $\mathrm{P}^{(D)}(k|k)=\mathrm{P}(k|k)$가 성립한다. 한편, 식 (4.148)에서

$$
\begin{aligned}
\hat{\mathrm{x}}^{(j)}(k|k) &= \hat{\mathrm{x}}^{(j-1)}(k|k) + \mathrm{K}^{(j)}(k)\left(\mathrm{z}_j(k) - \mathrm{H}_j(k)\hat{\mathrm{x}}^{(j-1)}(k|k)\right) \\
&= (\mathrm{I} - \mathrm{K}^{(j)}(k)\mathrm{H}_j(k))\hat{\mathrm{x}}^{(j-1)}(k|k) + \mathrm{K}^{(j)}(k)\mathrm{z}_j(k)
\end{aligned} \tag{4.153}
$$

이므로, D번의 이터레이션을 수행하면 다음과 같이 $\hat{\mathrm{x}}^{(D)}(k|k)$를 계산할 수 있다.

$$
\begin{aligned}
\hat{\mathrm{x}}^{(D)}(k|k) &= \prod_{j=1}^{D}(\mathrm{I} - \mathrm{K}^{(j)}(k)\mathrm{H}_j(k))\hat{\mathrm{x}}^{(0)}(k|k) \\
&\quad + \mathrm{K}^{(D)}(k)\mathrm{z}_D(k) + \sum_{i=1}^{D-1}\left[\prod_{j=i+1}^{D}(\mathrm{I} - \mathrm{K}^{(j)}(k)\mathrm{H}_j(k))\right]\mathrm{K}^{(i)}(k)\mathrm{z}_i(k)
\end{aligned} \tag{4.154}
$$

여기서 $\mathrm{P}^{(D)}(k|k)=\mathrm{P}(k|k)$, $\mathrm{P}^{(0)}(k|k)=\mathrm{P}(k|k-1)$이므로 식 (4.148)과 (4.44)에 의해

$$
\begin{aligned}
\mathrm{P}^{(D)}(k|k) &= \prod_{j=1}^{D}(\mathrm{I} - \mathrm{K}^{(j)}(k)\mathrm{H}_j(k))\mathrm{P}^{(0)}(k|k) \\
&= \mathrm{P}(k|k) \\
&= (\mathrm{I} - \mathrm{K}(k)\mathrm{H}(k))\mathrm{P}(k|k-1)
\end{aligned} \tag{4.155}
$$

이 되므로 다음 식이 성립한다.

$$
\prod_{j=1}^{D}(\mathrm{I} - \mathrm{K}^{(j)}(k)\mathrm{H}_j(k)) = \mathrm{I} - \mathrm{K}(k)\mathrm{H}(k) \tag{4.156}
$$

또한 식 (4.148)에 의하면,

$$P^{(j)}(k|k)(P^{(j-1)})^{-1}(k|k)=(I-K^{(j)}(k)H_j(k)) \tag{4.157}$$

가 성립하므로

$$\begin{aligned}\prod_{j=i+1}^{D}(I-K^{(j)}(k)H_j(k)) &= \prod_{j=i+1}^{D}P^{(j)}(k|k)(P^{(j-1)})^{-1}(k|k)\\ &=P^{(D)}(k|k)(P^{(i)})^{-1}(k|k)\end{aligned} \tag{4.158}$$

가 된다. 식 (4.156)과 (4.158)을 식 (4.154)에 대입하면 $\hat{x}^{(D)}(k|k)$는 다음과 같이 된다.

$$\begin{aligned}\hat{x}^{(D)}(k|k) =&(I-K(k)H(k))\hat{x}^{(0)}(k|k)\\ &+K^{(D)}(k)z_D(k)+P^{(D)}(k|k)\sum_{i=1}^{D-1}(P^{(i)})^{-1}(k|k)K^{(i)}(k)z_i(k)\end{aligned} \tag{4.159}$$

여기서 식 (4.149)에 의하면 $K^{(j)}(k)=P^{(j)}(k|k)H_j^T(k)R_j^{-1}(k)$이므로 식 (4.159)는 다음과 같이 된다.

$$\begin{aligned}\hat{x}^{(D)}(k|k) &=(I-K(k)H(k))\hat{x}^{(0)}(k|k)+P^{(D)}(k|k)\sum_{i=1}^{D}H_j^T(k)R_j^{-1}(k)z_i(k)\\ &=(I-K(k)H(k))\hat{x}^{(0)}(k|k)\\ &\quad+P^{(D)}(k|k)[H_1^T(k)\cdots H_D^T(k)]\begin{bmatrix}R_1^{-1}(k) & & 0\\ & \ddots & \\ 0 & & R_D^{-1}(k)\end{bmatrix}\begin{bmatrix}z_1(k)\\ \vdots\\ z_D(k)\end{bmatrix}\\ &=(I-K(k)H(k))\hat{x}^{(0)}(k|k)+P^{(D)}(k|k)H^T(k)R^{-1}(k)z(k)\end{aligned} \tag{4.160}$$

식 (4.50)에서 $K(k)=P(k|k)H^T(k)R^{-1}(k)$이고, $P^{(D)}(k|k)=P(k|k)$, $\hat{x}^{(0)}(k|k)=\hat{x}(k|k-1)$이므로 식 (4.160)은 다음과 같이 되어, 결국 $\hat{x}^{(D)}(k|k)=\hat{x}(k|k)$가 성립한다.

$$\begin{aligned}\hat{x}^{(D)}(k|k) &=(I-K(k)H(k))\hat{x}^{(0)}(k|k)+K(k)z(k)\\ &=\hat{x}^{(0)}(k|k)+K(k)\big(z(k)-H(k)\hat{x}^{(0)}(k|k)\big)\end{aligned} \tag{4.161}$$

순차 처리 칼만필터 알고리즘을 정리하면 다음과 같다.

순차 처리 칼만필터(Sequential Kalman Filter) 알고리즘

시스템:

$$
\begin{aligned}
&\mathrm{x}(k+1)=\mathrm{F}(k)\mathrm{x}(k)+\mathrm{G}(k)\mathrm{u}(k)+\mathrm{G_w}(k)\mathrm{w}(k) \\
&\begin{bmatrix} \mathrm{z}_1(k) \\ \mathrm{z}_2(k) \\ \vdots \\ \mathrm{z}_D(k) \end{bmatrix}=\begin{bmatrix} \mathrm{H}_1(k) \\ \mathrm{H}_2(k) \\ \vdots \\ \mathrm{H}_D(k) \end{bmatrix}\mathrm{x}(k)+\begin{bmatrix} \mathrm{v}_1(k) \\ \mathrm{v}_2(k) \\ \vdots \\ \mathrm{v}_D(k) \end{bmatrix} \\
&\mathrm{x}(0)\sim N(\bar{\mathrm{x}}_0,\ \mathrm{P}_0) \\
&\mathrm{w}(k)\sim N(0,\ \mathrm{Q}(k)),\ \mathrm{v}(k)\sim N(0,\ \mathrm{R}(k)) \\
&\mathrm{R}(k)=\begin{bmatrix} \mathrm{R}_1(k) & & 0 \\ & \mathrm{R}_2(k) & \\ & & \ddots & \\ 0 & & & \mathrm{R}_D(k) \end{bmatrix}
\end{aligned}
\tag{4.162}
$$

시간 업데이트:

$$
\begin{aligned}
&\hat{\mathrm{x}}(k+1|k)=\mathrm{F}(k)\hat{\mathrm{x}}(k|k)+\mathrm{G}(k)\mathrm{u}(k) \\
&\mathrm{P}(k+1|k)=\mathrm{F}(k)\mathrm{P}(k|k)\mathrm{F}^T(k)+\mathrm{G_w}(k)\mathrm{Q}(k)\mathrm{G}_\mathrm{w}^T(k)
\end{aligned}
\tag{4.163}
$$

순차적인 측정 업데이트: $j=1,\ \ldots,\ D$

$$
\begin{aligned}
&\hat{\mathrm{x}}^{(0)}(k|k)=\hat{\mathrm{x}}(k|k-1),\ \mathrm{P}^{(0)}(k|k)=\mathrm{P}(k|k-1) \\
&\hat{\mathrm{x}}^{(j)}(k|k)=\hat{\mathrm{x}}^{(j-1)}(k|k)+\mathrm{K}^{(j)}(k)\big(\mathrm{z}_j(k)-\mathrm{H}_j(k)\hat{\mathrm{x}}^{(j-1)}(k|k)\big) \\
&\mathrm{K}^{(j)}(k)=\mathrm{P}^{(j)}(k|k)\mathrm{H}_j^T(k)(\mathrm{H}_j(k)\mathrm{P}^{(j)}(k|k)\mathrm{H}_j^T(k)+\mathrm{R}_j(k))^{-1} \\
&\mathrm{P}^{(j)}(k|k)=(\mathrm{I}-\mathrm{K}^{(j)}(k)\mathrm{H}_j(k))\mathrm{P}^{(j-1)}(k|k) \\
&\hat{\mathrm{x}}(k|k)=\hat{\mathrm{x}}^{(D)}(k|k),\ \mathrm{P}(k|k)=\mathrm{P}^{(D)}(k|k)
\end{aligned}
\tag{4.164}
$$

4.8 정정상태 칼만필터

식 (4.40)에서 시스템 및 측정 행렬 $F(k)$, $G(k)$, $G_w(k)$, $H(k)$와 노이즈 공분산 행렬 $Q(k)$, $R(k)$가 모두 상수 행렬이라면 식 (4.40)을 시불변 시스템(time-invariant system)이라고 한다. 시불변 시스템이라고 하더라도 식 (4.41)과 (4.42)의 공분산 식은 여전히 시간의 함수이므로 칼만 게인 $K(k)$도 시간의 함수다. 하지만 일정한 조건을 만족하면 공분산이 상수 행렬로 수렴하며 그와 함께 칼만 게인도 상수 행렬이 되는 것을 볼 수 있다. 이런 상태를 정정상태(steady-state)라고 한다. 상수 칼만 게인을 이용하는 칼만필터를 정정상태 칼만필터라고 한다. 칼만 게인이 상수 행렬이라면 칼만필터의 구현이 매우 간단해진다. 특히 공분산 업데이트를 할 필요 없이 사전에 미리 계산한 값을 이용할 수 있기 때문에 계산 능력이 제한된 임베디드 시스템에 칼만필터를 구현할 때 매우 유리하다.

칼만필터의 공분산은 측정값과 무관하게 계산할 수 있으므로 칼만필터의 공분산 업데이트 식 (4.42)와 (4.43)에서 다음과 같이 사전 공분산 업데이트 식을 만들 수 있다.

$$\begin{aligned} P(k+1|k) = & F[P(k|k-1) - P(k|k-1)H^T(HP(k|k-1)H^T + R)^{-1}HP(k|k-1)]F^T \\ & + G_w Q G_w^T \end{aligned} \tag{4.165}$$

위 식을 이산시간 리카티 방정식이라고 한다. 이산시간 리카티 방정식은 다음 충분조건을 만족하면 정정상태 해를 갖는다.

[정리 1] 만약 (F, H)가 가관측성(observability)을 만족하면, 식 (4.165)는 정정상태 해를 갖는다. 여기서 정정상태 해는 공분산의 초깃값에 따라 달라질 수 있다.

[정리 2] 만약 (F, H)가 가관측성을 만족하고 (F, $G_w L$)이 가제어성(controllability)을 만족하면, 식 (4.165)는 정정상태 해를 갖고 그 해는 다음 대수(algebraic) 리카티 방정식을 만족하는 유일한 해이며, $P>0$이다.

$$P = F[P - PH^T(HPH^T + R)^{-1}HP]F^T + G_w Q G_w^T \tag{4.166}$$

여기서 L은 Q의 촐레스키(Cholesky) 해($Q=LL^T$)다.

(F, H)가 가관측성을 만족하면 공분산이 발산하지 않고 유한한 값임이 보장된다. 또한 (F, G_wL)이 가제어성을 만족하면 공분산이 정정 행렬이 되는 것이 보장되기 때문에 특정 상태변수 추정값의 공분산이 0이 되는 것을 방지할 수 있다. (F, G_wL)이 가제어성을 만족한다는 이야기는 물리적으로 프로세스 노이즈가 시스템의 상태변수를 충분히 여기(excitation)할 수 있다는 의미로 생각할 수 있다. 공분산이 0이 된다면 칼만필터는 해당 상태변수를 완벽하게 추정한 것으로 생각해 해당 칼만 게인을 0으로 만든다. 이렇게 되면 칼만필터는 측정 데이터를 더 이상 이용하지 않고 시스템의 수학적 모델에만 전적으로 의존하게 된다. 하지만 시스템의 수학적 모델은 실제 시스템을 완벽하게 모사하지 못하고 항상 불확실성을 내포하고 있기 때문에 칼만필터가 수학적 모델에 전적으로 의존하는 것은 바람직하지 않다. 이런 이유 때문에 칼만필터를 구현할 때 공분산을 정정 행렬로 만들기 위해 모델링된 프로세스 노이즈 공분산 $G_wQG_w^T$보다 더 큰 공분산 Q_f를 사용하기도 한다.

노트

다음과 같은 이산시간 시스템에 대해

$$\begin{aligned} x(k+1) &= F(k)x(k)+G(k)u(k),\ x(k)\in R^n \\ z(k) &= H(k)x(k)+D(k)u(k) \end{aligned} \tag{4.167}$$

입력벡터의 집합 $\{u(k),\ k=0,\ \ldots,\ l\}$과 출력벡터의 집합 $\{z(k),\ k=0,\ \ldots,\ l\}$을 충분히 모았을 때 그 데이터를 이용해 시스템의 초기 상태값 x(0)을 유일하게 결정할 수 있다면 시스템은 '가관측(observable)하다'라고 말한다. 또한 시스템의 초기 상태값 x(0)이 임의로 주어졌을 때 유한한 시간 안에 임의로 지정된 상태변수 $x(l)=x_l$로 이동시킬 수 있는 입력값의 집합 $\{u(k),\ k=0,\ \ldots,\ l\}$이 존재한다면 시스템은 '가제어(controllable)하다'라고 말한다. 시스템이 시불변이라면, 즉 F, G, H, D가 상수 행렬이라면, 다음 행렬의 랭크(rank)가 n이면 가관측하고,

$$O_0=\begin{bmatrix} H \\ HF \\ \vdots \\ HF^{n-1} \end{bmatrix} \tag{4.168}$$

다음 행렬의 랭크가 n이면 가제어하다.

$$O_C = [\mathrm{G} \ \mathrm{FG} \ \cdots \ \mathrm{F}^{n-1}\mathrm{G}] \quad (4.169)$$

4.9 칼만필터의 구현

4.9.1 초기화

시간 $k=0$에서 측정값 $z(0)$을 이용할 수 있다면 칼만필터는 측정 업데이트부터 시작한다. 이 경우 칼만필터의 초기 상태변수 추정값(또는 초기 조건)은 $\hat{\mathrm{x}}(0|-1)$로 설정한다. 측정 업데이트에서 설정된 $\hat{\mathrm{x}}(0|-1)$로부터 $\hat{\mathrm{x}}(0|0)$을 계산할 수 있다. 측정값 $z(0)$를 이용할 수 없다면 칼만필터의 초기 추정값은 $\hat{\mathrm{x}}(0|0)$부터 시작한다. 칼만필터의 초기 공분산도 $k=0$에서 측정값 $z(0)$의 이용 여부에 따라 $\mathrm{P}(0|-1)$ 또는 $\mathrm{P}(0|0)$에서 시작한다. 필터의 초기 공분산은 시스템 초기 상태변수 값의 공분산 P_0로 설정한다. 즉, $\mathrm{P}(0|-1)=\mathrm{P}_0$ 또는 $\mathrm{P}(0|0)=\mathrm{P}_0$으로 둔다.

칼만필터의 초기 상태변수 추정값은 초기 공분산과 부합하게 정해져야 한다. 만약 칼만필터의 초기 공분산 $\mathrm{P}(0|0)$이 예측하는 것보다 실제 초기 추정값에 큰 오차가 있다면 그 영향은 상당히 오래 지속된다. 왜냐하면 칼만 게인이 실제 가져야 할 값보다 작아져서 측정값으로부터의 정보가 적게 반영되기 때문이다. 보통 칼만필터의 초기 상태변수 추정값은 초기 오차 $\tilde{\mathrm{x}}(0|0)=\mathrm{x}(0)-\hat{\mathrm{x}}(0|0)$가 표준편차의 두 배인 2σ 안에 들게 설정한다.

시뮬레이션에서는 시스템 상태변수의 실제 초깃값뿐만 아니라 초깃값에 대한 확률적 정보를 알고 있다고 가정하므로 필터의 초기 상태변수 추정값은 다음과 같이 가우시안 확률분포로부터 추출하는 것이 일반적인 방법이다.

$$\hat{\mathrm{x}}(0|0) \sim N(\mathrm{x}(0), \ \mathrm{P}(0|0)) \quad (4.170)$$

즉, 시스템의 초깃값 $\mathrm{x}(0)$을 정해놓고 칼만필터의 초기 추정값은 확률분포로부터 추출한다.

4.9.2 모델링 오차

칼만필터를 실제 시스템에 적용하기 위해서는 크게 두 가지 문제를 고려해야 한다. 하나는 칼만필터 알고리즘을 디지털 마이크로프로세서로 계산할 때 발생하는 수치 오류(round-off error)에 의한 문제이며, 다른 하나는 시스템의 수학적 모델에 내재된 모델링 오차다.

수치적인 문제는 대개 디지털 마이크로프로세서의 한정된 계산 정밀도(finite precision) 문제와 이론적으로 대칭 행렬이어야 할 공분산 행렬이 수치 계산 중에 비대칭 행렬이 될 수 있는 문제다. 이에 대한 해법은 비교적 간단한데, 더 좋은 정밀도를 가진 마이크로프로세서를 사용해 수치 정밀도를 높이는 방법과 칼만필터 식을 재정립해 수치 정밀도를 향상시킨 제곱근 필터(square root filter)를 사용하는 방법이 있다. 하지만 제곱근 필터는 계산량이 표준 칼만필터보다 많아서 또 다른 문제를 일으킬 수도 있다. 공분산 행렬의 비대칭 문제는 일정 시간스텝마다 $P=(P+P^T)/2$를 계산해 강제적으로 대칭 행렬로 만드는 방법으로 대처할 수 있다.

칼만필터 설계의 기반이 되는 수학적인 모델은 실제 시스템의 운동을 정확히 묘사하고 있다고 가정한다. 즉, 식 (4.40)에서 $F(k)$, $G(k)$, $G_w(k)$, $H(k)$를 정확히 알고, 노이즈 시퀀스인 $\{w(k)\}$와 $\{v(k)\}$가 평균이 0이고 서로 독립이며 공분산이 각각 $Q(k)$와 $R(k)$인 화이트 노이즈라고 가정한다. 하지만 실제 시스템과 그 수학적 모델이 다르다면, 또는 수학적 모델에 오차가 있다면, 칼만필터가 제대로 작동하지 않을 수도 있으며 심하면 발산(divergence)할 수도 있다. 칼만필터가 발산한다는 것은 실제 상태변수와 그 추정값의 차이인 추정오차가 무한대로 커진다는 뜻이다. 수학적인 모델에는 항상 오차가 있게 마련이므로 칼만필터를 설계할 때는 이러한 모델링 오차의 영향을 최소화할 수 있는 방안이 필요하다. 가장 많이 사용되는 간단한 방법은 '가상 프로세스 노이즈 주입(fictitious process noise injection)'이라는 방법으로, 다음과 같이 모델링된 프로세스 노이즈 공분산 $Q(k)$보다 더 큰 공분산 $Q_f(k)$를 칼만필터에 사용하는 것이다.

$$Q_f(k) \geq Q(k) \tag{4.171}$$

프로세스 노이즈를 키우면 시스템 모델의 정확도에 대한 칼만필터의 확신을 감소시키고 측정값에 더 의존하게 만들어서 모델링 오차의 영향을 감소시킬 수 있다. 이에 대해서는 다음 예제를 이용해 설명한다.

예제 4.2 다음과 같은 실제 시스템이 있다고 하자.

$$\begin{bmatrix} x_1(k+1) \\ x_2(k+1) \end{bmatrix} = \begin{bmatrix} 1 & 1 \\ 0 & 1 \end{bmatrix} \begin{bmatrix} x_1(k) \\ x_2(k) \end{bmatrix}, \begin{bmatrix} x_1(0) \\ x_2(0) \end{bmatrix} = \begin{bmatrix} 1 \\ 10 \end{bmatrix}$$
$$z(k) = [1\ 0] \begin{bmatrix} x_1(k) \\ x_2(k) \end{bmatrix} + v(k),\ v(k) \sim N(0,\ 1) \tag{4.172}$$

위 시스템에 대해 칼만필터를 설계하기 위해 사용한 부정확한 모델이 다음과 같다고 하자.

$$x_1(k+1) = x_1(k) + w(k),\ x_1(0) = 0$$
$$z(k) = x_1(k) + v(k) \tag{4.173}$$
$$w(k) \sim N(0,\ Q),\ v(k) \sim N(0,\ 1)$$

즉, 실제 시스템에는 수학적 모델에서 모델링하지 않은 상태변수 x_2가 더 있다. 상태변수 x_1은 상수로 모델링됐으나 실제로는 시간과 비례해 증가하는 거동을 보인다.

먼저 실제 시스템의 모델이 정확하다고 잘못 판단하고 칼만필터를 설계했다고 가정하자. 모델이 정확하다고 판단했으므로 프로세스 노이즈의 공분산은 $Q=0$으로 설정한다. 그림 4.11은 실제 상태변수 x_1과 칼만필터의 추정값을 비교한 것이다. 칼만필터의 추정값이 실제 상태변수를 따라가지 못하는 것을 볼 수 있다. 그림 4.12는 상태변수 x_1의 추정 오차와 표준편차(1σ, $\sqrt{P(k|k)}$)를 도시한 것이다. 추정 오차가 칼만필터가 예측한 표준편차의 범위를 벗어나서 발산하고 있음을 알 수 있다.

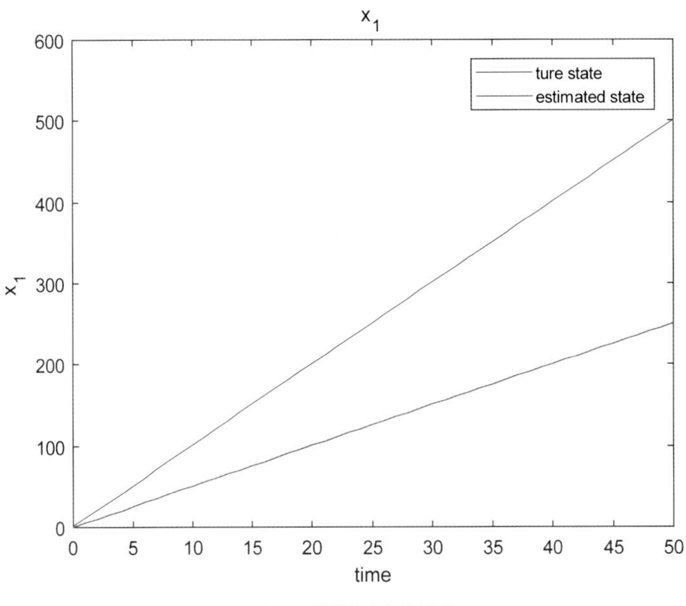

그림 4.11 칼만필터 추정 결과

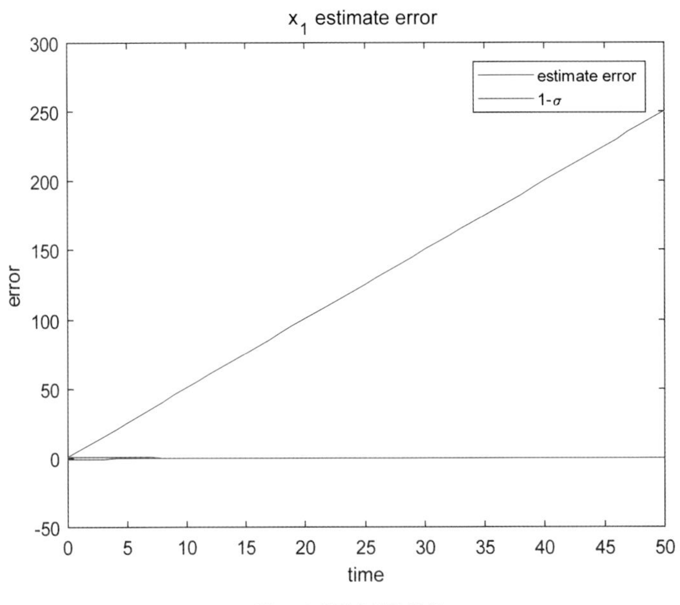

그림 4.12 추정 오차의 발산

그림 4.13은 칼만필터에 가상 프로세스 노이즈를 주입한 결과다. 프로세스 노이즈의 값 Q가 커질수록 추정 오차가 점점 작아지는 것을 볼 수 있다. 그림 4.14는 프로세스 노이즈의 값 Q에 따른 칼만 게인의 크기를 도시한 것이다. Q가 커질수록 칼만 게인 값도 커지는 것을 볼 수 있다. 식 (4.43)에서 알 수 있듯이 칼만 게인 값이 커질수록 칼만필터는 모델보다는 측정값에 좀 더 의존하므로 모델링 오차에 덜 민감해진다. 그렇다고 해서 프로세스 노이즈를 무작정 큰 값으로 해서는 안 된다. 그럴 경우 오차 공분산도 커지므로 칼만필터가 산출하는 추정값의 신뢰도가 저하되기 때문이다. 결국 프로세스 노이즈의 공분산은 칼만필터 설계자가 모델링 오차와 추정 성능 사이에서 균형을 맞추며 적절하게 결정해야 할 설계 변수다.

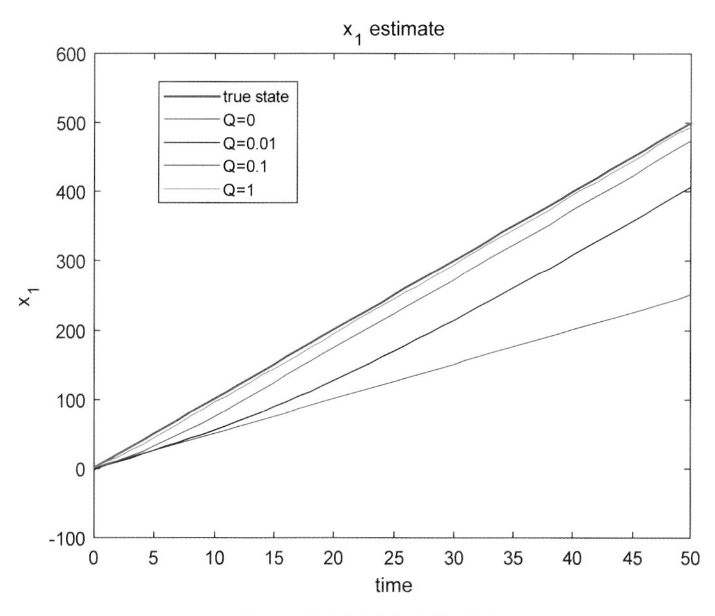

그림 4.13 칼만필터의 추정 성능 향상

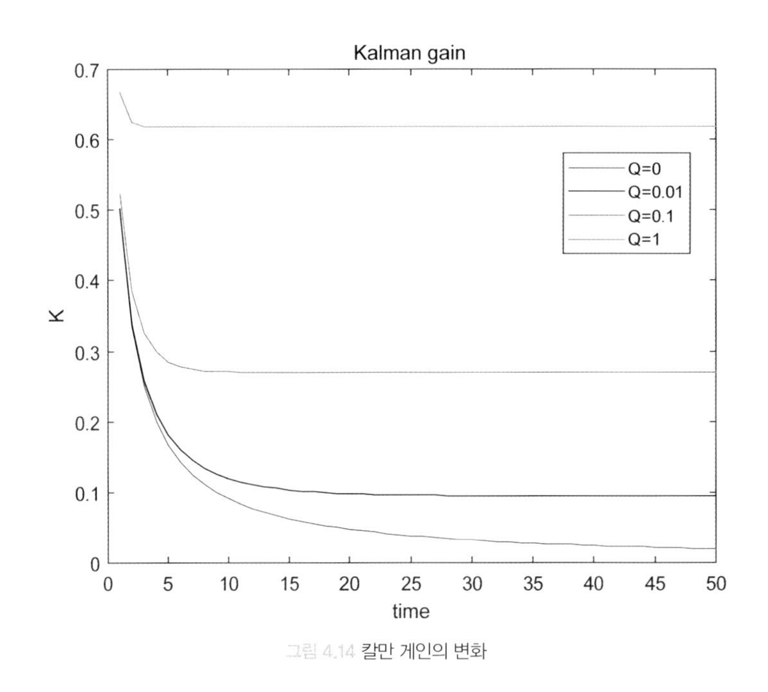

그림 4.14 칼만 게인의 변화

4.10 칼만필터 설계 예제

4.10.1 개요

레이다로 표적을 추적하는 문제에서 자주 등장하는 운동 모델이 등속(constant velocity) 또는 등가속도(constant acceleration) 모델이다. 적 항공기 또는 적 함정이 거의(nearly) 등속도 운동 또는 등가속도 운동을 한다고 가정하는 경우가 많기 때문이다. 다음과 같이 등속 운동을 하는 시스템이 있다고 하자.

$$\ddot{r}=w(t) \tag{4.174}$$

여기서 $w(t)=0$이라면 시스템은 완벽한 등속 운동을 한다. 하지만 완벽한 등속 운동보다는 외란 등에 의해 약간의 가속도 운동을 한다고 가정하는 것이 더 실제적이므로 프로세스 노이즈

$w(t)$~$(0,\ Q_c)$를 도입한다. 이와 같은 운동 모델을 거의 등속인 모델(nearly constant velocity model)이라고 하며, 이때의 프로세스 노이즈를 기동 노이즈(maneuver noise)라고 한다. 거의 등속인 모델을 상태공간 방정식으로 표현하면 다음과 같다.

$$\dot{\mathrm{x}}=\begin{bmatrix}0 & 1\\0 & 0\end{bmatrix}\mathrm{x}+\begin{bmatrix}0\\1\end{bmatrix}w(t) \tag{4.175}$$

여기서 $\mathrm{x}=[r\ \dot{r}]^T$다. 샘플링 시간이 $\triangle t$일 때 위 시스템의 이산 등가 모델을 구하면 다음과 같다.

$$\begin{aligned}\mathrm{x}(k+1)&=e^{\begin{bmatrix}0 & 1\\0 & 0\end{bmatrix}\triangle t}\mathrm{x}(k)+\mathrm{w}(k)\\&=\begin{bmatrix}1 & \triangle t\\0 & 1\end{bmatrix}\mathrm{x}(k)+\mathrm{w}(k)\end{aligned} \tag{4.176}$$

여기서 $\mathrm{w}(k)$~$(0,\ \mathrm{Q})$이고,

$$\begin{aligned}\mathrm{Q}&=\int_0^{\triangle t}e^{\begin{bmatrix}0 & \tau\\0 & 0\end{bmatrix}}\begin{bmatrix}0\\1\end{bmatrix}Q_c[0\ 1]e^{\begin{bmatrix}0 & 0\\\tau & 0\end{bmatrix}}d\tau\\&=\int_0^{\triangle t}\begin{bmatrix}Q_c\tau^2 & Q_c\tau\\Q_c\tau & Q_c\end{bmatrix}d\tau\\&=Q_c\begin{bmatrix}\dfrac{\triangle t^3}{3} & \dfrac{\triangle t^2}{2}\\\dfrac{\triangle t^2}{2} & \triangle t\end{bmatrix}\end{aligned} \tag{4.177}$$

이다. 기동 노이즈 또는 프로세스 노이즈의 강도(또는 파워스펙트럴밀도) Q_c는 보통 칼만필터의 설계 변수로 간주한다. 거의 등속 운동을 하는 시스템임을 감안할 때 샘플링 시간 $\triangle t$ 동안 속도의 변화는 $\sqrt{Q_{22}}=\sqrt{Q_c\triangle t}$이므로 이 시간 동안 속도의 변화가 실제 속도보다 아주 작도록 Q_c를 정해야 한다. 측정 방정식은 보통 다음과 같이 이산시간 모델로 주어진다.

$$z(k)=[1\ 0]\mathrm{x}(k)+v(k) \tag{4.178}$$

여기서 측정 노이즈는 $v(k)$~$(0,\ R)$이다. 이와 같은 모델에 대해 칼만필터를 설계해 보자.

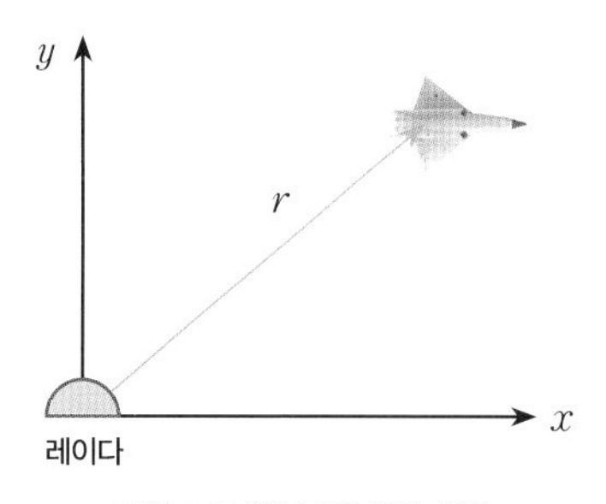

그림 4.15 레이다의 거리 측정

먼저 r은 레이다가 측정하는 표적까지의 거리이며 측정 노이즈의 분산은 $R=30m^2$으로 가정한다. 샘플링 시간은 $\triangle t=1s$, 프로세스 노이즈의 파워스펙트럴밀도는 $Q_c=150m^2/s^3$, 초기 표적까지의 거리와 거리 변화율의 정확도는 각각 분산 $\sigma_r^2=30m^2$, $\sigma_v=30m^2/s^2$으로 가정한다. 따라서 초기 상태변수 오차의 공분산은 다음과 같이 설정한다.

$$P_0=\begin{bmatrix}30 & 0\\ 0 & 30\end{bmatrix} \tag{4.179}$$

레이다에서 표적까지의 실제 초기 거리는 $2000m$, 거리의 변화율은 $10m/s$으로 가정한다. 따라서 $x(0)=[2000\ 10]^T$이다. 칼만필터의 초기 공분산은 다음과 같이 설정한다.

$$P(0|-1)=P_0 \tag{4.180}$$

칼만필터는 측정 노이즈가 섞여 있는 레이다의 거리 측정값을 이용해 레이다로부터 표적까지의 거리와 거리 변화율을 추정해야 한다.

그림 4.16 칼만필터의 추정 문제

4.10.2 칼만필터 설계

칼만필터의 초깃값은 다음과 같이 시스템의 초깃값과 공분산으로부터 샘플링한다.

$$\hat{x}(0|-1) \sim N(x(0),\ P(0|-1)) \tag{4.181}$$

칼만필터 알고리즘의 시간 전개(time propagation) 식은 다음과 같다.

$$F=\begin{bmatrix}1 & \triangle t\\ 0 & 1\end{bmatrix},\ H=[1\ 0],\ Q=Q_c\begin{bmatrix}\frac{\triangle t^3}{3} & \frac{\triangle t^2}{2}\\ \frac{\triangle t^2}{2} & \triangle t\end{bmatrix}$$

$k=0$: **1.** $z(0)=r(0)+v(0)$ 측정

2. 측정 업데이트

$$S(0)=HP(0|-1)H^T+R$$

$$K(0)=P(0|-1)H^TS^{-1}(0)$$

$$\hat{x}(0|0)=\hat{x}(0|-1)+K(0)\big(z(0)-H\hat{x}(0|-1)\big)$$

$$P(0|0)=P(0|-1)-P(0|-1)H^TS^{-1}(0)HP(0|-1)$$

$k=1$: **1.** 시간 업데이트

$$\hat{x}(1|0)=F\hat{x}(0|0)$$

$$P(1|0)=FP(0|0)F^T+Q$$

2. $z(1)=r(1)+v(1)$ 측정

3. 측정 업데이트

$$S(1)=HP(1|0)H^T+R$$

$$K(1)=P(1|0)H^TS^{-1}(1)$$

$$\hat{x}(1|1)=\hat{x}(1|0)+K(1)\big(z(1)-H\hat{x}(1|0)\big)$$

$$P(1|1)=P(1|0)-P(1|0)H^TS^{-1}(1)HP(1|0)$$

$k=2$: **1.** 시간 업데이트

$$\hat{\mathrm{x}}(2|1)=\mathrm{F}\hat{\mathrm{x}}(1|1)$$

$$\mathrm{P}(2|1)=\mathrm{FP}(1|1)\mathrm{F}^T+\mathrm{Q}$$

2. $\mathrm{z}(2)=r(2)+v(2)$ 측정

3. 측정 업데이트

$$\mathrm{S}(2)=\mathrm{HP}(2|1)\mathrm{H}^T+R$$

$$\mathrm{K}(2)=\mathrm{P}(2|1)\mathrm{H}^T\mathrm{S}^{-1}(2)$$

$$\hat{\mathrm{x}}(2|2)=\hat{\mathrm{x}}(2|1)+\mathrm{K}(2)\big(\mathrm{z}(2)-\mathrm{H}\hat{\mathrm{x}}(2|1)\big)$$

$$\mathrm{P}(2|2)=\mathrm{P}(2|1)-\mathrm{P}(2|1)\mathrm{H}^T\mathrm{S}^{-1}(2)\mathrm{HP}(2|1)$$

$k=3,\ 4,\ 5,\ \ldots$: 반복

매트랩으로 작성된 칼만필터 코드는 다음과 같다.

kf_range.m

```
%
% 레이다 거리 및 거리 변화율 추정 문제
%

clear all

% 샘플링 시간
dt = 1;

% 프로세스 및 측정 노이즈 (식 (4.177))
Qc = 150;
Q = Qc * [dt^3/3 dt^2/2; dt^2/2 dt];
R = 30;

% 초기 상태변수 평균값과 공분산 (식 (4.179)
x0 = [2000; 10];
```

```
P0 = 30 * eye(2);

% 칼만필터 초깃값 (식 (4.180), (4.181))
xbar = x0 + sqrt(P0) * randn(2,1);
Pbar = P0;
Qf = Q; % 칼만필터용 프로세스 노이즈 공분산

% 결괏값을 저장하기 위한 변수
X = [];
XHAT = [];
PHAT = [];
KK = [];
Z = [];
ZHAT = [];
SBAR = [];
TIME = [];

% 시스템 행렬 (식 (4.176), (4.178))
F = [1 dt; 0 1];
H = [1 0];

for time = 0:100

    % 측정 모델 (식 (4.178))
    z = H * x0 +  sqrt(R) * randn();

    % 측정 업데이트
    zhat = H * xbar;
    S = H * Pbar * H' + R;
    Phat = Pbar - Pbar * H' * inv(S) * H * Pbar;
    K = Pbar * H' * inv(S);
    xhat = xbar + K * (z - zhat);

    % 시간 업데이트
    xbar = F * xhat;
    Pbar = F * Phat * F' + Qf;

    % 시스템 운동 모델 (식 (4.176))
```

```
        x = F * x0 + sqrt(Q) * randn(2,1);

        % 결과 저장
        X = [X; x0'];
        XHAT = [XHAT; xhat'];
        PHAT = [PHAT; diag(Phat)'];
        Z = [Z; z'];
        ZHAT = [ZHAT; zhat'];
        SBAR = [SBAR; diag(S)'];
        TIME = [TIME; time];
        KK = [KK; K'];

        % 다음 시간 스텝을 위한 준비
        x0 = x;

    end
```

kf_range.m 파일을 실행하면 시뮬레이션이 수행된다. 칼만필터의 추정 결과는 그림 4.17과 같다. 다음 그림은 레이다로부터 표적까지의 실제 거리 및 거리 변화율과 칼만필터가 추정한 거리 및 거리 변화율을 도시한 것이다. 칼만필터가 거리뿐만 아니라 측정하지 않은 거리 변화율까지 정확히 추정하고 있음을 알 수 있다.

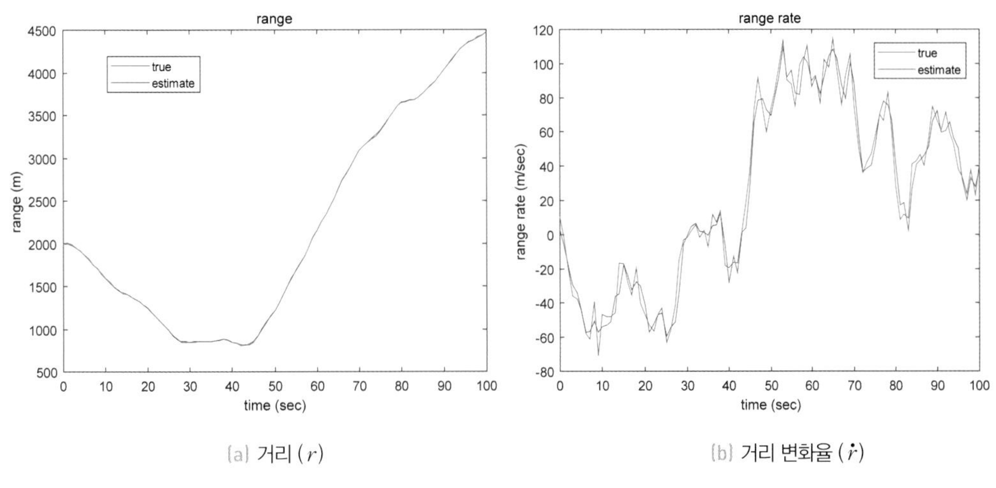

(a) 거리 (r)　　(b) 거리 변화율 ($\dot{r}$)

그림 4.17 거리 및 거리 변화율의 실제 궤적 및 추정

그림 4.18은 상태변수의 추정 오차와 표준편차(1σ, $\sqrt{\mathrm{P}(k|k)}$의 대각항)를 도시한 것이다. 추정 오차가 확장 칼만필터가 예측한 표준편차의 범위 내에 있음을 알 수 있으며 칼만필터가 제대로 작동하고 있음을 확인할 수 있다.

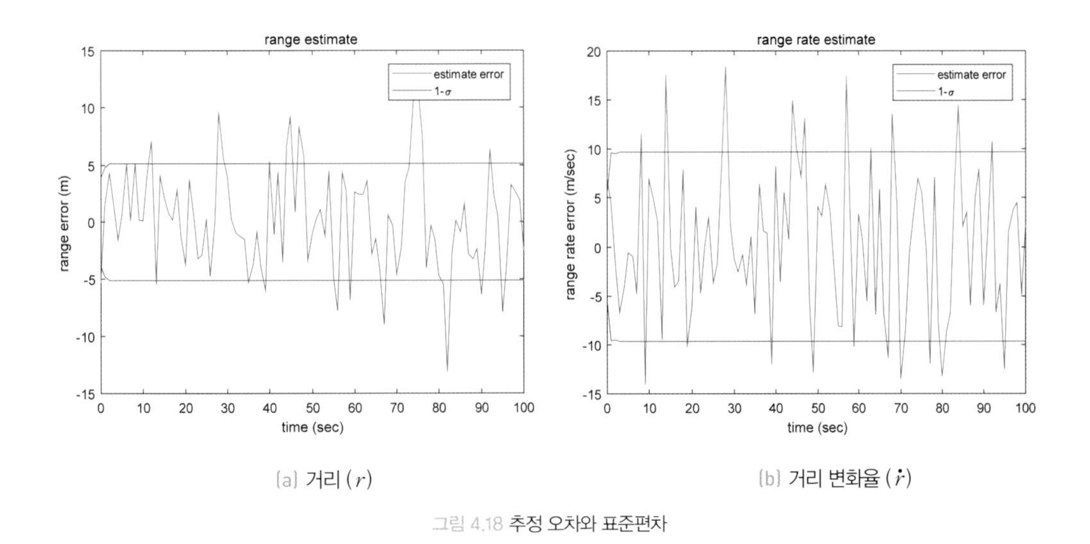

(a) 거리 (r)　　(b) 거리 변화율 ($\dot{r}$)

그림 4.18 추정 오차와 표준편차

전통적으로 레이다 문제에서는 칼만필터 게인을 다음과 같이 표시하고, 칼만필터를 α-β 추적기(tracker)라고 부른다.

$$\mathrm{K}(k)=\begin{bmatrix}\alpha(k)\\ \dfrac{\beta(k)}{\triangle t}\end{bmatrix} \tag{4.182}$$

칼만필터의 측정 업데이트 식이 다음과 같으므로

$$\begin{aligned}&\hat{\mathrm{x}}(k+1|k+1)=\mathrm{F}\hat{\mathrm{x}}(k|k)+\mathrm{K}(k+1)\big(\mathrm{z}(k+1)-\mathrm{HF}\hat{\mathrm{x}}(k|k)\big)\\&\mathrm{P}(k+1|k)=\mathrm{F}(k)\mathrm{P}(k|k)\mathrm{F}^{T}(k)+\mathrm{Q}(k)\end{aligned} \tag{4.183}$$

위 식을 풀어 쓰면 $\alpha-\beta$ 추적기 식은 다음과 같이 된다.

$$\begin{aligned}&\hat{r}(k+1|k+1)=\hat{r}(k|k)+\hat{\dot{r}}(k|k)\triangle t+\alpha(k+1)[z(k+1)-\hat{r}(k|k)-\hat{\dot{r}}(k|k)\triangle t]\\&\hat{\dot{r}}(k+1|k+1)=\hat{\dot{r}}(k|k)+\frac{\beta(k+1)}{\triangle t}[z(k+1)-\hat{r}(k|k)-\hat{\dot{r}}(k|k)\triangle t]\end{aligned} \tag{4.184}$$

그림 4.19는 칼만 게인 또는 $\alpha-\beta$ 추적기 $\alpha(k)$, $\dfrac{\beta(k)}{\triangle t}$를 도시한 것이다. 그림 4.18의 공분산과 마찬가지로 칼만 게인도 짧은 시간이 경과한 후에 정정상태로 돌입함을 알 수 있다.

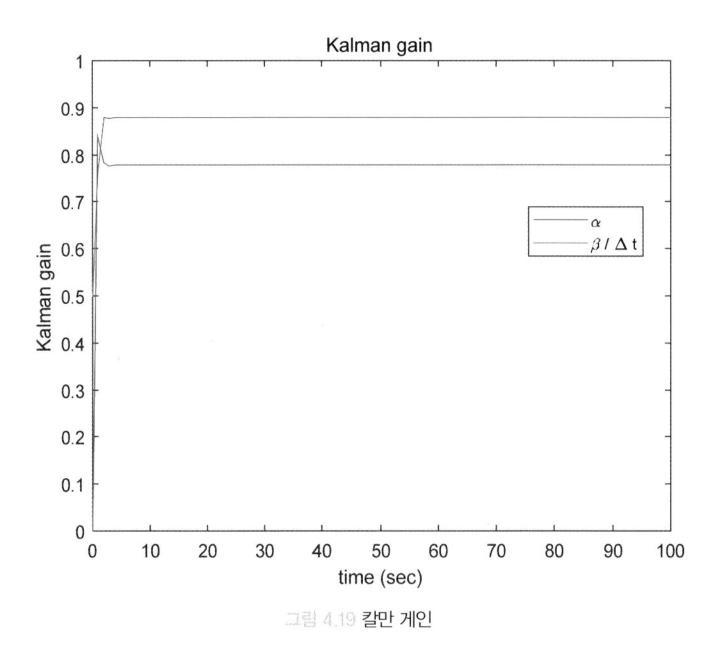

그림 4.19 칼만 게인

정정 사전 및 사후 공분산 값과 칼만 게인 값($k \to \infty$)은 다음과 같다.

$$\mathrm{P}(k|k)=\begin{bmatrix}26.36 & 23.36\\23.36 & 94.25\end{bmatrix},\ \mathrm{P}(k+1|k)=\begin{bmatrix}217.34 & 192.62\\192.62 & 244.25\end{bmatrix}$$
$$\mathrm{K}(k)=\begin{bmatrix}0.8787\\0.7788\end{bmatrix} \tag{4.185}$$

4.10.3 정정상태 칼만필터 설계

식 (4.176)~(4.178)은 시스템 및 측정 행렬 F, G, H와 노이즈 공분산 행렬 Q, R이 모두 상수 행렬인 시불변 시스템이다. 또한 $\mathrm{Q}=\mathrm{LL}^T$일 때 (F, L)이 가제어성을 만족하고, (F, H)가 가관측성을 만족하므로 식 (4.165)는 정정상태 해를 갖고 그 해는 대수 리카티 방정식 (4.166)을 만족하는 유일한 해이며, 다음과 같이 계산된다.

$$\mathrm{P}=\begin{bmatrix}217.34 & 192.62\\192.62 & 244.25\end{bmatrix} \tag{4.186}$$

P는 $k \to \infty$일 때 사전 공분산 $\mathrm{P}(k+1|k)$의 정정상태 해로서, 그 값이 식 (4.185)와 같다. 한편, 정정상태 칼만 게인을 계산하기 위해 다음 식을 이용한다.

$$\begin{aligned}\mathrm{K} &= \mathrm{PH}^T(\mathrm{HPH}^T+R)^{-1}\\ &= \begin{bmatrix}0.8787\\0.7788\end{bmatrix}\end{aligned} \tag{4.187}$$

정정상태의 사후 공분산 $\mathrm{P}^+=\mathrm{P}(k|k)$, $k \to \infty$는 다음 관계식으로 계산할 수 있다.

$$\begin{aligned}\mathrm{P}^+ &= \mathrm{P}-\mathrm{PH}^T(\mathrm{HPH}^T+R)^{-1}\mathrm{HP}\\ &= \begin{bmatrix}26.36 & 23.36\\23.36 & 94.25\end{bmatrix}\end{aligned} \tag{4.188}$$

정정상태의 칼만 게인과 사후 공분산도 식 (4.185)로 주어진 값과 동일함을 알 수 있다. 정정상태의 칼만 게인을 이용하면 정정상태 칼만필터를 다음과 같이 구현할 수 있다.

$$F=\begin{bmatrix}1 & \triangle t\\ 0 & 1\end{bmatrix},\ H=[1\ 0],\ Q=Q_c\begin{bmatrix}\frac{\triangle t^3}{3} & \frac{\triangle t^2}{2}\\ \frac{\triangle t^2}{2} & \triangle t\end{bmatrix}$$

P, P^+, K 미리 계산

$k=0$: **1.** $z(0)=r(0)+v(0)$ 측정

2. 측정 업데이트

$$\hat{x}(0|0)=\hat{x}(0|-1)+K\left(z(0)-H\hat{x}(0|-1)\right)$$

$k=1$: **1.** 시간 업데이트

$$\hat{x}(1|0)=F\hat{x}(0|0)$$

2. $z(1)=r(1)+v(1)$ 측정

3. 측정 업데이트

$$\hat{x}(1|1)=\hat{x}(1|0)+K\left(z(1)-H\hat{x}(1|0)\right)$$

$k=2$: **1.** 시간 업데이트

$$\hat{x}(2|1)=F\hat{x}(1|1)$$

2. $z(2)=r(2)+v(2)$ 측정

3. 측정 업데이트

$$\hat{x}(2|2)=\hat{x}(2|1)+K\left(z(2)-H\hat{x}(2|1)\right)$$

$k=3,\ 4,\ 5,\ \ldots$: 반복

매트랩으로 작성된 정정상태 칼만필터 코드는 다음과 같다.

kf_range_ss.m

```
%
% 레이다 거리 및 거리 변화율 추정 문제: 정정상태 칼만필터
%

clear all

% 샘플링 시간
dt = 1;

% 프로세스 및 측정 노이즈 (식 (4.177))
Qc = 150;
Q = Qc * [dt^3/3 dt^2/2; dt^2/2 dt];
R = 30;

% 초기 상태변수 평균값과 공분산 (식 (4.179))
x0 = [2000; 10];
P0 = 30 * eye(2);

% 칼만필터 초깃값 (식 (4.180), (4.181))
xbar = x0 + sqrt(P0) * randn(2,1);
Pbar = P0;
Qf = Q; % 칼만필터용 프로세스 노이즈 공분산

% 결과값을 저장하기 위한 변수
X = [];
XHAT = [];
Z = [];
ZHAT = [];
TIME = [];

% 시스템 행렬 (식 (4.176), (4.178))
F = [1 dt; 0 1];
H = [1 0];

% 대수 리카티 방정식 해 (식 (4.166))
[Pinf X_, G_] = dare(F', H', Qf, R);
```

```
% 정정상태 칼만 게인 및 사후 공분산 계산 (식 (4.187), (4.188))
Sinf = H * Pinf * H' + R;
Kinf = Pinf * H' * inv(Sinf);
Phat = Pinf - Pinf * H' * inv(Sinf) * H * Pinf;

for time = 0:100

    % 측정 모델 (식 (4.178))
    z = H * x0 +  sqrt(R) * randn();

    % 측정 업데이트
    zhat = H * xbar;
    xhat = xbar + Kinf * (z - zhat);

    % 시간 업데이트
    xbar = F * xhat;

    % 시스템 운동 모델 (식 (4.176))
    x = F * x0 + sqrt(Q) * randn(2,1);

    % 결과 저장
    X = [X; x0'];
    XHAT = [XHAT; xhat'];
    Z = [Z; z'];
    ZHAT = [ZHAT; zhat'];
    TIME = [TIME; time];

    % 다음 시간 스텝을 위한 준비
    x0 = x;

end
```

kf_range_ss.m 파일을 실행하면 시뮬레이션이 수행된다. 정정상태 칼만필터의 추정 결과는 다음 그림과 같다. 그림 4.20은 레이다로부터 표적까지의 실제 거리 및 거리 변화율과 칼만필터가 추정한 거리 및 거리 변화율을 도시한 것이다. 그림 4.17과 다르게 보이는 이유는 프로세스 노이즈와 측정 노이즈가 무작위성을 갖기 때문이다. 시뮬레이션마다 궤적은 다르게 산출된다.

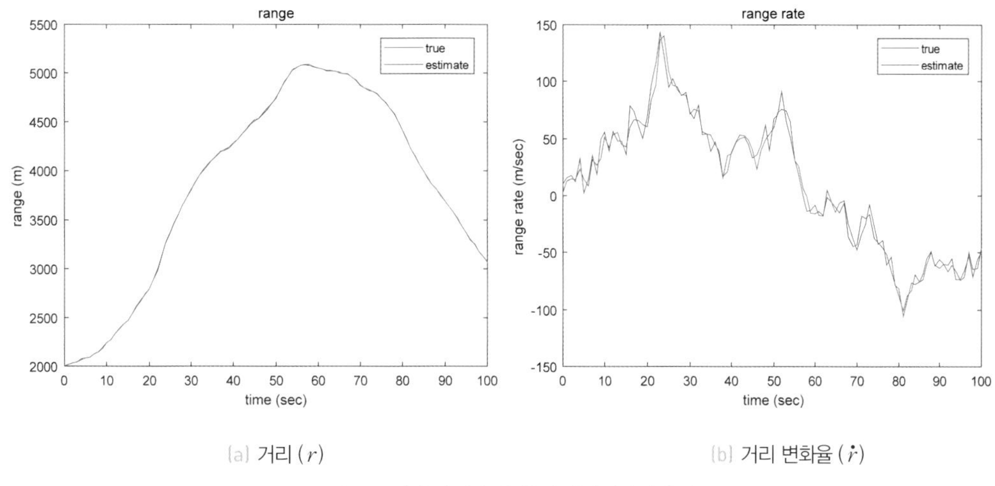

(a) 거리 (r)　　(b) 거리 변화율 ($\dot{r}$)

그림 4.20 거리 및 거리 변화율의 실제 궤적 및 추정

그림 4.21은 상태변수의 추정 오차와 표준편차(1σ, $\sqrt{P^+}$의 대각항)를 도시한 것이다. 추정 오차가 확장 칼만필터가 예측한 표준편차의 범위 내에 있으며 그림 4.18의 결과와 별다른 차이가 없음을 알 수 있다.

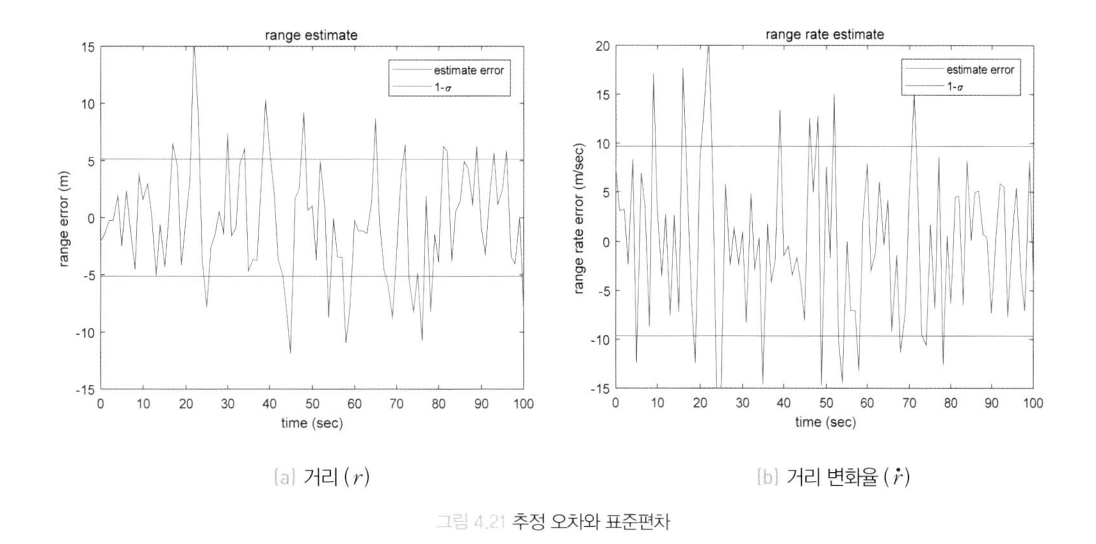

(a) 거리 (r)　　(b) 거리 변화율 ($\dot{r}$)

그림 4.21 추정 오차와 표준편차

칼만필터 게인이 상수 행렬으므로 식 (4.182)의 $\alpha-\beta$ 추적기의 게인도 상숫값을 갖는다. 이와 같이 보통 칼만 게인이 상숫값을 가질 때 α-β 추적기라는 용어를 사용한다.

05장

비선형 시스템의 칼만필터

칼만필터는 시스템과 측정 방정식이 선형일 때만 적용이 가능한 알고리즘으로, 시스템이나 측정 방정식이 비선형이라면 적용할 수 없다. 이는 칼만필터의 큰 약점으로서 실재하는 거의 모든 시스템이 비선형이라는 것을 생각하면 칼만필터의 적용 가능성에 큰 제약이 아닐 수 없다. 이 장에서는 칼만필터의 기본 알고리즘을 비선형 시스템에 적용하기 위한 방법에 관해 논의한다.

5.1 비선형 시스템 모델

일반적인 이산시간 비선형 확률 동적 시스템 (4.1)에서 프로세스 노이즈가 덧셈형으로 주어졌다면 시스템 모델은 다음과 같이 표현할 수 있다.

$$\mathrm{x}(k+1)=\mathrm{f}(\mathrm{x}(k),\ \mathrm{u}(k),\ k)+\mathrm{G}_{\mathrm{w}}(k)\mathrm{w}(k) \tag{5.1}$$

여기서 $\mathrm{x}(k)\in R^n$는 상태변수, $\mathrm{w}(k)\in R^m$는 프로세스 노이즈, $\mathrm{u}(k)\in R^q$는 시스템의 입력벡터다. $\mathrm{f}(\cdot,\ k)$는 시변 비선형 함수로서, 정확히 알고 있다고 가정한다. 입력 $\mathrm{u}(k)$는 확정된 값을 가지며,

프로세스 노이즈 $w(k)$는 랜덤 시퀀스다. 또한 비선형 측정 모델 (4.2)에서 측정 노이즈가 덧셈형으로 주어졌다면 측정 모델은 다음과 같이 표현할 수 있다.

$$z(k)=h(x(k),\ k)+v(k) \tag{5.2}$$

여기서 $z(k)\in R^p$는 측정벡터, $v(k)\in R^p$는 측정 노이즈로, 덧셈형으로 주어진 랜덤 시퀀스다. $h(\cdot,\ k)$는 시변 비선형 함수로, 역시 정확히 알고 있다고 가정한다. 상태변수와 측정 노이즈가 모두 랜덤 시퀀스이므로 측정벡터도 랜덤 시퀀스다.

프로세스 노이즈 $w(k)$와 측정 노이즈 $v(k)$는 각각 평균이 0이고 공분산이 $Q(k)$와 $R(k)$이며 서로 독립인 가우시안 화이트 노이즈 시퀀스로 가정한다. 즉,

$$\begin{aligned}
&w(k)\sim N(0,\ Q(k)),\ v(k)\sim N(0,\ R(k))\\
&E[w(k)w^T(l)]=Q(k)\delta_{kl},\ E[v(k)v^T(l)]=R(k)\delta_{kl}\\
&E[w(k)v^T(l)]=0,\ \forall k,\ l
\end{aligned} \tag{5.3}$$

또한 상태변수 초깃값 $x(0)$는 평균이 $\bar{x}_0$, 공분산이 P_0이며, 노이즈 $w(k)$와 $v(k)$와는 서로 독립인 가우시안 랜덤 벡터로 가정한다. 즉,

$$\begin{aligned}
&x(0)\sim N(\bar{x}_0,\ P_0)\\
&E[(x(0)-\bar{x}_0)w^T(k)]=0,\ E[(x(0)-\bar{x}_0)v^T(k)]=0
\end{aligned} \tag{5.4}$$

프로세스 노이즈 $w(k)$와 측정 노이즈 $v(k)$, 그리고 상태변수 초깃값 $x(0)$가 모두 가우시안 분포를 갖는다 해도 시스템과 측정 방정식이 비선형이기 때문에 4.1절에서 설명한 확률밀도함수는 더이상 가우시안 함수의 전파 식(propagation equation)이 아니다. 따라서 상태변수 $x(k)$의 최소평균제곱오차(MMSE) 추정값 $\hat{x}(k|k)=E[x(k)|Z_k]$를 계산하는 것도 매우 어려워진다. 여기서 $Z_k=\{z(0),\ z(1),\ \ldots,\ z(k)\}$는 시간 k까지의 측정벡터 집합을 의미한다.

5.2 확장 칼만필터

이 문제에 대해 확장 칼만필터(EKF, extended Kalman filter)에서는 비선형 시스템에 칼만필터 알고리즘을 적용하기 위해 다음 두 가지 가정을 한다.

[확장 칼만필터 가정] 비선형 시스템 (5.1)과 비선형 측정 방정식 (5.2)는 테일러 시리즈(Taylor series) 1차 근사로 선형화할 수 있다. 또한 모든 시간스텝의 확률밀도함수는 다음 식과 같은 가우시안 확률밀도함수로 근사화할 수 있다.

$$\begin{aligned} p(\mathrm{x}(k)|\mathrm{Z}_{k-1}) &\approx N(\mathrm{x}(k)|\hat{\mathrm{x}}(k|k-1),\ \mathrm{P}(k|k-1)) \\ p(\mathrm{x}(k)|\mathrm{Z}_{k}) &\approx N(\mathrm{x}(k)|\hat{\mathrm{x}}(k|k),\ \mathrm{P}(k|k)) \\ p(\mathrm{x}(k+1)|\mathrm{Z}_{k}) &\approx N(\mathrm{x}(k+1)|\hat{\mathrm{x}}(k+1|k),\ \mathrm{P}(k+1|k)) \end{aligned} \tag{5.5}$$

확장 칼만필터는 테일러 시리즈 1차 근사법에 기반한 필터로서 실제와 근사적으로 평균과 공분산을 업데이트한다. 확장 칼만필터의 알고리즘을 시간 업데이트와 측정 업데이트로 나눠서 살펴보자.

5.2.1 시간 업데이트

확장 칼만필터는 시간 k에서의 평균 $\hat{\mathrm{x}}(k|k)$와 공분산 $\mathrm{P}(k|k)$를 이용해 다음 시간 $k+1$에서의 평균 $\hat{\mathrm{x}}(k+1|k)$와 공분산 $\mathrm{P}(k+1|k)$를 예측하는 데 있어 비선형 시스템 방정식 (5.1)을 테일러 시리즈로 전개한 후 1차 항까지만 취해 선형화한다. 식 (5.1)에서 랜덤 벡터 $\mathrm{x}(k)$를 식 (5.5)와 같이 Z_k를 조건으로 하는 평균이 $\hat{\mathrm{x}}(k|k)$이고 공분산이 $\mathrm{P}(k|k)$인 가우시안이라고 가정한다. 이때 평균 $\hat{\mathrm{x}}(k|k)$는 시간 k까지의 측정벡터 집합 Z_k를 기반으로 추정한 시간 k에서의 상태변수 추정치 $\hat{\mathrm{x}}(k|k)=E[\mathrm{x}(k)|\mathrm{Z}_k]$를 의미한다. 이제 랜덤 벡터 $\mathrm{x}(k)$를 $\hat{\mathrm{x}}(k|k)$와 오차 $\tilde{\mathrm{x}}(k)$의 합으로 나눈다.

$$\mathrm{x}(k)=\hat{\mathrm{x}}(k|k)+\tilde{\mathrm{x}}(k) \tag{5.6}$$

그러면 오차 $\tilde{x}(k)$의 평균은 0이고 공분산은 $P(k|k)$가 된다. 비선형 방정식 (5.1)을 $x(k)=\hat{x}(k|k)$에 대해 테일러 시리즈로 전개하면 다음과 같다.

$$\begin{aligned} x(k+1) &= f(x(k),\ u(k),\ k)+G_w(k)w(k) \\ &= f\left(\hat{x}(k|k)+\tilde{x}(k),\ u(k),\ k\right)+G_w(k)w(k) \\ &= f\left(\hat{x}(k|k)+u(k),\ k\right)+\hat{F}(k)\tilde{x}(k)+G_w(k)w(k)+H\cdot O\cdot T\cdot \end{aligned} \tag{5.7}$$

여기서 $H.O.T.$는 2차 항 이상의 고차 항(high order term)을 의미하며, $\hat{F}(k)$는 $x(k)=\hat{x}(k|k)$에서 계산한 함수 $f(\cdot)$에 대한 $x(k)$의 미분인 자코비안(Jacobian) 행렬로서 다음과 같이 주어진다.

$$\hat{F}(k)=\left.\frac{\partial f}{\partial x}\right|_{x(k)=\hat{x}(k|k)}=\begin{bmatrix} \frac{\partial f_1}{\partial x_1} & \cdots & \frac{\partial f_1}{\partial x_n} \\ \vdots & \ddots & \vdots \\ \frac{\partial f_n}{\partial x_1} & \cdots & \frac{\partial f_n}{\partial x_n} \end{bmatrix}_{x(k)=\hat{x}(k|k)} \tag{5.8}$$

이제 식 (5.7)을 이용해 랜덤 벡터 $x(k+1)$의 평균과 공분산 예측값을 구해보자. 먼저 평균은 식 (5.7)에서 $H.O.T.$을 절삭하면 근사적으로 다음과 같이 주어진다.

$$\begin{aligned} \hat{x}(k+1|k) &= E[x(k+1)|Z_k] \\ &\approx f\left(\hat{x}(k|k),\ u(k),\ k\right)+\hat{F}(k)E\left[\tilde{x}(k)|Z_k\right]+G_w(k)E[w(k)] \\ &= f\left(\hat{x}(k|k),\ u(k),\ k\right) \end{aligned} \tag{5.9}$$

상태변수 $x(k+1)$의 공분산은 정의에 의해 다음과 같이 주어진다.

$$P(k+1|k)=E\left[\left(x(k+1)-\hat{x}(k+1|k)\right)\left(x(k+1)-\hat{x}(k+1|k)\right)^T|Z_k\right] \tag{5.10}$$

먼저 식 (5.7)과 (5.9)를 이용해 위 식의 오차 항을 구해보자.

$$\begin{aligned} x(k+1)-\hat{x}(k+1|k) \\ &= f(\hat{x}(k|k),\ u(k),\ k)+\hat{F}(k)\tilde{x}(k)+G_w(k)w(k)+H.O.T. \\ &-f(\hat{x}(k|k),\ u(k),\ k) \\ &= \hat{F}(k)\tilde{x}(k)+G_w(k)w(k)+H.O.T. \end{aligned} \quad (5.11)$$

이 식을 공분산의 정의 (5.10)에 대입하고 $H.O.T.$를 절삭하면 공분산은 근사적으로 다음과 같이 계산된다.

$$\begin{aligned} P(k+1|k) &\approx \hat{F}(k)E[\tilde{x}(k)\tilde{x}^T(k)|Z_k]\hat{F}^T(k)+G_w(k)E[w(k)w^T(k)|Z_k]G_w^T(k) \\ &= \hat{F}(k)P(k|k)\hat{F}^T(k)+G_w(k)Q(k)G_w^T(k) \end{aligned} \quad (5.12)$$

5.2.2 측정 업데이트

확장 칼만필터는 시간 $k-1$에서의 평균 측정 예측값 $\hat{z}(k|k-1)$과 공분산 예측값 $P_{ZZ}(k|k-1)$, $P_{XZ}(k|k-1)$을 추정할 때 비선형 측정 방정식을 테일러 시리즈로 전개한 후 1차 항까지만 취한 근사치를 이용한다. 식 (5.2)에서 랜덤 벡터 $x(k)$를 식 (5.5)와 같이 Z_{k-1}을 조건으로 하는 평균이 $\hat{x}(k|k-1)$이고 공분산이 $P(k|k-1)$인 가우시안이라고 가정한다. 이제 랜덤 벡터 $x(k)$를 $\hat{x}(k|k-1)$과 오차 $\tilde{x}(k)$의 합으로 나눈다.

$$x(k)=\hat{x}(k|k-1)+\tilde{x}(k) \quad (5.13)$$

그러면 오차 $\tilde{x}(k)$의 평균은 0이고 공분산은 $P(k|k-1)$이 된다. 비선형 방정식 (5.2)를 $x(k)=\hat{x}(k|k-1)$에 대해 테일러 시리즈로 전개하면 다음과 같다.

$$\begin{aligned} z(k) &= h(x(k),\ k)+v(k) \\ &= h(\hat{x}(k|k-1)+\tilde{x}(k),\ k)+v(k) \\ &= h(\hat{x}(k|k-1),\ k)+\hat{H}(k)\tilde{x}(k)+v(k)+v(k)+H.O.T \end{aligned} \quad (5.14)$$

여기서 $\hat{\mathrm{H}}(k)$는 $\mathrm{x}(k)=\hat{\mathrm{x}}(k|k-1)$에서 계산한 함수 $\mathrm{h}(\cdot)$에 대한 $\mathrm{x}(k)$의 미분인 자코비안 행렬로서 다음과 같이 주어진다.

$$\hat{\mathrm{H}}(k)=\frac{\partial \mathrm{h}}{\partial \mathrm{x}}\bigg|_{\mathrm{x}(k)=\hat{\mathrm{x}}(k|k-1)} \tag{5.15}$$

이제 식 (5.14)를 이용해 랜덤 벡터 $\mathrm{z}(k)$의 평균과 공분산 예측값을 구해보자. 측정값 평균 $\hat{\mathrm{z}}(k|k-1)$은 시간 $k-1$까지의 측정벡터 집합 Z_{k-1}을 기반으로 예측한 시간 k에서의 측정 추정값 $\hat{\mathrm{z}}(k|k-1)=E[\mathrm{z}(k)|\mathrm{Z}_{k-1}]$을 의미한다. 먼저 평균은 식 (5.14)에서 $H.O.T.$를 절삭하면 근사적으로 다음과 같이 주어진다.

$$\begin{aligned}\hat{\mathrm{z}}(k|k-1)&=E[\mathrm{z}(k)|\mathrm{Z}_{k-1}]\\&\approx \mathrm{h}\big(\hat{\mathrm{x}}(k|k-1),\ k\big)+\hat{\mathrm{H}}(k)E\big[\tilde{\mathrm{x}}(k)|\mathrm{Z}_{k-1}\big]+E[\mathrm{v}(k)|\mathrm{Z}_{k-1}]\\&=\mathrm{h}\big(\hat{\mathrm{x}}(k|k-1),\ k\big)\end{aligned} \tag{5.16}$$

랜덤 벡터 $\mathrm{z}(k)$의 공분산은 정의에 의해 다음과 같이 주어진다.

$$\mathrm{P}_{zz}(k|k-1)=E\Big[\big(\mathrm{z}(k)-\hat{\mathrm{z}}(k|k-1)\big)\big(\mathrm{z}(k)-\hat{\mathrm{z}}(k|k-1)\big)^T|\mathrm{Z}_{k-1}\Big] \tag{5.17}$$

먼저 식 (5.14)와 (5.16)을 이용해 위 식의 오차 항을 구해보자.

$$\begin{aligned}&\mathrm{z}(k)-\hat{\mathrm{z}}(k|k-1)\\&\quad=\mathrm{h}\big(\hat{\mathrm{x}}(k|k-1),\ k\big)+\hat{\mathrm{H}}(k)\tilde{\mathrm{x}}(k)+\mathrm{v}(k)+H.O.T.\\&\quad-\mathrm{h}\big(\hat{\mathrm{x}}(k|k-1),\ k\big)\\&\quad=\hat{\mathrm{H}}(k)\tilde{\mathrm{x}}(k)+\mathrm{v}(k)+H.O.T.\end{aligned} \tag{5.18}$$

이 식을 공분산의 정의 (5.17)에 대입하고 $H.O.T.$ 항을 절삭하면 공분산은 근사적으로 다음과 같이 계산된다.

$$
\begin{aligned}
& P_{zz}(k|k-1) \\
& \quad \approx \hat{H}(k) E[\tilde{x}(k)\tilde{x}^T(k)|Z_{k-1}]\hat{H}^T(k) + E[v(k)v^T(k)|Z_{k-1}] \\
& \quad = \hat{H}(k)P(k|k-1)\hat{H}^T(k) + R(k)
\end{aligned} \tag{5.19}
$$

이번에는 랜덤 벡터 $x(k)$와 $z(k)$의 공분산을 구해보자. 두 랜덤 벡터의 공분산은 정의에 의해 다음과 같이 주어진다.

$$
P_{xz}(k|k-1) = E[(x(k) - \hat{x}(k|k-1))(z(k) - \hat{z}(k|k-1))^T|Z_{k-1}] \tag{5.20}
$$

먼저 식 (5.11)과 (5.18)을 위 식에 대입하고 *H.O.T.* 항을 절삭하면 공분산은 근사적으로 다음과 같이 계산된다.

$$
\begin{aligned}
P_{xz}(k|k-1) & \approx E[\tilde{x}(k)(\hat{H}(k)\tilde{x}(k) + v(k))^T|Z_{k-1}] \\
& = P(k|k-1)\hat{H}(k)
\end{aligned} \tag{5.21}
$$

식 (4.31)~(4.33)에 의하면, 칼만필터는 시간 $k-1$에서의 평균 예측치 $\hat{x}(k|k-1)$과 공분산 예측값 $P(k|k-1)$의 정보와 시간 k까지의 측정벡터 집합 Z_k를 이용해 시간 k에서의 평균 $\hat{x}(k|k)$와 공분산 $P(k|k)$를 추정하는 데 있어 다음 식을 이용했다.

$$
\begin{aligned}
& \hat{x}(k|k) = \hat{x}(k|k-1) + K(k)[z(k) - \hat{z}(k|k-1)] \\
& P(k|k) = P(k|k-1) - K(k)P_{zz}(k|k-1)K^T(k) \\
& K(k) = P_{xz}(k|k-1)P_{zz}^{-1}(k|k-1)
\end{aligned} \tag{5.22}
$$

이제 식 (5.19)와 (5.21)을 식 (5.22)에 대입하면 확장 칼만필터의 게인과 시간 k에서의 평균 $\hat{x}(k|k)$와 공분산 $P(k|k)$를 추정할 수 있다.

5.2.3 확장 칼만필터 알고리즘

5.2.2절에서 유도한 확장 칼만필터(extended Kalman filter) 식을 알고리즘 형태로 정리하면 다음과 같다.

확장 칼만필터(Extended Kalman Filter) 알고리즘

시스템:

$$\begin{aligned} x(k+1) &= f(x(k),\ u(k),\ k) + G_w(k)w(k) \\ z(k) &= h(x(k),\ k) + v(k) \end{aligned} \tag{5.23}$$

$$x(0) \sim N(\bar{x}_0,\ P_0)$$
$$w(k) \sim N(0,\ Q(k)),\ v(k) \sim N(0,\ R(k))$$

가정:

$$\begin{aligned} & E[w(k)w^T(l)] = Q(k)\delta_{kl},\ E[v(k)v^T(l)] = R(k)\delta_{kl} \\ & E[w(k)v^T(l)] = 0 \end{aligned} \tag{5.24}$$

$$E[(x(0) - \bar{x}_0)w^T(k)] = 0,\ E[(x(0) - \bar{x}_0)v^T(k)] = 0$$

$$\begin{aligned} & p(x(k)|Z_{k-1}) \approx N\big(x(k)|\hat{x}(k|k-1),\ P(k|k-1)\big) \\ & p(x(k)|Z_k) \approx N\big(x(k)|\hat{x}(k|k),\ P(k|k)\big) \\ & p(x(k+1)|Z_k) \approx N\big(x(k+1)|\hat{x}(k+1|k),\ P(k+1|k)\big) \end{aligned} \tag{5.25}$$

시간 업데이트:

$$\hat{x}(k+1|k) = f\big(\hat{x}(k|k),\ u(k),\ k\big) \tag{5.26}$$

$$P(k+1|k) = \hat{F}(k)P(k|k)\hat{F}^T(k) + G_w(k)Q(k)G_w^T(k),\ \hat{F}(k) = \left.\frac{\partial f}{\partial x}\right|_{x(k)=\hat{x}(k|k)}$$

측정 업데이트:

$$\hat{x}(k|k) = \hat{x}(k|k-1) + K(k)\big(z(k) - h\big(\hat{x}(k|k-1),\ k\big)\big) \tag{5.27}$$

$$K(k) = P(k|k-1)\hat{H}^T(k)S^{-1}(k),\ \hat{H}(k) = \left.\frac{\partial h}{\partial x}\right|_{x(k)=\hat{x}(k|k-1)}$$

$$S(k) = \hat{H}(k)P(k|k-1)\hat{H}^T(k) + R(k)$$

$$P(k|k) = P(k|k-1) - P(k|k-1)\hat{H}^T(k)S^{-1}(k)\hat{H}(k)P(k|k-1)$$

5.2.4 확장 칼만필터의 한계

확장 칼만필터는 $p(\mathrm{x}(k)|Z_k)$가 항상 가우시안 확률밀도함수로 근사화될 수 있다고 가정한다. 하지만 시스템 모델 (5.1)과 측정 모델 (5.2)의 비선형성이 매우 심하면 실제 사후 확률밀도함수를 가우시안으로 보는 가정은 더이상 유효하지 않을 것이다. 이 경우에는 확장 칼만필터의 성능이 심각하게 저하될 위험이 있다.

또한 확장 칼만필터는 비선형 시스템과 측정 방정식을 테일러 시리즈 1차 근사를 이용해 선형화했다. 선형화 기준점으로 측정 업데이트에서는 상태변수 추정치 $\hat{\mathrm{x}}(k+1|k)$를 사용했고 시간 업데이트에서는 $\hat{\mathrm{x}}(k+1|k+1)$을 사용했는데, 이는 해당 시점에서 각 추정값이 가장 최신의 추정값이기 때문이다. 상태변수 추정값이 실제 상태변수와 가깝다면, 즉 추정오차가 작다면, 선형화로 인한 오차가 작기 때문에 실제와 근사적으로 상태변수의 평균과 공분산을 업데이트할 수 있다. 하지만 그렇지 않다면 상태변수의 평균과 공분산은 정확도가 크게 떨어질 것이다.

확장 칼만필터에서는 필터의 초깃값을 실제와 가깝게 정하는 것이 중요하다. 왜냐하면 확장 칼만필터의 선형화 기준점이 처음부터 큰 오차를 갖는다면 시간이 지나면서 선형화로 인한 오차가 더욱 커질 수 있기 때문이다.

확장 칼만필터는 일반 칼만필터와 달리 공분산과 칼만 게인을 실제 시스템에 적용하기 전에 오프라인에서 미리 계산할 수가 없다. 왜냐하면 시간 업데이트와 측정 업데이트 식이 현재(current) 상태변수 추정값에서 계산된 자코비안의 함수이기 때문이다. 따라서 확장 칼만필터의 공분산과 칼만 게인은 실시간에서만 계산할 수 있다.

5.3 하이브리드 확장 칼만필터

프로세스 노이즈가 덧셈형으로 주어진 일반적인 연속시간 확률 동적시스템의 상태공간 방정식은 다음과 같이 표현된다.

$$\dot{\mathrm{x}}(t)=\mathrm{a}(\mathrm{x}(t),\ \mathrm{u}(t),\ t)+G_w(t)\mathrm{w}(t) \tag{5.28}$$

여기서 $x(t) \in R^n$는 상태변수, $w(t) \in R^m$는 프로세스 노이즈, $u(t) \in R^q$는 시스템의 입력벡터다. $a(\cdot, t)$는 시변 비선형 함수로, 정확히 알고 있다고 가정한다. 이와 같은 연속시간 시스템에 대해서 특정 시각 t_k에서만 측정값을 얻을 수 있다고 가정한다. 그러면 이산시간 비선형 측정 모델은 다음과 같이 표현할 수 있다.

$$z(k) = h(x(k), k) + v(k) \tag{5.29}$$

여기서 $x(k)$는 $x(t_k)$를 의미한다. 프로세스 노이즈 $w(t) \sim (0, Q_c)$와 측정 노이즈 $v(k) \sim (0, R)$은 서로 독립인 화이트 노이즈이며, 상태변수 초깃값 $x(0) \sim (\bar{x}_0, P_0)$와도 서로 독립이라고 가정한다. 이와 같이 연속시간 시스템에 이산시간 측정 모델을 적용한 확장 칼만필터를 하이브리드 확장 칼만필터라고 한다.

시간 $t_{k-1} \le t < t_k$ 사이에서 수행되는 하이브리드 칼만필터의 시간 업데이트 식을 구하기 위해 식 (5.28)을 상태변수 추정값 $\hat{x}(t)$를 기준으로 테일러 시리즈로 전개한다.

$$\dot{x}(t) = a(\hat{x}(t), u(t), t) + A(\hat{x}(t), t)(x(t) - \hat{x}(t)) + G_w(t)w(t) + H.O.T. \tag{5.30}$$

여기서 $A(\hat{x}(t), t)$는 $x(t) = \hat{x}(t)$에서 계산한 함수 $a(\cdot)$에 대한 $x(t)$의 미분인 자코비안 행렬로, 다음과 같이 주어진다.

$$A(\hat{x}(t), t) = \left.\frac{\partial a}{\partial x}\right|_{x(t)=\hat{x}(t)} = \begin{bmatrix} \frac{\partial a_1}{\partial x_1} & \cdots & \frac{\partial a_1}{\partial x_n} \\ \vdots & \ddots & \vdots \\ \frac{\partial a_n}{\partial x_1} & \cdots & \frac{\partial a_n}{\partial x_n} \end{bmatrix}_{x(t)=\hat{x}(t)} \tag{5.31}$$

이제 식 (5.30)에서 $H.O.T.$를 절삭하고, 조건부 기댓값을 구하면 다음과 같다.

$$\begin{aligned} \dot{\hat{x}}(t) &= E[\dot{x}(t) | Z_{k-1}] \\ &\approx a(\hat{x}(t), u(t), t) + A(x(t), t)(E[x(t)|Z_{k-1}] - \hat{x}(t)) + G_t(t)E[w(t)] \\ &= a(\hat{x}(t), u(t), t) \end{aligned} \tag{5.32}$$

식 (5.30)과 (5.32)를 이용해 조건부 공분산을 미분하면 다음과 같다.

$$\dot{\mathrm{P}}(t)=E[(\dot{\mathrm{x}}(t)-\dot{\hat{\mathrm{x}}}(t))(\mathrm{x}(t)-\hat{\mathrm{x}}(t))^T|\mathrm{Z}_{k-1}]+E[(\mathrm{x}(t)-\hat{\mathrm{x}}(t))(\dot{\mathrm{x}}(t)-\dot{\hat{\mathrm{x}}}(t))^T|\mathrm{Z}_{k-1}]$$
$$\approx \mathrm{A}(\hat{\mathrm{x}}(t),\ t)\mathrm{P}(t)+\mathrm{P}(t)\mathrm{A}^T(\hat{\mathrm{x}}(t),\ t)+\mathrm{G}_{\mathrm{w}}(t)\mathrm{Q}_c(t)\mathrm{G}_{\mathrm{w}}^T(t) \tag{5.33}$$

식 (5.32)와 (5.33)은 $\hat{\mathrm{x}}(t)$ 때문에 서로 연결(coupling)돼 있으므로 계산상의 편의를 위해 공분산 전파 식 (5.33)을 다음과 같이 근사화한다.

$$\dot{\mathrm{P}}(t)\approx \mathrm{A}(\hat{\mathrm{x}}(t_{k-1}),\ t)\mathrm{P}(t)+\mathrm{P}(t)\mathrm{A}^T(\hat{\mathrm{x}}(t_{k-1}),\ t)+\mathrm{G}_{\mathrm{w}}(t)\mathrm{Q}_c(t)\mathrm{G}_{\mathrm{w}}^T(t),\ \ t_{k-1}\le t<t_k \tag{5.34}$$

여기서, $\hat{\mathrm{x}}(t_{k-1})$은 $t=t_{k-1}$에서 측정 업데이트로 추정한 상태변수 추정값이다.

한편, 시각 $t=t_k$에서 수행되는 측정 업데이트 식은 이산시간 확장 칼만필터의 측정 업데이트 식 (5.27)을 이용하면 된다. 하이브리드 확장 칼만필터 알고리즘을 정리하면 다음과 같다.

알고리즘

하이브리드 확장 칼만필터(Extended Kalman Filter) 알고리즘

시스템:

$$\dot{\mathrm{x}}(t)=\mathrm{a}(\mathrm{x}(t),\ \mathrm{u}(t),\ t)+\mathrm{G}_{\mathrm{w}}(t)\mathrm{w}(t)$$
$$\mathrm{z}(k)=\mathrm{h}(\mathrm{x}(k),\ k)+\mathrm{v}(k)$$
$$\mathrm{x}(0)\sim(\bar{\mathrm{x}}_0,\ \mathrm{P}_0),\quad \mathrm{w}(t)\sim(0,\ \mathrm{Q}_c),\ \mathrm{v}(k)\sim(0,\ \mathrm{R})$$

가정:

$\mathrm{w}(t)$와 $\mathrm{v}(t)$는 서로 독립인 화이트 노이즈이며, $\mathrm{x}(0)$과도 서로 독립

시간 업데이트:

$$\dot{\mathrm{P}}(t)=\mathrm{A}(\hat{\mathrm{x}}(t_{k-1}),\ t)\mathrm{P}(t)+\mathrm{P}(t)\mathrm{A}^T(\hat{\mathrm{x}}(t_{k-1}),\ t)+\mathrm{G}_{\mathrm{w}}(t)\mathrm{Q}_c(t)\mathrm{G}_{\mathrm{w}}^T(t),\quad t_{k-1}\le t<t_k$$
$$\dot{\hat{\mathrm{x}}}(t)=\mathrm{a}(\hat{\mathrm{x}}(t),\ \mathrm{u}(t),\ t)$$

측정 업데이트:

$$\hat{\mathrm{x}}(k|k)=\hat{\mathrm{x}}(k|k-1)+\mathrm{K}(k)\big(\mathrm{z}(k)-\mathrm{h}\big(\hat{\mathrm{x}}(k|k-1),\ k\big)\big)$$

$$K(k)=P(k|k-1)\hat{H}^T(k)S^{-1}(k),\ \hat{H}(k)=\left.\frac{\partial h}{\partial x}\right|_{x(k)=\hat{x}(k|k-1)}$$

$$S(k)=\hat{H}(k)P(k|k-1)\hat{H}^T(k)+R(k)$$

$$P(k|k)=P(k|k-1)-P(k|k-1)\hat{H}^T(k)S^{-1}(k)\hat{H}(k)P(k|k-1)$$

5.4 랜덤 벡터의 비선형 변환

5.4.1 개요

칼만필터 알고리즘은 시간 업데이트와 측정 업데이트를 통해 시스템의 평균과 공분산을 전파한다. 시스템이 선형이라면 평균과 공분산은 칼만필터에 의해 실제와 정확히 같은 값으로 업데이트된다. 시스템이 비선형이면 확장 칼만필터를 이용해 실제와 근사적으로 평균과 공분산을 업데이트시킬 수 있다. 확장 칼만필터는 테일러 시리즈 1차 근사를 이용해 비선형 시스템과 측정 방정식을 선형화한다. 확장 칼만필터는 선형화 기준점으로 측정 업데이트와 시간 업데이트에서 각각 최신의 상태변수 추정값을 사용했는데, 이는 필터의 성능이 선형화로 인한 오차에 큰 영향을 받기 때문이다. 확장 칼만필터의 성능을 향상시키기 위해서는 선형화로 인한 오차를 줄여야 한다. 이와 관련해 2차 근사 확장 칼만필터와 반복(iterated) 칼만필터가 개발됐다. 2차 근사 확장 칼만필터는 테일러 시리즈 2차 근사를 적용한 필터다. 반복 칼만필터는 시간스텝마다 자코비안을 계산할 때 기준점으로 쓰이는 상태변수 추정값을 새로 업데이트하고 측정식을 재선형화하는 것을 반복하는 것이다. 그러나 2차 확장 칼만필터와 반복 칼만필터는 계산량이 너무 많고 적용하기가 복잡하다는 단점이 있다.

이 절에서는 랜덤 벡터가 비선형 함수를 통해 새로운 랜덤 벡터로 변환될 때 평균과 공분산을 어떻게 정확하게 계산할 수 있는지 알아본다. 그리고 이 방법을 이용해 어떻게 확장 칼만필터의 문제점을 개선할 수 있는지 논의한다.

다음과 같이 랜덤 벡터 y가 랜덤 벡터 x의 비선형 함수로 주어졌다고 하자.

$$y=g(x) \tag{5.35}$$

랜덤 벡터 x의 평균과 공분산이 각각 $\bar{x}$와 P_{xx}로 주어졌을 때 비선형 함수 g(·)를 통해 랜덤 벡터 x의 평균과 공분산은 어떻게 변화할까? 즉, 랜덤 벡터 y의 평균과 공분산은 어떻게 될까?

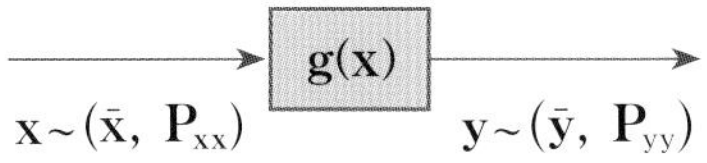

$$\mathbf{x} \sim (\bar{\mathbf{x}}, \mathbf{P}_{xx}) \longrightarrow \boxed{\mathbf{g}(\mathbf{x})} \longrightarrow \mathbf{y} \sim (\bar{\mathbf{y}}, \mathbf{P}_{yy})$$

그림 5.1 랜덤 벡터의 비선형 변환

이 문제에 관한 일반 해를 해석적인 방법으로 구하는 것은 매우 복잡하고 어려울 뿐만 아니라 불가능할 수도 있다. 따라서 수치적인 방법으로 근사 해를 구해야 하는데, 그 방법으로는 테일러 시리즈 근사법, 몬테카를로 시뮬레이션(Monte Carlo simulation), 언센티드 변환(unscented transform) 등 3가지가 있다.

5.4.2 테일러 시리즈 근사법

테일러 시리즈 근사법은 정확한 해에 비해 근사적인 방법으로 구한 해가 얼마나 정확도를 가지는지 비교해 볼 수 있는 척도로 사용된다. 예를 들어 테일러 시리즈의 1차 항까지만 취하면 1차 테일러 근사라고 하고, 2차 항까지 취하면 2차 테일러 근사라고 한다. 이 장에서 설명한 확장 칼만필터는 비선형 시스템 방정식과 측정 방정식을 테일러 시리즈로 전개한 후 1차 항까지만 취해서 선형화했기 때문에 1차 근사 확장 칼만필터(EKF)라고 할 수 있다. 2차 항까지 취한 확장 칼만필터도 개발됐는데, 이를 2차 근사 확장 칼만필터라고 한다. 테일러 시리즈 근사법은 확장 칼만필터의 근간을 이루는 방법으로 이미 다뤘지만, 이 절에서는 2차 항 이상 고차 항까지 전개한 일반적인 테일러 시리즈를 살펴보기로 한다.

먼저 랜덤 벡터 x를 다음과 같이 평균 $\bar{x}$와 오차 δx의 합으로 나눈다.

$$x = \bar{x} + \delta x \tag{5.36}$$

여기서 오차 δx의 평균은 0이고 공분산은 P_{xx}가 된다. $\bar{x}$에 대해 비선형 방정식 (5.35)를 테일러 시리즈로 전개하면 다음과 같다.

$$g(x) = g(\bar{x} + \delta x) = g(\bar{x}) + \nabla_{\delta x} g + \frac{\nabla^2_{\delta x} g}{2!} + \frac{\nabla^3_{\delta x} g}{3!} + \frac{\nabla^4_{\delta x} g}{4!} + \cdots \quad (5.37)$$

여기서 $\nabla_{\delta x} g$는 x가 $\bar{x}$에 대해서 δx만큼 교란됐을 때 $g(x)$의 총 미분항을 의미하는 연산자로서 다음과 같이 주어진다.

$$\nabla_{\delta x} g = \left.\frac{d\mathbf{g}}{dx}\right|_{x=\bar{x}} \delta x = \Im_g \delta x \quad (5.38)$$

위 식을 각각의 벡터/행렬 요소로 표현하면 다음과 같다.

$$\nabla_{\delta x} g = \begin{bmatrix} \frac{\partial g_1}{\partial x_1} & \cdots & \frac{\partial g_1}{\partial x_n} \\ \vdots & \ddots & \vdots \\ \frac{\partial g_m}{\partial x_1} & \cdots & \frac{\partial g_m}{\partial x_n} \end{bmatrix} \begin{bmatrix} \delta x_1 \\ \vdots \\ \delta x_n \end{bmatrix} = \sum_{j=1}^{n} \delta x_j \frac{\partial}{\partial x_j} g(x) \quad (5.39)$$

여기서 n과 m은 각각 랜덤 벡터 x와 y의 차원이다. 위 식에 의해서 연산자 $\nabla_{\delta x}$를 다음과 같이 정의할 수 있다.

$$\nabla_{\delta x} = \sum_{j=1}^{n} \delta x_j \frac{\partial}{\partial x_j} \quad (5.40)$$

그러면 식 (5.37)에서 테일러 시리즈의 i번째 항은 다음과 같이 쓸 수 있다.

$$\frac{\nabla^i_{\delta x} g}{i!} = \frac{1}{i!} \left(\sum_{j=1}^{n} \delta x_j \frac{\partial}{\partial x_j} \right)^i g(x) \bigg|_{x=\bar{x}} \quad (5.41)$$

이제 식 (5.37)을 이용해 랜덤 벡터 y의 평균 $\bar{y}$를 구해보자.

$$\bar{y} = E[g(x)] = E[g(\bar{x} + \delta x)] = g(\bar{x}) + E\left[\nabla_{\delta x} g + \frac{\nabla^2_{\delta x} g}{2!} + \frac{\nabla^3_{\delta x} g}{3!} + \frac{\nabla^4_{\delta x} g}{4!} + \cdots\right] \quad (5.42)$$

먼저 위 식의 오른쪽 항에서 테일러 시리즈 1차 항의 평균을 구해보자.

$$\begin{aligned} E[\nabla_{\delta x} g] &= E\left[\frac{dg}{dx}\bigg|_{x=\bar{x}}(x-\bar{x})\right] \\ &= \frac{dg}{dx}\bigg|_{x=\bar{x}} E[(x-\bar{x})] \\ &= 0 \end{aligned} \tag{5.43}$$

이번에는 식 (5.42)의 오른쪽 항에서 테일러 시리즈 2차 항의 평균을 구해보자.

$$\begin{aligned} E\left[\frac{\nabla^2_{\delta x} g}{2!}\right] &= \frac{1}{2}E\left[\left(\sum_{j=1}^{n}\delta x_j \frac{\partial}{\partial x_j}\right)^2 g(x)\right]_{x=\bar{x}} \\ &= \left\{\frac{1}{2}\left(\frac{d}{dx}\right)^T E[\delta x \delta x^T]\frac{d}{dx}\right\} g(x)\bigg|_{x=\bar{x}} \\ &= \left\{\frac{1}{2}\left(\frac{d}{dx}\right)^T P_{xx}\frac{d}{dx}\right\} g(x)\bigg|_{x=\bar{x}} \end{aligned} \tag{5.44}$$

이제 식 (5.42)는 다음과 같이 정리된다.

$$\begin{aligned} \bar{y} &= E[g(x)] \\ &= g(\bar{x}) + \frac{1}{2}\left\{\left(\frac{d}{dx}\right)^T P_{xx}\frac{d}{dx}\right\} g(x)\bigg|_{x=\bar{x}} + E\left[\frac{\nabla^3_{\delta x} g}{3!} + \frac{\nabla^4_{\delta x} g}{4!} + \cdots\right] \end{aligned} \tag{5.45}$$

랜덤 벡터 y의 1차 근사 평균은 테일러 시리즈의 2차 이상의 항을 절삭하고 1차 항만 취한 것으로서 다음과 같이 된다.

$$\begin{aligned} \bar{y} &= E[g(x)] \\ &\approx g(\bar{x}) \end{aligned} \tag{5.46}$$

확장 칼만필터는 평균의 전파 식으로서 1차 근사 평균인 식 (5.46)을 사용한다.

이번에는 랜덤 벡터 y의 공분산 P_{yy}를 구해보자. 공분산은 정의에 의해서 다음과 같이 주어진다.

$$P_{yy}=E[(y-\overline{y})(y-\overline{y})^T] \tag{5.47}$$

먼저 식 (5.37)과 (5.42)를 이용해 랜덤 벡터 y의 오차를 구한다.

$$\begin{aligned} y-\overline{y} &= \nabla_{\delta x}g+\frac{\nabla_{\delta x}^2 g}{2!}+\frac{\nabla_{\delta x}^3 g}{3!}+\frac{\nabla_{\delta x}^4 g}{4!}+\cdots \\ &\quad -E\left[\frac{\nabla_{\delta x}^2 g}{2!}+\frac{\nabla_{\delta x}^3 g}{3!}+\frac{\nabla_{\delta x}^4 g}{4!}+\cdots\right] \end{aligned} \tag{5.48}$$

이 식을 공분산의 정의 (5.47)에 대입하면 다음과 같다.

$$\begin{aligned} P_{yy} &= E\left[(\nabla_{\delta x}g)(\nabla_{\delta x}g)^T+\frac{(\nabla_{\delta x}g)(\nabla_{\delta x}^2 g)^T}{2!}+\frac{(\nabla_{\delta x}g)(\nabla_{\delta x}^3 g)^T}{3!}+\cdots\right] \\ &\quad -E\left[\frac{\nabla_{\delta x}^2 g}{2!}\right]E\left[\frac{\nabla_{\delta x}^2 g}{2!}\right]^T+\cdots \end{aligned} \tag{5.49}$$

식 (5.38)과 (5.44)를 이용하면 위 식은 다음과 같이 된다.

$$\begin{aligned} P_{yy} &= \mathfrak{I}_g P_{xx}\mathfrak{I}_g^T+E\left[\frac{(\nabla_{\delta x}g)(\nabla_{\delta x}^2 g)^T}{2!}+\frac{(\nabla_{\delta x}g)(\nabla_{\delta x}^3 g)^T}{3!}+\cdots\right] \\ &\quad -\left[\frac{1}{2}\left\{\left(\frac{d}{dx}\right)^T P_{xx}\frac{d}{dx}\right\}g\right]\left[\frac{1}{2}\left\{\left(\frac{d}{dx}\right)^T P_{xx}\frac{d}{dx}\right\}g\right]^T+\cdots \end{aligned} \tag{5.50}$$

랜덤 벡터 y의 2차 근사 오차 공분산은 3차 이상의 항을 절삭하고 2차 항까지만을 취한 것으로서 다음과 같이 된다.

$$P_{yy}\approx\mathfrak{I}_g P_{yy}\mathfrak{I}_g^T \tag{5.51}$$

확장 칼만필터는 오차 공분산의 전파 식으로서 2차 근사식인 식 (5.51)을 사용한다.

5.4.3 몬테카를로 시뮬레이션

몬테카를로 시뮬레이션은 반복 가능한 많은 수의 실험을 바탕으로 실험 결과물의 평균이나 분산과 같은 통계적인 수치나 확률분포를 구하는 시뮬레이션 기법의 일종이다. 몬테카를로 시뮬레이션을 통해 랜덤 벡터의 평균과 공분산의 비선형 변화를 계산하기 위해서는 함수 입력변수의 확률분포에 맞는 많은 수의 샘플을 추출하는 것이 필요하다. 비선형 함수 g의 입력변수 x가 확률밀도함수 $p(\mathrm{x})$를 갖는 랜덤 벡터라고 할 때, 그 랜덤 벡터로부터 균등하고 독립적으로 추출한 N개의 샘플을 $\mathrm{x}^{(i)}$로 표기한다.

$$\mathrm{x}^{(i)} \leftarrow p(\mathrm{x}),\ i=1,\ \ldots,\ N \tag{5.52}$$

그러면 랜덤 벡터 x의 비선형 함수 $\mathrm{y}=\mathrm{g}(\mathrm{x})$의 평균과 공분산은 다음과 같이 변환된 샘플 $\mathrm{y}^{(i)}$를 이용해 근사적으로 계산할 수 있다.

$$\begin{aligned} &\mathrm{y}^{(i)}=\mathrm{g}(\mathrm{x}^{(i)}),\ i=1,\ \ldots,\ N \\ &\bar{\mathrm{y}}=E[\mathrm{y}]\approx\frac{1}{N}\sum_{i=1}^{N}\mathrm{y}^{(i)} \\ &\mathrm{P}_{\mathrm{yy}}=E[(\mathrm{y}-\bar{\mathrm{y}})(\mathrm{y}-\bar{\mathrm{y}})^T]\approx\frac{1}{N}\sum_{i=1}^{N}(\mathrm{y}^{(i)}-\bar{\mathrm{y}})(\mathrm{y}^{(i)}-\bar{\mathrm{y}})^T \end{aligned} \tag{5.53}$$

추출된 샘플의 개수 N이 클수록 몬테카를로 시뮬레이션을 통해서 계산한 평균과 공분산은 좀 더 실제 값에 근접하게 될 것이다.

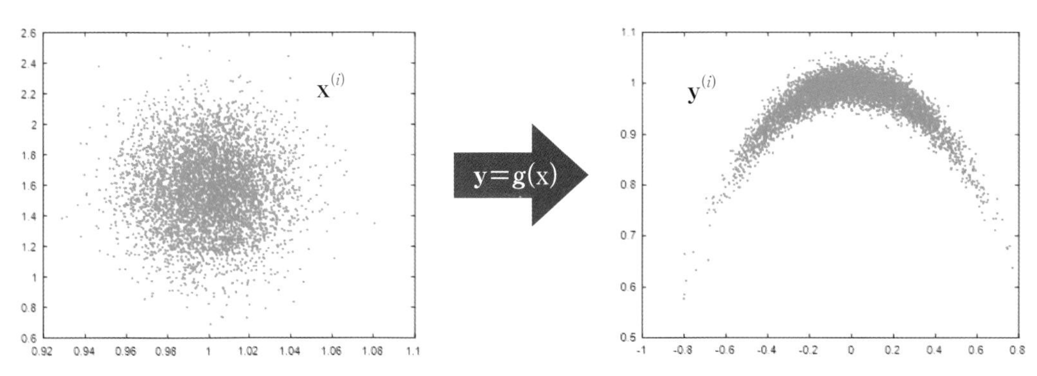

그림 5.2 몬테카를로 시뮬레이션 방법

5.4.4 언센티드 변환

언센티드 변환은 1994년 영국 옥스퍼드대학교 로보틱스 연구 그룹에서 개발한 방법으로, 특수하게 추출한 적은 수의 샘플로 평균과 공분산의 비선형 변환을 근사화하는 기법이다. 테일러 시리즈 근사법은 비선형 방정식을 직접 근사화했지만, 언센티드 변환은 샘플을 추출해 확률분포의 비선형 변환을 근사화한다는 점에서 테일러 시리즈 근사법과는 차이가 있다. 또한 샘플을 추출해 확률분포의 비선형 변환을 근사화한다는 점에서 몬테카를로 시뮬레이션과 비슷하지만, 다수의 샘플을 무작위로 추출하는 것이 아니라 적은 수의 샘플을 특수한 방법으로 추출한다는 점에서 몬테카를로 시뮬레이션 기법과도 차이가 있다.

언센티드 변환은 다음 3단계로 주어진다. 먼저 주어진 랜덤 벡터 x의 평균 $\bar{\mathrm{x}}$와 공분산은 P_{xx}로부터 시그마 포인트(sigma points)라고 불리는 $2n+1$개의 샘플을 추출하고 그 샘플의 중요도를 의미하는 가중치를 정한다. 그리고 랜덤 벡터 x의 비선형 함수 $\mathrm{y}=g(\mathrm{x})$를 이용해 추출한 시그마 포인트를 비선형 변환시킨다. 그런 다음, 변환된 시그마 포인트를 이용해 평균과 공분산의 비선형 변환을 계산한다.

$2n+1$개의 시그마 포인트와 가중치는 다음 방법으로 정한다.

$$
\begin{aligned}
&\chi_0=\bar{\mathrm{x}},\ \ W_0=\frac{\kappa}{(n+\kappa)} \\
&\chi_i=\bar{\mathrm{x}}+\left(\sqrt{(n+\kappa)\mathrm{P}_{xx}}\right)_i,\ \ W_i=\frac{1}{2(n+\kappa)},\ i=1,\ \dots,\ n \\
&\chi_{i+n}=\bar{\mathrm{x}}-\left(\sqrt{(n+\kappa)\mathrm{P}_{xx}}\right)_i,\ \ W_{i+n}=\frac{1}{2(n+\kappa)},\ i=1,\ \dots,\ n
\end{aligned}
\tag{5.54}
$$

여기서 χ_i는 시그마 포인트이며 W_i는 시그마 포인트의 가중치, κ는 사용자가 임의로 정할 수 있는 설계상수, 그리고 행렬 제곱근 $(\sqrt{\mathrm{P}_{xx}})_i$의 아래 첨자 i는 $\sqrt{\mathrm{P}_{xx}}(\sqrt{\mathrm{P}_{xx}})^T=\mathrm{P}_{xx}$를 만족하는 행렬 $\sqrt{\mathrm{P}_{xx}}$의 i번째 열(column)을 의미한다. $\sqrt{\mathrm{P}_{xx}}$로는 P_{xx}의 촐레스키 분해(Cholesky decomposition)의 하삼각 행렬 또는 상삼각 행렬의 전치 행렬인 $\mathrm{S}=(chol(\mathrm{P}_{xx}))^T$로 정한다. 설계상수 κ는 랜덤 벡터 x가 가우시안 분포를 가질 경우 $n+\kappa=3$이 되게 정하는 것이 평균과 공분산의 근사화 오차를 최소화한다고 알려져 있다.

용어 설명

정정 행렬 $A=A^T>0$은 다음과 같이 하삼각(lower triangular) 행렬 L과 그 전치(transpose) 행렬로, 또는 상삼각(upper triangular) 행렬 U와 그 전치 행렬로 분해할 수 있다. 이를 촐레스키 분해라고 한다.

$$A=LL^T=U^TU$$

매트랩 함수 *chol*(A)는 상삼각 행렬 U를 산출한다.

랜덤 벡터 x의 비선형 함수 y=g(x)의 평균과 공분산은 다음과 같이 변환된 시그마 포인트 ζ_i를 이용해 근사적으로 계산할 수 있다.

$$\zeta_i=g(\chi^i),\ i=0,\ 1,\ \ldots,\ 2n$$
$$\bar{y}=\sum_{i=0}^{2n}W_i\zeta_i \tag{5.55}$$
$$P_{yy}=\sum_{i=0}^{2n}W_i(\zeta_i-\bar{y})(\zeta_i-\bar{y})^T$$

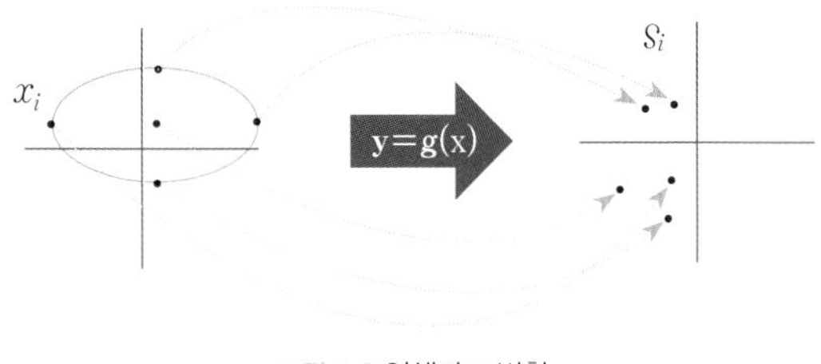

그림 5.3 언센티드 변환

예제 5.1 평균이 $\bar{x}$이고 공분산이 P_{xx}인 랜덤 벡터 x로부터 추출한 $2n+1$개의 시그마 포인트의 평균과 공분산을 계산해 보자.

풀이 먼저 식 (5.55)를 이용해 시그마 포인트의 평균을 구하면 다음과 같다.

$$\sum_{i=0}^{2n} W_i \boldsymbol{\chi}_i = \frac{\kappa}{n+\kappa}\bar{\mathrm{x}} + \frac{1}{2(n+\kappa)}\sum_{i=1}^{n}(\bar{\mathrm{x}} + (\sqrt{(n+\kappa)}\mathrm{S})_i)$$
$$+\frac{1}{2(n+\kappa)}\sum_{i=1}^{n}(\bar{\mathrm{x}} - (\sqrt{(n+\kappa)}\mathrm{S})_i)$$
$$= \frac{\kappa}{n+\kappa}\bar{\mathrm{x}} + \frac{2n}{2(n+\kappa)}\bar{\mathrm{x}} + \sum_{i=1}^{n}(\sqrt{(n+\kappa)}\mathrm{S})_i$$
$$-\sum_{i=1}^{n}(\sqrt{(n+\kappa)}\mathrm{S})_i$$
$$= \bar{\mathrm{x}}$$

여기서 $\mathrm{P_{xx}} = \mathrm{SS}^T$다. 또한 시그마 포인트의 공분산을 구하면 다음과 같다.

$$\sum_{i=0}^{2n} W_i(\boldsymbol{\chi}_i - \bar{\mathrm{x}})(\chi_i - \bar{\mathrm{x}})^T = \frac{2}{2(n+\kappa)}\sum_{i=1}^{n}((\sqrt{(n+\kappa)}\mathrm{S})_i(\sqrt{(n+\kappa)}\mathrm{S})_i^T)$$
$$= \frac{(n+\kappa)}{(n+\kappa)}\sum_{i=1}^{n}(\mathrm{S}_i\mathrm{S}_i^T)$$
$$= \mathrm{P_{xx}}$$

따라서 랜덤 벡터 x로부터 추출한 시그마 포인트는 x의 원래 평균 및 공분산과 같은 분포를 가짐을 알 수 있다.

예제 5.2 다음과 같이 극좌표계를 직교좌표계로 변환하는 비선형 함수가 있다.

$$y_1 = r\cos\theta$$
$$y_2 = r\sin\theta$$

r은 평균이 $1m$이고 표준편차가 $\sigma_r = 0.02m$인 가우시안 분포를 갖는 랜덤 변수고, θ는 평균이 90^0이고 표준편차가 $\sigma_\theta = 15^0$인 가우시안 분포를 갖는 랜덤 변수라고 하자. 두 변수가 서로 독립일 때, 랜덤 변수 y_1과 y_2의 평균과 공분산을 각각 테일러 시리즈와 몬테카를로 시뮬레이션, 언센티드 변환 방법을 이용해 계산해 보자.

풀이 먼저, 랜덤 벡터 x와 y를 각각 $\mathrm{x} = [r\ \theta]^T$, $\mathrm{y} = [y_1\ y_2]^T$로 정의하자. 그러면, 두 변수의 함수관계는 다음과 같이 쓸 수 있다.

$$\mathrm{y}=\mathrm{g}(\mathrm{x})=\begin{bmatrix} g_1(\mathrm{x}) \\ g_2(\mathrm{x}) \end{bmatrix}=\begin{bmatrix} x_1\cos x_2 \\ x_1\sin x_2 \end{bmatrix}$$

x의 평균과 공분산은 각각 다음과 같다.

$$\bar{\mathrm{x}}=\begin{bmatrix} 1 \\ \pi/2 \end{bmatrix},\ \mathrm{P}_{\mathrm{xx}}=\begin{bmatrix} 0.02^2 & 0 \\ 0 & 0.2618^2 \end{bmatrix}$$

y의 테일러 시리즈 1차 근사 평균은 식 (5.46)에 의해 다음과 같이 된다.

$$\bar{\mathrm{y}}=\mathrm{g}(\bar{\mathrm{x}})=\begin{bmatrix} 0 \\ 1 \end{bmatrix}$$

$\mathrm{x}=\bar{\mathrm{x}}$에서 비선형 함수 g의 자코비안을 구하면 다음과 같다.

$$\begin{aligned}\Im_{\mathrm{g}}=\frac{d\mathrm{g}}{d\mathrm{x}}\bigg|_{\mathrm{x}=\bar{\mathrm{x}}}&=\begin{bmatrix} \cos x_2 & -x_1\sin x_2 \\ \sin x_2 & x_1\cos x_2 \end{bmatrix}_{x_1=1,\,x_2=\pi/2} \\ &=\begin{bmatrix} 0 & -1 \\ 1 & 0 \end{bmatrix}\end{aligned}$$

따라서 2차 근사 공분산은 식 (5.51)에 의해 다음과 같이 주어진다.

$$\begin{aligned}\mathrm{P}_{\mathrm{yy}}=\Im_{\mathrm{g}}\mathrm{P}_{\mathrm{xx}}\Im_g^T&=\begin{bmatrix} 0 & -1 \\ 1 & 0 \end{bmatrix}\begin{bmatrix} 0.02^2 & 0 \\ 0 & 0.2618^2 \end{bmatrix}\begin{bmatrix} 0 & 1 \\ -1 & 0 \end{bmatrix} \\ &=\begin{bmatrix} 0.0685 & 0 \\ 0 & 0.0004 \end{bmatrix}\end{aligned}$$

몬테카를로 시뮬레이션을 이용하기 위해 먼저 평균이 $1m$이고 표준편차가 $\sigma_r=0.02m$인 가우시안 분포에서 10,000개의 샘플 $r^{(i)}$를 추출한다. 또한, 평균이 $\pi/2$이고 표준편차가 $\sigma_\theta=0.2618rad$인 가우시안 분포에서 10, 000개의 샘플 $\theta^{(i)}$를 추출한다. 그리고 추출한 샘플을 이용해 다음과 같이 $y_1^{(i)}$, $y_2^{(i)}$를 계산한다.

$$y_1^{(i)} = r^{(i)} \cos \theta^{(i)}$$
$$y_2^{(i)} = r^{(i)} \sin \theta^{(i)}, \ i=1, \ \ldots, \ 10000$$

$y_1^{(i)}$, $y_2^{(i)}$와 식 (5.53)을 이용해 근사적으로 랜덤 벡터 y의 평균과 공분산을 계산한다. 결과는 그림 5.4에 있다. 그림에서 타원은 P_{yy}의 크기와 모양을 그림으로 나타내기 위해 다음 식을 이용해 1σ 등고선을 그린 것이다.

$$\{y : (y-\bar{y})^T P_{yy} (y-\bar{y})=1\}$$

이번에는 언센티드 변환법을 이용해 y의 평균과 공분산을 계산해 보자. x가 가우시안 분포를 가지므로 설계상수는 $\kappa=3-n=1$로 정한다. 먼저, 공분산의 제곱근을 구하면 다음과 같다.

$$\sqrt{(n+\kappa)P_{xx}} = \sqrt{3}\begin{bmatrix} 0.02 & 0 \\ 0 & 0.2618 \end{bmatrix}$$

주어진 x의 평균과 공분산으로부터 다음과 같이 5개의 시그마 포인트를 추출한다.

$$\chi_0 = \bar{x} = \begin{bmatrix} 1 \\ \pi/2 \end{bmatrix}$$
$$\chi_1 = \bar{x} + (\sqrt{(n+\kappa)P_{xx}})_1 = \begin{bmatrix} 1 \\ \pi/2 \end{bmatrix} + \begin{bmatrix} 0.02\sqrt{3} \\ 0 \end{bmatrix}$$
$$\chi_2 = \bar{x} + (\sqrt{(n+\kappa)P_{xx}})_2 = \begin{bmatrix} 1 \\ \pi/2 \end{bmatrix} + \begin{bmatrix} 0 \\ 0.2618\sqrt{3} \end{bmatrix}$$
$$\chi_3 = \bar{x} - (\sqrt{(n+\kappa)P_{xx}})_1 = \begin{bmatrix} 1 \\ \pi/2 \end{bmatrix} - \begin{bmatrix} 0.02\sqrt{3} \\ 0 \end{bmatrix}$$
$$\chi_4 = \bar{x} - (\sqrt{(n+\kappa)P_{xx}})_2 = \begin{bmatrix} 1 \\ \pi/2 \end{bmatrix} - \begin{bmatrix} 0 \\ 0.2618\sqrt{3} \end{bmatrix}$$

시그마 포인트의 가중치는 다음과 같이 계산된다.

$$W_0 = \frac{\kappa}{(n+\kappa)} = \frac{1}{3}$$

$$W_i = \frac{1}{2(n+\kappa)} = \frac{1}{6},\ i=1,\ \ldots,\ 4$$

그리고 추출한 시그마 포인트를 이용해 다음과 같이 $\boldsymbol{\zeta}_i = g(\chi_i)$를 계산한다.

$$\zeta_0 = g(\chi_0) = \begin{bmatrix} \cos(\pi/2) \\ \sin(\pi/2) \end{bmatrix} = \begin{bmatrix} 0 \\ 1 \end{bmatrix}$$

$$\zeta_1 = g(\chi_1) = \begin{bmatrix} (1+0.02\sqrt{3})\cos(\pi/2) \\ (1+0.02\sqrt{3})\sin(\pi/2) \end{bmatrix} = \begin{bmatrix} 0 \\ 1.0346 \end{bmatrix}$$

$$\zeta_2 = g(\chi_2) = \begin{bmatrix} \cos(\pi/2+0.2618\sqrt{3}) \\ \sin(\pi/2+0.2618\sqrt{3}) \end{bmatrix} = \begin{bmatrix} -0.4381 \\ 0.8989 \end{bmatrix}$$

$$\zeta_3 = g(\chi_3) = \begin{bmatrix} (1-0.02\sqrt{3})\cos(\pi/2) \\ (1-0.02\sqrt{3})\sin(\pi/2) \end{bmatrix} = \begin{bmatrix} 0 \\ 0.9654 \end{bmatrix}$$

$$\zeta_4 = g(\chi_4) = \begin{bmatrix} \cos(\pi/2-0.2618\sqrt{3}) \\ \sin(\pi/2-0.2618\sqrt{3}) \end{bmatrix} = \begin{bmatrix} 0.4381 \\ 0.8989 \end{bmatrix}$$

y의 평균과 공분산을 변환된 시그마 포인트 $\boldsymbol{\zeta}_i$를 이용해 다음과 같이 계산한다.

$$\bar{y} = \sum_{i=0}^{2n} W_i \boldsymbol{\zeta}_i$$

$$P_{yy} = \sum_{i=0}^{2n} W_i (\boldsymbol{\zeta}_i - \bar{y})(\boldsymbol{\zeta}_i - \bar{y})^T$$

그림 5.4는 테일러 시리즈 근사법과 몬테카를로 시뮬레이션, 언센티드 변환법을 이용해 계산한 y의 평균과 공분산을 모두 그린 것이다. 언센티드 변환법은 5개의 샘플을 이용했음에도 10,000개의 샘플을 이용한 몬테카를로 시뮬레이션의 결과와 매우 유사함을 알 수 있다.

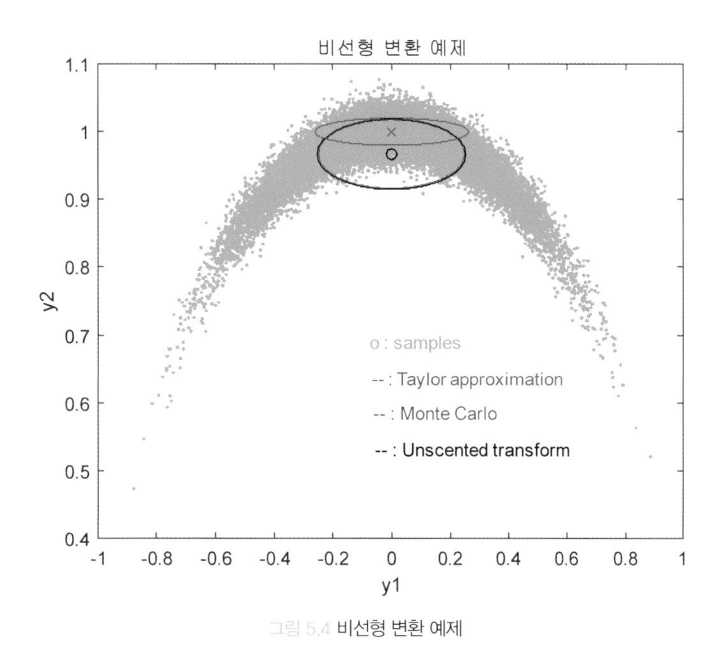

그림 5.4 비선형 변환 예제

5.5 언센티드 칼만필터

언센티드 칼만필터(UKF, unscented Kalman filter)는 확장 칼만필터의 문제점을 개선한 필터로, 확장 칼만필터보다 대체로 좋은 성능을 제공한다. 확장 칼만필터는 테일러 시리즈 근사법에 기반한 필터이며, 예제에서도 알 수 있듯이 테일러 시리즈 근사법은 언센티드 변환법에 의한 평균과 공분산의 전파보다 정확도가 크게 떨어진다. 따라서 확장 칼만필터의 알고리즘 중에서 평균과 공분산의 비선형 변환 부분에 사용된 테일러 시리즈 근사법을 언센티드 변환법으로 대체하면 확장 칼만필터의 정확도를 향상시킬 수 있다. 이러한 필터를 언센티드 칼만필터라고 한다. 언센티드 칼만필터의 알고리즘을 구체적으로 살펴보자.

5.5.1 시간 업데이트

확장 칼만필터는 시간스텝 k에서의 평균 $\hat{\mathrm{x}}(k|k)$와 공분산 $\mathrm{P}(k|k)$를 이용해 다음 시간스텝 $k+1$에서의 평균 $\hat{\mathrm{x}}(k+1|k)$와 공분산 $\mathrm{P}(k+1|k)$를 예측하는 데 있어, 비선형 시스템 방정식을 테일러 시리즈로 전개한 후 1차 항까지만 취한 근삿값을 이용한다.

반면, 언센티드 칼만필터에서는 테일러 시리즈 근사법 대신에 언센티드 변환법을 이용해 평균 $\hat{x}(k+1|k)$와 공분산 $P(k+1|k)$의 값을 추정한다. 다음 식과 같이 비선형 시스템이 주어졌다고 하자.

$$x(k+1)=f(x(k),\ u(k),\ w(k),\ k) \tag{5.56}$$

$x(k)$와 $w(k)$는 각각 평균이 $\hat{x}(k|k)$와 0이고, 공분산이 $P(k|k)$와 $Q(k)$인 랜덤 벡터이므로 위 식에 언센티드 변환법을 이용하기 전에 확장 랜덤 벡터 $x^a(k)$를 다음과 같이 정의한다.

$$x^a(k)=\begin{bmatrix} x(k) \\ w(k) \end{bmatrix} \tag{5.57}$$

그러면 시스템 방정식 (5.56)은 다음과 같이 쓸 수 있다.

$$x(k+1)=f(x^a(k),\ u(k),\ k) \tag{5.58}$$

또한 $x(k)$와 $w(k)$는 서로 독립이므로 $x^a(k)$의 평균과 공분산은 각각 다음과 같이 된다.

$$\hat{x}^a(k|k)=\begin{bmatrix} \hat{x}(k|k) \\ 0 \end{bmatrix},\ P^a(k|k)=\begin{bmatrix} P(k|k) & 0 \\ 0 & Q(k) \end{bmatrix} \tag{5.59}$$

$x^a(k)$의 시그마 포인트 $\chi_i(k)$는 위 식으로 주어진 $x^a(k)$의 평균과 공분산으로부터 다음과 같이 추출하고 가중치를 정한다.

$$\begin{aligned} \chi_0^a(k|k)&=\hat{x}^a(k|k) \\ \chi_i^a(k|k)&=\hat{x}^a(k|k)+\left(\sqrt{(n+p+\kappa)P^a(k|k)}\right)_i \\ \chi_{i+n+p}^a(k|k)&=\hat{x}^a(k|k)-\left(\sqrt{(n+p+\kappa)P^a(k|k)}\right)_i \end{aligned} \tag{5.60}$$

$$W_0=\frac{\kappa}{(n+p+\kappa)}$$

$$W_i=\frac{1}{2(n+p+\kappa)},\ i=1,\ \ldots,\ n+p$$

$$W_{i+n+p}=\frac{1}{2(n+p+\kappa)},\ i=1,\ \ldots,\ n+p$$

여기서 p는 $\mathrm{w}(k)$의 차원이다. 랜덤 벡터 $\mathrm{x}(k+1)$의 평균 $\hat{\mathrm{x}}(k+1|k)$와 공분산 $\mathrm{P}(k+1|k)$는 변환된 시그마 포인트 $\chi_i(k+1)$을 이용해 다음과 같이 근사적으로 계산할 수 있다.

$$\begin{aligned}
&\chi_i(k+1|k)=\mathrm{f}(\chi_i^a(k|k),\ \mathrm{u}(k),\ k),\ i=0,\ 1,\ \ldots,\ 2(n+p)\\
&\hat{\mathrm{x}}(k+1|k)=\sum_{i=0}^{2(n+p)}W_i\chi_i(k+1|k)\\
&\mathrm{P}(k+1|k)=\sum_{i=0}^{2(n+p)}W_i\big(\chi_i(k+1|k)-\hat{\mathrm{x}}(k+1|k)\big)\big(\chi_i(k+1|k)-\hat{\mathrm{x}}(k+1|k)\big)^T
\end{aligned} \tag{5.61}$$

만약 프로세스 노이즈 $\mathrm{w}(k)$가 다음 식과 같이 덧셈형으로 주어진다면,

$$\mathrm{x}(k+1)=\mathrm{f}(\mathrm{x}(k),\ \mathrm{u}(k),\ k)+\mathrm{G_w}(k)\mathrm{w}(k) \tag{5.62}$$

시그마 포인트 $\chi_i(k|k)$는 평균이 $\hat{\mathrm{x}}(k|k)$이고 공분산이 $\mathrm{P}(k|k)$인 $\mathrm{x}(k)$에서 추출하면 된다. 이때의 시그마 포인트와 가중치는 다음과 같다.

$$\begin{aligned}
&\chi_0(k|k)=\hat{\mathrm{x}}(k|k)\\
&\chi_i(k|k)=\hat{\mathrm{x}}(k|k)+\left(\sqrt{(n+\kappa)\mathrm{P}(k|k)}\right)_i\\
&\chi_{i+n}(k|k)=\hat{\mathrm{x}}(k|k)-\left(\sqrt{(n+\kappa)\mathrm{P}(k|k)}\right)_i
\end{aligned} \tag{5.63}$$

$$W_0=\frac{\kappa}{(n+\kappa)}$$

$$W_i=\frac{1}{2(n+\kappa)},\ i=1,\ \ldots,\ n$$

$$W_{i+n}=\frac{1}{2(n+\kappa)},\ i=1,\ \ldots,\ n$$

한편, 랜덤 벡터 $x(k+1)$의 평균 $\hat{x}(k+1|k)$와 공분산 $P(k+1|k)$는 다음과 같이 수정된다.

$$\begin{aligned} \bar{\chi}_i(k+1) &= f(\chi_i(k|k),\ u(k),\ k),\ i=0,\ 1,\ \dots,\ 2n \\ \hat{x}(k+1|k) &= \sum_{i=0}^{2n} W_i \bar{\chi}_i(k+1) \\ P(k+1|k) &= \sum_{i=0}^{2n} W_i \left(\bar{\chi}_i(k+1) - \hat{x}(k+1|k)\right)\left(\bar{\chi}_i(k+1) - \hat{x}(k+1|k)\right)^T \\ &\quad + G_w(k)Q(k)G_w^T(k) \end{aligned} \tag{5.64}$$

공분산 계산식에서 프로세스 노이즈의 영향인 $G_w(k)Q(k)G_w^T(k)$ 항이 추가됨에 주의해야 한다.

5.5.2 측정 업데이트

칼만필터는 이전 시간스텝 k에서의 평균 예측값 $\hat{x}(k+1|k)$와 공분산 예측값 $P(k+1|k)$의 정보와 시간스텝 $k+1$까지의 측정 데이터 Z_{k+1}을 이용해 시간스텝 $k+1$에서의 평균 $\hat{x}(k+1|k+1)$과 공분산 $P(k+1|k+1)$을 추정하는 데 있어 다음 식을 이용한다.

$$\begin{aligned} \hat{x}(k+1|k+1) &= \hat{x}(k+1|k) + K(k+1)[z(k+1) - \hat{z}(k+1|k)] \\ P(k+1|k+1) &= P(k+1|k) - K(k+1)P_{zz}(k+1|k)K^T(k+1) \\ K(k+1) &= P_{xz}(k+1|k)P_{zz}^{-1}(k+1|k) \end{aligned} \tag{5.65}$$

확장 칼만필터는 이전 시간스텝 k에서의 평균 측정 예측값 $\hat{z}(k+1|k)$와 공분산 예측값 $P_{zz}(k+1|k)$ 및 $P_{xz}(k+1|k)$를 추정할 때 비선형 시스템 방정식을 테일러 시리즈로 전개한 후 1차 항까지만 취한 근사치를 이용한다.

반면 언센티드 칼만필터에서는 테일러 시리즈 근사법 대신에 언센티드 변환법을 이용해 평균 $\hat{z}(k+1|k)$와 공분산 $P_{zz}(k+1|k)$, $P_{xz}(k+1|k)$의 값을 추정한다. 다음 식과 같이 비선형 측정 방정식이 주어졌다고 하자.

$$z(k+1) = h(x(k+1),\ k+1) + v(k+1) \tag{5.66}$$

랜덤 벡터 $\mathrm{x}(k+1)$의 시그마 포인트 $\chi_i(k+1|k)$는 평균이 $\hat{\mathrm{x}}(k+1|k)$이고, 공분산이 $\mathrm{P}(k+1|k)$인 $\mathrm{x}(k+1)$에서 추출한다. 이때의 시그마 포인트와 가중치는 다음과 같다.

$$\begin{aligned}
\chi_0(k+1|k) &= \hat{\mathrm{x}}(k+1|k) \\
\chi_i(k+1|k) &= \hat{\mathrm{x}}(k+1|k)+\left(\sqrt{(n+\kappa)\mathrm{P}(k+1|k)}\right)_i \\
\chi_{i+n}(k+1|k) &= \hat{\mathrm{x}}(k+1|k)-\left(\sqrt{(n+\kappa)\mathrm{P}(k+1|k)}\right)_i
\end{aligned} \tag{5.67}$$

랜덤 벡터 $\mathrm{z}(k+1)$의 평균 $\hat{\mathrm{z}}(k+1|k)$와 공분산 $\mathrm{P}_{zz}(k+1|k)$는 변환된 시그마 포인트 $\zeta_i(k+1|k)$를 이용해 다음과 같이 근사적으로 계산할 수 있다.

$$\begin{aligned}
\zeta_i(k+1|k) &= \mathrm{h}(\chi_i(k+1|k),\ k+1),\ i=0,\ 1,\ \ldots,\ 2n \\
\hat{\mathrm{z}}(k+1|k) &= \sum_{i=0}^{2n} W_i \zeta_i(k+1|k) \\
\mathrm{P}_{zz}(k+1|k) &= \sum_{i=0}^{2n} W_i \left(\zeta_i(k+1|k)-\hat{\mathrm{z}}(k+1|k)\right)\left(\zeta_i(k+1|k)-\hat{\mathrm{z}}(k+1|k)\right)^T \\
&\quad +\mathrm{R}(k+1)
\end{aligned} \tag{5.68}$$

여기서 가중치 W_i는 시간 업데이트 시 계산된 것과 동일하다. 공분산 계산식에서 측정 노이즈의 영향인 $\mathrm{R}(k+1)$ 항이 추가됨에 주의해야 한다.

랜덤 벡터 $\mathrm{x}(k+1)$과 $\mathrm{z}(k+1)$의 공분산 $\mathrm{P}_{xz}(k+1|k)$는 시그마 포인트 $\chi_i(k+1|k)$와 $\zeta_i(k+1|k)$를 이용해 다음과 같이 근사적으로 계산할 수 있다.

$$\mathrm{P}_{xz}(k+1|k) = \sum_{i=0}^{2n} W_i \left(\chi_i(k+1|k)-\hat{\mathrm{x}}(k+1|k)\right)\left(\zeta_i(k+1|k)-\hat{\mathrm{z}}(k+1|k)\right)^T \tag{5.69}$$

평균 $\hat{\mathrm{z}}(k+1|k)$와 공분산 $\mathrm{P}_{zz}(k+1|k)$, $\mathrm{P}_{xz}(k+1|k)$를 이용하면 칼만필터의 게인과 시간스텝 $k+1$에서의 평균 $\hat{\mathrm{x}}(k+1|k+1)$과 공분산 $\mathrm{P}(k+1|k+1)$을 추정할 수 있다.

5.5.3 언센티드 칼만필터 알고리즘

언센티드 칼만필터 식을 알고리즘 형태로 정리하면 다음과 같다.

알고리즘

언센티드 칼만필터(Unscented Kalman Filter) 알고리즘

시스템:

$$\begin{aligned} \mathrm{x}(k+1)&=\mathrm{f}(\mathrm{x}(k),\ \mathrm{u}(k),\ k)+\mathrm{G_w}(k)\mathrm{w}(k) \\ \mathrm{z}(k)&=\mathrm{h}(\mathrm{x}(k),\ k)+\mathrm{v}(k) \end{aligned} \tag{5.70}$$

$$\mathrm{x}(0)\sim(\bar{\mathrm{x}}_0,\ \mathrm{P}_0)$$

$$\mathrm{w}(k)\sim(0,\ \mathrm{Q}(k)),\ \mathrm{v}(k)\sim(0,\ \mathrm{R}(k))$$

가정:

$$\begin{aligned} &E[\mathrm{w}(k)\mathrm{w}^T(l)]=\mathrm{Q}(k)\delta_{kl},\ E[\mathrm{v}(k)\mathrm{v}^T(l)]=\mathrm{R}(k)\delta_{kl} \\ &E[\mathrm{w}(k)\mathrm{v}^T(l)]=0 \end{aligned} \tag{5.71}$$

$$E[(\mathrm{x}(0)-\bar{\mathrm{x}}_0)\mathrm{w}^T(k)]=0,\ E[(\mathrm{x}(0)-\bar{\mathrm{x}}_0)\mathrm{v}^T(k)]=0$$

시간 업데이트:

$$\begin{aligned} \chi_0(k|k)&=\hat{\mathrm{x}}(k|k) \\ \chi_i(k|k)&=\hat{\mathrm{x}}(k|k)+\left(\sqrt{(n+\kappa)\mathrm{P}(k|k)}\right)_i \\ \chi_{i+n}(k|k)&=\hat{\mathrm{x}}(k|k)-\left(\sqrt{(n+\kappa)\mathrm{P}(k|k)}\right)_i \end{aligned} \tag{5.72}$$

$$W_0=\frac{\kappa}{(n+\kappa)}$$

$$W_i=\frac{1}{2(n+\kappa)},\ i=1,\ \ldots,\ n$$

$$W_{i+n}=\frac{1}{2(n+\kappa)},\ i=1,\ \ldots,\ n$$

$$\begin{aligned} \bar{\chi}_i(k+1)&=\mathrm{f}(\chi_i(k|k),\ \mathrm{u}(k),\ k),\ i=0,\ 1,\ \ldots,\ 2n \\ \hat{\mathrm{x}}(k+1|k)&=\sum_{i=0}^{2n}W_i\bar{\chi}_i(k+1) \\ \mathrm{P}(k+1|k)&=\sum_{i=0}^{2n}W_i\left(\bar{\chi}_i(k+1)-\hat{\mathrm{x}}(k+1|k)\right)\left(\bar{\chi}_i(k+1)-\hat{\mathrm{x}}(k+1|k)\right)^T \\ &\quad+\mathrm{G_w}(k)\mathrm{Q}(k)\mathrm{G_w}^T(k) \end{aligned} \tag{5.73}$$

측정 업데이트:

$$\begin{aligned}
&\chi_0(k+1|k)=\hat{\mathrm{x}}(k+1|k)\\
&\chi_i(k+1|k)=\hat{\mathrm{x}}(k+1|k)+\left(\sqrt{(n+\kappa)\mathrm{P}(k+1|k)}\right)_i\\
&\chi_{i+n}(k+1|k)=\hat{\mathrm{x}}(k+1|k)-\left(\sqrt{(n+\kappa)\mathrm{P}(k+1|k)}\right)_i
\end{aligned} \tag{5.74}$$

$$\begin{aligned}
&\zeta_i(k+1|k)=\mathrm{h}(\chi_i(k+1|k),\ k+1),\ i=0,\ 1,\ \ldots,\ 2n\\
&\hat{\mathrm{z}}(k+1|k)=\sum_{i=0}^{2n}W_i\zeta_i(k+1|k)\\
&\mathrm{P}_{zz}(k+1|k)=\sum_{i=0}^{2n}W_i\left(\zeta_i(k+1|k)-\hat{\mathrm{z}}(k+1|k)\right)\left(\zeta_i(k+1|k)-\hat{\mathrm{z}}(k+1|k)\right)^T\\
&\qquad+\mathrm{R}(k+1)
\end{aligned} \tag{5.75}$$

$$\mathrm{P}_{xz}(k+1|k)=\sum_{i=0}^{2n}W_i\left(\chi_i(k+1|k)-\hat{\mathrm{x}}(k+1|k)\right)\left(\zeta_i(k+1|k)-\hat{\mathrm{z}}(k+1|k)\right)^T$$

$$\begin{aligned}
&\hat{\mathrm{x}}(k+1|k+1)=\hat{\mathrm{x}}(k+1|k)+\mathrm{K}(k+1)[\mathrm{z}(k+1)-\hat{\mathrm{z}}(k+1|k)]\\
&\mathrm{P}(k+1|k+1)=\mathrm{P}(k+1|k)-\mathrm{K}(k+1)\mathrm{P}_{zz}(k+1|k)\mathrm{K}^T(k+1)\\
&\mathrm{K}(k+1)=\mathrm{P}_{xz}(k+1|k)\mathrm{P}_{zz}^{-1}(k+1|k)
\end{aligned} \tag{5.76}$$

5.5.4 언센티드 칼만필터의 특징

언센티드 칼만필터는 파티클 필터(particle filter)와 같이 샘플링(sampling) 기법을 이용하는 필터에 속하지만, 다수의 샘플을 무작위로 추출하는 것이 아니라 적은 수의 샘플을 특수한 방법으로 추출한다는 점에서 매우 효율적인 샘플링 기반 필터다. 또한 확장 칼만필터에서 이용한 해석적인 선형화 기법을 사용하지 않기 때문에 자코비안을 계산할 필요가 없다는 것이 특징이다. 따라서 언센티드 칼만필터는 미분이 불가능한 불연속적인 시스템이나 측정 모델에도 적용 가능하다. 이밖에 언센티드 칼만필터는 파티클 필터에 비해 계산량이 훨씬 적고, 확장 칼만필터와 비교해도 계산량이 그다지 많지 않으면서 정확도가 높다는 장점이 있기 때문에 많은 응용 분야에서 확장 칼만필터를 대체하고 있다.

06장

칼만필터 설계 심화 예제

이 장에서는 5가지 다양한 응용 문제에 대해서 확장 칼만필터와 언센티드 칼만필터를 설계하고, 두 필터의 성능을 비교해 본다.

6.1 재진입 우주비행체

6.1.1 개요

그림 6.1에 도시된 바와 같이 고속으로 높은 고도에서 대기권으로 진입한 우주비행체를 지상에 있는 레이다가 추적하고 있다고 하자[4][13].

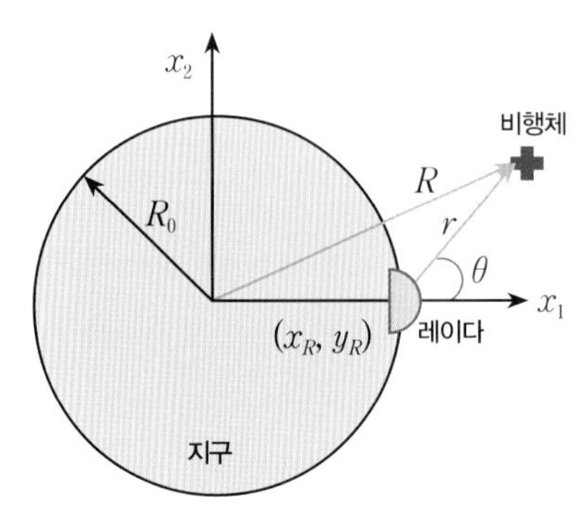

그림 6.1 재진입 우주비행체의 궤적 추적

지구는 반지름이 $R_0=6374km$인 구(sphere)이며, 레이다는 지구 중심 좌표계를 기준으로 $(x_R, y_R)=(6374, 0)km$에 위치한다고 가정한다. 레이다는 비행체의 거리와 고도각을 정밀하게 측정할 수 있다. 비행체의 운동 방정식은 다음과 같이 비선형 방정식으로 표현할 수 있다.

$$\begin{aligned}\dot{x}_1&=x_3\\ \dot{x}_2&=x_4\\ \dot{x}_3&=Dx_3+Gx_1+w_1(t)\\ \dot{x}_4&=Dx_4+Gx_2+w_2(t)\\ \dot{x}_5&=w_3(t)\end{aligned} \tag{6.1}$$

여기서 x_1, x_2는 지구 중심 좌표계로 주어지는 비행체의 위치(km) 좌표이며, x_3, x_4는 속력(km/s)이다. x_5는 대기 밀도와 비행체의 항력(drag force)에 관련된 파라미터다. w_1, w_2, w_3는 프로세스 노이즈고 D는 항력 함수$(1/s)$, G는 중력 함수$(1/s^2)$로서 다음과 같이 주어진다.

$$\begin{aligned}D&=-\beta\exp\left(\frac{R_0-R}{H_0}\right)V\\ G&=-\frac{\mu}{R^3}\\ \beta&=\beta_0\exp(x_5)\\ R&=\sqrt{x_1^2+x_2^2},\ V=\sqrt{x_3^2+x_4^2}\end{aligned} \tag{6.2}$$

여기서 $\beta_0=0.59783/km$는 고도가 $0km$일 때의 항력비례계수(drag proportionality coefficient), $H_0=9.3km$는 대기 밀도 스케일 고도(density scale height), $\mu=3.986\times10^5km^3/s^2$는 중력상수(gravitational constant), R은 지구 중심으로부터 비행체까지의 거리(km), V는 비행체의 속력(km/s)이다. 레이다는 레이다의 위치로부터 비행체까지의 거리(r)와 고도각(θ)을 $10Hz$의 주기로 측정할 수 있으며, 방정식으로 표현하면 다음과 같다.

$$\begin{aligned}r&=\sqrt{(x_1-x_R)^2+(x_2-y_R)^2}+v_1(km)\\ \theta&=\tan^{-1}\left(\frac{x_2-y_R}{x_1-x_R}\right)+v_2(rad)\end{aligned} \tag{6.3}$$

여기서 v_1, v_2는 측정 노이즈다. 시뮬레이션을 위해 재진입 우주비행체의 초기 상태변수 $\mathrm{x}=[x_1\ x_2\ x_3\ x_4\ x_5]^T$는 확률정보 $\mathrm{x}(0)\sim N(\mathrm{x}_0,\ \mathrm{P}_0)$로부터 샘플링한다. 여기서,

$$\mathrm{x}_0=\begin{bmatrix} 6500.4 \\ 349.14 \\ -1.8093 \\ -6.7967 \\ 0.6932 \end{bmatrix},\ \mathrm{P}_0=\begin{bmatrix} 10^{-6} & 0 & 0 & 0 & 0 \\ 0 & 10^{-6} & 0 & 0 & 0 \\ 0 & 0 & 10^{-6} & 0 & 0 \\ 0 & 0 & 0 & 10^{-6} & 0 \\ 0 & 0 & 0 & 0 & 0 \end{bmatrix} \tag{6.4}$$

이다. 즉, 초기 위치 오차의 표준편차는 $1m$, 속력 오차의 표준편차도 $1m/s$로 가정했고, x_5는 0.6932로 고정했다. 프로세스 노이즈는 평균이 0이고 파워스펙트럴밀도가 Q_c인 가우시안 화이트 노이즈로 가정한다.

$$\mathrm{Q}_c=\begin{bmatrix} 2.4064\times 10^{-4} & 0 & 0 \\ 0 & 2.4064\times 10^{-4} & 0 \\ 0 & 0 & 0 \end{bmatrix} \tag{6.5}$$

프로세스 노이즈는 비행체에 미치는 미지의 외란을 모델링한 것이다. 측정 노이즈는 프로세스 노이즈와 서로 독립이고 평균이 0이며 공분산이 R인 가우시안 화이트 노이즈 시퀀스로 가정한다.

$$\mathrm{R}=\begin{bmatrix} 1.0\times 10^{-6} & 0 \\ 0 & (17\times 10^{-3})^2 \end{bmatrix} \tag{6.6}$$

즉, 레이다의 측정 정확도는 거리 표준편차(1σ)를 $1m$, 각도 표준편차를 $17\times 10^{-3} rad=0.97°$로 가정했다.

6.1.2 칼만필터 초기화

레이다가 0.1초마다 측정값을 산출할 수 있지만, 시스템 모델이 비선형임을 감안해 샘플링 시간을 $\Delta t=0.05$초로 하여 운동 방정식 (6.1)을 오일러 근사화한다. 이산화된 모델은 다음과 같다.

$$
\begin{aligned}
x_1(k+1) &= x_1(k) + \Delta t x_3(k) \\
x_2(k+1) &= x_2(k) + \Delta t x_4(k) \\
x_3(k+1) &= x_3(k) + \Delta t D(x_1, x_2, x_3, x_4, x_5) x_3(k) + \Delta t G(x_1, x_2) x_1(k) + w_1(k) \\
x_4(k+1) &= x_4(k) + \Delta t D(x_1, x_2, x_3, x_4, x_5) x_4(k) + \Delta t G(x_1, x_2) x_2(k) + w_2(k) \\
x_5(k+1) &= x_5(k) + w_3(k)
\end{aligned}
\tag{6.7}
$$

여기서 이산시간 프로세스 노이즈는 다음과 같이 주어진다.

$$
\mathrm{w}(k) = \begin{bmatrix} w_1(k) \\ w_2(k) \\ w_3(k) \end{bmatrix} \sim N(0,\ \mathrm{Q}_r),\ \mathrm{Q}_r = \mathrm{Q}_c \Delta t \tag{6.8}
$$

칼만필터에서 시스템 모델과 측정 모델의 샘플링 시간이 2배 차이가 나므로 시간 업데이트 2회마다 측정 업데이트는 1회 실시한다. 칼만필터에게 β와 연관된 x_5는 불확실성이 큰 미지의 값이므로 초기 상태변수 추정값과 공분산은 다음과 같이 설정한다.

$$
\hat{\mathrm{x}}(0|0) = \begin{bmatrix} 6500.4 \\ 349.14 \\ -1.8093 \\ -6.7967 \\ 0 \end{bmatrix},\ \mathrm{P}(0|0) = \begin{bmatrix} 10^{-6} & 0 & 0 & 0 & 0 \\ 0 & 10^{-6} & 0 & 0 & 0 \\ 0 & 0 & 10^{-6} & 0 & 0 \\ 0 & 0 & 0 & 10^{-6} & 0 \\ 0 & 0 & 0 & 0 & 1 \end{bmatrix} \tag{6.9}
$$

한편 칼만필터의 이산시간 프로세스 노이즈 공분산 Q는 x_5를 빨리 추정할 필요가 있으므로 식 (6.5)와 (6.8)의 시스템 공분산보다 크게 설정한다.

$$
\mathrm{Q} = \mathrm{Q}_{cf} \Delta t,\ \mathrm{Q}_{cf} = \begin{bmatrix} 2.4064 \times 10^{-4} & 0 & 0 \\ 0 & 2.4064 \times 10^{-4} & 0 \\ 0 & 0 & 1 \times 10^{-5} \end{bmatrix} \tag{6.10}
$$

6.1.3 확장 칼만필터 설계

시스템 모델과 측정 모델이 모두 비선형 방정식이므로 확장 칼만필터에서는 다음과 같이 두 개의 자코비안이 필요하다.

$$\hat{\mathrm{F}}(\mathrm{x}(k))=\begin{bmatrix} \frac{\partial f_1}{\partial x_1} & \cdots & \frac{\partial f_1}{\partial x_5} \\ \vdots & \ddots & \vdots \\ \frac{\partial f_5}{\partial x_1} & \cdots & \frac{\partial f_5}{\partial x_5} \end{bmatrix}=\begin{bmatrix} 1 & 0 & \Delta t & 0 & 0 \\ 0 & 1 & 0 & \Delta t & 0 \\ f_{31} & f_{32} & f_{33} & f_{34} & f_{35} \\ f_{41} & f_{42} & f_{43} & f_{44} & f_{45} \\ 0 & 0 & 0 & 0 & 1 \end{bmatrix}$$

$$\hat{\mathrm{H}}(\mathrm{x}(k))=\begin{bmatrix} \frac{\partial h_1}{\partial x_1} & \cdots & \frac{\partial h_1}{\partial x_5} \\ \frac{\partial h_2}{\partial x_1} & \cdots & \frac{\partial h_2}{\partial x_5} \end{bmatrix}=\begin{bmatrix} h_{11} & h_{12} & 0 & 0 & 0 \\ h_{21} & h_{22} & 0 & 0 & 0 \end{bmatrix} \tag{6.11}$$

여기서,

$$f_{31}=\frac{\partial f_3}{\partial x_1}=\triangle t\left(\frac{\partial D}{\partial x_1}x_3+\frac{\partial G}{\partial x_1}x_1+G\right)$$

$$f_{32}=\frac{\partial f_3}{\partial x_2}=\triangle t\left(\frac{\partial D}{\partial x_2}x_3+\frac{\partial G}{\partial x_2}x_1\right)$$

$$f_{33}=\frac{\partial f_3}{\partial x_3}=1+\triangle t\left(\frac{\partial D}{\partial x_3}x_3+D\right)$$

$$f_{34}=\frac{\partial f_3}{\partial x_4}=\triangle t\left(\frac{\partial D}{\partial x_4}x_3\right)$$

$$f_{35}=\frac{\partial f_3}{\partial x_5}=\triangle t\left(\frac{\partial D}{\partial x_5}x_3\right)$$

$$f_{41}=\frac{\partial f_4}{\partial x_1}=\triangle t\left(\frac{\partial D}{\partial x_1}x_4+\frac{\partial G}{\partial x_1}x_2\right)$$

$$f_{42}=\frac{\partial f_4}{\partial x_2}=\triangle t\left(\frac{\partial D}{\partial x_2}x_4+\frac{\partial G}{\partial x_2}x_2+G\right)$$

$$f_{43}=\frac{\partial f_4}{\partial x_3}=\triangle t\left(\frac{\partial D}{\partial x_3}x_4\right)$$

$$f_{44}=\frac{\partial f_4}{\partial x_4}=1+\triangle t\left(\frac{\partial D}{\partial x_4}x_4+D\right)$$

$$f_{45}=\frac{\partial f_4}{\partial x_5}=\triangle t\left(\frac{\partial D}{\partial x_5}x_4\right)$$

$$\frac{\partial D}{\partial x_1}=\frac{x_1}{RH_0}\beta\exp\left(\frac{R_0-R}{H_0}\right)V=-\frac{x_1}{RH_0}D$$

$$\frac{\partial D}{\partial x_2}=\frac{x_2}{RH_0}\beta\exp\left(\frac{R_0-R}{H_0}\right)V=-\frac{x_2}{RH_0}D$$

$$\frac{\partial D}{\partial x_3}=-\frac{x_3\beta}{V}\exp\left(\frac{R_0-R}{H_0}\right)=\frac{x_3}{V^2}D$$

$$\frac{\partial D}{\partial x_4}=-\frac{x_4\beta}{V}\exp\left(\frac{R_0-R}{H_0}\right)=\frac{x_4}{V^2}D$$

$$\frac{\partial D}{\partial x_5}=-\beta\exp\left(\frac{R_0-R}{H_0}\right)V=D$$

$$\frac{\partial G}{\partial x_1}=\frac{3x_1\mu}{R^5}=-\frac{3x_1}{R^2}G$$

$$\frac{\partial G}{\partial x_2}=\frac{3x_2\mu}{R^5}=-\frac{3x_2}{R^2}G$$

$$h_{11}=\frac{\partial h_1}{\partial x_1}=\frac{(x_1-x_R)}{\sqrt{(x_1-x_R)^2+(x_2-y_R)^2}}$$

$$h_{12}=\frac{\partial h_1}{\partial x_2}=\frac{(x_2-y_R)}{\sqrt{(x_1-x_R)^2+(x_2-y_R)^2}}$$

$$h_{21}=\frac{\partial h_2}{\partial x_1}=\frac{-(x_2-y_R)}{(x_1-x_R)^2+(x_2-y_R)^2}$$

$$h_{22}=\frac{\partial h_2}{\partial x_2}=\frac{(x_1-x_R)}{(x_1-x_R)^2+(x_2-y_R)^2}$$

이다.

노트

arctan의 미분은 다음과 같다.

$$\frac{d}{dx}\tan^{-1}(f(x))=\frac{\frac{df(x)}{dx}}{1+f^2(x)}$$

확장 칼만필터 알고리즘의 시간 전파(time propagation) 식은 다음과 같다.

$k=1$: **1.** 시간 업데이트

$$\hat{x}(1|0)=f(\hat{x}(0|0))$$

$$P(1|0)=\hat{F}(0)P(0|0)\hat{F}^T(0)+G_wQG_w^T,\ \hat{F}(0)=\frac{\partial f}{\partial x}\bigg|_{x(0)=\hat{x}(0|0)}$$

$$G_w=\begin{bmatrix}0&0&0\\0&0&0\\1&0&0\\0&1&0\\0&0&1\end{bmatrix}$$

2. $z(1)=\begin{bmatrix}r(1)\\ \theta(1)\end{bmatrix}$ 측정

3. 측정 업데이트

$$\hat{H}(1)=\frac{\partial h}{\partial x}\bigg|_{x(1)=\hat{x}(1|0)}$$

$$S(1)=\hat{H}(1)P(1|0)\hat{H}^T(1)+R$$

$$K(1)=P(1|0)\hat{H}^T(1)S^{-1}(1)$$

$$\hat{x}(1|1)=\hat{x}(1|0)+K(1)(z(1)-h(\hat{x}(1|0)))$$

$$P(1|1)=P(1|0)-P(1|0)\hat{H}^T(1)S^{-1}(1)\hat{H}(1)P(1|0)$$

$k=2$: **1.** 시간 업데이트

$$\hat{x}(2|1)=f(\hat{x}(1|1))$$

$$P(2|1)=\hat{F}(1)P(1|1)\hat{F}^T(1)+G_wQG_w^T,\ \hat{F}(1)=\frac{\partial f}{\partial x}\bigg|_{x(1)=\hat{x}(1|1)}$$

2. $z(2)=\begin{bmatrix}r(2)\\ \theta(2)\end{bmatrix}$ 측정

3. 측정 업데이트

$$\hat{H}(2)=\frac{\partial h}{\partial x}\bigg|_{x(2)=\hat{x}(2|1)}$$

$$S(2)=\hat{H}(2)P(2|1)\hat{H}^T(2)+R$$

$$K(2)=P(2|1)\hat{H}^T(2)S^{-1}(2)$$

$$\hat{x}(2|2)=\hat{x}(2|1)+K(2)\left(z(2)-h\left(\hat{x}(2|1)\right)\right)$$

$$P(2|2)=P(2|1)-P(2|1)\hat{H}^T(2)S^{-1}(2)\hat{H}(2)P(2|1)$$

$k=3,\ 4,\ 5,\ \ldots$: 반복

매트랩으로 작성된 확장 칼만필터 코드는 시간 업데이트를 구현한 reentry_ekf_tu.m, 측정 업데이트를 구현한 reentry_ekf_mu.m, 시스템의 운동을 구현한 reentry_dyn.m, 측정 모델을 구현한 reentry_meas.m, 그리고 확장 칼만필터를 구동하기 위한 reentry_ekf_main.m으로 구성돼 있다.

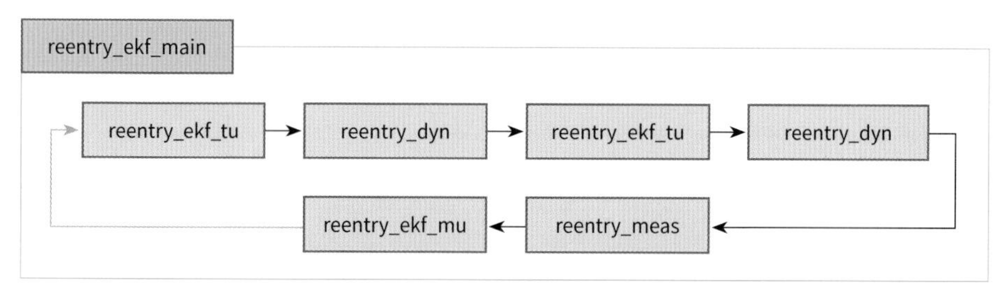

그림 6.2 코드 구조

전체 코드는 다음과 같다.

reentry_ekf_main.m

```
%
% 재진입 궤적 추정 문제: 확장 칼만필터 메인 코드
%

clear all

% 상수 정의
params.R0 = 6374;
params.H0 = 9.3;
params.beta0 = 0.59783;
params.mu = 3.986e5;
params.xR = 6374;  % 레이다 좌표
```

```
params.yR = 0;

% 샘플링 시간
dt = 0.05;

% 프로세스 노이즈
Qcf = diag([2.4065e-4 2.4065e-4 1e-5]); % 확장 칼만필터 (식 (6.10))
Qd = Qcf * dt;

Qcr = diag([2.4065e-4 2.4065e-4 0]); % 실제 시스템 (식 (6.5), (6.8))
Qr = Qcr * dt;

% 측정 노이즈 (식 (6.6))
Rd = diag([1e-6  (17e-3)^2]);

% 초기 상태변수 평균값과 공분산 (식 (6.4))
x_mean0 = [6500.4; 349.14; -1.8093; -6.7967; 0.6932];
P0 = 1e-6 * diag([1 1 1 1 0]);
x0 = x_mean0 + sqrt(P0) * randn(5,1); % 초기 상태변수 샘플링

% 확장 칼만필터 초깃값 (식 (6.9))
xhat = [6500.4; 349.14; -1.8093; -6.7967; 0];
Phat = diag([1e-6 1e-6 1e-6 1e-6 1]);

% 결괏값을 저장하기 위한 변수
X = [];
XHAT = [];
PHAT = [];
Z = [];
ZHAT = [];
SBAR = [];
TIME = [];

% 확장 칼만필터 메인 루프 ----------------------------------
for k = 1:4000  % 200초간 시뮬레이션

    t = dt*k % 시간
```

```
    % 시간 업데이트
    [xbar, Pbar] = reentry_ekf_tu(xhat, Phat, Qd, dt, params);

    % 시스템 모델 (식 (6.7))
    x = reentry_dyn(x0, Qr, dt, params, 'sy');

    % 다음 시간 스텝을 위한 준비
    x0 = x;
    xhat = xbar;
    Phat = Pbar;

    if mod(k,2) == 0 % 측정 업데이트는 시간 업데이트 2회마다 1회 실시

        % 측정 모델 (식 (6.3))
        z = reentry_meas(x, Rd, params, 'sy');

        % 측정 업데이트
        [xhat, Phat, zhat, S] = reentry_ekf_mu(z, xbar, Pbar, Rd, params);

        % 결과 저장
        X = [X; x'];
        XHAT = [XHAT; xhat'];
        PHAT = [PHAT; (diag(Phat))'];
        Z = [Z; z'];
        ZHAT = [ZHAT; zhat'];
        SBAR = [SBAR; (diag(S))'];
        TIME = [TIME; t];

    end

end
```

reentry_ekf_tu.m

```
function [xbar, Pbar] = reentry_ekf_tu(xhat, Phat, Qd, dt, params)
%
% 확장 칼만필터 시간 업데이트 함수
%
```

```
% 상수
R0 = params.R0;
H0 = params.H0;
beta0 = params.beta0;
mu = params.mu;

% xhat(k|k)
x1 = xhat(1);
x2 = xhat(2);
x3 = xhat(3);
x4 = xhat(4);
x5 = xhat(5);

% 파라미터 계산 (식 (6.2))
R = sqrt(x1^2+x2^2);
V = sqrt(x3^2+x4^2);
beta = beta0 * exp(x5);
D = -beta * exp((R0 - R)/H0) * V;
G = -mu/(R^3);

% 자코비안 (식 (6.11))
dDdx1 = -x1/(R*H0) * D;  % ∂D/∂x_i
dDdx2 = -x2/(R*H0) * D;
dDdx3 = x3 * D / (V^2);
dDdx4 = x4 * D / (V^2);
dDdx5 = D;
dGdx1 = -3*x1 * G /(R^2);  % ∂G/∂x_i
dGdx2 = -3*x2 * G /(R^2);

f31 = dt * (dDdx1*x3 + dGdx1*x1 + G);
f32 = dt * (dDdx2*x3 + dGdx2*x1);
f33 = 1 + dt * (dDdx3*x3 + D);
f34 = dt * (dDdx4*x3);
f35 = dt * (dDdx5*x3);
f41 = dt * (dDdx1*x4 + dGdx1*x2);
f42 = dt * (dDdx2*x4 + dGdx2*x2 + G);
f43 = dt * (dDdx3*x4);
f44 = 1 + dt * (dDdx4*x4 + D);
```

```
f45 = dt * (dDdx5*x4);

F = [1   0   dt   0   0;
     0   1   0   dt   0;
     f31 f32 f33 f34 f35;
     f41 f42 f43 f44 f45;
     0   0   0   0   1 ];

G = [zeros(2,3);
     eye(3)];

% 시간 업데이트
xbar = reentry_dyn(xhat, Qd, dt, params, 'kf'); % 시스템 모델
Pbar = F * Phat * F' + G*Qd*G';
```

reentry_ekf_mu.m

```
function [xhat, Phat, zhat, S] = reentry_ekf_mu(z, xbar, Pbar, Rd, params)
%
% 확장 칼만필터 측정 업데이트 함수
%

% 상수
xR = params.xR; % 레이다 좌표
yR = params.yR;

% xbar(k|k-1)
x1 = xbar(1);
x2 = xbar(2);

% 자코비안 (식 (6.11))
r_mag = sqrt((x1-xR)^2 + (x2-yR)^2);
h11 = (x1-xR) / r_mag;
h12 = (x2-yR) / r_mag;
h21 = -(x2-yR) / (r_mag^2);
h22 = (x1-xR) / (r_mag^2);
```

```
H = [h11 h12 0 0 0;
     h21 h22 0 0 0];

% 측정 업데이트
zhat = reentry_meas(xbar, Rd, params, 'kf'); % 측정 모델
S = H * Pbar *H' + Rd;
Phat = Pbar - Pbar * H' * inv(S) * H * Pbar;
K = Pbar * H' * inv(S);
xhat = xbar + K * (z - zhat);
```

reentry_dyn.m

```
function x_next = reentry_dyn(x, Qd, dt, params, status)
%
% 재진입 시스템 모델
%

% 상수
R0 = params.R0;
H0 = params.H0;
beta0 = params.beta0;
mu = params.mu;

% 상태변수 x(k)
x1 = x(1);
x2 = x(2);
x3 = x(3);
x4 = x(4);
x5 = x(5);

% 파라미터 계산 (식 (6.2))
R = sqrt(x1^2+x2^2);
V = sqrt(x3^2+x4^2);
beta = beta0 * exp(x5);
D = -beta * exp((R0 - R)/H0) * V;
G = -mu/(R^3);

% 프로세스 노이즈
```

```
if status == 'sy'
    w = sqrt(Qd)*randn(3,1);
else % 칼만필터 업데이트 시에 프로세스 노이즈는 0
    w = zeros(3,1);
end

% x(k+1) = f(x(k)) + G w(k)
x1_next = x1 + dt * x3;
x2_next = x2 + dt * x4;
x3_next = x3 + dt * (D*x3 + G*x1) + w(1);
x4_next = x4 + dt * (D*x4 + G*x2) + w(2);
x5_next = x5 + w(3);

%
x_next = [x1_next; x2_next; x3_next; x4_next; x5_next];
```

reentry_meas.m

```
function z = reentry_meas(x, Rd, params, status)
%
% 재진입 측정 모델
%

% 레이다 좌표
xR = params.xR;
yR = params.yR;

% x(k)
x1 = x(1);
x2 = x(2);

% 측정 노이즈
if status == 'sy'
    v = sqrt(Rd)*randn(2,1);
else % 칼만필터 업데이트 시에 측정 노이즈는 0
    v = zeros(2,1);
end
```

```
% 레이다 측정값: 거리와 고도각 (식 (6.3))
r = sqrt((x1-xR)^2 + (x2-yR)^2) + v(1);
the = atan2((x2-yR), (x1-xR)) + v(2);

z = [r; the];
```

reentry_ekf_main.m 파일을 실행하면 시뮬레이션이 수행된다. 시뮬레이션은 200초간 실행됐으며 확장 칼만필터의 추정 결과는 다음 그림과 같다. 그림 6.3과 6.4는 재진입 비행체의 실제 궤적과 확장 칼만필터가 추정한 궤적을 도시한 것이다. 비행체가 40초 지점에서 대기 항력의 영향으로 궤적이 급격하게 수직으로 바뀌어 낙하하는 것을 볼 수 있다. 그림 6.5는 상태변수의 추정 오차와 표준편차(1σ, $\sqrt{P(k|k)}$의 대각항)를 도시한 것이다. 추정 오차가 확장 칼만필터가 예측한 표준편차의 범위 내에 있음을 알 수 있다. 그림 6.6은 측정 예측 오차와 표준편차($\sqrt{S(k)}$의 대각항)를 도시한 것이다. 예측 오차도 표준편차의 범위 내에 있음을 알 수 있다.

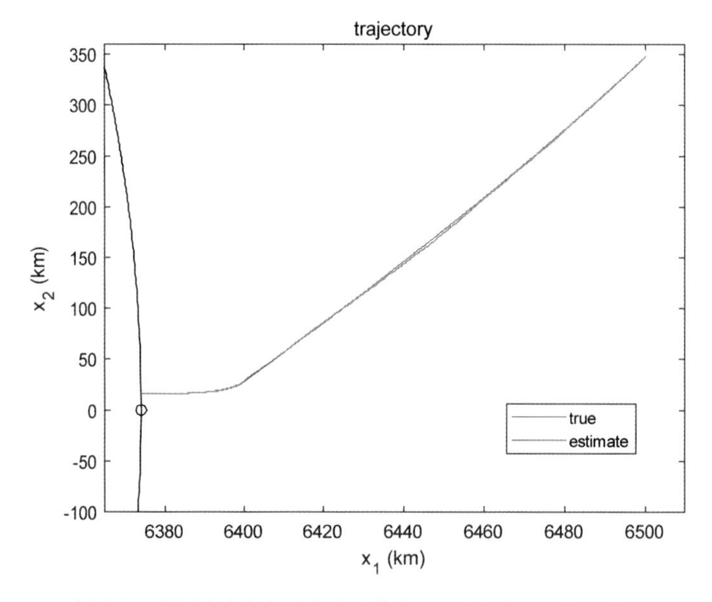

그림 6.3 재진입 우주비행체의 실제 궤적과 추정 궤적('o'는 레이다의 위치, 검정색 선은 지구를 표시)

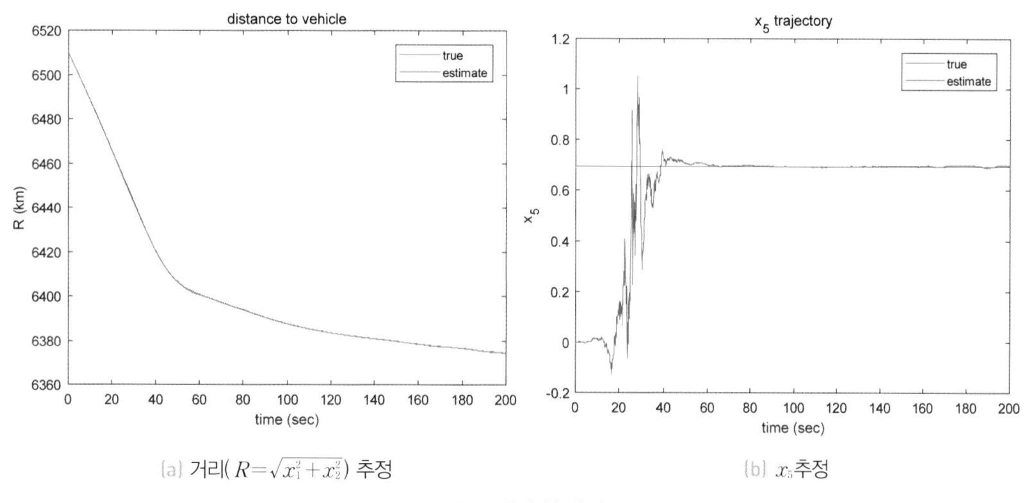

(a) 거리($R=\sqrt{x_1^2+x_2^2}$) 추정 (b) x_5추정

그림 6.4 상태변수 추정

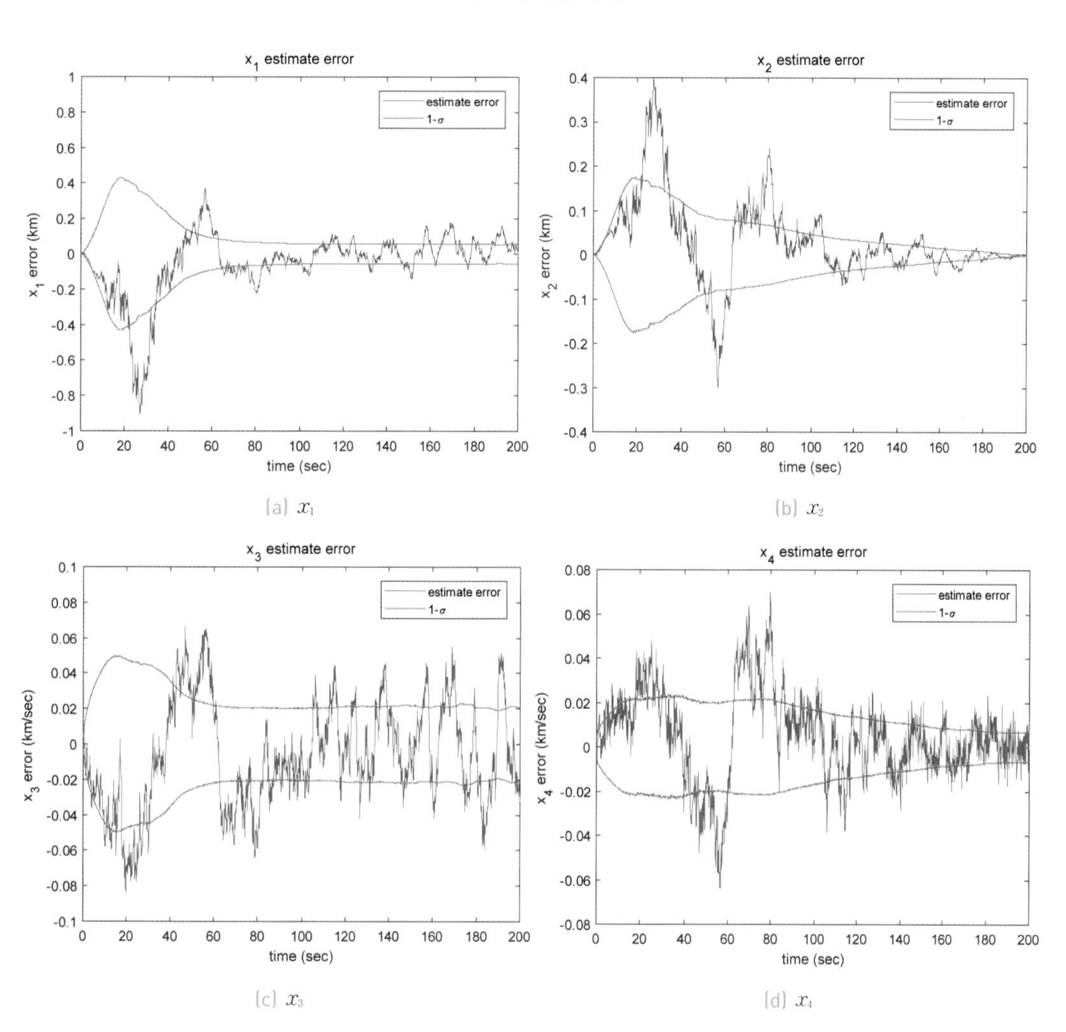

(a) x_1 (b) x_2

(c) x_3 (d) x_4

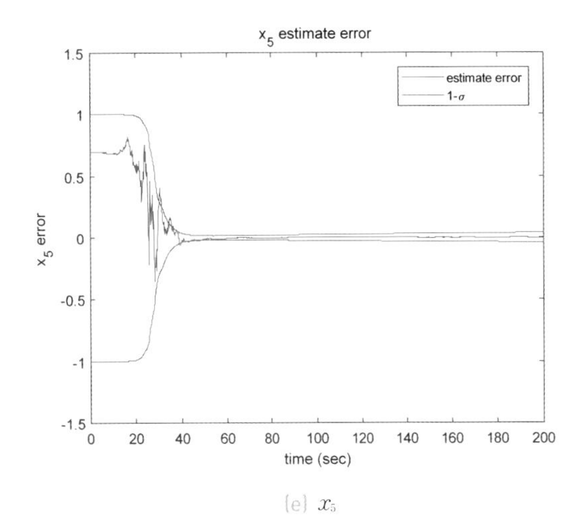

(e) x_5

그림 6.5 상태변수 추정 오차와 표준편차

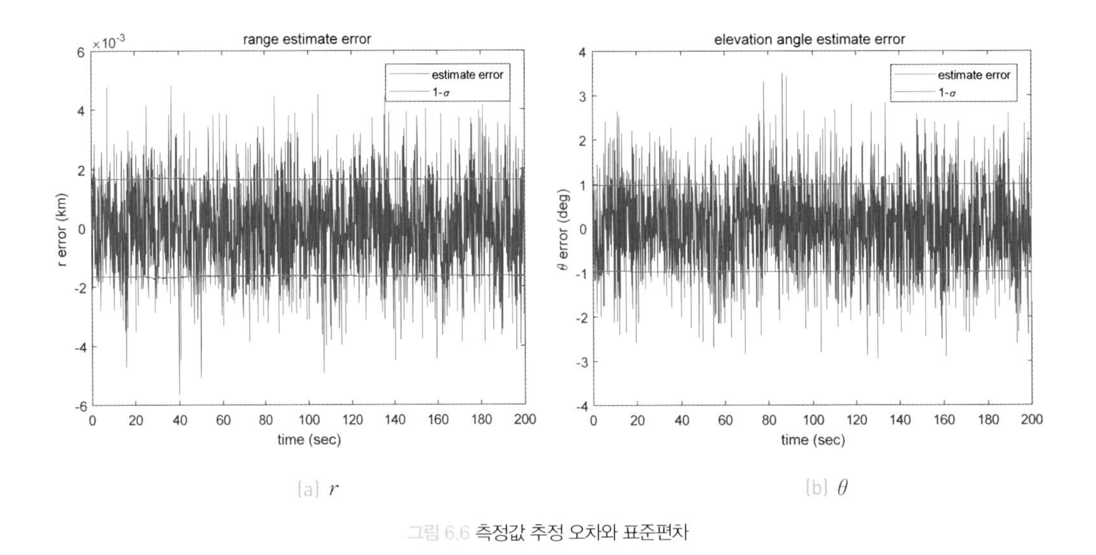

(a) r (b) θ

그림 6.6 측정값 추정 오차와 표준편차

6.1.4 언센티드 칼만필터 설계

엔센티드 칼만필터도 확장 칼만필터와 동일한 시스템 모델 (6.7, 6.8)과 측정 모델 (6.3)을 이용한다. 언센티드 칼만필터에서도 역시 시간 업데이트 2회마다 측정 업데이트는 1회 실시한다. 언센티드 칼만필터의 상태 추정 초깃값과 공분산은 식 (6.9)를 그대로 이용한다. 언센티드 칼만필터 알고리즘의 시간 전파식은 다음과 같다.

$k=1$: **1.** 시간 업데이트

$$n=5,\ \kappa=-2,\ \mathrm{S}(0|0)=(chol(\mathrm{P}(0|0)))^T$$

$$\chi_0(0|0)=\hat{\mathrm{x}}(0|0)$$
$$\chi_i(0|0)=\hat{\mathrm{x}}(0|0)+(\sqrt{3}\,\mathrm{S}(0|0))_i,\ i=1,\ \ldots,\ 5$$
$$\chi_{i+5}(0|0)=\hat{\mathrm{x}}(0|0)-(\sqrt{3}\,\mathrm{S}(0|0))_i,\ i=1,\ \ldots,\ 5$$

$$W_0=\frac{-2}{3}$$

$$W_i=\frac{1}{2(3)},\ i=1,\ \ldots,\ 5$$

$$W_{i+5}=\frac{1}{2(3)},\ i=1,\ \ldots,\ 5$$

$$\overline{\chi}_i(1)=\mathrm{f}(\chi_i(0|0)),\ i=0,\ 1,\ \ldots,\ 10$$

$$\hat{\mathrm{x}}(1|0)=\sum_{i=0}^{10}W_i\overline{\chi}_i(1)$$

$$\mathrm{P}(1|0)=\sum_{i=0}^{10}W_i\left(\overline{\chi}_i(1)-\hat{\mathrm{x}}(1|0)\right)\left(\overline{\chi}_i(1)-\hat{\mathrm{x}}(1|0)\right)^T+\mathrm{G_w}\mathrm{Q}\mathrm{G_w}^T$$

$$\mathrm{G_w}=\begin{bmatrix}0&0&0\\0&0&0\\1&0&0\\0&1&0\\0&0&1\end{bmatrix}$$

2. $\mathrm{z}(1)=\begin{bmatrix}r(1)\\ \theta(1)\end{bmatrix}$ 측정

3. 측정 업데이트

$$\mathrm{S}(1|0)=(chol(\mathrm{P}(1|0)))^T$$

$$\chi_0(1|0)=\hat{\mathrm{x}}(1|0)$$

$$\chi_i(1|0)=\hat{\mathrm{x}}(1|0)+(\sqrt{3}\,\mathrm{S}(1|0))_i,\ i=1,\ \ldots,\ 5$$

$$\chi_{i+5}(1|0)=\hat{\mathrm{x}}(1|0)-(\sqrt{3}\,\mathrm{S}(1|0))_i$$

$$\zeta_i(1|0)=h(\chi_i(1|0)),\ i=0,\ 1,\ \ldots,\ 10$$

$$\hat{z}(1|0)=\sum_{i=0}^{10}W_i\zeta_i(1|0)$$

$$P_{zz}(1|0)=\sum_{i=0}^{10}W_i\big(\zeta_i(1|0)-\hat{z}(1|0)\big)\big(\zeta_i(1|0)-\hat{z}(1|0)\big)^T+R$$

$$P_{xz}(1|0)=\sum_{i=0}^{10}W_i\big(\chi_i(1|0)-\hat{x}(1|0)\big)\big(\zeta_i(1|0)-\hat{z}(1|0)\big)^T$$

$$\hat{x}(1|1)=\hat{x}(1|0)+K(1)[z(1)-\hat{z}(1|0)]$$

$$P(1|1)=P(1|0)-K(1)P_{zz}(1|0)K^T(1)$$

$$K(1)=P_{xz}(1|0)P_{zz}^{-1}(1|0)$$

$k=2$: **1.** 시간 업데이트

$$S(1|1)=(chol(P(1|1)))^T$$

$$\chi_0(1|1)=\hat{x}(1|1)$$

$$\chi_i(1|1)=\hat{x}(1|1)+(\sqrt{3}\,S(1|1))_i,\ i=1,\ \ldots,\ 5$$

$$\chi_{i+5}(1|1)=\hat{x}(1|1)-(\sqrt{3}\,S(1|1))_i,\ i=1,\ \ldots,\ 5$$

$$\overline{\chi}_i(2)=f(\chi_i(1|1)),\ i=0,\ 1,\ \ldots,\ 10$$

$$\hat{x}(2|1)=\sum_{i=0}^{10}W_i\overline{\chi}_i(2)$$

$$P(2|1)=\sum_{i=0}^{10}W_i\big(\overline{\chi}_i(2)-\hat{x}(2|1)\big)\big(\overline{\chi}_i(2)-\hat{x}(2|1)\big)^T+G_wQG_w^T$$

2. $z(2)=\begin{bmatrix} r(2) \\ \theta(2) \end{bmatrix}$ 측정

3. 측정 업데이트

$$S(2|1)=(chol(P(2|1)))^T$$

$$\chi_0(2|1)=\hat{x}(2|1)$$

$$\chi_i(2|1)=\hat{x}(2|1)+(\sqrt{3}\,S(2|1))_i,\ i=1,\ \ldots,\ 5$$

$$\chi_{i+5}(2|1)=\hat{x}(2|1)-(\sqrt{3}\,S(2|1))_i$$

$$\boldsymbol{\zeta}_i(2|1)=\mathrm{h}(\boldsymbol{\chi}_i(2|1)),\ i=0,\ 1,\ \ldots,\ 10$$

$$\hat{\mathrm{z}}(2|1)=\sum_{i=0}^{10}W_i\boldsymbol{\zeta}_i(2|1)$$

$$\mathrm{P}_{zz}(2|1)=\sum_{i=0}^{10}W_i\left(\boldsymbol{\zeta}_i(2|1)-\hat{\mathrm{z}}(2|1)\right)\left(\boldsymbol{\zeta}_i(2|1)-\hat{\mathrm{z}}(2|1)\right)^T+\mathrm{R}$$

$$\mathrm{P}_{xz}(2|1)=\sum_{i=0}^{10}W_i\left(\boldsymbol{\chi}_i(2|1)-\hat{\mathrm{x}}(2|1)\right)\left(\boldsymbol{\zeta}_i(2|1)-\hat{\mathrm{z}}(2|1)\right)^T$$

$$\hat{\mathrm{x}}(2|2)=\hat{\mathrm{x}}(2|1)+\mathrm{K}(2)[\mathrm{z}(2)-\hat{\mathrm{z}}(2|1)]$$

$$\mathrm{P}(2|2)=\mathrm{P}(2|1)-\mathrm{K}(2)\mathrm{P}_{zz}(2|1)\mathrm{K}^T(2)$$

$$\mathrm{K}(2)=\mathrm{P}_{xz}(2|1)\mathrm{P}_{zz}^{-1}(2|1)$$

$k=3,\ 4,\ 5,\ \ldots$: 반복

매트랩으로 작성된 언센티드 칼만필터 코드는 시그마 포인트를 계산하기 위한 sigma_point.m, 시간 업데이트를 구현한 reentry_ukf_tu.m, 측정 업데이트를 구현한 reentry_ukf_mu.m, 시스템의 운동을 구현한 reentry_dyn.m, 측정 모델을 구현한 reentry_meas.m, 그리고 언센티드 칼만필터를 구동하기 위한 reentry_ukf_main.m으로 구성돼 있다. reentry_dyn.m과 reentry_meas.m은 확장 칼만필터에서 사용한 파일과 동일하다.

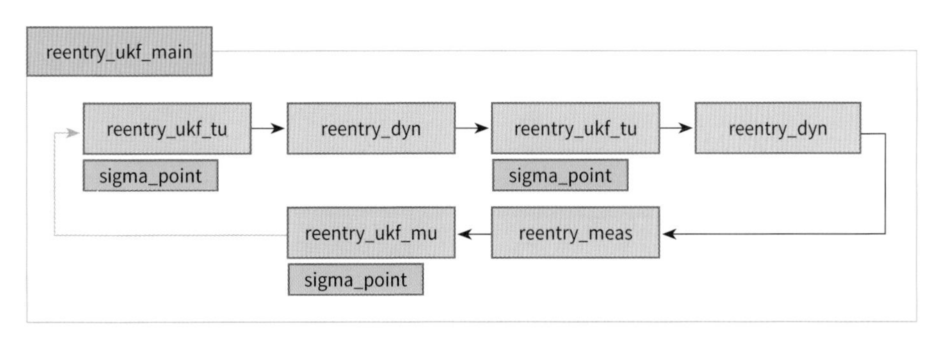

그림 6.7 코드 구조

전체 코드는 다음과 같다.

reentry_ukf_main.m

```
%
% 재진입 궤적 추정 문제: 언센티드 칼만필터 메인 코드
%

clear all

% 상수 정의
params.R0 = 6374;
params.H0 = 9.3;
params.beta0 = 0.59783;
params.mu = 3.986e5;
params.xR = 6374; % 레이다 좌표
params.yR = 0;
params.kappa = -2;

% 샘플링 시간
dt = 0.05;

% 프로세스 노이즈
Qcf = diag([2.4065e-4 2.4065e-4 1e-5]); % 언센티드 칼만필터 (식 (6.10))
Qd = Qcf * dt;

Qcr = diag([2.4065e-4 2.4065e-4 0]); % 실제 시스템 (식 (6.5), (6.8))
Qr = Qcr * dt;

% 측정 노이즈 (식 (6.6))
Rd = diag([1e-6  (17e-3)^2]);

% 초기 상태변수 평균값과 공분산 (식 (6.4))
x_mean0 = [6500.4; 349.14; -1.8093; -6.7967; 0.6932];
P0 = 1e-6 * diag([1 1 1 1 0]);
x0 = x_mean0 + sqrt(P0) * randn(5,1); % 초기 상태변수 샘플링

% 언센티드 칼만필터 초깃값 (식 (6.9))
xhat = [6500.4; 349.14; -1.8093; -6.7967; 0];
Phat = diag([1e-6 1e-6 1e-6 1e-6 1]);
```

```
% 결괏값을 저장하기 위한 변수
X = [];
XHAT = [];
PHAT = [];
Z = [];
ZHAT = [];
SBAR = [];
TIME = [];

% 언센티드 칼만필터 메인 루프 ----------------------------------
for k = 1:4000 % 200초간 시뮬레이션

    t = dt*k % 시간

    % 시간 업데이트
    [xbar, Pbar] = reentry_ukf_tu(xhat, Phat, Qd, dt, params);

    % 시스템 모델 (식 (6.7))
    x = reentry_dyn(x0, Qr, dt, params, 'sy');

    % 다음 시간 스텝을 위한 준비
    x0 = x;
    xhat = xbar;
    Phat = Pbar;

    if mod(k,2) == 0 % 측정 업데이트는 시간 업데이트 2회마다 1회 실시

        % 측정 모델 (식 (6.3))
        z = reentry_meas(x, Rd, params, 'sy');

        % 측정 업데이트
        [xhat, Phat, zhat, S] = reentry_ukf_mu(z, xbar, Pbar, Rd, params);

        % 결과 저장
        X = [X; x'];
        XHAT = [XHAT; xhat'];
        PHAT = [PHAT; (diag(Phat))'];
        Z = [Z; z'];
```

```
        ZHAT = [ZHAT; zhat'];
        SBAR = [SBAR; (diag(S))'];
        TIME = [TIME; t];

    end

end
```

reentry_ukf_tu.m

```
function [xbar, Pbar] = reentry_ukf_tu(xhat, Phat, Qd, dt, params)
%
% 언센티드 칼만필터 시간 업데이트 함수
%

% 상수
kappa = params.kappa;
n=length(xhat);

% 시그마 포인트 (식 (5.72))
[Xi,W]=sigma_point(xhat,Phat,kappa);

G = [zeros(2,3);
     eye(3)];

% 언센티드 변환 (식 (5.73))
[n,mm] = size(Xi);
Xibar = zeros(n,mm);
for jj=1:mm
    Xibar(:, jj) = reentry_dyn(Xi(:,jj), Qd, dt, params, 'kf'); % 시스템 모델
end

% 시간 업데이트 (식 (5.73))
xbar = zeros(n,1);
for jj=1:mm
    xbar = xbar + W(jj).*Xibar(:,jj);
end
```

```
Pbar = zeros(n,n);
for jj=1:mm
    Pbar = Pbar + W(jj)*(Xibar(:,jj)-xbar)*(Xibar(:,jj)-xbar)';
end

Pbar = Pbar + G*Qd*G';
```

reentry_ukf_mu.m

```
function [xhat, Phat, zhat, Pzz] = reentry_ukf_mu(z, xbar, Pbar, Rd, params)
%
% 언센티드 칼만필터 측정 업데이트 함수
%

% 상수
kappa = params.kappa;
n = length(xbar);
p = length(z);

% 시그마 포인트 계산 (식 (5.74))
[Xi,W] = sigma_point(xbar,Pbar,kappa);

% 언센티드 변환 (식 (5.75))
[n,mm] = size(Xi);
Zi = zeros(p,mm);
for jj=1:mm
    Zi(:, jj) = reentry_meas(Xi(:,jj), Rd, params, 'kf'); % 측정 모델
end


% 측정 업데이트 (식 (5.76))
zhat = zeros(p,1);
for jj=1:mm
    zhat = zhat + W(jj).*Zi(:,jj);
end

Pxz = zeros(n,p);
```

```
Pzz = zeros(p,p);
for jj=1:mm
    Pxz = Pxz + W(jj)*(Xi(:,jj)-xbar)*(Zi(:,jj)-zhat)';
    Pzz = Pzz + W(jj)*(Zi(:,jj)-zhat)*(Zi(:,jj)-zhat)';
end

Pzz = Pzz + Rd;

K = Pxz * inv(Pzz);
Phat = Pbar - K * Pzz *K';

xhat = xbar + K * (z - zhat);
```

sigma_point.m

```
function [Xi W] = sigma_point(xbar, P, kappa)
%
% 시그마 포인트와 가중치를 계산하기 위한 함수
%

n = length(xbar);
Xi = zeros(n,2*n+1);
W = zeros(n,1);

Xi(:,1) = xbar;
W(1) = kappa/(n+kappa);

A = sqrt(n+kappa)*(chol(P))';

for k=1:n
    Xi(:,k+1) = xbar + A(:,k);
    W(k+1) = 1/(2*(n+kappa));
end

for k=1:n
    Xi(:,n+k+1) = xbar - A(:,k);
    W(n+k+1) = 1/(2*(n+kappa));
end
```

`reentry_ukf_main.m` 파일을 실행하면 시뮬레이션이 수행된다. 시뮬레이션은 200초간 실행됐으며 언센티드 칼만필터의 추정 결과는 다음 그림과 같다. 그림 6.8과 6.9는 재진입 비행체의 실제 궤적과 언센티드 칼만필터가 추정한 궤적을 도시한 것이다. 그림 6.10은 상태변수의 추정 오차와 표준편차(1σ, $\sqrt{P(k|k)}$의 대각항)를 도시한 것이다. 대체로 추정 오차가 언센티드 칼만필터가 예측한 표준편차의 범위 내에 있음을 알 수 있다. 그림 6.11은 측정 예측 오차와 표준편차($\sqrt{P_{zz}(k|k-1)}$의 대각항)를 도시한 것이다. 예측 오차도 표준편차의 범위 내에 있음을 알 수 있다. 언센티드 칼만필터의 추정 오차는 대체로 확장 칼만필터와 비슷하다.

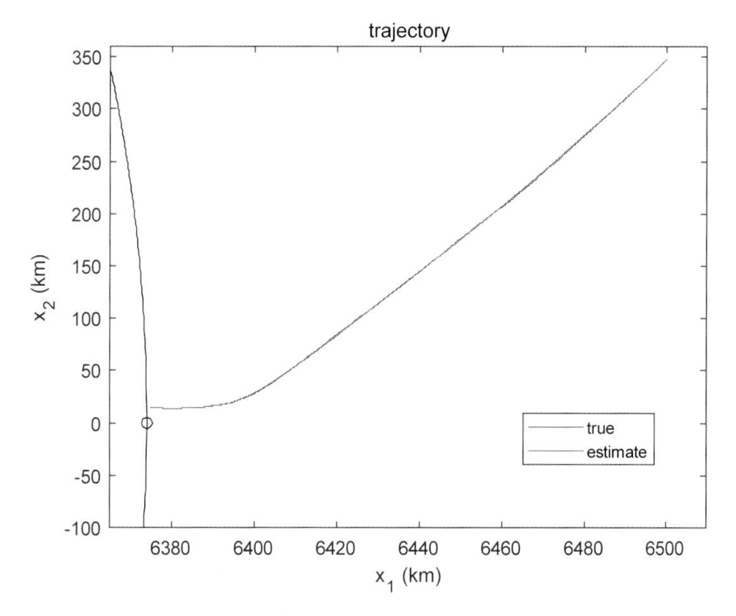

그림 6.8 재진입 우주비행체의 실제 궤적과 추정 궤적('o'는 레이다의 위치, 검정색 선은 지구를 표시)

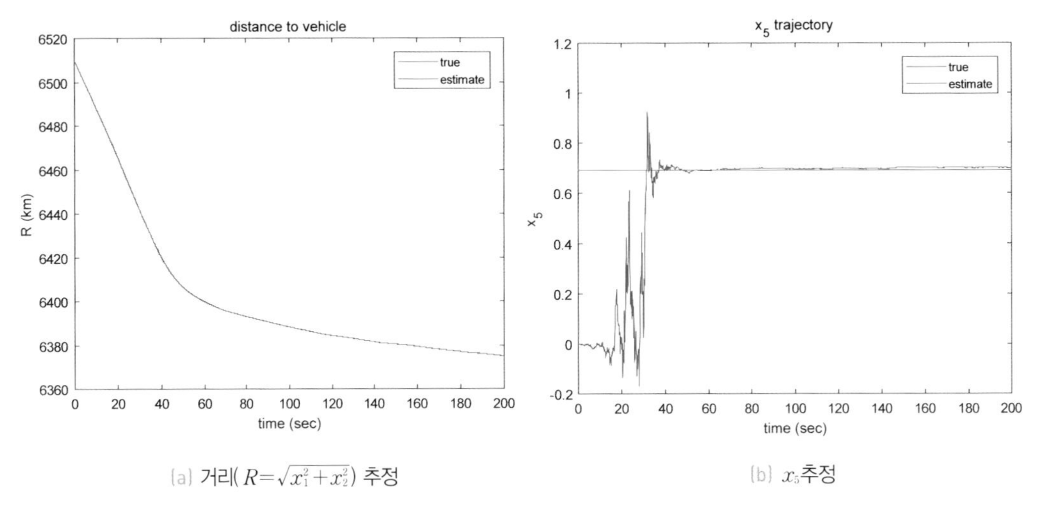

(a) 거리($R=\sqrt{x_1^2+x_2^2}$) 추정

(b) x_5추정

그림 6.9 상태변수 추정

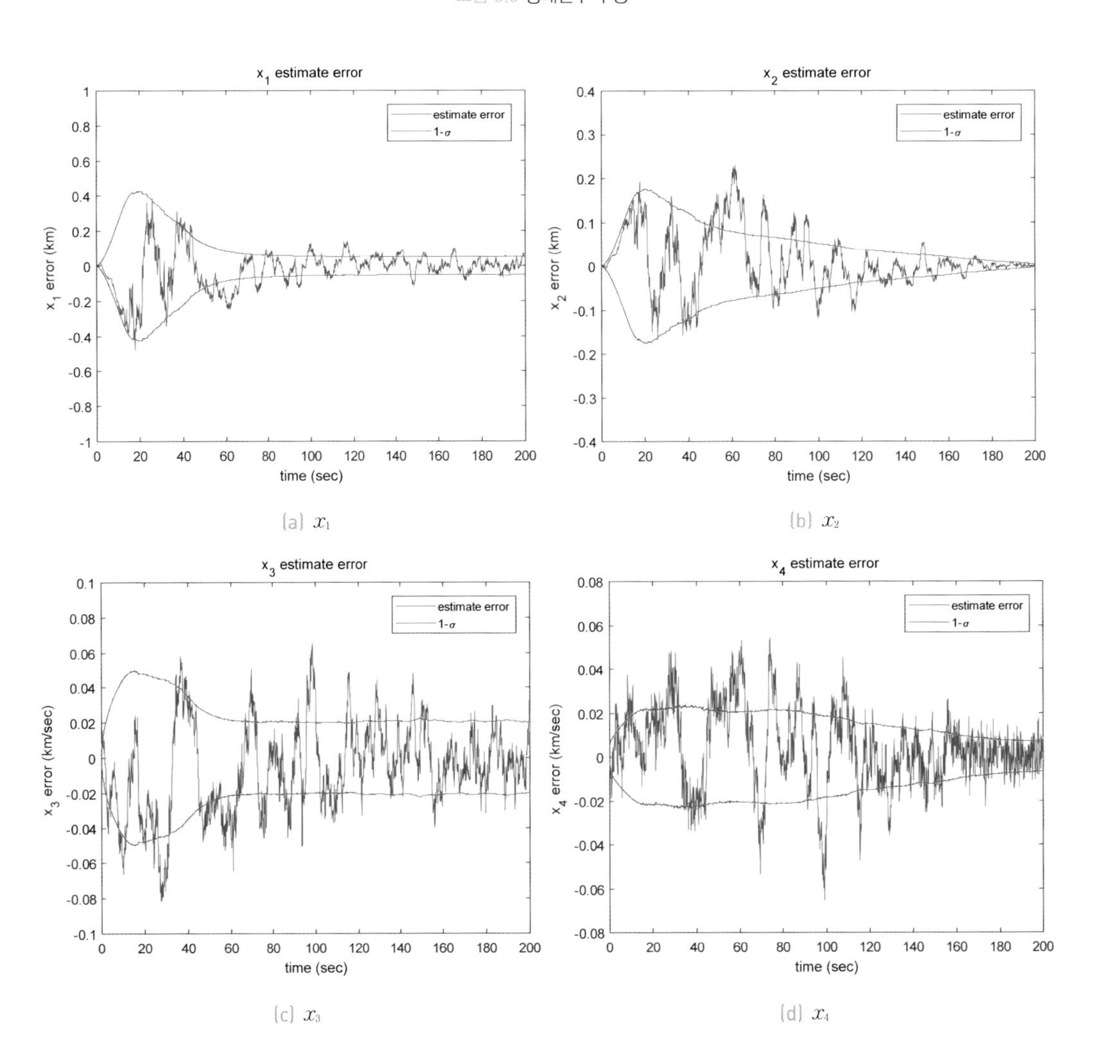

(a) x_1

(b) x_2

(c) x_3

(d) x_4

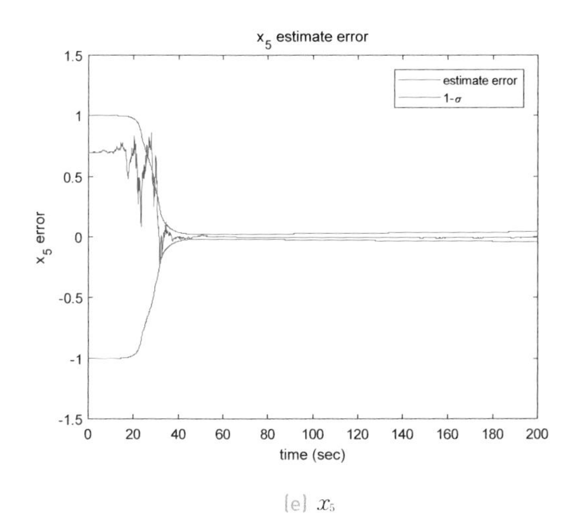

(e) x_5

그림 6.10 상태변수 추정 오차와 표준편차

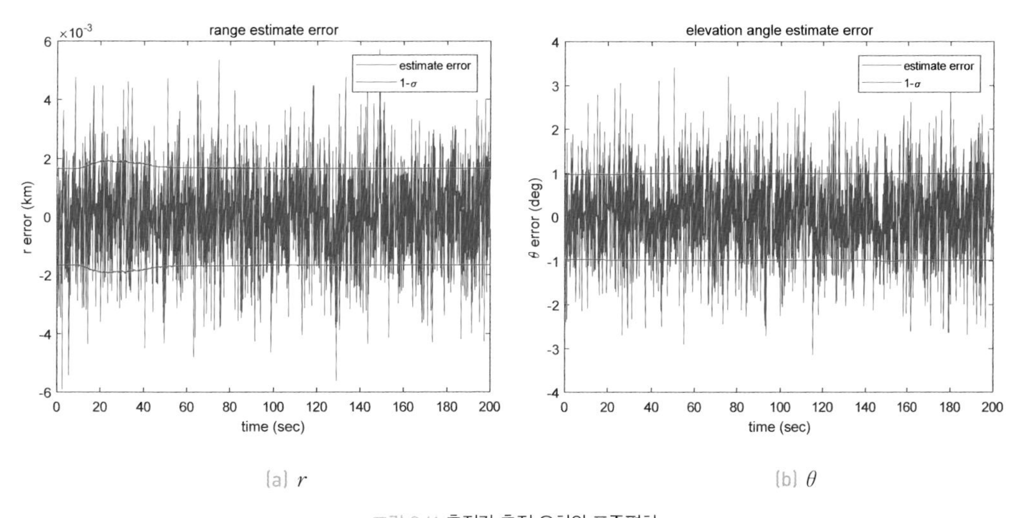

(a) r (b) θ

그림 6.11 측정값 추정 오차와 표준편차

6.1.5 확장 칼만필터와 언센티드 칼만필터 비교

확장 칼만필터와 언센티드 칼만필터의 성능을 비교하기 위해 각각 100회의 몬테카를로 시뮬레이션을 수행했다. 그림 6.12는 그 결과를 도시한 것으로, 상태변수별로 추정 오차의 평균제곱근(RMS error, root mean squared error)을 그린 것이다. 오차의 평균제곱근은 다음 식으로 계산했다.

$$\epsilon_j(k)=\sqrt{\frac{1}{N}\sum_{i=1}^{N}(x_j^{(i)}(k)-\hat{x}_j^{(i)}(k|k))^2} \tag{6.12}$$

여기서 N은 시뮬레이션 횟수, 아래 첨자 j는 j번째 상태변수, 위 첨자 i는 i번째 시뮬레이션, x는 참값, $\hat{x}$는 추정값을 나타낸다. 그림 6.12에 의하면 확장 칼만필터와 언센티드 칼만필터의 추정 성능은 큰 차이가 없는 것으로 나타났다.

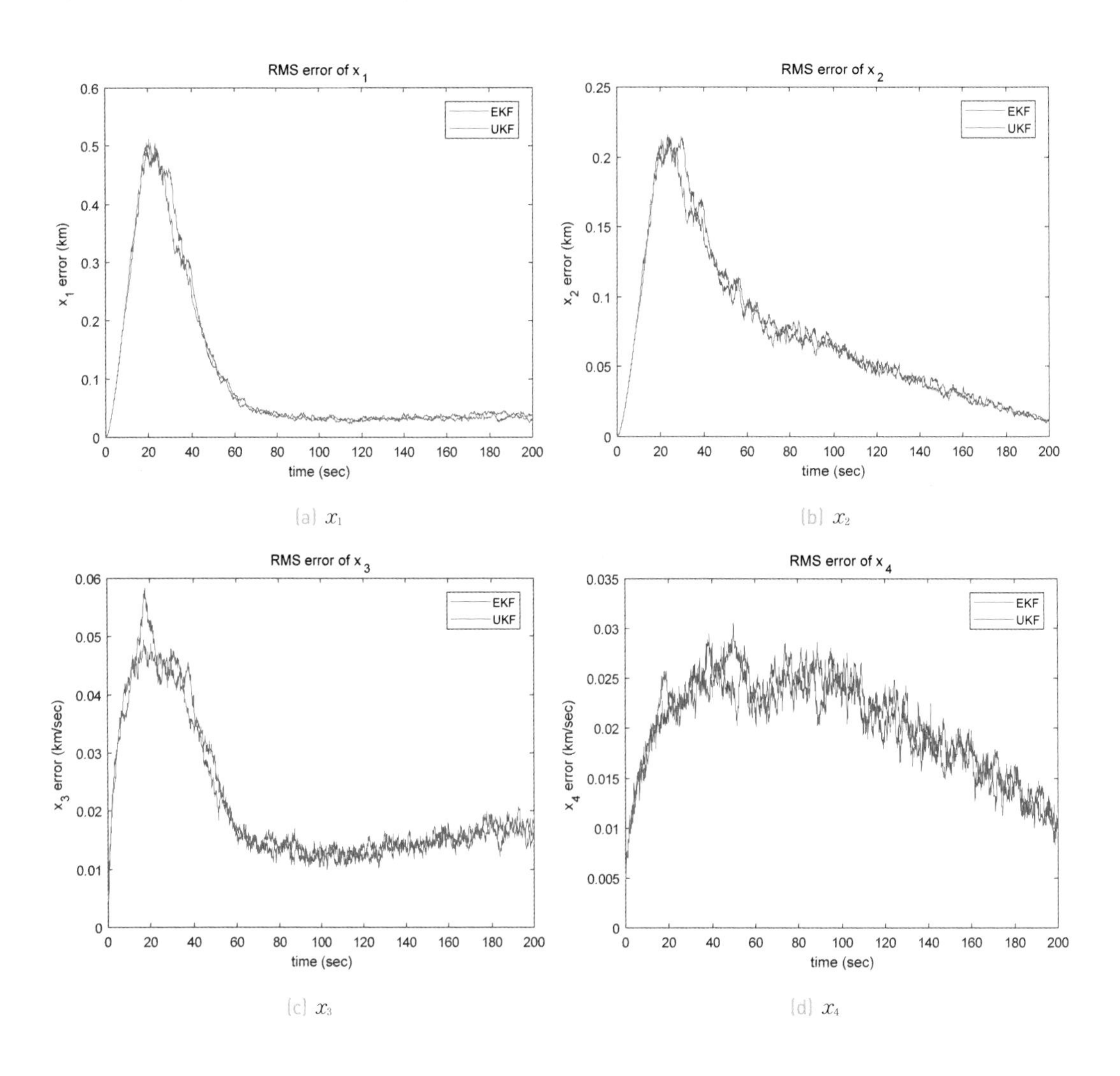

(a) x_1 (b) x_2

(c) x_3 (d) x_4

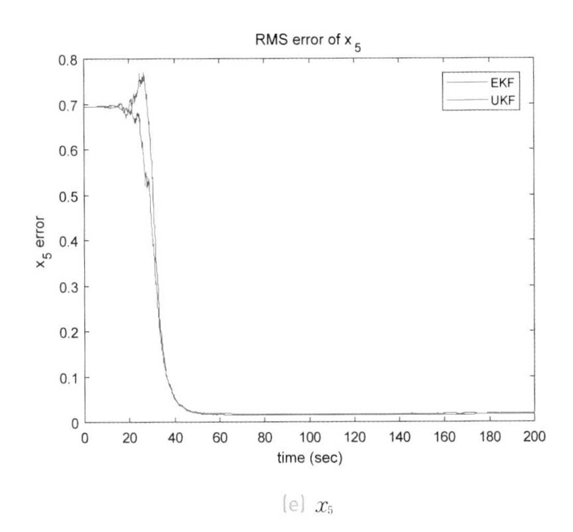

(e) x_5

그림 6.12 확장 칼만필터와 언센티드 칼만필터의 추정 오차(RMS error) 비교

6.2 미사일 탐색기

6.2.1 개요

미사일의 탐색기(seeker)는 적 항공기나 적 함정과 같은 표적(target)을 탐색해 해당 표적의 시선(LOS, line-of sight) 각속도 정보를 미사일의 유도 제어 루프로 전달하는 역할을 한다. 미사일의 유도 제어 루프에서는 시선 각속도 정보를 이용해 유도 명령을 생성하고 미사일이 표적을 추적하도록 미사일의 운동을 제어한다. 짐벌형(gimbal) 탐색기는 탐색기가 미사일의 운동과는 독립적으로 관성좌표계상에서 표적을 지향할 수 있는 구조를 가지고 있어서 유도 명령 생성에 필요한 시선(LOS) 각속도 정보를 직접 산출하는 반면, 동체 고정형인 스트랩다운(strapdown) 탐색기에서는 시선(LOS) 각속도 정보가 직접 주어지지 않고 미사일과 표적과의 상대 거리와 상대 거리의 변화율, 관찰각(look angle, 고도각 및 방위각) 등을 측정값으로 산출하므로 이들 측정값을 기반으로 시선(LOS) 각속도를 추정해야 한다. 이 절에서는 탐색기가 미사일에서 표적까지의 상대 거리와 관찰각을 측정해 미사일에 대한 표적의 상대 운동을 추정할 수 있는 확장 칼만필터와 언센티드 칼만필터를 설계해 본다.

먼저, 표적이 등속 운동을 한다고 가정하면 표적의 운동은 다음과 같이 표현할 수 있다.

$$\dot{\mathrm{v}}_T^n(t)=\mathrm{w}(t) \tag{6.13}$$

여기서 v_T^n는 관성좌표계로 표현한 표적의 속도벡터다. 등속 운동을 가정했으므로 표적의 속도 변화율은 0이어야 하지만, 실제로는 알 수 없는 기동을 할 수도 있는 등 여러 오차 요인이 있으므로 이를 감안해 가우시안 화이트 노이즈 $\mathrm{w}(t)\sim N(0, Q_c)$를 추가한다. 여기서 파워스펙트럴밀도(PSD)인 Q_c를 기동(maneuver)의 강도(intensity)라고 한다. 한편, 미사일의 운동은 다음과 같이 표현할 수 있다.

$$\dot{\mathrm{v}}_M^n(t)=\mathrm{a}_M^n(t) \tag{6.14}$$

여기서 v_M^n는 관성좌표계로 표현한 미사일의 속도벡터를 나타내는데, 미사일의 속도 크기는 $|\mathrm{v}_M^n|=V_M$으로 일정하다고 가정한다. a_M^n는 관성좌표계로 표현한 미사일의 가속도 명령(acceleration command)이다.

그림 6.13에 도시한 것과 같이, $\mathrm{r}^n=\mathrm{r}_T^n-\mathrm{r}_M^n$와 $\mathrm{v}^n=\mathrm{v}_T^n-\mathrm{v}_M^n$를 각각 관성좌표계 $\{n\}$으로 표현한 미사일에서 표적까지의 상대 거리벡터와 속도벡터라고 한다. 보통 관성좌표계의 $\hat{n}_1$ 축은 북쪽, $\hat{n}_2$ 축은 동쪽, $\hat{n}_3$ 축은 중력방향(아래쪽)을 나타낸다.

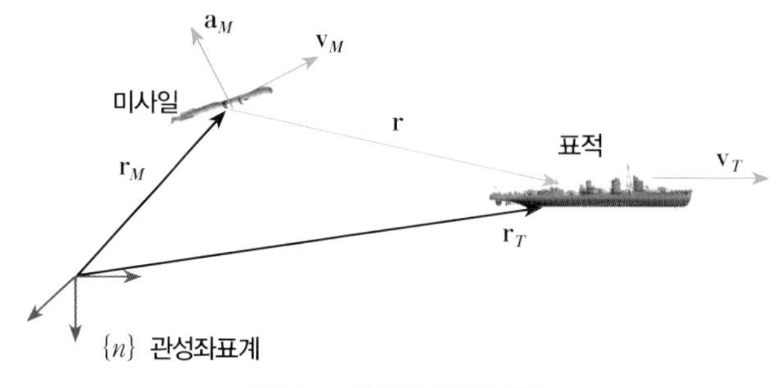

그림 6.13 미사일과 표적의 운동

이제 상태변수 $\mathrm{x}(t)$와 입력 $\mathrm{u}(t)$를 다음과 같이 정의하면,

$$\mathrm{x}(t)=\begin{bmatrix} \mathrm{r}^n(t) \\ \mathrm{v}^n(t) \end{bmatrix},\ \mathrm{u}(t)=\mathrm{a}_M^n(t) \tag{6.15}$$

미사일과 표적의 상대 운동은 다음과 같이 표현할 수 있다.

$$\dot{\mathrm{x}} = \begin{bmatrix} 0 & I \\ 0 & 0 \end{bmatrix}\mathrm{x} + \begin{bmatrix} 0 \\ -I \end{bmatrix}\mathrm{u} + \begin{bmatrix} 0 \\ \mathrm{w} \end{bmatrix} \tag{6.16}$$

연속시간으로 표현된 식 (6.16)을 샘플링 시간 $\triangle t$를 이용해 이산화하면 다음과 같다.

$$\mathrm{x}(k+1)=\begin{bmatrix} I & \triangle tI \\ 0 & I \end{bmatrix}\mathrm{x}(k)+\begin{bmatrix} -\dfrac{(\triangle t)^2}{2}I \\ -\triangle tI \end{bmatrix}\mathrm{u}(k)+\mathrm{w}(k) \tag{6.17}$$

여기서 I는 3×3인 단위행렬(identity matrix)이고, $\mathrm{w}(k)$는 이산화된 프로세스 노이즈로서, 평균과 공분산은 다음과 같이 주어진다.

$$\mathrm{w}(k)\sim N\left(0, \begin{bmatrix} \dfrac{(\triangle t)^3}{3}\mathrm{Q}_c & \dfrac{(\triangle t)^2}{2}\mathrm{Q}_c \\ \dfrac{(\triangle t)^2}{2}\mathrm{Q}_c & \triangle t\mathrm{Q}_c \end{bmatrix}\right) \tag{6.18}$$

탐색기의 측정 모델은 다음과 같다.

$$\mathrm{z}(k)=\begin{bmatrix} R(k) \\ \theta_g(k) \\ \psi_g(k) \end{bmatrix}=\begin{bmatrix} \sqrt{R_1^2+R_2^2+R_3^2} \\ \tan^{-1}\left(\dfrac{-R_3}{\sqrt{R_1^2+R_2^2}}\right) \\ \tan^{-1}\left(\dfrac{R_2}{R_1}\right) \end{bmatrix}+\mathrm{v}(k) \tag{6.19}$$

여기서 $\mathrm{r}^b = [R_1\ R_2\ R_3]^T$는 미사일 동체좌표계 $\{b\}$로 표현한 미사일에서 표적까지의 상대 거리 벡터이며, θ_g와 ψ_g는 그림 6.14에서 보는 것과 같이 미사일 탐색기에서 바라본 표적의 관찰각인 고도각과 방위각을 나타낸다. 보통 동체좌표계의 $\hat{b}_1$ 축은 미사일의 전진 방향, $\hat{b}_2$ 축은 오른쪽 방향, $\hat{b}_3$ 축은 미사일의 아래쪽을 나타낸다.

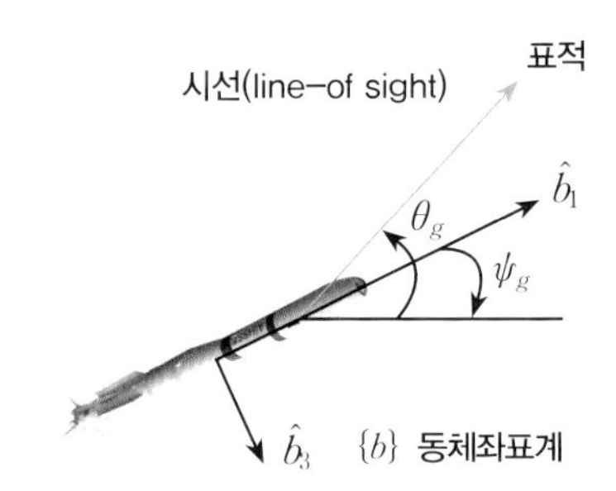

그림 6.14 탐색기의 관찰각(look angle, 고도각 및 방위각)

$\mathrm{v}(k)$는 상대 거리 및 방위각과 고도각의 측정 노이즈를 나타내며, 평균이 0이고 공분산이 R인 화이트 노이즈로 설정한다.

$$\mathrm{v}(k) \sim N(0,\ \mathrm{R}) \tag{6.20}$$

관성좌표계 $\{n\}$으로 표현한 상대 거리 벡터 r^n는 다음과 같은 좌표 변환 관계식으로 미사일의 동체좌표계 $\{b\}$로 표현할 수 있다.

$$\mathrm{r}^b = \mathrm{C}_n^b \mathrm{r}^n \tag{6.21}$$

여기서 C_n^b는 미사일의 동체좌표에서 관성좌표계로의 방향코사인행렬(DCM, direction cosine matrix)이며, 다음과 같이 주어진다.

$$\mathrm{C}_n^b = \begin{bmatrix} \cos\psi\cos\theta & \sin\psi\cos\theta & -\sin\theta \\ -\sin\psi & \cos\psi & 0 \\ \cos\psi\sin\theta & \sin\psi\sin\theta & \cos\theta \end{bmatrix} \tag{6.22}$$

여기서 (θ, ψ)는 동체좌표계의 오일러(Euler) 각이다. 미사일의 속도 방향이 항상 미사일의 동체좌표계의 $\hat{b}_1$ 축 방향이라고 가정하면, $\mathrm{v}_M^b = [V_M\ 0\ 0]^T$이므로 오일러 각은 다음 식으로 주어진다.

$$
\begin{aligned}
\theta &= \tan^{-1}\left(\frac{-V_3}{\sqrt{V_1^2+V_2^2}}\right) \\
\psi &= \tan^{-1}\left(\frac{V_2}{V_1}\right)
\end{aligned} \tag{6.23}
$$

여기서 $\mathrm{v}_M^n = [V_1\ V_2\ V_3]^T$이다. 탐색기의 측정 모델인 식 (6.19)를 상태변수 $\mathrm{x}(k)$의 함수로 바꿔 표현하면 다음과 같다.

$$
\begin{aligned}
&\mathrm{z}(k) = \mathrm{h}(\mathrm{r}^b, \mathrm{v}^b) + \mathrm{v}(k) \\
&\begin{bmatrix} \mathrm{r}^b \\ \mathrm{v}^b \end{bmatrix} = \begin{bmatrix} \mathrm{C}_n^b \mathrm{r}^n \\ \mathrm{C}_n^b \mathrm{v}^n \end{bmatrix} = \begin{bmatrix} \mathrm{C}_n^b & 0 \\ 0 & \mathrm{C}_n^b \end{bmatrix} \mathrm{x}(k)
\end{aligned} \tag{6.24}
$$

순수비례항법유도(PPNG, pure proportional navigation guidance) 법칙에 의하면 미사일의 가속도 명령(acceleration command) a_M^n은 다음과 같이 계산된다.

$$
\mathrm{a}_M^n = N[\Omega_L^n \times]\,\mathrm{v}_M^n \tag{6.25}
$$

여기서 $[\mathrm{c}\times]$는 벡터 $\mathrm{c} = [c_1\ c_2\ c_3]^T$의 빗대칭(skew-symmetric) 행렬 $[\mathrm{c}\times] = \begin{bmatrix} 0 & -c_3 & c_2 \\ c_3 & 0 & -c_1 \\ -c_2 & c_1 & 0 \end{bmatrix}$를 나타내고, N은 항법상수로서 보통 3으로 설정한다. 시선 각속도 Ω_L^n은 다음과 같이 계산된다.

$$
\Omega_L^n = \frac{[\mathrm{r}^n \times]\,\mathrm{v}^n}{R^2} \tag{6.26}
$$

여기서 $R = |\mathrm{r}^n|$은 표적까지의 상대 거리다. 관성좌표계로 표현한 미사일의 가속도 명령 a_M^n은 다음과 같은 좌표 변환 관계식으로 미사일의 동체좌표계로 표현할 수 있다.

$$
\mathrm{a}_M^b = \mathrm{C}_n^b \mathrm{a}_M^n \tag{6.27}
$$

시스템 모델 (6.17)과 측정 모델 (6.24)에 대해 칼만필터를 설계한다. 표적은 함정으로 설정하고 샘플링 시간은 $\Delta t=0.01$초로 한다. 프로세스 노이즈의 파워스펙트럴밀도 Q_c와 측정 노이즈의 공분산 R은 각각 다음과 같이 설정한다.

$$Q_c=\begin{bmatrix}5.0^2 & 0 & 0\\ 0 & 5.0^2 & 0\\ 0 & 0 & 0\end{bmatrix},\ R=\begin{bmatrix}5.0^2 & 0 & 0\\ 0 & (\pi/180)^2 & 0\\ 0 & 0 & (\pi/180)^2\end{bmatrix} \tag{6.28}$$

표적이 함정이므로 $\hat{n}_3$ 축(상하 방향)으로의 운동은 없기 때문에 Q_c 행렬의 (3,3) 값은 0으로 설정했으며, $\hat{n}_1$, $\hat{n}_2$ 축은 함정이 평면에서 약간의 가속 운동을 할 수도 있기 때문에 Q_c의 (1,1)과 (2,2) 값을 5.0^2으로 설정했다. 탐색기의 측정 정확도는 거리 표준편차를 $5.0m$, 각도 표준편차 $\pi/180rad=1°$로 설정했다. 한편, 미사일은 초기 위치 $r_M^n(0)=[0\ 0\ -500]^T(m)$에서 일정한 속력 $V_M=270m/s$으로 초기 고도각 $\theta_T(0)=0°$와 방향각 $\psi_T(0)=0°$로 운동하고 있다고 가정한다. 여기서 고도는 관성좌표계 $\{n\}$에서 $\hat{n}_3$ 축의 반대 방향이다. 따라서 미사일의 초기 고도는 $500m$다.

$$\begin{bmatrix}r_M^n(0)\\ v_M^n(0)\end{bmatrix}=\begin{bmatrix}0\\ 0\\ -500\\ 270\\ 0\\ 0\end{bmatrix} \tag{6.29}$$

표적 함정은 평균 초기 위치 $r_T^n(0)=[20{,}000\ 30{,}000\ 0]^T(m)$에서 속력 $V_T=20m/s$, 초기 방향각 $\psi_T(0)=120°$로 운동하고 있다고 가정하며, 불확실성을 감안해 $\begin{bmatrix}r_T^n(0)\\ v_T^n(0)\end{bmatrix}\sim N\left(\begin{bmatrix}\bar{r}_{0T}\\ \bar{v}_{0T}\end{bmatrix}, P_{0T}\right)$로 설정한다.

$$\begin{bmatrix} \bar{\mathrm{r}}_{0T}^{n} \\ \bar{\mathrm{v}}_{0T}^{n} \end{bmatrix} = \begin{bmatrix} 20000 \\ 30000 \\ 0 \\ V_T \cos(\psi_T(0)) \\ V_T \sin(\psi_T(0)) \\ 0 \end{bmatrix}, \ \mathrm{P}_{0T} = \begin{bmatrix} 200^2 & 0 & 0 & 0 & 0 & 0 \\ 0 & 200^2 & 0 & 0 & 0 & 0 \\ 0 & 0 & 200^2 & 0 & 0 & 0 \\ 0 & 0 & 0 & 10^2 & 0 & 0 \\ 0 & 0 & 0 & 0 & 10^2 & 0 \\ 0 & 0 & 0 & 0 & 0 & 0 \end{bmatrix} \tag{6.30}$$

표적 함정의 초기 위치 오차의 표준편차는 축별로 $200m$로 봤으며, 초기 속력 오차의 표준편차도 $\hat{n}_3$ 축을 제외하고 $10m/s$로 봤다.

6.2.2 칼만필터 초기화

칼만필터의 상태 추정 초깃값과 공분산은 다음과 같이 설정한다.

$$\hat{\mathrm{x}}(0 \mid 0) = \begin{bmatrix} \bar{\mathrm{r}}_{0T}^{n} - \mathrm{r}_{M}^{n}(0) \\ \bar{\mathrm{v}}_{0T}^{n} - \mathrm{v}_{M}^{n}(0) \end{bmatrix}, \mathrm{P}(0 \mid 0) = \begin{bmatrix} 200^2 & 0 & 0 & 0 & 0 & 0 \\ 0 & 200^2 & 0 & 0 & 0 & 0 \\ 0 & 0 & 200^2 & 0 & 0 & 0 \\ 0 & 0 & 0 & 10^2 & 0 & 0 \\ 0 & 0 & 0 & 0 & 10^2 & 0 \\ 0 & 0 & 0 & 0 & 0 & 10^2 \end{bmatrix} \tag{6.31}$$

칼만필터의 이산시간 프로세스 노이즈 공분산 Q는 식 (6.28)을 이용해 계산한다.

$$\mathrm{Q} = \mathrm{Q}_c \Delta t \tag{6.32}$$

그리고 시뮬레이션을 위해 표적 함정의 초기 위치와 속도를 다음 확률 정보로부터 샘플링한다.

$$\begin{bmatrix} \mathrm{r}_{T}^{n}(0) \\ \mathrm{v}_{T}^{n}(0) \end{bmatrix} \sim N\left(\begin{bmatrix} \bar{\mathrm{r}}_{0T}^{n} \\ \bar{\mathrm{v}}_{0T} \end{bmatrix}, \ \mathrm{P}_{0T} \right) \tag{6.33}$$

하지만 보통 시뮬레이션에서는 시스템(여기서는 표적 함정)의 초깃값을 고정시키고 칼만필터의 초깃값을 다음과 같이 샘플링하는 방법을 쓰기도 한다.

$$\begin{bmatrix} \mathrm{r}_T^n(0) \\ \mathrm{v}_T^n(0) \end{bmatrix} = \begin{bmatrix} \bar{\mathrm{r}}_{0T}^n \\ \bar{\mathrm{v}}_{0T} \end{bmatrix}, \quad \hat{\mathrm{x}}(0|0) \sim N\left(\begin{bmatrix} \bar{\mathrm{r}}_{0T}^n - \mathrm{r}_M^n(0) \\ \bar{\mathrm{v}}_{0T}^n - \mathrm{v}_M^n(0) \end{bmatrix}, \mathrm{P}_{0T} \right) \tag{6.34}$$

이 절에서는 식 (6.34)를 이용하기로 한다.

6.2.3 확장 칼만필터 설계

측정 모델이 비선형 방정식이므로 확장 칼만필터에서는 자코비안 행렬을 계산해야 한다. 자코비안 행렬은 식 (6.19)와 (6.24)로부터 다음과 같이 계산된다.

$$\begin{aligned} \frac{\partial \mathrm{h}}{\partial \mathrm{x}} &= \begin{bmatrix} \frac{\partial \mathrm{h}}{\partial \mathrm{r}^n} & 0 \end{bmatrix} = \begin{bmatrix} \frac{\partial \mathrm{h}}{\partial \mathrm{r}^b} \frac{\partial \mathrm{r}^b}{\partial \mathrm{r}^n} & 0 \end{bmatrix} \\ &= \begin{bmatrix} \frac{\partial \mathrm{h}}{\partial \mathrm{r}^b} \mathrm{C}_n^b & 0 \end{bmatrix} \end{aligned} \tag{6.35}$$

여기서,

$$\frac{\partial \mathrm{h}}{\partial \mathrm{r}^b} = \begin{bmatrix} \frac{R_1}{\sqrt{R_1^2+R_2^2+R_3^2}} & \frac{R_2}{\sqrt{R_1^2+R_2^2+R_3^2}} & \frac{R_3}{\sqrt{R_1^2+R_2^2+R_3^2}} \\ \frac{R_1 R_3}{(R_1^2+R_2^2)^{3/2}+R_3^2(R_1^2+R_2^2)^{1/2}} & \frac{R_2 R_3}{(R_1^2+R_2^2)^{3/2}+R_3^2(R_1^2+R_2^2)^{1/2}} & \frac{-\sqrt{R_1^2+R_2^2}}{R_1^2+R_2^2+R_3^2} \\ \frac{-R_2}{R_1^2+R_2^2} & \frac{R_1}{R_1^2+R_2^2} & 0 \end{bmatrix} \tag{6.36}$$

이다.

확장 칼만필터 알고리즘의 시간 전파식은 다음과 같다.

$k=1$: **1.** 시간 업데이트

$$\hat{\mathrm{x}}(0|0)=\begin{bmatrix}\mathrm{r}^n\\\mathrm{v}^n\end{bmatrix}\sim N\left(\begin{bmatrix}\bar{\mathrm{r}}^n_{0T}-\mathrm{r}^n_M(0)\\\bar{\mathrm{v}}^n_{0T}-\mathrm{v}^n_M(0)\end{bmatrix},\ \mathrm{P}_{0T}\right),\ \Omega^n_L=\frac{[\mathrm{r}^n\times]\mathrm{v}^n}{R^2}$$

$$\mathrm{u}(0)=\mathrm{a}^n_M=N[\Omega^n_L\times]\mathrm{v}^n_M(0)$$

$$\hat{\mathrm{x}}(1|0)=\mathrm{F}\hat{\mathrm{x}}(0|0)+\mathrm{Gu}(0)$$

$$\mathrm{P}(1|0)=\mathrm{FP}(0|0)\mathrm{F}^T+\mathrm{G_w QG_w^T}$$

$$\mathrm{G}=\begin{bmatrix}0\\-\triangle tI\end{bmatrix},\ \mathrm{G_w}=\begin{bmatrix}0\\I\end{bmatrix}$$

2. $\mathrm{z}(1)=\begin{bmatrix}R(1)\\\theta_g(1)\\\psi_g(1)\end{bmatrix}$ 측정

3. 측정 업데이트

$$\hat{\mathrm{H}}(1)=\begin{bmatrix}\frac{\partial \mathrm{h}}{\partial \mathrm{r}^b}\mathrm{C}^b_n & 0\end{bmatrix}$$

$$\mathrm{S}(1)=\hat{\mathrm{H}}(1)\mathrm{P}(1|0)\hat{\mathrm{H}}^T(1)+\mathrm{R}$$

$$\mathrm{K}(1)=\mathrm{P}(1|0)\hat{\mathrm{H}}^T(1)\mathrm{S}^{-1}(1)$$

$$\hat{\mathrm{x}}(1|1)=\hat{\mathrm{x}}(1|0)+\mathrm{K}(1)\big(\mathrm{z}(1)-\mathrm{h}\big(\hat{\mathrm{x}}(1|0)\big)\big)$$

$$\mathrm{P}(1|1)=\mathrm{P}(1|0)-\mathrm{P}(1|0)\hat{\mathrm{H}}^T(1)\mathrm{S}^{-1}(1)\hat{\mathrm{H}}(1)\mathrm{P}(1|0)$$

$k=2$: **1.** 시간 업데이트

$$\hat{\mathrm{x}}(1|1)=\begin{bmatrix}\mathrm{r}^n\\\mathrm{v}^n\end{bmatrix},\ \Omega^n_L=\frac{[\mathrm{r}^n\times]\mathrm{v}^n}{R^2}$$

$$\mathrm{u}(1)=\mathrm{a}^n_M=N[\Omega^n_L\times]\mathrm{v}^n_M(1)$$

$$\hat{\mathrm{x}}(2|1)=\mathrm{F}\hat{\mathrm{x}}(1|1)+\mathrm{Gu}(1)$$

$$\mathrm{P}(2|1)=\mathrm{FP}(1|1)\mathrm{F}^T+\mathrm{G_w QG_w^T}$$

2. $\mathrm{z}(2)=\begin{bmatrix}R(2)\\\theta_g(2)\\\psi_g(2)\end{bmatrix}$ 측정

3. 측정 업데이트

$$\hat{H}(2)=\left[\frac{\partial h}{\partial r^b} C_n^b \ 0\right]$$

$$S(2)=\hat{H}(2)P(2|1)\hat{H}^T(1)+R$$

$$K(2)=P(2|1)\hat{H}^T(2)S^{-1}(2)$$

$$\hat{x}(2|2)=\hat{x}(2|1)+K(2)\left(z(2)-h\left(\hat{x}(2|1)\right)\right)$$

$$P(2|2)=P(2|1)-P(2|1)\hat{H}^T(2)S^{-1}(2)\hat{H}(2)P(2|1)$$

$k=3, 4, 5, \ldots$: 반복

매트랩으로 작성된 확장 칼만필터 코드는 시간 업데이트를 구현한 seeker_ekf_tu.m, 측정 업데이트를 구현한 seeker_ekf_mu.m, 미사일 운동을 구현한 missile_dyn.m, 순수비례항법유도 법칙을 구현한 missle_guidance.m, 표적 함정 운동을 구현한 target_dyn.m, 측정 모델을 구현한 seeker_meas.m, 그리고 확장 칼만필터를 구동하기 위한 seeker_ekf_main.m으로 구성돼 있다.

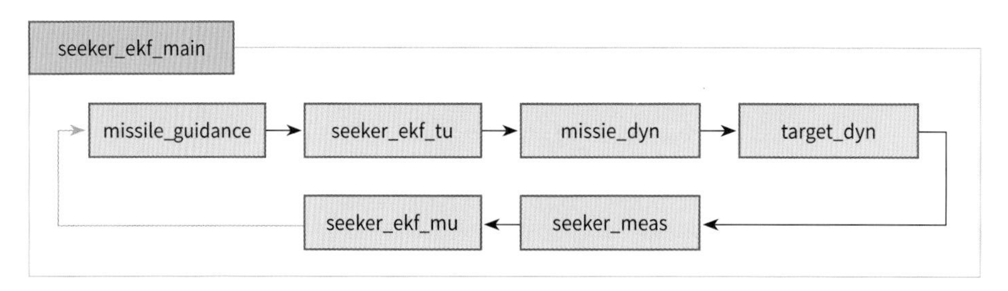

그림 6.15 코드 구조

전체 코드는 다음과 같다.

seeker_ekf_main.m

```
%
% 미사일 탐색기 문제: 확장 칼만필터 메인 코드
%
```

```
clear all

% 샘플링 시간
dt = 0.01;

% 프로세스 노이즈 (식 (6.28))
Qc = 5^2 * diag([1 1 0]);
Qd = Qc * dt;

% 측정 노이즈 (식 6.28))
Rd = diag([5^2  (pi/180)^2 (pi/180)^2]);

% 표적 초기 상태변수 평균값과 공분산 (식 (6.30))
rT0 =  [20000; 30000; 0];
VT = 20; % 표적 속력
thetaT = 0; psiT = 120 * pi/180;
cp = cos(psiT); ct = cos(thetaT);
sp = sin(psiT); st = sin(thetaT);
vT0 = VT * [cp*ct; sp*ct; -st];

P0 = diag([200^2 200^2 200^2 10^2 10^2 0]);
rvT0 =[rT0; vT0];

% 미사일 상태변수 평균값과 공분산 (식 (6.29))
rM0 = [0; 0; -500];
VM = 270; % 미사일 속력
thetaM = 0; psiM = 0;
cp = cos(psiM); ct = cos(thetaM);
sp = sin(psiM); st = sin(thetaM);
vM0 = VM * [cp*ct; sp*ct; -st];
rvM0 = [rM0; vM0];

% 확장 칼만필터 초깃값 (식 (6.34))
xhat = (rvT0 - rvM0) +  sqrt(P0) * randn(6,1);
Phat = diag([200^2 200^2 200^2 10^2 10^2 10^2]);

% 초기 유도법칙 (식 (6.25))
rhat = xhat(1:3,1);
vhat = xhat(4:6,1);
```

```
a_cmd0 = missile_guidance(rhat, vhat, vM0);

% 결괏값을 저장하기 위한 변수
POST = [];
POSM = [];
X = [];
XHAT = [];
PHAT = [];
Z = [];
ZHAT = [];
SBAR = [];
ACMD = [];
TIME = [];


% 확장 칼만필터 메인 루프 -----------------------------------
for k = 1:20000

    t = dt*k % 시간

    % 시간 업데이트

    [xbar, Pbar] = seeker_ekf_tu(xhat, Phat, a_cmd0, Qd, dt);

    % 미사일 운동 모델
    [rM, vM, Cbn] = missile_dyn(rM0, vM0, a_cmd0, dt);

    % 표적 운동 모델
    [rT, vT] = target_dyn(rT0, vT0, Qd, dt, 'sy');

    % 탐색기 측정 모델
    r_rel = rT-rM;
    z = seeker_meas(r_rel, Cbn, Rd, 'sy');

    % 측정 업데이트
    [xhat, Phat, zhat, S] = seeker_ekf_mu(z, xbar, Pbar, Rd, Cbn);

    % 유도 법칙 (식 (6.25))
    rhat = xhat(1:3,1);
```

```
    vhat = xhat(4:6,1);
    a_cmd = missile_guidance(rhat, vhat, vM);

    a_cmd_b = Cbn * a_cmd; % 유도 명령을 동체좌표계로 표현 (식 (6.27))

    % 결과 저장
    X = [X; rT'-rM' vT'-vM'];
    XHAT = [XHAT; xhat'];
    PHAT = [PHAT; (diag(Phat))'];
    Z = [Z; z'];
    ZHAT = [ZHAT; zhat'];
    SBAR = [SBAR; (diag(S))'];
    ACMD = [ACMD; a_cmd_b'];
    TIME = [TIME; t];

    POST = [POST; rT'];
    POSM = [POSM; rM'];

    % 다음 시간 스텝을 위한 준비
    rM0 = rM;
    vM0 = vM;
    rT0 = rT;
    vT0 = vT;
    a_cmd0 = a_cmd;

    % 미사일과 표적과의 거리가 5m 미만이면 타격으로 판단
    if norm(rT-rM) < 5
        break;
    end

end
```

seeker_ekf_tu.m

```
function [xbar, Pbar] = seeker_ekf_tu(xhat, Phat, a_cmd, Qd, dt)
%
% 확장 칼만필터 시간 업데이트 함수
%
```

```
% 시스템 모델 (식 6.17))
F = [eye(3) dt*eye(3); zeros(3,3) eye(3)];
G = [zeros(3,3); -dt*eye(3)];

Gw = [zeros(3,3);
     eye(3)];

% 시간 업데이트
xbar = F * xhat + G * a_cmd;
Pbar = F * Phat * F' + Gw*Qd*Gw';
```

seeker_ekf_mu.m

```
function [xhat, Phat, zhat, S] = seeker_ekf_mu(z, xbar, Pbar, Rd, Cbn)
%
% 확장 칼만필터 측정 업데이트 함수
%


% 자코비안 (식 (6.35), (6.36))
rb = Cbn*xbar(1:3, 1);
r1 = rb(1); r2 = rb(2); r3 = rb(3);
r_mag = sqrt(rb'*rb);
Rtmp = (r1^2+r2^2)*sqrt(r1^2+r2^2) + r3^2*sqrt(r1^2+r2^2);
dhdrb = [ r1/r_mag              r2/r_mag             r3/r_mag;
          r1*r3/Rtmp          r2*r3/Rtmp      -sqrt(r1^2+r2^2)/r_mag^2;
          -r2/(r1^2+r2^2)     r1/(r1^2+r2^2)     0];

H = [dhdrb * Cbn  zeros(3,3)];

% 측정 예측값
r_rel = xbar(1:3,1);
zhat = seeker_meas(r_rel, Cbn, Rd, 'kf');

% 측정 업데이트
S = H * Pbar *H' + Rd;
Phat = Pbar - Pbar * H' * inv(S) * H * Pbar;
K = Pbar * H' * inv(S);
xhat = xbar + K * (z - zhat);
```

missile_dyn.m

```
function [r_next, v_next, Cbn] = missile_dyn(r, v, a_cmd, dt)
%
% 미사일 운동 모델 (식 (6.14), (6.17))
%

r_next = r + dt*v;
v_next = v + dt*a_cmd;

% DCM b->n (식 (6.22))
the = atan2(-v(3), sqrt((v(1))^2+(v(2))^2));
psi = atan2(v(2), v(1));
cp = cos(psi); ct = cos(the);
sp = sin(psi); st = sin(the);
Cbn = [cp*ct sp*ct -st; -sp cp 0; cp*st sp*st ct];
```

missile_guidance.m

```
function a_cmd = missile_guidance(r, v, vM)
%
% 미사일 유도 법칙 (식 (6.25))
%

N = 3;
R2 = r'*r;
OmL = cross(r, v)/R2;
a_cmd = N * cross(OmL, vM);
```

target_dyn.m

```
function [r_next, v_next] = target_dyn(r, v, Qd, dt, status)
%
% 표적 운동 모델
%

% 프로세스 노이즈
if status == 'sy'
```

```
    w = sqrt(Qd)*randn(3,1);
else % 칼만필터 업데이트 시에 프로세스 노이즈는 0
    w = zeros(3,1);
end

% 식 (6.13)
r_next = r + dt*v;
v_next = v + w;
```

seeker_meas.m

```
function z = seeker_meas(r_rel, Cbn, Rd, status)
%
% 탐색기 측정 모델
%

rb = Cbn * r_rel; % 식 (6.21)

% 측정 노이즈
if status == 'sy'
    v = sqrt(Rd)*randn(3,1);
else % 칼만필터 업데이트 시에 측정 노이즈는 0
    v = zeros(3,1);
end

% 탐색기 측정값 (식 (6.19)
R = sqrt(rb'*rb) + v(1);
the_g = atan2(-rb(3), sqrt((rb(1))^2+(rb(2))^2)) + v(2);
psi_g = atan2(rb(2), rb(1)) + v(3);

z = [R; the_g; psi_g];
```

seeker_ekf_main.m 파일을 실행하면 시뮬레이션이 수행된다. 시뮬레이션은 표적과 미사일의 거리가 5m 미만일 때까지 실행됐으며 확장 칼만필터의 추정 결과는 다음 그림과 같다. 그림 6.16은 미사일과 표적 함정의 실제 궤적을 도시한 것이다. 미사일이 표적을 정확히 타격한 것을 알 수 있다. 그림 6.17은 상태변수의 추정 오차와 표준편차(1σ, $\sqrt{P(k|k)}$의 대각항)를 도시한 것이다. 추정 오

차가 확장 칼만필터가 예측한 표준편차의 범위 내에 있음을 알 수 있다. 그림 6.18은 측정 예측 오차와 표준편차($\sqrt{S(k)}$의 대각항)를 도시한 것이다. 예측 오차도 표준편차의 범위 내에 있음을 알 수 있다.

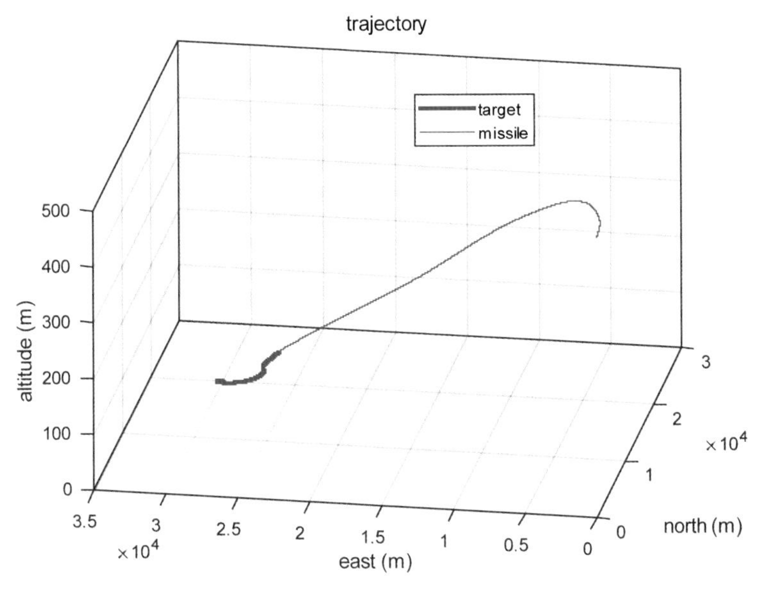

그림 6.16 미사일과 표적 함정의 궤적

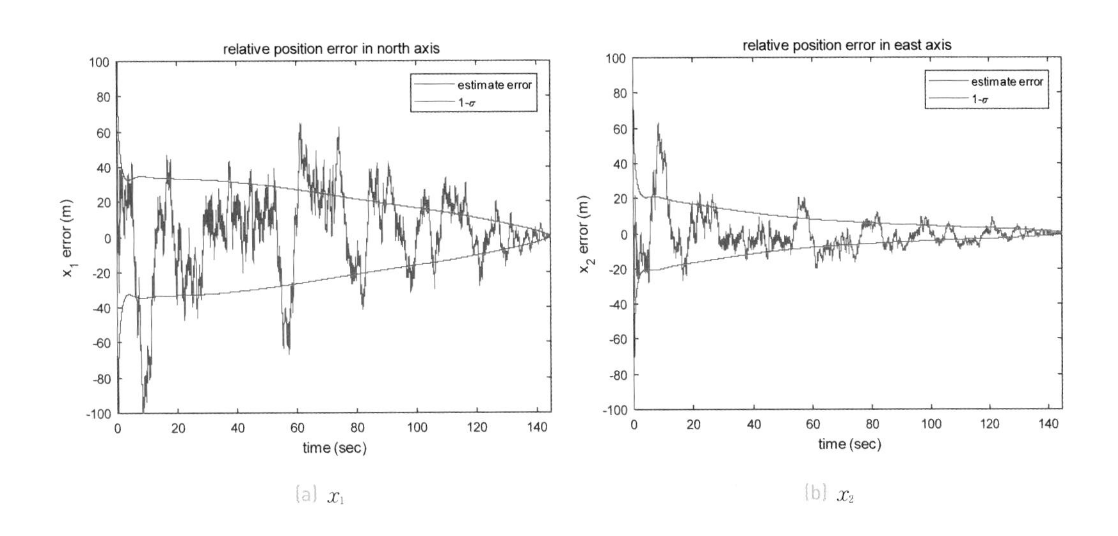

(a) x_1 (b) x_2

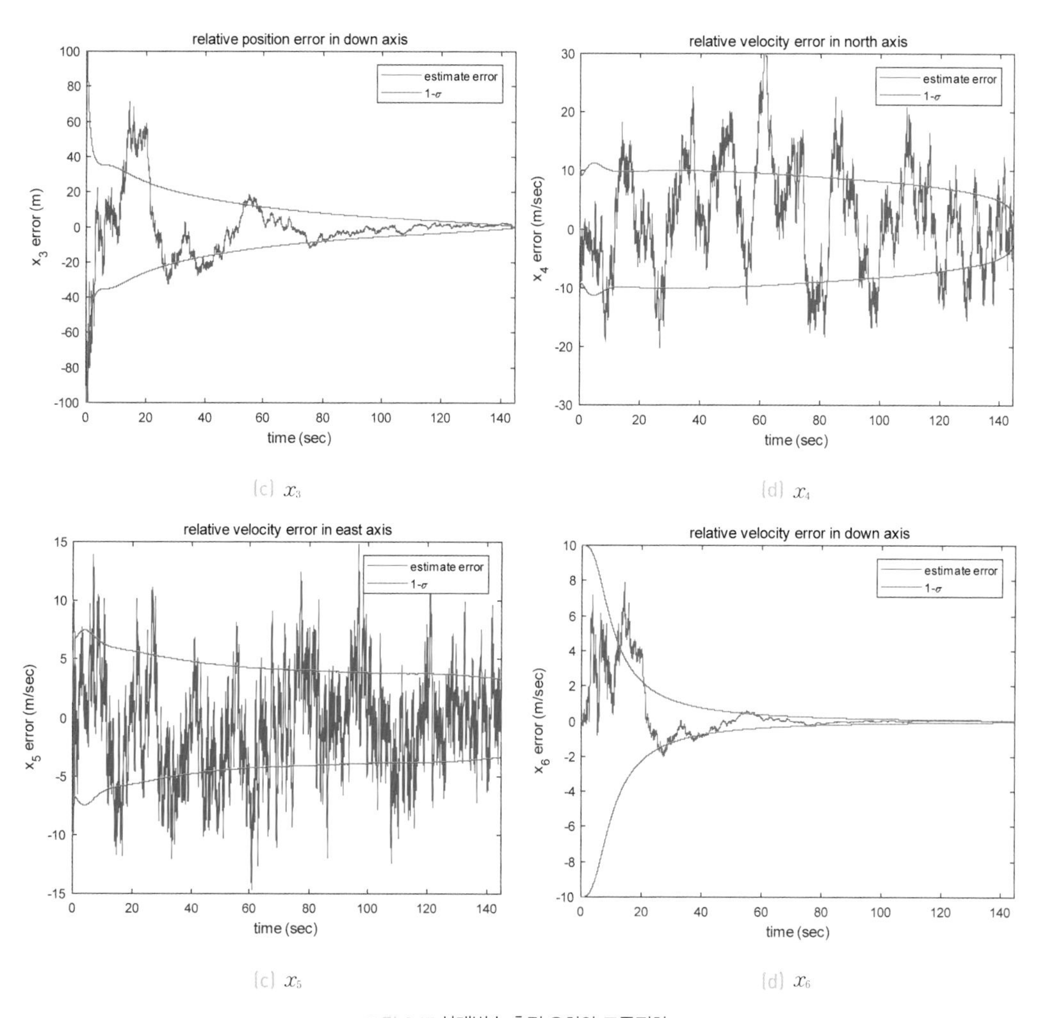

(c) x_3 (d) x_4

(c) x_5 (d) x_6

그림 6.17 상태변수 추정 오차와 표준편차

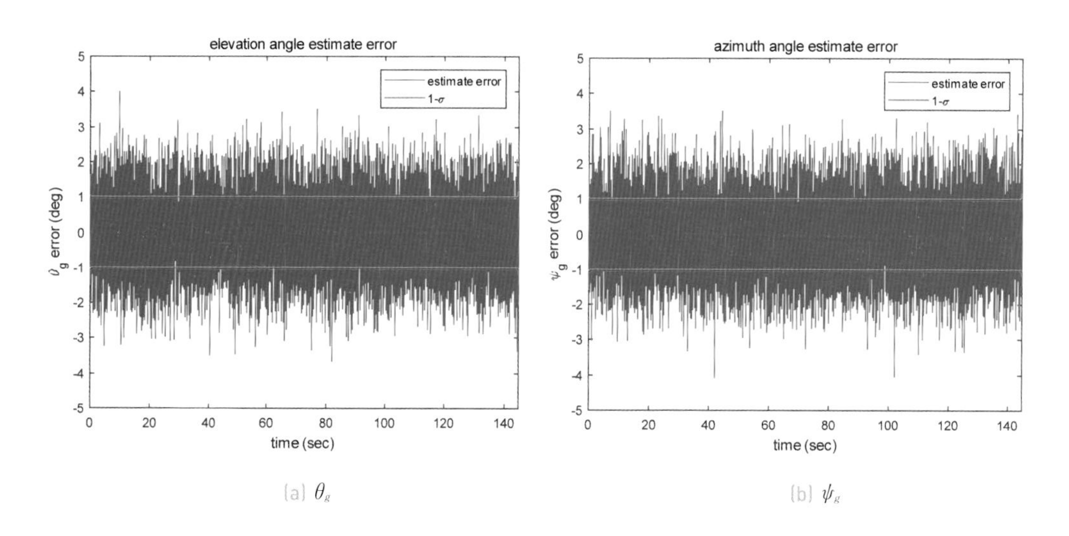

(a) θ_g (b) ψ_g

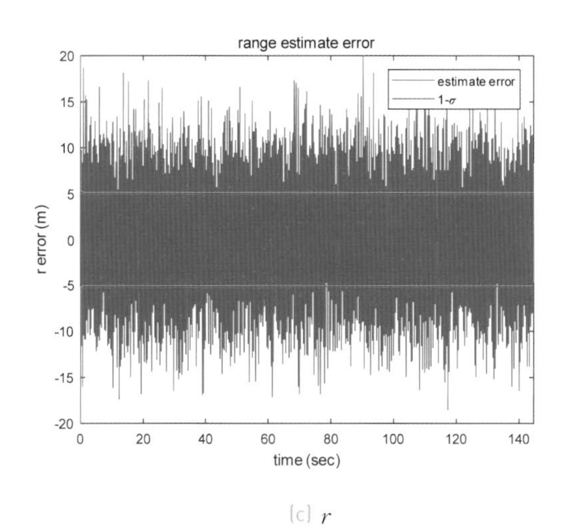

(c) r

그림 6.18 측정값 추정 오차와 표준편차

6.2.4 언센티드 칼만필터 설계

언센티드 칼만필터 알고리즘의 시간 전파식은 다음과 같다.

$k=1$: **1.** 시간 업데이트

$$n=6,\ \kappa=-3,\ \mathrm{S}(0|0)=(chol(\mathrm{P}(0|0)))^T$$

$$\chi_0(0|0)=\hat{\mathrm{x}}(0|0)$$

$$\chi_i(0|0)=\hat{\mathrm{x}}(0|0)+(\sqrt{3}\,\mathrm{S}(0|0))_i,\ i=1,\ ...,\ 6$$

$$\chi_{i+6}(0|0)=\hat{\mathrm{x}}(0|0)-(\sqrt{3}\,\mathrm{S}(0|0))_i,\ i=1,\ ...,\ 6$$

$$W_0=\frac{-3}{3}=-1$$

$$W_i=\frac{1}{2(3)},\ i=1,\ ...,\ 6$$

$$W_{i+5}=\frac{1}{2(3)},\ i=1,\ ...,\ 6$$

$$\overline{\chi}_i(1)=\mathrm{f}(\chi_i(0|0)),\ i=0,\ 1,\ ...,\ 12$$

$$\hat{\mathrm{x}}(1|0)=\sum_{i=0}^{12}W_i\overline{\chi}_i(1)$$

$$\mathrm{P}(1|0)=\sum_{i=0}^{12}W_i\left(\overline{\chi}_i(1)-\hat{\mathrm{x}}(1|0)\right)\left(\overline{\chi}_i(1)-\hat{\mathrm{x}}(1|0)\right)^T+\mathrm{G_w Q G_w^T}$$

$$G_w = \begin{bmatrix} 0 \\ I \end{bmatrix}$$

2. $z(1) = \begin{bmatrix} R(1) \\ \theta_g(1) \\ \psi_g(1) \end{bmatrix}$ 측정

3. 측정 업데이트

$$S(1|0) = (chol(P(1|0)))^T$$

$$\chi_0(1|0) = \hat{x}(1|0)$$

$$\chi_i(1|0) = \hat{x}(1|0) + (\sqrt{3}\,S(1|0))_i,\ i = 1,\ \ldots,\ 6$$

$$\chi_{i+6}(1|0) = \hat{x}(1|0) - (\sqrt{3}\,S(1|0))_i$$

$$\zeta_i(1|0) = h(\chi_i(1|0)),\ i = 0,\ 1,\ \ldots,\ 12$$

$$\hat{z}(1|0) = \sum_{i=0}^{12} W_i \zeta_i(1|0)$$

$$P_{zz}(1|0) = \sum_{i=0}^{12} W_i (\zeta_i(1|0) - \hat{z}(1|0))(\zeta_i(1|0) - \hat{z}(1|0))^T + R$$

$$P_{xz}(1|0) = \sum_{i=0}^{12} W_i (\chi_i(1|0) - \hat{x}(1|0))(\zeta_i(1|0) - \hat{z}(1|0))^T$$

$$\hat{x}(1|1) = \hat{x}(1|0) + K(1)[z(1) - \hat{z}(1|0)]$$

$$P(1|1) = P(1|0) - K(1)P_{zz}(1|0)K^T(1)$$

$$K(1) = P_{xz}(1|0)P_{zz}^{-1}(1|0)$$

$k = 2$: **1.** 시간 업데이트

$$S(1|1) = (chol(P(1|1)))^T$$

$$\chi_0(1|1) = \hat{x}(1|1)$$

$$\chi_i(1|1) = \hat{x}(1|1) + (\sqrt{3}\,S(1|1))_i,\ i = 1,\ \ldots,\ 6$$

$$\chi_{i+5}(1|1) = \hat{x}(1|1) - (\sqrt{3}\,S(1|1))_i,\ i = 1,\ \ldots,\ 6$$

$$\overline{\chi}_i(2) = f(\chi_i(1|1)),\ i = 0,\ 1,\ \ldots,\ 12$$

$$\hat{x}(2|1) = \sum_{i=0}^{12} W_i \overline{\chi}_i(2)$$

$$P(2|1) = \sum_{i=0}^{12} W_i (\overline{\chi}_i(2) - \hat{x}(2|1))(\overline{\chi}_i(2) - \hat{x}(2|1))^T + G_w Q G_w^T$$

2. $z(2)=\begin{bmatrix} R(2) \\ \theta_g(2) \\ \psi_g(2) \end{bmatrix}$ 측정

3. 측정 업데이트

$$S(2|1)=(chol(P(2|1)))^T$$

$$\chi_0(2|1)=\hat{x}(2|1)$$

$$\chi_i(2|1)=\hat{x}(2|1)+(\sqrt{3}\,S(2|1))_i,\ i=1,\ \ldots,\ 6$$

$$\chi_{i+6}(2|1)=\hat{x}(2|1)-(\sqrt{3}\,S(2|1))_i$$

$$\zeta_i(2|1)=h(\chi_i(2|1)),\ i=0,\ 1,\ \ldots,\ 12$$

$$\hat{z}(2|1)=\sum_{i=0}^{12} W_i \zeta_i(2|1)$$

$$P_{zz}(2|1)=\sum_{i=0}^{12} W_i\big(\zeta_i(2|1)-\hat{z}(2|1)\big)\big(\zeta_i(2|1)-\hat{z}(2|1)\big)^T+R$$

$$P_{xz}(2|1)=\sum_{i=0}^{12} W_i\big(\chi_i(2|1)-\hat{x}(2|1)\big)\big(\zeta_i(2|1)-\hat{z}(2|1)\big)^T$$

$$\hat{x}(2|2)=\hat{x}(2|1)+K(2)[z(2)-\hat{z}(2|1)]$$

$$P(2|2)=P(2|1)-K(2)P_{zz}(2|1)K^T(2)$$

$$K(2)=P_{xz}(2|1)P_{zz}^{-1}(2|1)$$

$k=3,\ 4,\ 5,\ \ldots$: 반복

매트랩으로 작성된 언센티드 칼만필터 코드는 시그마 포인트를 계산하기 위한 sigma_point.m, 시간 업데이트를 구현한 seeker_ukf_tu.m, 측정 업데이트를 구현한 seeker_ukf_mu.m, 미사일 운동을 구현한 missile_dyn.m, 순수비례항법유도 법칙을 구현한 missle_guidance.m, 표적 함정 운동을 구현한 target_dyn.m, 측정 모델을 구현한 seeker_meas.m, 그리고 확장 칼만필터를 구동하기 위한 seeker_ukf_main.m으로 구성돼 있다. missile_dyn.m, missle_guidance.m, target_dyn.m, seeker_meas.m은 확장 칼만필터에서 사용한 파일과 동일하다.

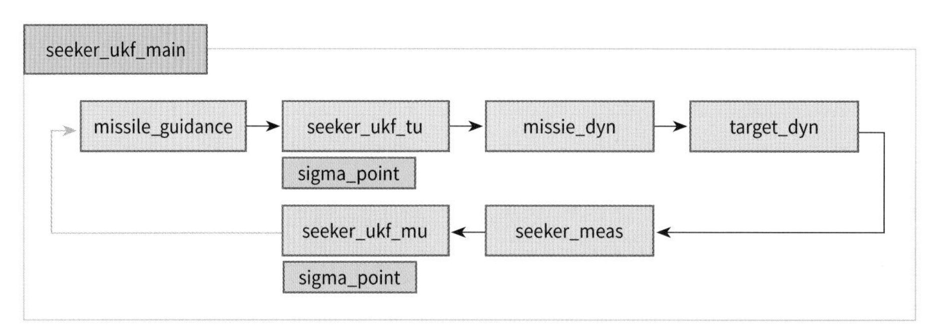

그림 6.19 코드 구조

전체 코드는 다음과 같다.

seeker_ukf_main.m

```
%
% 미사일 탐색기 문제: 언센티드 칼만필터 메인 코드
%

clear all

% 상수 정의
params.kappa = -3;

% 샘플링 시간
dt = 0.01;

% 프로세스 노이즈 (식 (6.28))
Qc = 5^2 * diag([1 1 0]);
Qd = Qc * dt;

% 측정 노이즈 (식 6.28))
Rd = diag([5^2  (pi/180)^2 (pi/180)^2]);

% 표적 초기 상태변수 평균값과 공분산 (식 (6.30))
rT0 =  [20000; 30000; 0];
VT = 20; % 표적 속력
thetaT = 0; psiT = 120 * pi/180;
cp = cos(psiT); ct = cos(thetaT);
```

```
sp = sin(psiT); st = sin(thetaT);
vT0 = VT * [cp*ct; sp*ct; -st];

P0 = diag([200^2 200^2 200^2 10^2 10^2 0]);
rvT0 =[rT0; vT0];

% 미사일 상태변수 평균값과 공분산 (식 (6.29))
rM0 = [0; 0; -500];
VM = 270; % % 미사일 속력
thetaM = 0; psiM = 0;
cp = cos(psiM); ct = cos(thetaM);
sp = sin(psiM); st = sin(thetaM);
vM0 = VM * [cp*ct; sp*ct; -st];
rvM0 = [rM0; vM0];

% 언센티드 칼만필터 초깃값 (식 (6.34))
xhat = (rvT0 - rvM0) + sqrt(P0) * randn(6,1);
Phat = diag([200^2 200^2 200^2 10^2 10^2 10^2]);

% 초기 유도법칙 (식 (6.25))
rhat = xhat(1:3,1);
vhat = xhat(4:6,1);
a_cmd0 = missile_guidance(rhat, vhat, vM0);

% 결괏값을 저장하기 위한 변수
POST = [];
POSM = [];
X = [];
XHAT = [];
PHAT = [];
Z = [];
ZHAT = [];
SBAR = [];
ACMD = [];
TIME = [];


% 언센티드 칼만필터 메인 루프 -----------------------------------
```

```
for k = 1:20000

    t = dt*k  % 시간

    % 시간 업데이트

    [xbar, Pbar] = seeker_ukf_tu(xhat, Phat, a_cmd0, Qd, dt, params);

    % 미사일 운동 모델
    [rM, vM, Cbn] = missile_dyn(rM0, vM0, a_cmd0, dt);

    % 표적 운동 모델
    [rT, vT] = target_dyn(rT0, vT0, Qd, dt, 'sy');

    % 탐색기 측정 모델
    r_rel = rT-rM;
    z = seeker_meas(r_rel, Cbn, Rd, 'sy');

    % 측정 업데이트
    [xhat, Phat, zhat, S] = seeker_ukf_mu(z, xbar, Pbar, Rd, Cbn, params);

    % 유도 법칙 (식 (6.25))
    rhat = xhat(1:3,1);
    vhat = xhat(4:6,1);
    a_cmd = missile_guidance(rhat, vhat, vM);

    a_cmd_b = Cbn * a_cmd; % 유도 명령을 동체좌표계로 표현 (식 (6.27))

    % 결과 저장
    X = [X; rT'-rM' vT'-vM'];
    XHAT = [XHAT; xhat'];
    PHAT = [PHAT; (diag(Phat))'];
    Z = [Z; z'];
    ZHAT = [ZHAT; zhat'];
    SBAR = [SBAR; (diag(S))'];
    ACMD = [ACMD; a_cmd_b'];
    TIME = [TIME; t];
```

```
    POST = [POST; rT'];
    POSM = [POSM; rM'];

    % 다음 시간 스텝을 위한 준비
    rM0 = rM;
    vM0 = vM;
    rT0 = rT;
    vT0 = vT;
    a_cmd0 = a_cmd;

    % 미사일과 표적과의 거리가 5m 미만이면 타격으로 판단
    if norm(rT-rM) < 5
        break;
    end

end
```

seeker_ukf_tu.m

```
function [xbar, Pbar] = seeker_ukf_tu(xhat, Phat, a_cmd, Qd, dt, params)
%
% 언센티드 칼만필터 시간 업데이트 함수
%

% 상수
kappa = params.kappa;
n=length(xhat);


% 시스템 모델 (식 6.17))
F = [eye(3) dt*eye(3); zeros(3,3) eye(3)];
G = [zeros(3,3); -dt*eye(3)];

Gw = [zeros(3,3);
     eye(3)];

% 시그마 포인트 (식 (5.72))
[Xi,W]=sigma_point(xhat,Phat,kappa);
```

```
% 언센티드 변환 (식 (5.73))
[n,mm] = size(Xi);
Xibar = zeros(n,mm);
for jj=1:mm
    Xibar(:, jj) = F * Xi(:,jj) + G * a_cmd;
end

% 시간 업데이트 (식 (5.73))
xbar = zeros(n,1);

for jj=1:mm
    xbar = xbar + W(jj).*Xibar(:,jj);
end

Pbar = zeros(n,n);
for jj=1:mm
    Pbar = Pbar + W(jj)*(Xibar(:,jj)-xbar)*(Xibar(:,jj)-xbar)';
end

Pbar = Pbar + Gw*Qd*Gw';
```

seeker_ukf_mu.m

```
function [xhat, Phat, zhat, Pzz] = seeker_ukf_mu(z, xbar, Pbar, Rd, Cbn, params)
%
% 언센티드 칼만필터 측정 업데이트 함수
%

% 상수
kappa = params.kappa;
n = length(xbar);
p = length(z);

% 시그마 포인트 계산 (식 (5.74))
[Xi,W] = sigma_point(xbar,Pbar,kappa);

% 언센티드 변환 (식 (5.75))
```

```
[n,mm] = size(Xi);
Zi = zeros(p,mm);
for jj=1:mm
    Zi(:, jj) = seeker_meas(Xi(1:3,jj), Cbn, Rd, 'kf');
end

% 측정 업데이트 (식 (5.76))
zhat = zeros(p,1);
for jj=1:mm
    zhat = zhat + W(jj).*Zi(:,jj);
end

Pxz = zeros(n,p);
Pzz = zeros(p,p);
for jj=1:mm
    Pxz = Pxz + W(jj)*(Xi(:,jj)-xbar)*(Zi(:,jj)-zhat)';
    Pzz = Pzz + W(jj)*(Zi(:,jj)-zhat)*(Zi(:,jj)-zhat)';
end

Pzz = Pzz + Rd;

K = Pxz * inv(Pzz);
Phat = Pbar - K * Pzz *K';

xhat = xbar + K * (z - zhat);
```

seeker_ukf_main.m 파일을 실행하면 시뮬레이션이 수행된다. 시뮬레이션은 표적과 미사일의 거리가 5m 미만일 때까지 실행됐으며 확장 칼만필터의 추정 결과는 다음 그림과 같다. 그림 6.20은 미사일과 표적 함정의 실제 궤적을 도시한 것이다. 미사일이 표적을 정확히 타격한 것을 알 수 있다. 그림 6.21은 상태변수의 추정 오차와 표준편차(1σ, $\sqrt{P(k|k)}$의 대각항)를 도시한 것이다. 추정 오차가 확장 칼만필터가 예측한 표준편차의 범위 내에 있음을 알 수 있다. 그림 6.22는 측정 예측 오차와 표준편차($\sqrt{P_{zz}(k|k-1)}$의 대각항)를 도시한 것이다. 예측 오차도 표준편차의 범위 내에 있음을 알 수 있다. 언센티드 칼만필터의 추정 오차는 대체로 확장 칼만필터와 비슷하다.

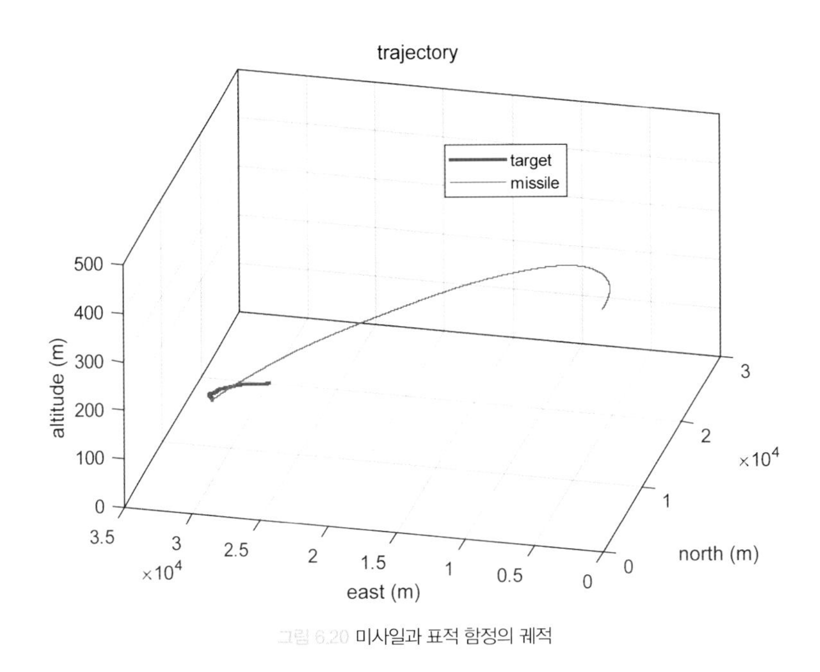

그림 6.20 미사일과 표적 함정의 궤적

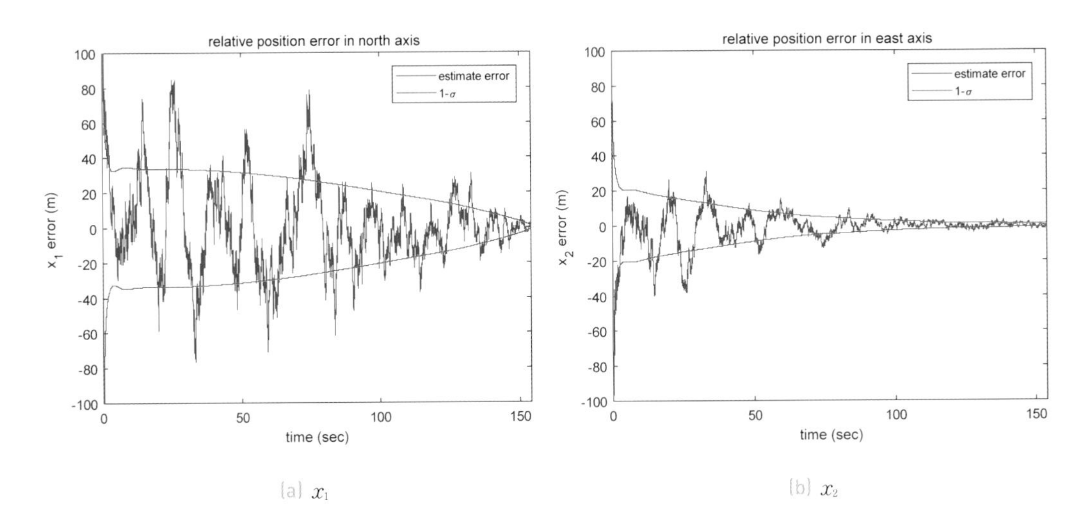

(a) x_1 (b) x_2

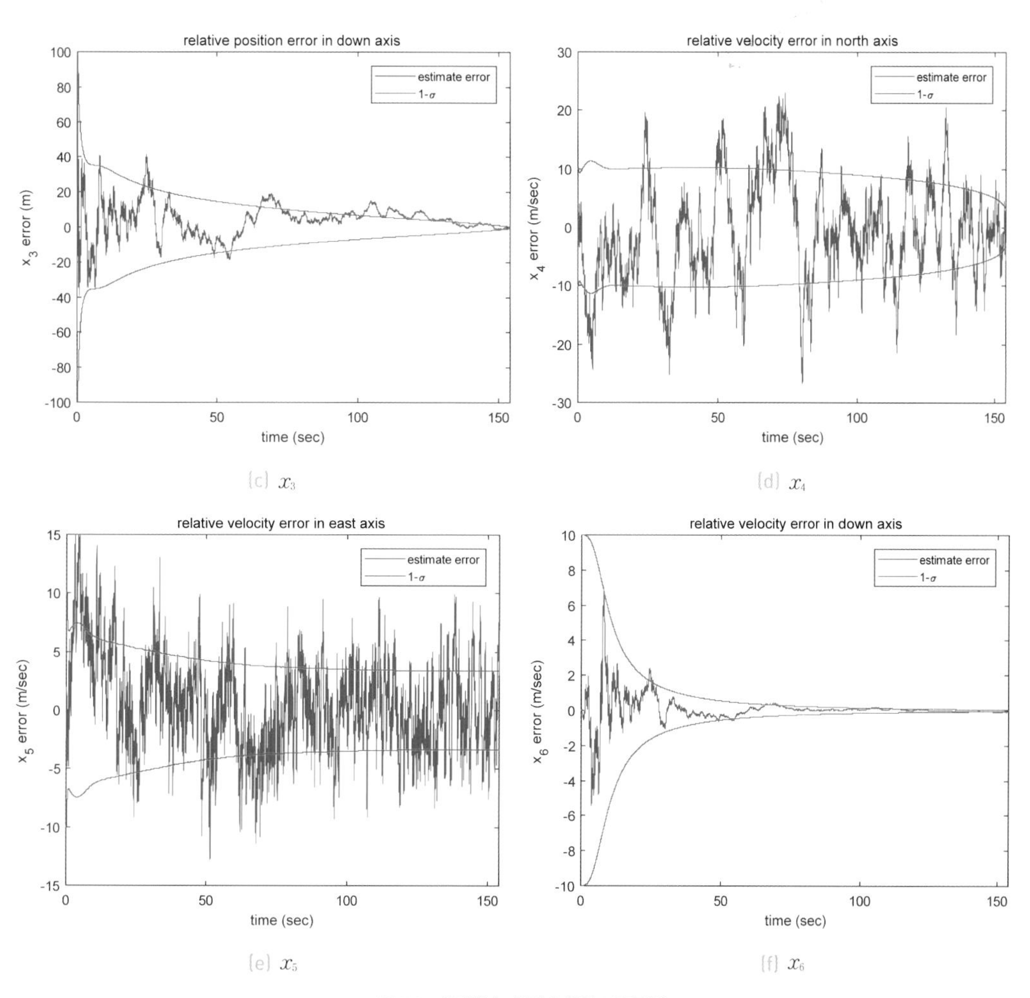

(c) x_3 (d) x_4

(e) x_5 (f) x_6

그림 6.21 상태변수 추정 오차와 표준편차

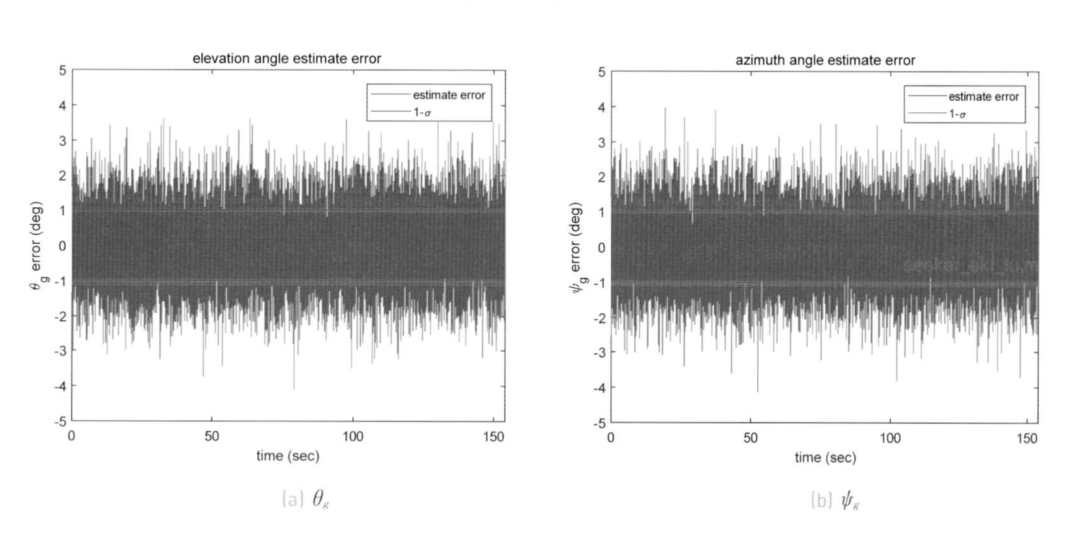

(a) θ_g (b) ψ_g

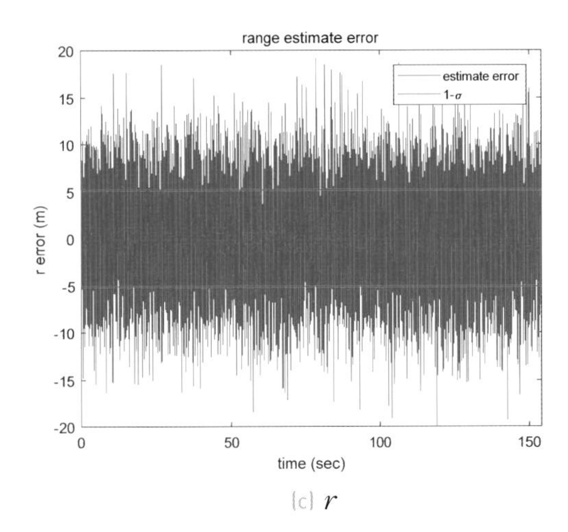

(c) r

그림 6.22 측정값 추정 오차와 표준편차

6.3 DC 모터

6.3.1 개요

칼만필터를 설계할 때 보통 시스템의 파라미터 값을 정확히 알고 있다고 가정하고 측정 데이터를 이용해 상태변수를 추정한다. 하지만 실제로는 시스템의 모든 파라미터를 정확히 아는 것은 불가능하며 특정 파라미터 값을 모르는 경우가 있다. 또한 이 파라미터가 당초 알고 있던 값에서 시간의 흐름에 따라서 서서히 변화할 수도 있다. 이 파라미터 값을 추정할 수 있다면 시스템의 동역학 모델의 거동을 실제 시스템의 거동과 잘 일치시킬 수 있을 것이다. 일반적으로 시스템의 상태변수는 그 값이 외부 힘이나 어떤 작용에 의해 시간에 따라 급격히 변화할 수 있는 변수로 설정하고, 시스템의 파라미터는 시간에 따라 서서히 변화하는 변수 또는 변하지 않는 상수로 설정한다. 이 절과 다음 절에서는 칼만필터를 이용해 시스템의 상태변수와 파라미터를 동시에 추정하는 예제를 소개한다. 그리고 파라미터 추정을 이용해 시스템의 고장을 검출(fault detection)할 수 있는지도 알아본다.

간단한 DC 모터의 운동 방정식은 다음과 같다[15].

$$\dot{\Omega}=\frac{1}{J}(u-c\Omega)+w_1(t) \tag{6.37}$$

여기서 J는 질량관성모멘트(moment of inertia), c는 댐핑계수(damping coefficient), u는 입력 토크(torque), Ω는 모터의 회전 각속도다. $w_1(t)$는 모터의 회전 각속도 운동 모델에 내재돼 있는 불확실성이나 외란 등을 감안해 추가한 프로세스 노이즈다. 모터의 파라미터인 댐핑계수 c를 정확히 알 수 없다고 가정하고 이 값을 칼만필터를 이용해 추정해 보자. 댐핑계수 c는 상수로 주어지므로 다음과 같이 표현할 수 있다.

$$\dot{c}=w_2(t) \tag{6.38}$$

여기서 $w_2(t)$는 댐핑계수가 상수이기는 하지만, 시간에 따라 서서히 변할 수도 있음을 고려한 프로세스 노이즈다. 한편, 모터의 회전 각속도 Ω와 각가속도 $\dot{\Omega}$는 측정될 수 있다고 가정한다.

칼만필터를 이용하는 간단하고 일반적인 파라미터 추정 방법은 미지의 파라미터를 상태변수의 하나로 추가해서 상태변수와 파라미터를 동시에 추정하는 것이다. 이 방법에 따라 시스템의 상태변수를 모터의 회전 각속도와 댐핑계수인 $\mathrm{x}(t)=[\Omega\ c]^T$로 정한다.

연속시간으로 표현된 식 (6.37)과 (6.38)을 샘플링 시간 Δt를 이용해 이산화하면 다음과 같다.

$$\begin{bmatrix}\Omega(k+1)\\ c(k+1)\end{bmatrix}=\begin{bmatrix}\Omega(k)+\dfrac{\Delta t}{J}(u(k)-c(k)\Omega(k))\\ c(k)\end{bmatrix}+\mathrm{w}(k) \tag{6.39}$$

여기서 $\mathrm{w}(k)$는 이산시간 프로세스 노이즈로서, 평균과 공분산을 다음과 같이 가정한다.

$$\mathrm{w}(k)\sim N\left(0,\begin{bmatrix}10^{-6} & 0\\ 0 & 10^{-4}\end{bmatrix}\right) \tag{6.40}$$

모터의 측정 모델은 다음과 같다.

$$z(k)=\begin{bmatrix} \Omega(k) \\ \frac{1}{J}(u(k)-c(k)\Omega(k)) \end{bmatrix}+v(k) \tag{6.41}$$

여기서 $v(k)$는 측정 노이즈이고, 평균과 공분산은 다음과 같이 가정한다.

$$v(k)\sim N\left(0, \begin{bmatrix} 10^{-4} & 0 \\ 0 & 10^{-4} \end{bmatrix}\right) \tag{6.42}$$

그리고 댐핑계수 c를 포함한 상태변수의 초깃값은 $x(0)=[0\ 1]^T$, 샘플링 시간은 $\triangle t=0.01$초, 질량 관성모멘트는 $J=10$이라고 가정한다. 또한 모터의 입력 토크인 $u(t)$는 다음 그림과 같이 크기가 0.5이고 주기가 1초인 펄스 파형이라고 가정한다.

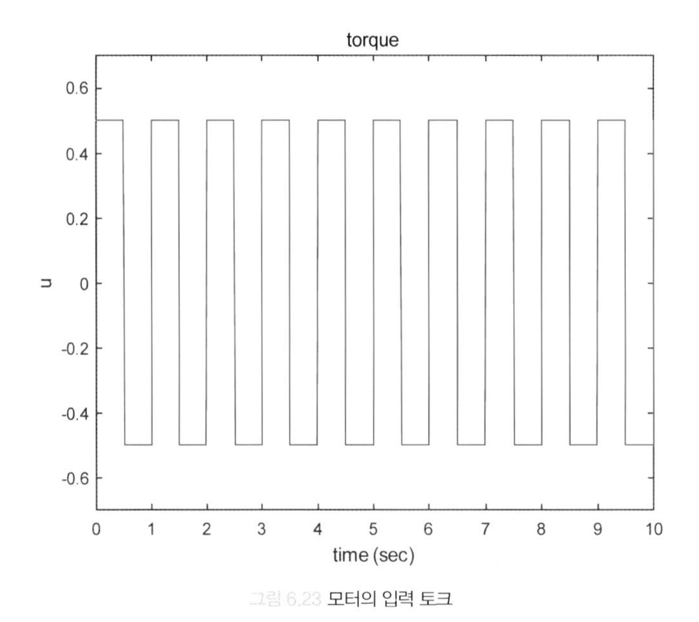

그림 6.23 모터의 입력 토크

한편 고장 상황을 연출하기 위해 댐핑계수 c가 알 수 없는 이유로 20초 지점에서 갑자기 그 값이 1에서 10으로 바뀐다고 가정한다.

6.3.2 칼만필터 초기화

댐핑계수 c는 칼만필터에게는 미지의 값이기 때문에 칼만필터의 초기 공분산은 불확실성을 감안해 다음과 같이 설정한다.

$$\mathrm{P}(0|-1)=\begin{bmatrix}1 & 0\\0 & 1000\end{bmatrix} \tag{6.43}$$

그리고 칼만필터의 초깃값은 다음과 같이 시스템의 초깃값과 공분산으로부터 샘플링하게 한다.

$$\hat{\mathrm{x}}(0|-1)\sim N(\mathrm{x}(0),\ \mathrm{P}(0|-1)) \tag{6.44}$$

여기서 칼만필터의 초깃값과 공분산을 $\hat{\mathrm{x}}(0|0)$과 $\mathrm{P}(0|0)$ 대신에 $\hat{\mathrm{x}}(0|-1)$과 $\mathrm{P}(0|-1)$로 한 것은 댐핑계수의 불확실성이 크기 때문에 측정 업데이트를 먼저 수행하기 위해서다. 칼만필터는 시스템 모델의 사전 정보의 정확성에 민감해 부정확한 사전 정보는 추정값에 바이어스를 초래하거가 칼만필터를 발산시킬 수도 있다. 한편 칼만필터의 프로세스 노이즈 공분산 Q는 댐핑계수 c가 고장 상황에서 급격히 변할 때 이를 빨리 추정할 필요가 있으므로 식 (6.40)의 시스템 공분산보다 크게 설정한다.

$$\mathrm{Q}=\begin{bmatrix}10^{-6} & 0\\0 & 10^{-2}\end{bmatrix} \tag{6.45}$$

6.3.3 확장 칼만필터 설계

측정 모델이 비선형 방정식이므로 확장 칼만필터에서는 자코비안 행렬을 계산해야 한다. 자코비안 행렬은 식 (6.39)와 (6.41)로부터 다음과 같이 계산된다.

$$\begin{aligned}\hat{\mathrm{F}}(\mathrm{x}(k))&=\begin{bmatrix}1-\frac{\Delta t}{J}x_2 & -\frac{\Delta t}{J}x_1\\0 & 1\end{bmatrix}\\\hat{\mathrm{H}}(\mathrm{x}(k))&=\begin{bmatrix}1 & 0\\-\frac{1}{J}x_2 & -\frac{1}{J}x_1\end{bmatrix}\end{aligned} \tag{6.46}$$

확장 칼만필터 알고리즘의 시간 전파식은 다음과 같다.

$k=0$: **1.** $z(0)=\begin{bmatrix}\Omega(0)\\ \dot{\Omega}(0)\end{bmatrix}$ 측정

2. 측정 업데이트

$$\hat{H}(0)=\frac{\partial h}{\partial x}\bigg|_{x(0)=\hat{x}(0|-1)}$$

$$S(0)=\hat{H}(0)P(0|-1)\hat{H}^{T}(0)+R$$

$$K(0)=P(0|-1)\hat{H}^{T}(0)S^{-1}(0)$$

$$\hat{x}(0|0)=\hat{x}(0|-1)+K(0)\big(z(0)-h(\hat{x}(0|-1),\ u(0))\big)$$

$$P(0|0)=P(0|-1)-P(0|-1)\hat{H}^{T}(0)S^{-1}(0)\hat{H}(0)P(0|-1)$$

$k=1$: **1.** 시간 업데이트

$$\hat{x}(1|0)=f(\hat{x}(0|0),\ u(0))$$

$$P(1|0)=\hat{F}(0)P(0|0)\hat{F}^{T}(0)+Q,\quad \hat{F}(0)=\frac{\partial f}{\partial x}\bigg|_{x(0)=\hat{x}(0|0)}$$

2. $z(1)=\begin{bmatrix}\Omega(1)\\ \dot{\Omega}(1)\end{bmatrix}$ 측정

3. 측정 업데이트

$$\hat{H}(1)=\frac{\partial h}{\partial x}\bigg|_{x(1)=\hat{x}(1|0)}$$

$$S(1)=\hat{H}(1)P(1|0)\hat{H}^{T}(1)+R$$

$$K(1)=P(1|0)\hat{H}^{T}(1)S^{-1}(1)$$

$$\hat{x}(1|1)=\hat{x}(1|0)+K(1)\big(z(1)-h(\hat{x}(1|0),\ u(1))\big)$$

$$P(1|1)=P(1|0)-P(1|0)\hat{H}^{T}(1)S^{-1}(1)\hat{H}(1)P(1|0)$$

$k=2$: **1.** 시간 업데이트

$$\hat{x}(2|1)=f(\hat{x}(1|1),\ u(1))$$

$$P(2|1)=\hat{F}(1)P(1|1)\hat{F}^{T}(1)+Q,\ \hat{F}(1)=\left.\frac{\partial f}{\partial x}\right|_{x(1)=\hat{x}(1|1)}$$

2. $z(2)=\begin{bmatrix}\Omega(2)\\ \dot{\Omega}(2)\end{bmatrix}$ 측정

3. 측정 업데이트

$$\hat{H}(2)=\left.\frac{\partial h}{\partial x}\right|_{x(2)=\hat{x}(2|1)}$$

$$S(2)=\hat{H}(2)P(2|1)\hat{H}^{T}(2)+R$$

$$K(2)=P(2|1)\hat{H}^{T}(2)S^{-1}(2)$$

$$\hat{x}(2|2)=\hat{x}(2|1)+K(2)(z(2)-h(\hat{x}(2|1),\ u(2)))$$

$$P(2|2)=P(2|1)-P(2|1)\hat{H}^{T}(2)S^{-1}(2)\hat{H}(2)P(2|1)$$

$k=3,\ 4,\ 5,\ \ldots$: 반복

매트랩으로 작성된 확장 칼만필터 코드는 시간 업데이트를 구현한 `motor_ekf_tu.m`, 측정 업데이트를 구현한 `motor_ekf_mu.m`, 모터의 운동을 구현한 `motor_dyn.m`, 측정 모델을 구현한 `motor_meas.m`, 그리고 확장 칼만필터를 구동하기 위한 `motor_ekf_main.m`으로 구성돼 있다.

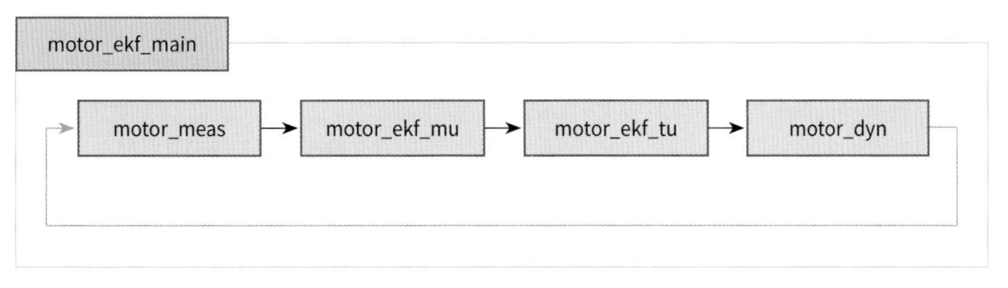

그림 6.24 코드 구조

전체 코드는 다음과 같다.

motor_ekf_main.m

```
%
% 모터 문제: 확장 칼만필터 메인 코드
%

clear all

% 상수
params.J = 10;

% 샘플링 시간
dt = 0.01;

% 프로세스 노이즈
Qd = diag([1e-6 1e-2]); % 확장 칼만필터 (식 (6.45))
Qr = diag([1e-6 1e-4]); % 실제 시스템 (식 (6.40))

% 측정 노이즈 (식 (6.40))
Rd = diag([1e-4 1e-4]);

% 초기 상태변수 평균값과 공분산 (식 (6.43))
x0 = [0; 1];
P0 = diag([1 1000]);

% 확장 칼만필터 초깃값 (식 (6.44))
xbar = x0 + sqrt(P0)*randn(2,1);
Pbar = P0;

% 결괏값을 저장하기 위한 변수
X = [];
U = [];
XHAT = [];
PHAT = [];
Z = [];
ZHAT = [];
```

```
SBAR = [];
TIME = [];

% 확장 칼만필터 메인 루프 ----------------------------------
for k = 0:4000

    t = dt*k % 시간

    % 입력 토크
    u = double(mod(t,1)<0.5) - 0.5;

    % 모터 측정 모델
    z = motor_meas(x0, u, Rd, params, 'sy');

    % 측정 업데이트
    [xhat, Phat, zhat, S] = motor_ekf_mu(z, xbar,u, Pbar, Rd, params);

    % 시간 업데이트
    [xbar, Pbar] = motor_ekf_tu(xhat, u, Phat, Qd, dt, params);

    % 모터 운동 모델
    x = motor_dyn(x0, u, Qr, dt, params, 'sy');

    if t == 20
        x(2) = 10; % 20초에서 댐핑계수 값이 10으로 갑자기 점프
    end

    % 결과 저장
    X = [X; x0'];
    U = [U; u'];
    XHAT = [XHAT; xhat'];
    PHAT = [PHAT; (diag(Phat))'];
    Z = [Z; z'];
    ZHAT = [ZHAT; zhat'];
    SBAR = [SBAR; (diag(S))'];
    TIME = [TIME; t];

    % 다음 시간 스텝을 위한 준비
```

```
    x0 = x;

end
```

motor_ekf_tu.m

```
function [xbar, Pbar] = motor_ekf_tu(xhat, u, Phat, Qd, dt, params)
%
% 확장 칼만필터 시간 업데이트 함수
%

% 상수
J = params.J;

% 자코비안 (식 (6.46))
F = [1-dt/J*xhat(2)  -dt/J*xhat(1);
     0               1 ];

% 시간 업데이트
xbar = motor_dyn(xhat, u, Qd, dt, params, 'kf');
Pbar = F * Phat * F' + Qd;
```

motor_ekf_mu.m

```
function [xhat, Phat, zhat, S] = motor_ekf_mu(z, xbar,u, Pbar, Rd, params)
%
% 확장 칼만필터 측정 업데이트 함수
%

% 상수
J = params.J;

% 자코비안 (식 (6.46))
H = [ 1            0;
     -xbar(2)/J  -xbar(1)/J];

% 측정 업데이트
```

```
zhat = motor_meas(xbar, u, Rd, params, 'kf'); % 측정 예측값
S = H * Pbar *H' + Rd;
Phat = Pbar - Pbar * H' * inv(S) * H * Pbar;
K = Pbar * H' * inv(S);
xhat = xbar + K * (z - zhat);
```

motor_dyn.m

```
function x_next = motor_dyn(x, u, Qd, dt, params, status)
%
% 모터 운동 모델
%

% 상수
J = params.J;

% 상태변수
x1 = x(1);
x2 = x(2);

% 프로세스 노이즈
if status == 'sy'
    w = sqrt(Qd)*randn(2,1);
else % 칼만필터 업데이트 시에 프로세스 노이즈는 0
    w = zeros(2,1);
end

% 식 (6.39)
x1_next = x1 + dt/J * (u - x1*x2) + w(1);
x2_next = x2 + w(2);

x_next = [x1_next; x2_next];
```

motor_meas.m

```
function z = motor_meas(x, u, Rd, params, status)
%
% 모터 측정 모델
%

% 상수
J = params.J;

% 측정 노이즈
if status == 'sy'
    v = sqrt(Rd)*randn(2,1);
else % 칼만필터 업데이트 시에 측정 노이즈는 0
    v = zeros(2,1);
end

% 모터 측정값 (식 6.41)
z1 = x(1);
z2 = (u - x(1)*x(2)) / J;
z = [z1; z2] + v;
```

motor_ekf_main.m 파일을 실행시키면 시뮬레이션이 수행된다. 확장 칼만필터의 추정 결과는 다음 그림과 같다. 그림 6.25는 모터의 각속도와 댐핑계수의 실제 궤적과 추정값을 도시한 것이다. 댐핑계수 c가 20초 지점에서 갑자기 그 값이 1에서 10으로 바뀌었으나, 확장 칼만필터가 재빨리 그 값을 잘 추정하고 있다는 것을 알 수 있다. 이와 같이 고장이나 이상 현상을 보일 수 있는 파라미터를 추정하면 시스템의 고장이나 이상 징후를 탐지할 수 있다. 칼만필터를 이용한 파라미터 추정은 모델 기반 고장 탐지 및 진단 기법 중 대표적인 방법이다. 그림 6.26은 상태변수의 추정 오차와 표준편차(1σ, $\sqrt{P(k|k)}$의 대각항)를 도시한 것이다. 추정 오차가 확장 칼만필터가 예측한 표준편차의 범위 내에 있음을 알 수 있다. 댐핑계수 c가 20초 지점에서 갑자기 1에서 10으로 점프할 때 추정 오차가 잠시 표준편차 범위 밖으로 이탈했지만, 곧 확장 칼만필터가 변화된 값을 잘 추정하면서 추정 오차가 다시 표준편차 범위 안으로 들어오는 것을 볼 수 있다. 그림 6.27은 측정 예측 오차와 표준편차($\sqrt{S(k)}$의 대각항)를 도시한 것이다. 예측 오차도 표준편차의 범위 내에 있음을 알 수 있다.

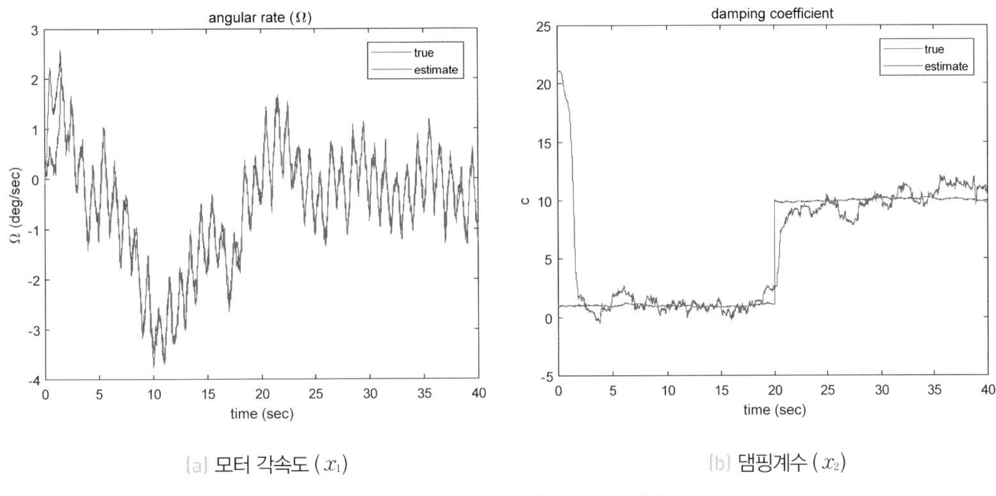

(a) 모터 각속도 (x_1)   (b) 댐핑계수 (x_2)

그림 6.25 모터의 각속도와 댐핑계수의 궤적

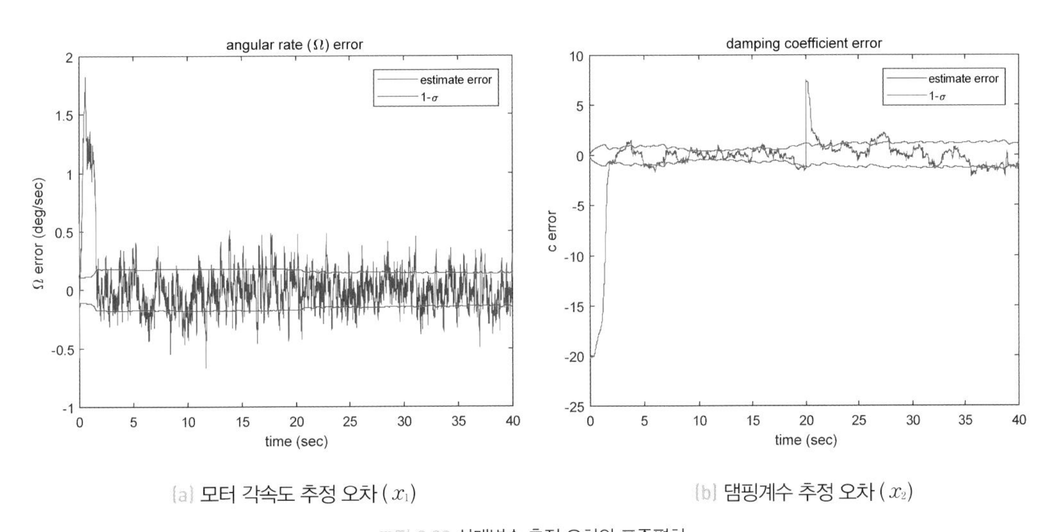

(a) 모터 각속도 추정 오차 (x_1)   (b) 댐핑계수 추정 오차 (x_2)

그림 6.26 상태변수 추정 오차와 표준편차

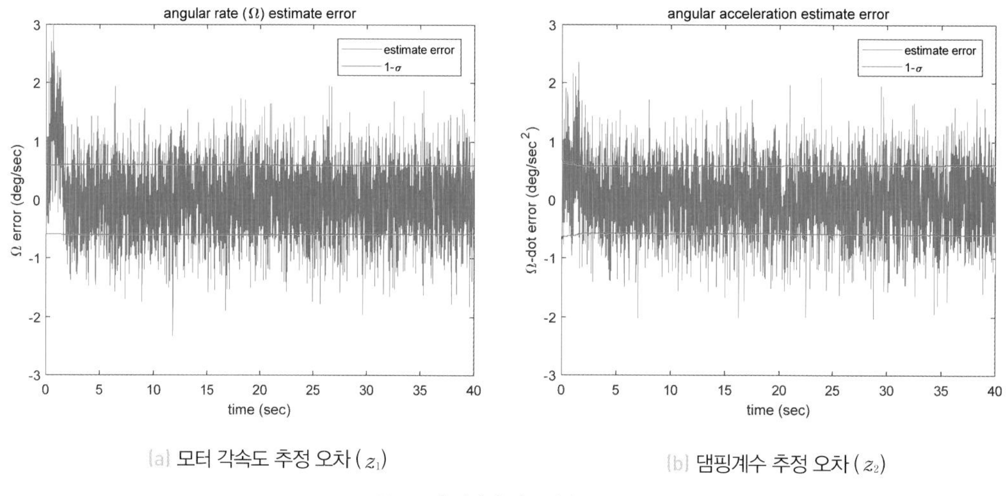

(a) 모터 각속도 추정 오차 (z_1)

(b) 댐핑계수 추정 오차 (z_2)

그림 6.27 측정값 추정 오차와 표준편차

6.3.4 언센티드 칼만필터 설계

언센티드 칼만필터 알고리즘의 시간 전파식은 다음과 같다.

$k=0$: **1.** $z(0)=\begin{bmatrix} \Omega(0) \\ \dot{\Omega}(0) \end{bmatrix}$ 측정

2. 측정 업데이트

$n=2,\ \kappa=1$

$S(0|-1)=(chol(P(0|-1)))^T$

$\chi_0(0|-1)=\hat{x}(0|-1)$

$\chi_i(0|-1)=\hat{x}(0|-1)+(\sqrt{3}\,S(0|-1))_i,\ i=1,\ 2$

$\chi_{i+2}(0|-1)=\hat{x}(0|-1)-(\sqrt{3}\,S(0|-1))_i$

$W_0=\dfrac{1}{3}$

$W_i=\dfrac{1}{2(3)},\ i=1,\ \ldots,\ 4$

$$\zeta_i(0|-1)=h(\chi_i(0|-1),\ u(0)),\ i=0,\ 1,\ \ldots,\ 4$$

$$\hat{z}(0|-1)=\sum_{i=0}^{4}W_i\zeta_i(0|-1)$$

$$P_{zz}(0|-1)=\sum_{i=0}^{4}W_i\big(\zeta_i(0|-1)-\hat{z}(0|-1)\big)\big(\zeta_i(0|-1)-\hat{z}(0|-1)\big)^T+R$$

$$P_{xz}(0|-1)=\sum_{i=0}^{4}W_i\big(\chi_i(0|-1)-\hat{x}(0|-1)\big)\big(\zeta_i(0|-1)-\hat{z}(0|-1)\big)^T$$

$$\hat{x}(0|0)=\hat{x}(0|-1)+K(0)[z(0)-\hat{z}(0|-1)]$$

$$P(0|0)=P(0|-1)-K(0)P_{zz}(0|-1)K^T(0)$$

$$K(0)=P_{xz}(0|-1)P_{zz}^{-1}(0|-1)$$

$k=1$: **1.** 시간 업데이트

$$S(0|0)=(chol(P(0|0)))^T$$

$$\chi_0(0|0)=\hat{x}(0|0)$$

$$\chi_i(0|0)=\hat{x}(0|0)+(\sqrt{3}\,S(0|0))_i,\ i=1,\ 2$$

$$\chi_{i+2}(0|0)=\hat{x}(0|0)-(\sqrt{3}\,S(0|0))_i,\ i=1,\ 2$$

$$\bar{\chi}_i(1)=f(\chi_i(0|0),\ u(0)),\ i=0,\ 1,\ \ldots,\ 4$$

$$\hat{x}(1|0)=\sum_{i=0}^{4}W_i\bar{\chi}_i(1)$$

$$P(1|0)=\sum_{i=0}^{4}W_i\big(\bar{\chi}_i(1)-\hat{x}(1|0)\big)\big(\bar{\chi}_i(1)-\hat{x}(1|0)\big)^T+Q$$

2. $z(1)=\begin{bmatrix}\Omega(1)\\ \dot{\Omega}(1)\end{bmatrix}$ 측정

3. 측정 업데이트

$$S(1|0)=(chol(P(1|0)))^T$$

$$\chi_0(1|0)=\hat{x}(1|0)$$

$$\chi_i(1|0)=\hat{x}(1|0)+(\sqrt{3}\,S(1|0))_i,\ i=1,\ 2$$

$$\chi_{i+2}(1|0)=\hat{x}(1|0)-(\sqrt{3}\,S(1|0))_i$$

$$\zeta_i(1|0)=\mathrm{h}(\chi_i(1|0),\ u(1)),\ i=0,\ 1,\ \ldots,\ 4$$

$$\hat{\mathrm{z}}(1|0)=\sum_{i=0}^{4} W_i \zeta_i(1|0)$$

$$\mathrm{P}_{zz}(1|0)=\sum_{i=0}^{4} W_i\big(\zeta_i(1|0)-\hat{\mathrm{z}}(1|0)\big)\big(\zeta_i(1|0)-\hat{\mathrm{z}}(1|0)\big)^T+\mathrm{R}$$

$$\mathrm{P}_{xz}(1|0)=\sum_{i=0}^{4} W_i\big(\chi_i(1|0)-\hat{\mathrm{x}}(1|0)\big)\big(\zeta_i(1|0)-\hat{\mathrm{z}}(1|0)\big)^T$$

$$\hat{\mathrm{x}}(1|1)=\hat{\mathrm{x}}(1|0)+\mathrm{K}(1)[\mathrm{z}(1)-\hat{\mathrm{z}}(1|0)]$$

$$\mathrm{P}(1|1)=\mathrm{P}(1|0)-\mathrm{K}(1)\mathrm{P}_{zz}(1|0)\mathrm{K}^T(1)$$

$$\mathrm{K}(1)=\mathrm{P}_{xz}(1|0)\mathrm{P}_{zz}^{-1}(1|0)$$

$k=2$: **1.** 시간 업데이트

$$\mathrm{S}(1|1)=(chol(\mathrm{P}(1|1)))^T$$

$$\chi_0(1|1)=\hat{\mathrm{x}}(1|1)$$

$$\chi_i(1|1)=\hat{\mathrm{x}}(1|1)+(\sqrt{3}\,\mathrm{S}(1|1))_i,\ i=1,\ 2$$

$$\chi_{i+2}(1|1)=\hat{\mathrm{x}}(1|1)-(\sqrt{3}\,\mathrm{S}(1|1))_i,\ i=1,\ 2$$

$$\overline{\chi}_i(2)=\mathrm{f}(\chi_i(1|1),\ u(1)),\ i=0,\ 1,\ \ldots,\ 4$$

$$\hat{\mathrm{x}}(2|1)=\sum_{i=0}^{4} W_i \overline{\chi}_i(2)$$

$$\mathrm{P}(2|1)=\sum_{i=0}^{4} W_i\big(\overline{\chi}_i(2)-\hat{\mathrm{x}}(2|1)\big)\big(\overline{\chi}_i(2)-\hat{\mathrm{x}}(2|1)\big)^T+\mathrm{Q}$$

2. $\mathrm{z}(2)=\begin{bmatrix}\Omega(2)\\ \dot{\Omega}(2)\end{bmatrix}$ 측정

3. 측정 업데이트

$$\mathrm{S}(2|1)=(chol(\mathrm{P}(2|1)))^T$$

$$\chi_0(2|1)=\hat{\mathrm{x}}(2|1)$$

$$\chi_i(2|1)=\hat{\mathrm{x}}(2|1)+(\sqrt{3}\,\mathrm{S}(2|1))_i,\ i=1,\ 2$$

$$\chi_{i+2}(2|1)=\hat{\mathrm{x}}(2|1)-(\sqrt{3}\,\mathrm{S}(2|1))_i$$

$$\boldsymbol{\zeta}_i(2|1)=\mathrm{h}(\boldsymbol{\chi}_i(2|1),\ u(2)),\ i=0,\ 1,\ \ldots,\ 4$$

$$\hat{\mathrm{z}}(2|1)=\sum_{i=0}^{4}W_i\boldsymbol{\zeta}_i(2|1)$$

$$\mathrm{P}_{zz}(2|1)=\sum_{i=0}^{4}W_i\left(\boldsymbol{\zeta}_i(2|1)-\hat{\mathrm{z}}(2|1)\right)\left(\boldsymbol{\zeta}_i(2|1)-\hat{\mathrm{z}}(2|1)\right)^T+\mathrm{R}$$

$$\mathrm{P}_{xz}(2|1)=\sum_{i=0}^{4}W_i\left(\boldsymbol{\chi}_i(2|1)-\hat{\mathrm{x}}(2|1)\right)\left(\boldsymbol{\zeta}_i(2|1)-\hat{\mathrm{z}}(2|1)\right)^T$$

$$\hat{\mathrm{x}}(2|2)=\hat{\mathrm{x}}(2|1)+\mathrm{K}(2)[\mathrm{z}(2)-\hat{\mathrm{z}}(2|1)]$$

$$\mathrm{P}(2|2)=\mathrm{P}(2|1)-\mathrm{K}(2)\mathrm{P}_{zz}(2|1)\mathrm{K}^T(2)$$

$$\mathrm{K}(2)=\mathrm{P}_{xz}(2|1)\mathrm{P}_{zz}^{-1}(2|1)$$

$k=3,\ 4,\ 5,\ \ldots$: 반복

매트랩으로 작성된 언센티드 칼만필터 코드는 시그마 포인트를 계산하기 위한 sigma_point.m, 시간 업데이트를 구현한 motor_ukf_tu.m, 측정 업데이트를 구현한 motor_ukf_mu.m, 모터의 운동을 구현한 motor_dyn.m, 측정 모델을 구현한 motor_meas.m, 그리고 언센티드 칼만필터를 구동하기 위한 motor_ukf_main.m으로 구성돼 있다. motor_dyn.m과 motor_meas.m은 확장 칼만필터에서 사용한 파일과 동일하다.

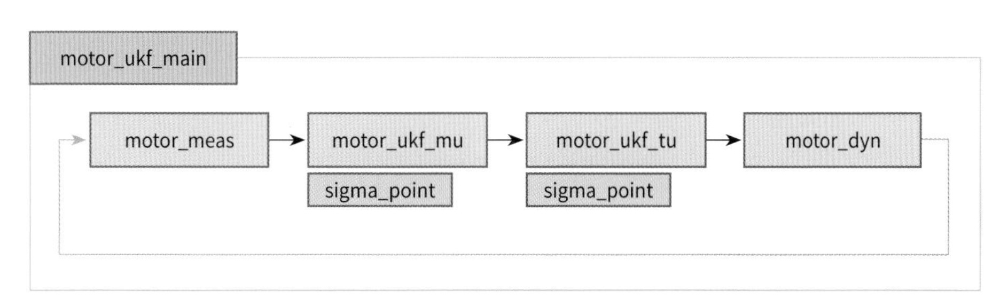

그림 6.28 코드 구조

전체 코드는 다음과 같다.

motor_ukf_main.m

```
%
% 모터 문제: 언센티드 칼만필터 메인 코드
```

```
%

clear all

% 상수
params.kappa = 1;
params.J = 10;

% 샘플링 시간
dt = 0.01;

% 프로세스 노이즈
Qd = diag([1e-6 1e-2]); % 언센티드 칼만필터 (식 (6.45))
Qr = diag([1e-6 1e-4]); % 실제 시스템 (식 (6.40))

% 측정 노이즈 (식 (6.42))
Rd = diag([1e-4 1e-4]);

% 초기 상태변수 평균값과 공분산 (식 (6.43))
x0 = [0; 1];
P0 = diag([1 1000]);

% 언센티드 칼만필터 초깃값 (식 (6.44))
xbar = x0 + sqrt(P0)*randn(2,1);
Pbar = P0;

% 결괏값을 저장하기 위한 변수
X = [];
U = [];
XHAT = [];
PHAT = [];
Z = [];
ZHAT = [];
SBAR = [];
TIME = [];

% 언센티드 칼만필터 메인 루프 -----------------------------------
for k = 0:4000
```

```
    t = dt*k % 시간

    % 입력 토크
    u = double(mod(t,1)<0.5) - 0.5;

    % 모터 측정 모델
    z = motor_meas(x0, u, Rd, params, 'sy');

    % 측정 업데이트
    [xhat, Phat, zhat, S] = motor_ukf_mu(z, xbar,u, Pbar, Rd, params);

    % 시간 업데이트
    [xbar, Pbar] = motor_ukf_tu(xhat, u, Phat, Qd, dt, params);

    % 모터 운동 모델
    x = motor_dyn(x0, u, Qr, dt, params, 'sy');

    if t == 20
        x(2) = 10; % 20초에서 댐핑계수 값이 10으로 갑자기 점프
    end

    % 결과 저장
    X = [X; x0'];
    U = [U; u'];
    XHAT = [XHAT; xhat'];
    PHAT = [PHAT; (diag(Phat))'];
    Z = [Z; z'];
    ZHAT = [ZHAT; zhat'];
    SBAR = [SBAR; (diag(S))'];
    TIME = [TIME; t];

    % 다음 시간 스텝을 위한 준비
    x0 = x;

end
```

motor_ukf_tu.m

```
function [xbar, Pbar] = motor_ukf_tu(xhat, u, Phat, Qd, dt, params)
%
% 언센티드 칼만필터 시간 업데이트 함수
%

% 상수
J = params.J;
kappa = params.kappa;
n=length(xhat);

% 시그마 포인트
[Xi,W]=sigma_point(xhat,Phat,kappa);

% 언센티드 변환
[n,mm] = size(Xi);
Xibar = zeros(n,mm);
for jj=1:mm
    Xibar(:, jj) =motor_dyn(Xi(:,jj), u, Qd, dt, params, 'kf');
end

% 시간 업데이트
xbar = zeros(n,1);
for jj=1:mm
    xbar = xbar + W(jj).*Xibar(:,jj);
end

Pbar = zeros(n,n);
for jj=1:mm
    Pbar = Pbar + W(jj)*(Xibar(:,jj)-xbar)*(Xibar(:,jj)-xbar)';
end

Pbar = Pbar + Qd;
```

motor_ukf_mu.m

```
function [xhat, Phat, zhat, Pzz] = motor_ukf_mu(z, xbar, u, Pbar, Rd, params)
%
% 언센티드 칼만필터 시간 업데이트 함수
%

% 상수
J = params.J;
kappa = params.kappa;
n = length(xbar);
p = length(z);

% 시그마 포인트
[Xi,W] = sigma_point(xbar,Pbar,kappa);

% 언센티드 변환
[n,mm] = size(Xi);
Zi = zeros(p,mm);
for jj=1:mm
    Zi(:, jj) = motor_meas(Xi(:,jj), u, Rd, params, 'kf');
end

% 측정 업데이트
zhat = zeros(p,1);
for jj=1:mm
    zhat = zhat + W(jj).*Zi(:,jj);
end

Pxz = zeros(n,p);
Pzz = zeros(p,p);
for jj=1:mm
    Pxz = Pxz + W(jj)*(Xi(:,jj)-xbar)*(Zi(:,jj)-zhat)';
    Pzz = Pzz + W(jj)*(Zi(:,jj)-zhat)*(Zi(:,jj)-zhat)';
end

Pzz = Pzz + Rd;

K = Pxz * inv(Pzz);
```

```
Phat = Pbar - K * Pzz *K';

xhat = xbar + K * (z - zhat);
```

motor_ukf_main.m 파일을 실행하면 시뮬레이션이 수행된다. 언센티드 칼만필터의 추정 결과는 다음 그림과 같다. 그림 6.29는 모터의 각속도와 댐핑계수의 실제 궤적과 추정값을 도시한 것이다. 댐핑계수 c가 20초 지점에서 갑자기 그 값이 1에서 10으로 바뀌었지만, 언센티드 칼만필터가 그 값을 재빨리 잘 추정하고 있다는 것을 알 수 있다. 그림 6.30은 상태변수의 추정 오차와 표준편차 (1σ, $\sqrt{\mathrm{P}(k|k)}$의 대각항)를 도시한 것이다. 추정 오차가 언센티드 칼만필터가 예측한 표준편차의 범위 내에 있음을 알 수 있다. 댐핑계수 c가 20초 지점에서 갑자기 1에서 10으로 점프할 때 추정 오차가 잠시 표준편차 범위 밖으로 이탈했으나, 곧 언센티드 칼만필터가 변화된 값을 잘 추정하면서 추정 오차가 다시 표준편차 범위 안으로 들어오는 것을 볼 수 있다. 그림 6.31은 측정 예측 오차와 표준편차($\sqrt{\mathrm{S}(k)}$의 대각항)를 도시한 것이다. 예측 오차도 표준편차의 범위 내에 있음을 알 수 있다. 언센티드 칼만필터의 추정 오차는 대체로 확장 칼만필터와 비슷하다.

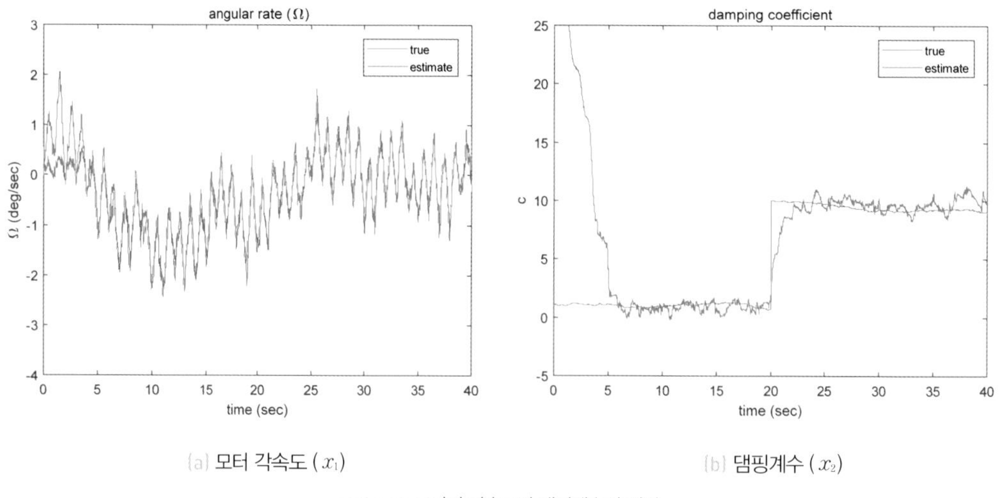

(a) 모터 각속도 (x_1)

(b) 댐핑계수 (x_2)

그림 6.29 모터의 각속도와 댐핑계수의 궤적

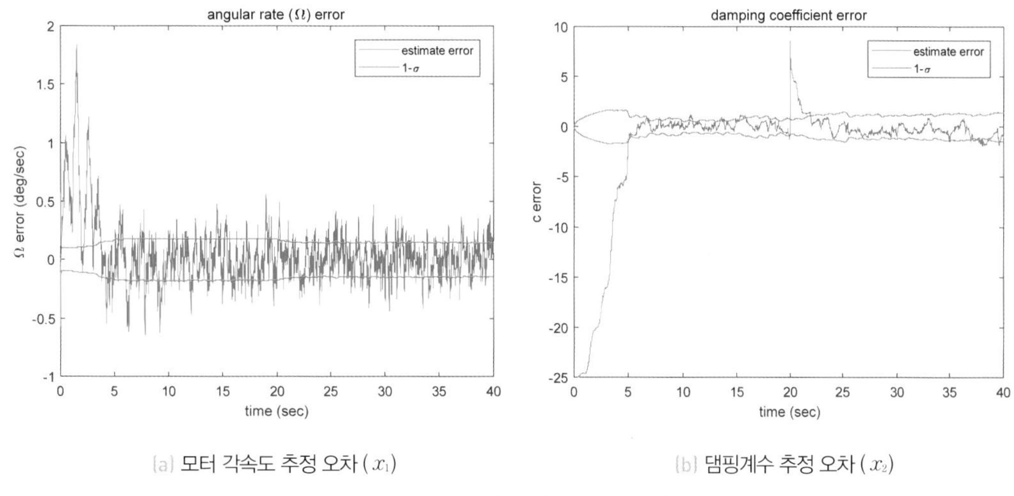

(a) 모터 각속도 추정 오차 (x_1)　(b) 댐핑계수 추정 오차 (x_2)

그림 6.30 상태변수 추정 오차와 표준편차

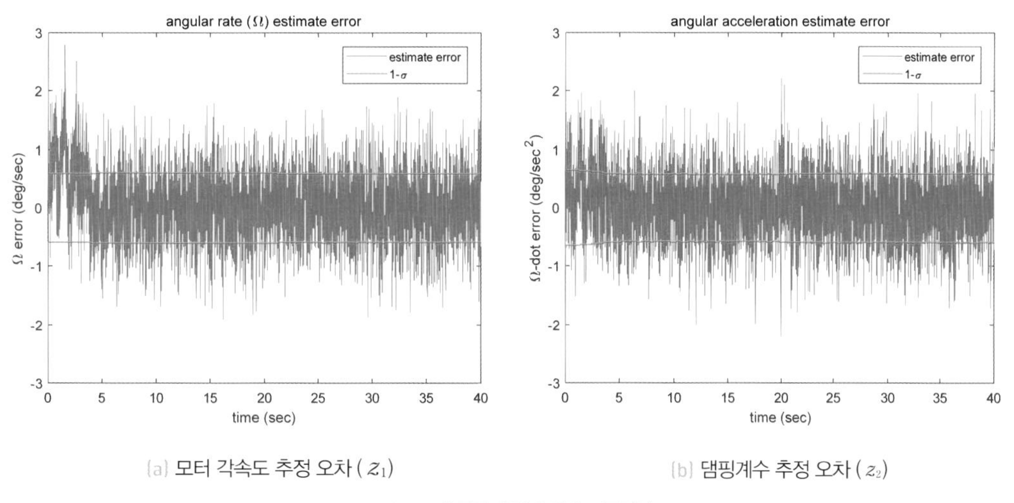

(a) 모터 각속도 추정 오차 (z_1)　(b) 댐핑계수 추정 오차 (z_2)

그림 6.31 측정값 추정 오차와 표준편차

6.4 반더폴 발진기

6.4.1 개요

반더폴 발진기(van der Pol oscillator)는 비선형 진동 시스템의 대표적인 모델로서 다음과 같은 동적 시스템으로 정의된다[16].

$$\ddot{x}(t)-\gamma\left(1-\frac{x^2(t)}{x_0^2}\right)\dot{x}(t)+\omega^2x(t)=0 \tag{6.47}$$

여기서 γ는 마찰계수, x_0는 $x(t)$의 기준 진폭의 크기, ω는 시스템의 고유 주파수다.

반더폴 발진기의 추정 문제는 $x(t)$를 측정해 $\dot{x}(t)$뿐만 아니라 시스템의 상수 파라미터인 γ, ω, x_0를 추정하는 것이다. 기준 진폭 크기의 참값은 $x_0=4$로 일정하다고 가정한다. 한편 고장 상황을 연출하기 위해 마찰계수 γ와 고유 주파수 ω가 알 수 없는 이유로 각각 50초 지점과 100초 지점에서 순차적으로 다음과 같이 값이 갑자기 바뀐다고 가정한다.

$$\begin{aligned}&\gamma:\ 2\rightarrow 1\ \ at\ 50\,\text{sec}\\&\omega:\ 3\rightarrow 1\ \ at\ 100\,\text{sec}\end{aligned} \tag{6.48}$$

상태변수 $\mathrm{x}(t)=[x_1\ x_2\ x_3\ x_4\ x_5]^T$를 이용해 식 (6.47)을 다시 표현하면 다음과 같다.

$$\begin{aligned}&\dot{x}_1=x_2\\&\dot{x}_2=x_4\left(1-\frac{x_1^2}{x_3}\right)x_2-x_5x_1\\&\dot{x}_3=0\\&\dot{x}_4=0\\&\dot{x}_5=0\\&z=x_1\end{aligned} \tag{6.49}$$

여기서 $x_1=x$, $x_2=\dot{x}$, $x_3=x_0$, $x_4=\gamma$, $x_5=\omega^2$이며, z는 측정값을 의미한다. 칼만필터를 적용하기 위해 연속시간으로 표현된 식 (6.49)를 샘플링 시간 $\triangle t=0.01s$를 이용해 이산화하면 다음과 같다.

$$
\begin{aligned}
x_1(k+1)&=x_1(k)+\triangle t x_2(k)+w_1(k)\\
x_2(k+1)&=x_2(k)+\Delta t\left(x_4(k)\left(1-\frac{x_1^2(k)}{x_3(k)}\right)x_2(k)-x_5(k)x_1(k)\right)+w_2(k)\\
x_3(k+1)&=x_3(k)+w_3(k)\\
x_4(k+1)&=x_4(k)+w_4(k)\\
x_5(k+1)&=x_5(k)+w_5(k)\\
z(k)&=x_1(k)+v(k)
\end{aligned}
\tag{6.50}
$$

여기서 $\mathrm{w}(k)=[w_1\ w_2\ w_3\ w_4\ w_5]^T$는 이산시간 프로세스 노이즈로, 평균과 공분산은 다음과 같이 설정한다.

$$
\mathrm{w}(k)\sim N\left(0,\ \begin{bmatrix} 0 & 0 & 0 & 0 & 0\\ 0 & 0 & 0 & 0 & 0\\ 0 & 0 & 0 & 0 & 0\\ 0 & 0 & 0 & 10^{-6} & 0\\ 0 & 0 & 0 & 0 & 10^{-6} \end{bmatrix}\right)
\tag{6.51}
$$

마찰계수와 고유 주파수인 $x_4=\gamma$, $x_5=\omega^2$는 시간의 흐름에 따라 그 값이 서서히 바뀔 수도 있기 때문에 프로세스 노이즈를 추가했고, $x_1=x$, $x_2=\dot{x}$, $x_3=x_0$에는 노이즈를 추가하지 않았다. $v(k)$는 측정 노이즈이고, 평균과 공분산은 다음과 같이 가정한다.

$$
v(k)\sim N(0,\ 4\times 10^{-2})
\tag{6.52}
$$

6.4.2 칼만필터 초기화

기준 진폭의 크기와 마찰계수, 고유 주파수는 칼만필터에게는 미지의 값이기 때문에 칼만필터의 초기 공분산은 불확실성을 감안해 다음과 같이 설정한다.

$$P(0|-1)=\begin{bmatrix}1&0&0&0&0\\0&1&0&0&0\\0&0&100&0&0\\0&0&0&1&0\\0&0&0&0&100\end{bmatrix} \tag{6.53}$$

그리고 칼만필터의 초깃값은 다음과 같이 시스템의 초깃값 x(0)과 공분산 P(0|−1)로부터 샘플링한다.

$$\hat{x}(0|-1)\sim N(x(0),\ P(0|-1)) \tag{6.54}$$

여기서 시스템의 초깃값은 다음과 같이 가정한다.

$$x(0)=[0\ 0.1\ 4\ 2\ 9]^T \tag{6.55}$$

칼만필터의 프로세스 노이즈 공분산 Q는 파라미터를 신속히 추정할 필요가 있으므로 식 (6.51)의 시스템 공분산보다 크게 설정한다.

$$Q=\begin{bmatrix}0&0&0&0&0\\0&0&0&0&0\\0&0&10^{-2}&0&0\\0&0&0&10^{-3}&0\\0&0&0&0&10^{-3}\end{bmatrix} \tag{6.56}$$

6.4.3 확장 칼만필터 설계

측정 모델이 비선형 방정식이므로 확장 칼만필터에서는 자코비안 행렬을 계산해야 한다. 자코비안 행렬은 식 (6.50)으로부터 다음과 같이 계산된다.

$$\hat{\mathrm{F}}(\mathrm{x}(k)) = \begin{bmatrix} 1 & f_{12} & 0 & 0 & 0 \\ f_{21} & f_{22} & f_{23} & f_{24} & f_{25} \\ 0 & 0 & 1 & 0 & 0 \\ 0 & 0 & 0 & 1 & 0 \\ 0 & 0 & 0 & 0 & 1 \end{bmatrix} \tag{6.57}$$

여기서,

$$f_{12} = \frac{\partial f_1}{\partial x_2} = \triangle t$$

$$f_{21} = \frac{\partial f_2}{\partial x_1} = \triangle t\left(-\frac{2x_1}{x_3}x_4x_2 - x_5\right)$$

$$f_{22} = \frac{\partial f_2}{\partial x_2} = 1 + \triangle t x_4\left(1 - \frac{x_1^2}{x_3}\right)$$

$$f_{23} = \frac{\partial f_2}{\partial x_3} = \triangle t\left(\frac{x_4 x_1^2 x_2}{x_3^2}\right)$$

$$f_{24} = \frac{\partial f_2}{\partial x_4} = \triangle t\left(1 - \frac{x_1^2}{x_3}\right)x_2$$

$$f_{25} = \frac{\partial f_2}{\partial x_5} = \triangle t(-x_1)$$

이다.

확장 칼만필터 알고리즘의 시간 전파식은 다음과 같다.

$k=0$: **1.** $z(0) = x_1(0) + v(0)$ 측정

2. 측정 업데이트

$\mathrm{H} = [1\ 0\ 0\ 0\ 0]$

$\mathrm{S}(0) = \mathrm{HP}(0|-1)\mathrm{H}^T + \mathrm{R}$

$\mathrm{K}(0) = \mathrm{P}(0|-1)\mathrm{H}^T\mathrm{S}^{-1}(0)$

$\hat{\mathrm{x}}(0|0) = \hat{\mathrm{x}}(0|-1) + \mathrm{K}(0)\big(\mathrm{z}(0) - \mathrm{h}(\hat{\mathrm{x}}(0|-1))\big)$

$\mathrm{P}(0|0) = \mathrm{P}(0|-1) - \mathrm{P}(0|-1)\mathrm{H}^T\mathrm{S}^{-1}(0)\mathrm{HP}(0|-1)$

$k=1$: **1.** 시간 업데이트

$$\hat{x}(1|0)=f(\hat{x}(0|0))$$

$$P(1|0)=\hat{F}(0)P(0|0)\hat{F}^{T}(0)+Q,\ \hat{F}(0)=\frac{\partial f}{\partial x}\Big|_{x(0)=\hat{x}(0|0)}$$

2. $z(1)=x_1(1)+v(1)$ 측정

3. 측정 업데이트

$$S(1)=HP(1|0)H^{T}+R$$

$$K(1)=P(1|0)H^{T}S^{-1}(1)$$

$$\hat{x}(1|1)=\hat{x}(1|0)+K(1)(z(1)-h(\hat{x}(1|0)))$$

$$P(1|1)=P(1|0)-P(1|0)H^{T}S^{-1}(1)HP(1|0)$$

$k=2$: **1.** 시간 업데이트

$$\hat{x}(2|1)=f(\hat{x}(1|1))$$

$$P(2|1)=\hat{F}(1)P(1|1)\hat{F}^{T}(1)+Q,\ \hat{F}(1)=\frac{\partial f}{\partial x}\Big|_{x(1)=\hat{x}(1|1)}$$

2. $z(2)=x_1(2)+v(2)$ 측정

3. 측정 업데이트

$$S(2)=HP(2|1)H^{T}+R$$

$$K(2)=P(2|1)H^{T}S^{-1}(2)$$

$$\hat{x}(2|2)=\hat{x}(2|1)+K(2)(z(2)-h(\hat{x}(2|1)))$$

$$P(2|2)=P(2|1)-P(2|1)H^{T}S^{-1}(2)HP(2|1)$$

$k=3,\ 4,\ 5,\ \ldots$: 반복

매트랩으로 작성된 확장 칼만필터 코드는 시간 업데이트를 구현한 `vanderpol_ekf_tu.m`, 측정 업데이트를 구현한 `vanderpol_ekf_mu.m`, 반더폴 발진기 운동을 구현한 `vanderpol_dyn.m`, 측정 모델을 구현한 `vanderpol_meas.m`, 그리고 확장 칼만필터를 구동하기 위한 `vanderpol_ekf_main.m`으로 구성돼 있다.

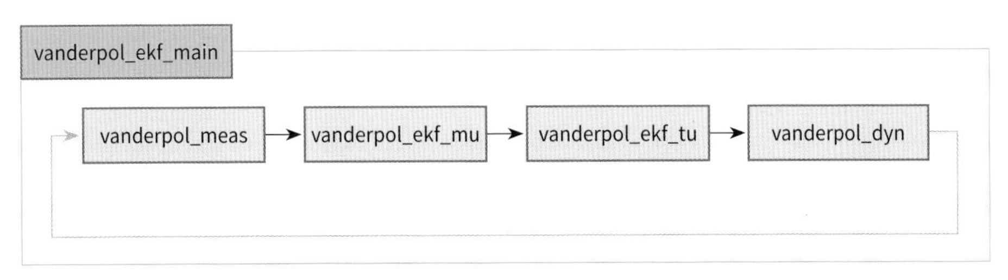

그림 6.32 코드 구조

전체 코드는 다음과 같다.

vanderpol_ekf_main.m

```
%
% 반더폴 문제: 확장 칼만필터 메인 코드
%

clear all

% 상수
xref = 4;  % 기준 진폭
xref2 = xref^2;
gamma = 2; % 마찰계수 (식 (6.48))
omega = 3;  % 고유 주파수 (식 (6.48))
om2 = omega^2;

gamma_f = 1; % 고장 시 마찰계수 (식 (6.48))
omega_f = 1; % 고장 시 고유 주파수 (식 (6.48))
om2_f = omega_f^2;

% 샘플링 시간
dt = 0.01;

% 프로세스 노이즈
Qd = diag([0 0 1e-2 1e-3 1e-3]); % 확장 칼만필터 (식 (6.56))
Qr = diag([0 0 0 1e-6 1e-6]); % 실제 시스템 (식 (6.51))

% 측정 노이즈 (식 (6.52))
Rd = 4e-2;
```

```
% 초기 상태변수 평균값과 공분산 (식 (6.55))
x0 = [0; 0.1; xref2; gamma; om2];
P0 = diag([1 1 100 1 100]);

% 확장 칼만필터 초깃값 (식 (6.53), (6.54))
xbar = x0 + sqrt(P0)*randn(5,1);
Pbar = P0;

% 결괏값을 저장하기 위한 변수
X = [];
XHAT = [];
PHAT = [];
Z = [];
ZHAT = [];
SBAR = [];
TIME = [];

% 확장 칼만필터 메인 루프 ----------------------------------
for k = 0:15000

    t = dt*k % 시간

    % 반더폴 측정 모델
    z = vanderpol_meas(x0, Rd, 'sy');

    % 측정 업데이트
    [xhat, Phat, zhat, S] = vanderpol_ekf_mu(z, xbar, Pbar, Rd);

    % 시간 업데이트
    [xbar, Pbar] = vanderpol_ekf_tu(xhat, Phat, Qd, dt);

    % 반더폴 운동 모델
    x = vanderpol_dyn(x0, Qr, dt, 'sy');

    if t == 50
        x(4) = gamma_f; % 50초에서 마찰계수 값이 gamma_f로 갑자기 점프
    end
    if t == 100
        x(5) = om2_f; % 100초에서 고유 주파수 값이 omega_f로 갑자기 점프
    end
```

```
    % 결과 저장
    X = [X; x0'];
    XHAT = [XHAT; xhat'];
    PHAT = [PHAT; (diag(Phat))'];
    Z = [Z; z'];
    ZHAT = [ZHAT; zhat'];
    SBAR = [SBAR; (diag(S))'];
    TIME = [TIME; t];

    % 다음 시간 스텝을 위한 준비
    x0 = x;

end
```

vanderpol_ekf_tu.m

```
function [xbar, Pbar] = vanderpol_ekf_tu(xhat, Phat, Qd, dt)
%
% 확장 칼만필터 시간 업데이트 함수
%

% xhat(k|k)
x1 = xhat(1);
x2 = xhat(2);
x3 = xhat(3);
x4 = xhat(4);
x5 = xhat(5);

% 자코비안 (식 (6.57))
f12 = dt;
f21 = dt * (-2*x4*x1*x2/x3 - x5);
f22 = 1 + dt * x4*(1-x1^2/x3);
f23 = dt * (x4*x1^2/(x3^2))*x2;
f24 = dt * (1-x1^2/x3)*x2;
f25 = dt * (-x1);

F = [1   f12  0    0    0;
     f21 f22  f23  f24  f25;
     0   0    1    0    0;
```

```
     0   0    0    1    0;
     0   0    0    0    1 ];

% 시간 업데이트
xbar = vanderpol_dyn(xhat, Qd, dt, 'kf');
Pbar = F * Phat * F' + Qd;
```

vanderpol_ekf_mu.m

```
function [xhat, Phat, zhat, S] = vanderpol_ekf_mu(z, xbar, Pbar, Rd)
%
% 확장 칼만필터 측정 업데이트 함수
%

% 자코비안
H = [1 0 0 0 0];

% 측정 업데이트
zhat = vanderpol_meas(xbar, Rd, 'kf'); % 측정 예측값
S = H * Pbar *H' + Rd;
Phat = Pbar - Pbar * H' * inv(S) * H * Pbar;
K = Pbar * H' * inv(S);
xhat = xbar + K * (z - zhat);
```

vanderpol_dyn.m

```
function x_next = vanderpol_dyn(x, Q, dt, status)
%
% 반더폴 운동 모델
%

% 상태변수
x1 = x(1);
x2 = x(2);
x3 = x(3); % 기준 진폭^2
x4 = x(4); % 마찰계수
x5 = x(5); % 고유 주파수^2
```

```
% 프로세스 노이즈
if status == 'sy'
    w = sqrt(Q)*randn(5,1);
else % 칼만필터 업데이트 시에 프로세스 노이즈는 0
    w = zeros(5,1);
end

% 식 (6.50)
x1_next = x1 + dt * x2 + w(1);
x2_next = x2 + dt * (x4*(1-x1^2/x3)*x2- x5*x1) + w(2);
x3_next = x3 + w(3);
x4_next = x4 + w(4);
x5_next = x5 + w(5);

x_next = [x1_next; x2_next; x3_next; x4_next; x5_next];
```

vanderpol_meas.m

```
function z = vanderpol_meas(x, Rd, status)
%
% 반더폴 측정 모델
%

% 측정 노이즈
if status == 'sy'
    v = sqrt(Rd)*randn(1,1);
else % 칼만필터 업데이트 시에 측정 노이즈는 0
    v = 0;
end

z = x(1) + v; % 식 (6.50)
```

vanderpol_ekf_main.m 파일을 실행하면 시뮬레이션이 수행된다. 확장 칼만필터의 추정 결과는 다음 그림과 같다. 그림 6.33은 반더폴의 진동 변위 및 변화율, 기준 진폭, 마찰계수, 고유 주파수의 실제 궤적과 추정값을 도시한 것이다. 마찰계수 γ가 50초 지점에서 갑자기 그 값이 2에서 1로 바뀌었으나, 확장 칼만필터가 재빨리 그 값을 잘 추정하고 있다는 것을 알 수 있다. 또한 고유 주파수

ω가 100초 지점에서 갑자기 그 값이 3에서 1로 바뀌었으나, 역시 그 값을 잘 추정하고 있다는 것을 알 수 있다. 그림 6.34는 파라미터의 추정 오차와 표준편차(1σ, $\sqrt{P(k|k)}$의 대각항)를 도시한 것이다. 추정 오차가 확장 칼만필터가 예측한 표준편차의 범위 내에 있음을 알 수 있다. 마찰계수와 고유 주파수가 갑자기 값이 점프할 때 추정 오차가 잠시 표준편차 범위 밖으로 이탈했지만, 곧 확장 칼만필터가 변화된 값을 잘 추정하면서 추정 오차가 다시 표준편차 범위 안으로 들어오는 것을 볼 수 있다. 그림 6.35는 반더폴의 진동 변위 추정 오차와 측정 예측 오차를 표준편차($\sqrt{S(k)}$의 대각항)와 함께 도시한 것이다. 추정 오차와 예측 오차도 표준편차의 범위 내에 있음을 알 수 있다.

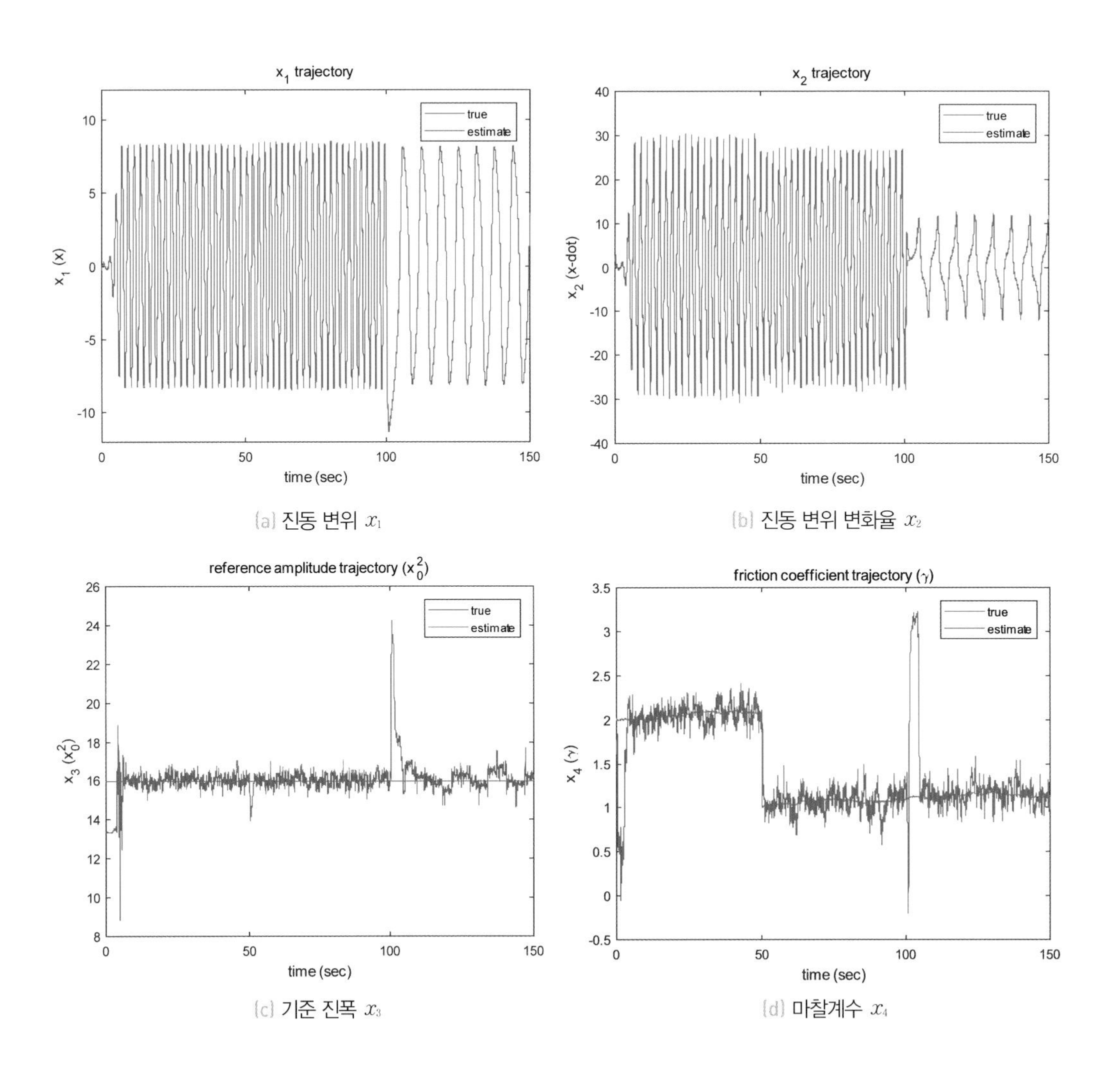

(a) 진동 변위 x_1

(b) 진동 변위 변화율 x_2

(c) 기준 진폭 x_3

(d) 마찰계수 x_4

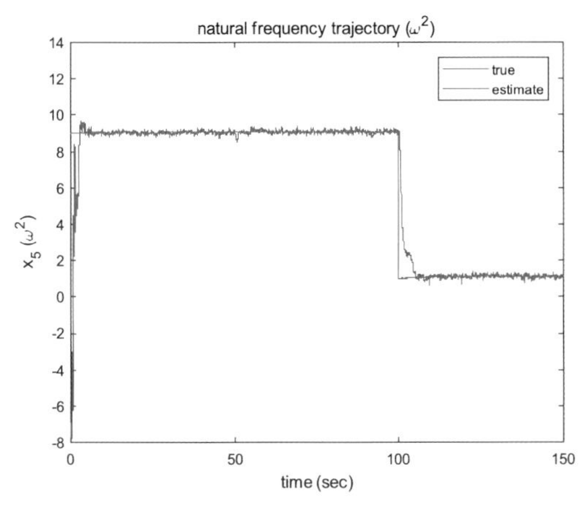

(e) 고유 주파수 x_5

그림 6.33 반더폴 상태변수 궤적

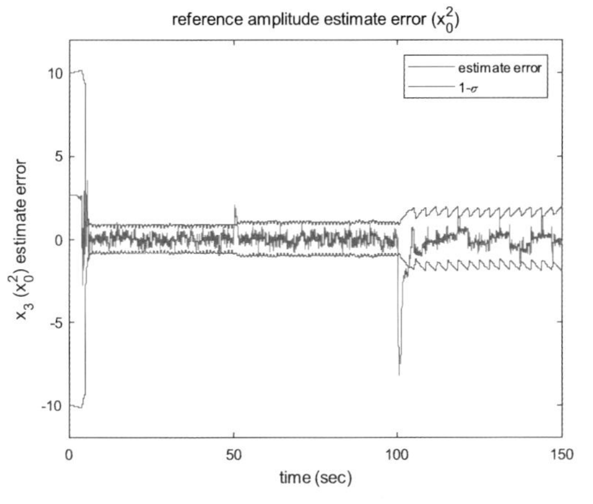

(a) 기준 진폭 추정 오차 x_3

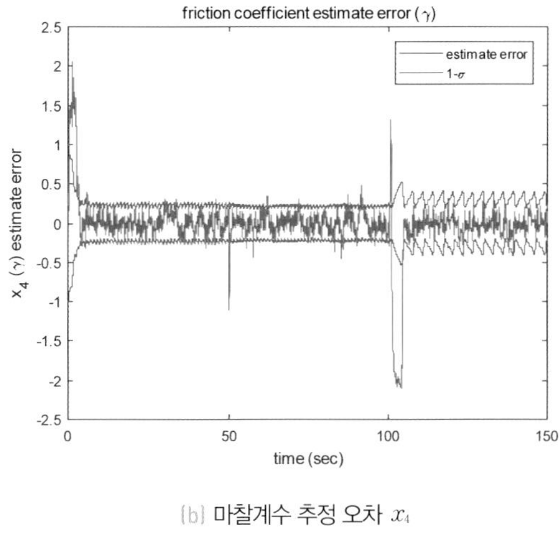

(b) 마찰계수 추정 오차 x_4

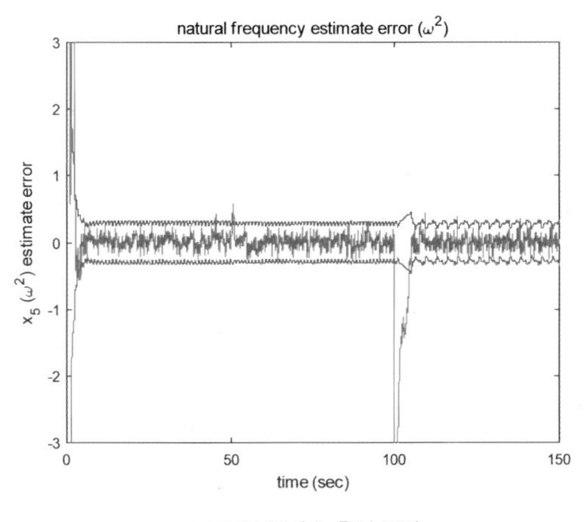

(c) 고유 주파수 추정 오차 x_5

그림 6.34 파라미터 추정 오차와 표준편차

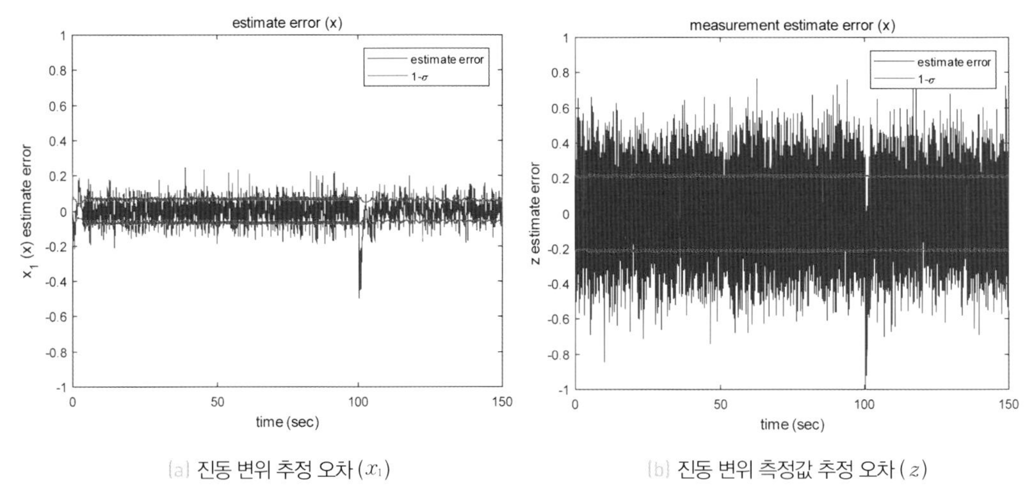

(a) 진동 변위 추정 오차 (x_1) (b) 진동 변위 측정값 추정 오차 (z)

그림 6.35 진동 변위 추정 오차 및 변위 측정값 추정 오차와 표준편차

6.4.4 언센티드 칼만필터 설계

언센티드 칼만필터 알고리즘의 시간 전파식은 다음과 같다.

$k=0$: **1.** $z(0)=x_1(0)+v(0)$ 측정

2. 측정 업데이트

$$n=5,\ \kappa=-2$$

$$\mathrm{S}(0|-1)=(chol(\mathrm{P}(0|-1)))^T$$

$$\boldsymbol{\chi}_0(0|-1)=\hat{\mathrm{x}}(0|-1)$$

$$\boldsymbol{\chi}_i(0|-1)=\hat{\mathrm{x}}(0|-1)+(\sqrt{3}\,\mathrm{S}(0|-1))_i,\ i=1,\ ...,\ 5$$

$$\boldsymbol{\chi}_{i+5}(0|-1)=\hat{\mathrm{x}}(0|-1)-(\sqrt{3}\,\mathrm{S}(0|-1))_i$$

$$W_0=\frac{1}{3}$$

$$W_i=\frac{1}{2(3)},\ i=1,\ ...,\ 10$$

$$\boldsymbol{\zeta}_i(0|-1)=\mathrm{h}(\boldsymbol{\chi}_i(0|-1),\ u(0)),\ i=0,\ 1,\ ...,\ 10$$

$$\hat{\mathrm{z}}(0|-1)=\sum_{i=0}^{10}W_i\boldsymbol{\zeta}_i(0|-1)$$

$$\mathrm{P}_{zz}(0|-1)=\sum_{i=0}^{10}W_i\big(\boldsymbol{\zeta}_i(0|-1)-\hat{\mathrm{z}}(0|-1)\big)\big(\boldsymbol{\zeta}_i(0|-1)-\hat{\mathrm{z}}(0|-1)\big)^T+\mathrm{R}$$

$$P_{xz}(0|-1)=\sum_{i=0}^{10} W_i\left(\chi_i(0|-1)-\hat{x}(0|-1)\right)\left(\zeta_i(0|-1)-\hat{z}(0|-1)\right)^T$$

$$\hat{x}(0|0)=\hat{x}(0|-1)+K(0)[z(0)-\hat{z}(0|-1)]$$

$$P(0|0)=P(0|-1)-K(0)P_{zz}(0|-1)K^T(0)$$

$$K(0)=P_{xz}(0|-1)P_{zz}^{-1}(0|-1)$$

$k=1$: **1.** 시간 업데이트

$$S(0|0)=(chol(P(0|0)))^T$$

$$\chi_0(0|0)=\hat{x}(0|0)$$

$$\chi_i(0|0)=\hat{x}(0|0)+(\sqrt{3}\,S(0|0))_i,\ i=1,\ \ldots,\ 5$$

$$\chi_{i+5}(0|0)=\hat{x}(0|0)-(\sqrt{3}\,S(0|0))_i$$

$$\overline{\chi}_i(1)=f(\chi_i(0|0),\ u(0)),\ i=0,\ 1,\ \ldots,\ 10$$

$$\hat{x}(1|0)=\sum_{i=0}^{10} W_i\overline{\chi}_i(1)$$

$$P(1|0)=\sum_{i=0}^{10} W_i\left(\overline{\chi}_i(1)-\hat{x}(1|0)\right)\left(\overline{\chi}_i(1)-\hat{x}(1|0)\right)^T+Q$$

2. $z(1)=x_1(1)+v(1)$ 측정

3. 측정 업데이트

$$S(1|0)=(chol(P(1|0)))^T$$

$$\chi_0(1|0)=\hat{x}(1|0)$$

$$\chi_i(1|0)=\hat{x}(1|0)+(\sqrt{3}\,S(1|0))_i,\ i=1,\ \ldots,\ 5$$

$$\chi_{i+5}(1|0)=\hat{x}(1|0)-(\sqrt{3}\,S(1|0))_i$$

$$\zeta_i(1|0)=h(\chi_i(1|0),\ u(1)),\ i=0,\ 1,\ \ldots,\ 10$$

$$\hat{z}(1|0)=\sum_{i=0}^{10} W_i\zeta_i(1|0)$$

$$P_{zz}(1|0)=\sum_{i=0}^{10} W_i\left(\zeta_i(1|0)-\hat{z}(1|0)\right)\left(\zeta_i(1|0)-\hat{z}(1|0)\right)^T+R$$

$$P_{xz}(1|0)=\sum_{i=0}^{10} W_i\left(\chi_i(1|0)-\hat{x}(1|0)\right)\left(\zeta_i(1|0)-\hat{z}(1|0)\right)^T$$

$$\hat{x}(1|1)=\hat{x}(1|0)+K(1)[z(1)-\hat{z}(1|0)]$$

$$P(1|1)=P(1|0)-K(1)P_{zz}(1|0)K^T(1)$$

$$K(1)=P_{xz}(1|0)P_{zz}^{-1}(1|0)$$

$k=2$: **1.** 시간 업데이트

$$S(1|1)=(chol(P(1|1)))^T$$

$$\chi_0(1|1)=\hat{x}(1|1)$$

$$\chi_i(1|1)=\hat{x}(1|1)+(\sqrt{3}\,S(1|1))_i,\ i=1,\ \ldots,\ 5$$

$$\chi_{i+5}(1|1)=\hat{x}(1|1)-(\sqrt{3}\,S(1|1))_i$$

$$\overline{\chi}_i(2)=f(\chi_i(1|1),\ u(1)),\ i=0,\ 1,\ \ldots,\ 10$$

$$\hat{x}(2|1)=\sum_{i=0}^{10}W_i\overline{\chi}_i(2)$$

$$P(2|1)=\sum_{i=0}^{10}W_i\left(\overline{\chi}_i(2)-\hat{x}(2|1)\right)\left(\overline{\chi}_i(2)-\hat{x}(2|1)\right)^T+Q$$

2. $z(2)=x_1(2)+v(2)$ 측정

3. 측정 업데이트

$$S(2|1)=(chol(P(2|1)))^T$$

$$\chi_0(2|1)=\hat{x}(2|1)$$

$$\chi_i(2|1)=\hat{x}(2|1)+(\sqrt{3}\,S(2|1))_i,\ i=1,\ \ldots,\ 5$$

$$\chi_{i+5}(2|1)=\hat{x}(2|1)-(\sqrt{3}\,S(2|1))_i$$

$$\zeta_i(2|1)=h(\chi_i(2|1),\ u(2)),\ i=0,\ 1,\ \ldots,\ 10$$

$$\hat{z}(2|1)=\sum_{i=0}^{10}W_i\zeta_i(2|1)$$

$$P_{zz}(2|1)=\sum_{i=0}^{10}W_i\left(\zeta_i(2|1)-\hat{z}(2|1)\right)\left(\zeta_i(2|1)-\hat{z}(2|1)\right)^T+R$$

$$P_{xz}(2|1)=\sum_{i=0}^{10}W_i\left(\chi_i(2|1)-\hat{x}(2|1)\right)\left(\zeta_i(2|1)-\hat{z}(2|1)\right)^T$$

$$\hat{x}(2|2)=\hat{x}(2|1)+K(2)[z(2)-\hat{z}(2|1)]$$

$$P(2|2)=P(2|1)-K(2)P_{zz}(2|1)K^T(2)$$

$$K(2)=P_{xz}(2|1)P_{zz}^{-1}(2|1)$$

$k=3,\ 4,\ 5,\ \ldots$: 반복

매트랩으로 작성된 언센티드 칼만필터 코드는 시그마 포인트를 계산하기 위한 sigma_point.m, 시간 업데이트를 구현한 vanderpol_ukf_tu.m, 측정 업데이트를 구현한 vanderpol_ukf_mu.m, 반더폴 발진기 운동을 구현한 vanderpol_dyn.m, 측정 모델을 구현한 vanderpol_meas.m, 그리고 언센티드 칼만필터를 구동하기 위한 vanderpol_ukf_main.m으로 구성돼 있다. vanderpol_dyn.m과 vanderpol_meas.m은 확장 칼만필터에서 사용한 파일과 동일하다.

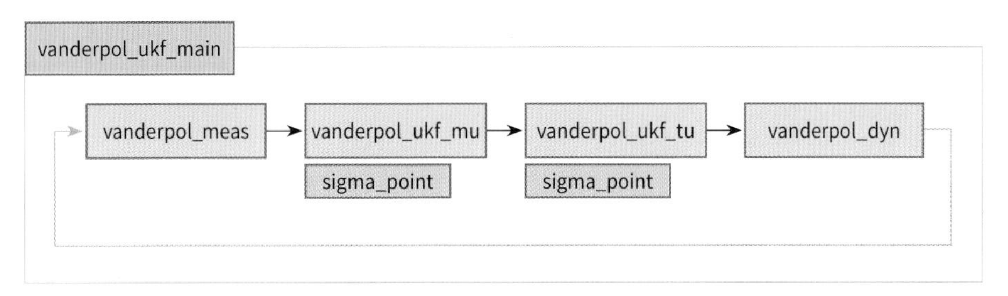

그림 6.36 코드 구조

전체 코드는 다음과 같다.

vanderpol_ukf_main.m

```
%
% 반더폴 문제: 언센티드 칼만필터 메인 코드
%

clear all

% 상수
params.kappa = -2;
xref = 4; % 기준 진폭
xref2 = xref^2;
gamma = 2; % 마찰계수 (식 (6.48))
omega = 3; % 고유 주파수 (식 (6.48))
om2 = omega^2;

gamma_f = 1; % 고장 시 마찰계수 (식 (6.48))
omega_f = 1; % 고장 시 고유 주파수 (식 (6.48))
om2_f = omega_f^2;
```

```
% 샘플링 시간
dt = 0.01;

% 프로세스 노이즈
Qd = diag([0 0 1e-2 1e-3 1e-3]); % 언센티드 칼만필터 (식 (6.56))
Qr = diag([0 0 0 1e-6 1e-6]); % 실제 시스템 (식 (6.51))

% 측정 노이즈 (식 (6.52))
Rd = 4e-2;

% 초기 상태변수 평균값과 공분산 (식 (6.55))
x0 = [0; 0.1; xref2; gamma; om2];
P0 = diag([1 1 100 1 100]);

% 언센티드 칼만필터 초깃값 (식 (6.53), (6.54))
xbar = x0 + sqrt(P0)*randn(5,1);
Pbar = P0;

% 결괏값을 저장하기 위한 변수
X = [];
XHAT = [];
PHAT = [];
Z = [];
ZHAT = [];
SBAR = [];
TIME = [];

% 언센티드 칼만필터 메인 루프 -----------------------------------
for k = 0:15000

    t = dt*k % 시간

    % 반더폴 측정 모델
    z = vanderpol_meas(x0, Rd, 'sy');

    % 측정 업데이트
    [xhat, Phat, zhat, S] = vanderpol_ukf_mu(z, xbar, Pbar, Rd, params);
```

```
    % 시간 업데이트
    [xbar, Pbar] = vanderpol_ukf_tu(xhat, Phat, Qd, dt, params);

    % 반더폴 운동 모델
    x = vanderpol_dyn(x0, Qr, dt, 'sy');

    if t == 50
        x(4) = gamma_f; % 50초에서 마찰계수 값이 gamma_f로 갑자기 점프
    end
    if t == 100
        x(5) = om2_f; % 100초에서 고유 주파수 값이 omega_f로 갑자기 점프
    end

    % 결과 저장
    X = [X; x0'];
    XHAT = [XHAT; xhat'];
    PHAT = [PHAT; (diag(Phat))'];
    Z = [Z; z'];
    ZHAT = [ZHAT; zhat'];
    SBAR = [SBAR; (diag(S))'];
    TIME = [TIME; t];

    % 다음 시간 스텝을 위한 준비
    x0 = x;

end
```

vanderpol_ukf_tu.m

```
function [xbar, Pbar] = vanderpol_ukf_tu(xhat, Phat, Qd, dt, params)
%
% 언센티드 칼만필터 시간 업데이트 함수
%

% 상수
kappa = params.kappa;
n=length(xhat);
```

```
% 시그마 포인트
[Xi,W]=sigma_point(xhat,Phat,kappa);

% 언센티드 변환
[n,mm] = size(Xi);
Xibar = zeros(n,mm);
for jj=1:mm
    Xibar(:, jj) = vanderpol_dyn(Xi(:,jj), Qd, dt,'kf');
end

% 시간 업데이트
xbar = zeros(n,1);
for jj=1:mm
    xbar = xbar + W(jj).*Xibar(:,jj);
end

Pbar = zeros(n,n);
for jj=1:mm
    Pbar = Pbar + W(jj)*(Xibar(:,jj)-xbar)*(Xibar(:,jj)-xbar)';
end

Pbar = Pbar + Qd;
```

vanderpol_ukf_mu.m

```
function [xhat, Phat, zhat, Pzz] = vanderpol_ukf_mu(z, xbar, Pbar, Rd, params)
%
% 언센티드 칼만필터 측정 업데이트 함수
%

% 상수
kappa = params.kappa;
n = length(xbar);
p = length(z);

% 시그마 포인트
[Xi,W] = sigma_point(xbar,Pbar,kappa);

% 언센티드 변환
```

```
[n,mm] = size(Xi);
Zi = zeros(p,mm);
for jj=1:mm
    Zi(:, jj) = vanderpol_meas(Xi(:,jj), Rd, 'kf');
end

% 측정 업데이트
zhat = zeros(p,1);
for jj=1:mm
    zhat = zhat + W(jj).*Zi(:,jj);
end

Pxz = zeros(n,p);
Pzz = zeros(p,p);
for jj=1:mm
    Pxz = Pxz + W(jj)*(Xi(:,jj)-xbar)*(Zi(:,jj)-zhat)';
    Pzz = Pzz + W(jj)*(Zi(:,jj)-zhat)*(Zi(:,jj)-zhat)';
end

Pzz = Pzz + Rd;

K = Pxz * inv(Pzz);
Phat = Pbar - K * Pzz *K';

xhat = xbar + K * (z - zhat);
```

vanderpol_ukf_main.m 파일을 실행하면 시뮬레이션이 수행된다. 언센티드 칼만필터의 추정 결과는 다음 그림과 같다. 그림 6.37은 반더폴의 진동 변위 및 변화율, 기준 진폭, 마찰계수, 고유 주파수의 실제 궤적과 추정값을 도시한 것이다. 마찰계수 γ가 50초 지점에서 갑자기 그 값이 2에서 1로 바뀌었으나, 언센티드 칼만필터가 재빨리 그 값을 잘 추정하고 있다는 것을 알 수 있다. 또한 고유 주파수 ω가 100초 지점에서 갑자기 그 값이 3에서 1로 바뀌었으나, 역시 그 값을 잘 추정하고 있다는 것을 알 수 있다. 그림 6.38은 파라미터의 추정 오차와 표준편차(1σ, $\sqrt{\mathrm{P}(k|k)}$의 대각항)를 도시한 것이다. 추정 오차가 언센티드 칼만필터가 예측한 표준편차의 범위 내에 있음을 알 수 있다. 마찰계수와 고유 주파수가 갑자기 값이 점프할 때 추정 오차가 잠시 표준편차 범위 밖으로 이탈했으나, 곧 언센티드 칼만필터가 변화된 값을 잘 추정하면서 추정 오차가 다시 표준편차 범위 안

으로 들어오는 것을 볼 수 있다. 그림 6.39는 반더폴의 진동 변위 추정 오차와 측정 예측 오차를 표준편차($\sqrt{S(k)}$의 대각항)와 함께 도시한 것이다. 추정 오차와 예측 오차도 표준편차의 범위 내에 있음을 알 수 있다. 언센티드 칼만필터의 추정 오차는 대체로 확장 칼만필터와 비슷하다.

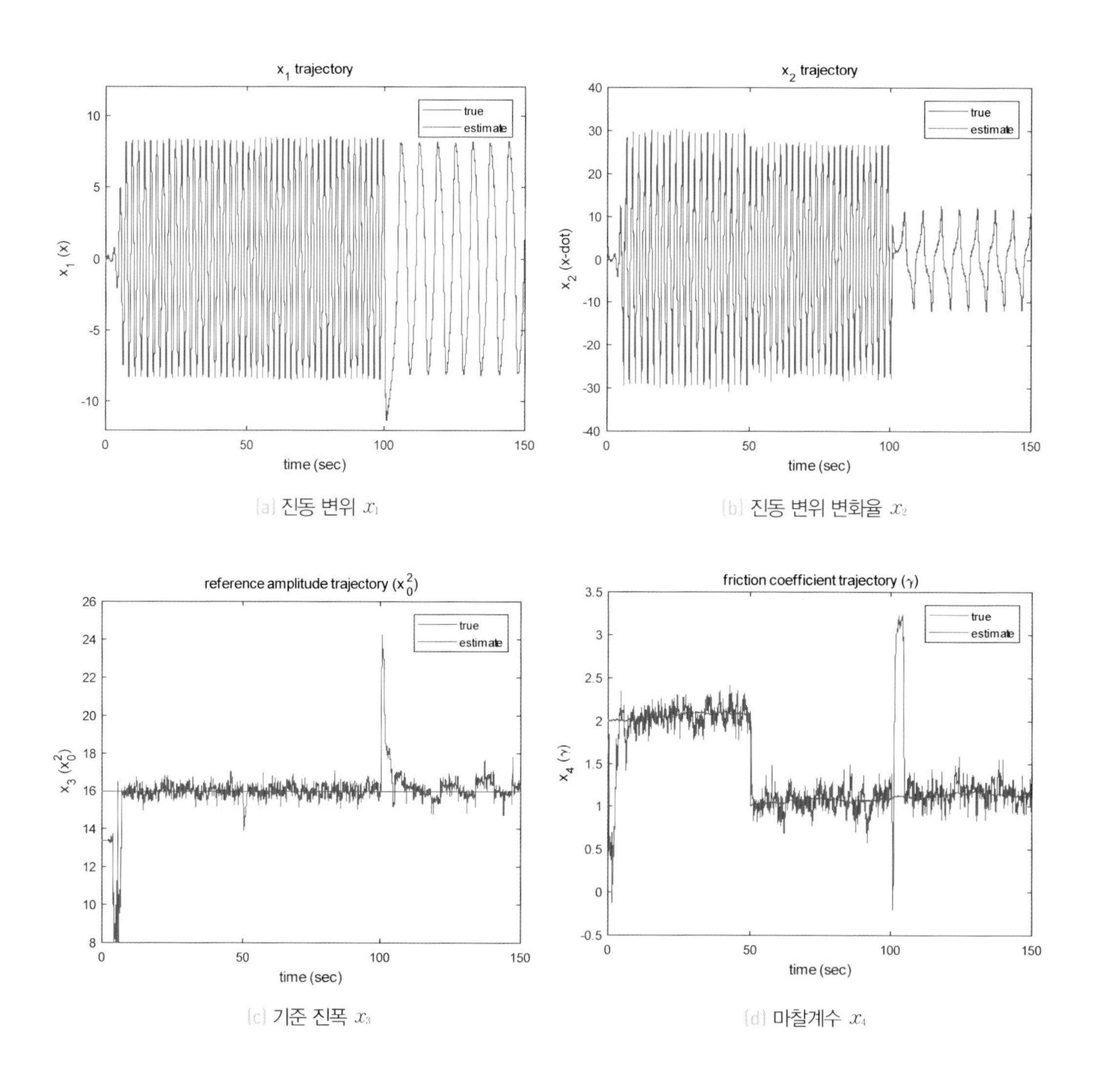

(a) 진동 변위 x_1 (b) 진동 변위 변화율 x_2

(c) 기준 진폭 x_3 (d) 마찰계수 x_4

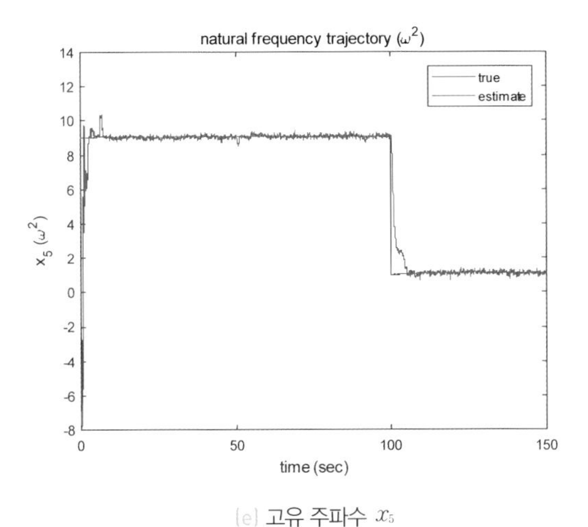

(e) 고유 주파수 x_5

그림 6.37 반더폴 상태변수 궤적

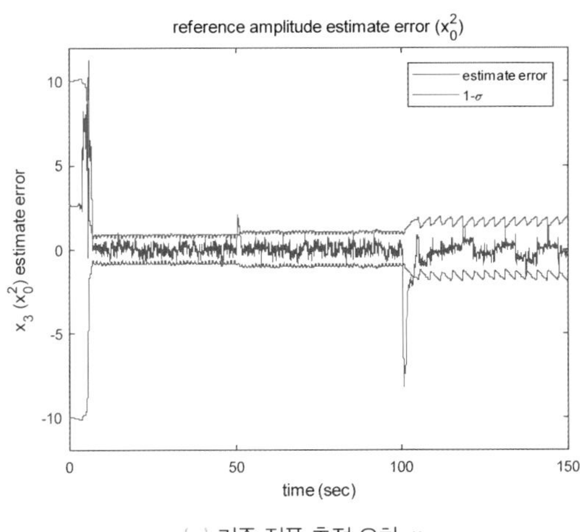

(a) 기준 진폭 추정 오차 x_3

(b) 마찰계수 추정 오차 x_4

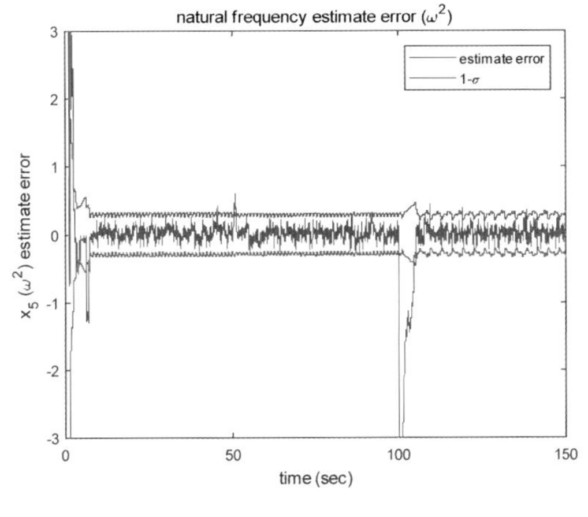

(c) 고유 주파수 추정 오차 x_5

그림 6.38 파라미터 추정 오차와 표준편차

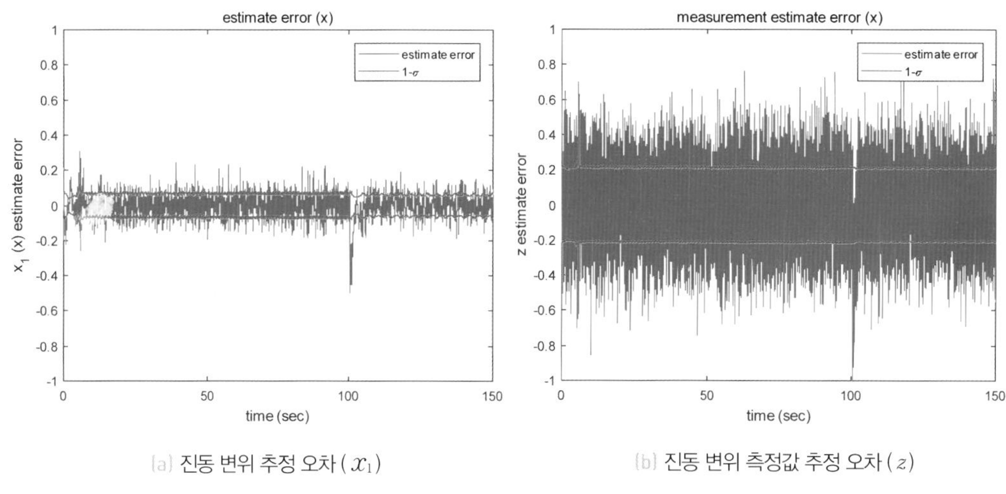

(a) 진동 변위 추정 오차 (x_1) (b) 진동 변위 측정값 추정 오차 (z)

그림 6.39 진동 변위 추정 오차 및 변위 측정값 추정 오차와 표준편차

6.5 수동 소나

6.5.1 개요

수동 소나(passive sonar) 시스템을 장착한 함정이나 잠수함 등의 관측자(observer)는 송신 음파를 사용하지 않고 수신 음파만을 사용하기 때문에 표적(target)과 관측자 간의 상대 거리는 측정할 수 없고 상대 각도만 측정할 수 있다. 이와 같이 상대 각도만을 이용해 표적 함정이나 잠수함 등의 위치와 속도 등을 추정해야 하는 문제를 '각도 정보만을 이용한 추적(bearings-only tracking)' 문제라고 한다. 그림 6.40에 도시한 것과 같이 2차원 평면에서 표적이 등속 운동을 한다고 가정하면 표적의 운동은 다음과 같이 표현할 수 있다.

$$\dot{\mathrm{v}}_T(t)=\mathrm{w}(t) \tag{6.58}$$

여기서 $\mathrm{v}_T=[\dot{x}_T\ \dot{y}_T]^T$는 표적의 속도벡터다. 등속 운동을 가정했으므로 표적의 속도 변화율은 0이어야 하지만, 실제로는 알 수 없는 기동을 할 수도 있는 등 여러 오차 요인이 있으므로 이를 고려해 가우시안 화이트 노이즈 $\mathrm{w}(t)$를 추가한다. 한편, 관측자의 운동은 다음과 같이 표현할 수 있다.

$$\dot{\mathrm{v}}_O(t)=\mathrm{a}_O(t) \tag{6.59}$$

여기서 $\mathrm{v}_O=[\dot{x}_O\ \dot{y}_O]^T$는 관측자의 속도벡터이며 a_O는 관측자를 조종하기 위한 입력 가속도 벡터다. 그림 6.40에 도시한 것과 같이 $\mathrm{r}_T=[x_T\ y_T]^T$는 표적의 위치 벡터, $\mathrm{r}_O=[x_O\ y_O]^T$는 관측자의 위치 벡터이며, $\mathrm{r}=\mathrm{r}_T-\mathrm{r}_M$과 $\mathrm{v}=\mathrm{v}_T-\mathrm{v}_M$은 각각 관측자에서 표적까지의 상대 거리벡터와 속도벡터다.

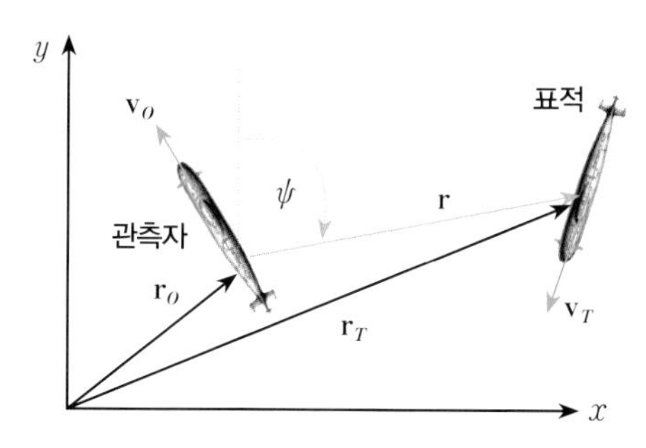

그림 6.40 2차원 평면에서 관측자와 표적의 운동

이제 상태변수 $\mathrm{x}(t)$와 입력 $\mathrm{u}(t)$를 다음과 같이 정의하면,

$$\mathrm{x}(t)=\begin{bmatrix}\mathrm{r}(t)\\ \mathrm{v}(t)\end{bmatrix}=\begin{bmatrix}x\\ y\\ \dot{x}\\ \dot{y}\end{bmatrix},\ \mathrm{u}(t)=\mathrm{a}_O(t) \tag{6.60}$$

관측자와 표적의 상대 운동은 다음과 같이 표현할 수 있다.

$$\dot{\mathrm{x}}=\begin{bmatrix}0 & I\\ 0 & 0\end{bmatrix}\mathrm{x}+\begin{bmatrix}0\\ -I\end{bmatrix}\mathrm{u}+\begin{bmatrix}0\\ \mathrm{w}\end{bmatrix} \tag{6.61}$$

여기서 I는 2×2 단위행렬이다. 연속시간으로 표현된 식 (6.61)을 샘플링 시간 $\triangle t$를 이용해 이산화하면 다음과 같다.

$$\mathrm{x}(k+1)=\mathrm{F}\mathrm{x}(k)-\mathrm{U}(k,\ k+1)+\mathrm{G}_w\mathrm{w}(k) \tag{6.62}$$

여기서 샘플링 시간 구간 동안에 프로세스 노이즈 $\mathrm{w}(t)$가 일정한 값을 갖는다고 가정하면,

$$\mathrm{w}(t)=\mathrm{w}(k\Delta t)=\mathrm{w}(k),\ t\in[k\Delta t,\ (k+1)\Delta t) \tag{6.63}$$

식 (6.62)에서 F와 G_w는 다음과 같다.

$$F=\begin{bmatrix} I & \triangle tI \\ 0 & I \end{bmatrix},\ G_w=\begin{bmatrix} \frac{(\triangle t)^2}{2}I \\ \triangle tI \end{bmatrix} \tag{6.64}$$

관측자의 가속도는 근사적으로 $a_O(t)\approx\frac{v_O(t+\Delta t)-v_O(t)}{\Delta t}$이므로 식 (6.62)에서 $U(k,\ k+1)$은 다음과 같이 된다.

$$U(k,\ k+1)=\begin{bmatrix} 0 \\ 0 \\ \dot{x}_O(k+1)-\dot{x}_O(k) \\ \dot{y}_O(k+1)-\dot{y}_O(k) \end{bmatrix} \tag{6.65}$$

$\mathrm{w}(k)$는 이산시간 프로세스 노이즈로서, $\mathrm{w}(k)\sim N(0,\ Q_r)$이다. 소나(sonar)는 상대 방위각 ψ를 측정하며 측정 모델은 다음과 같다.

$$\begin{aligned} z(k)=\psi(k) &= h(\mathrm{x}(k))+v(k) \\ &= \tan^{-1}\left(\frac{x(k)}{y(k)}\right)+v(k) \end{aligned} \tag{6.66}$$

여기서 $v(k)$는 측정 노이즈로서, $\mathrm{w}(k)$와는 독립이며 $v(k)\sim N(0,\ R)$이다.

시뮬레이션을 위해서 샘플링 시간은 $\Delta t=60$초로 한다. 이산시간 프로세스 노이즈의 공분산 Q_r과 측정 노이즈의 공분산 R은 각각 다음과 같이 설정한다.

$$Q_r=\begin{bmatrix} (10^{-3})^2 & 0 \\ 0 & (10^{-3})^2 \end{bmatrix}(m^2/\sec^4),\ R=\sigma_\psi^2(rad^2) \tag{6.67}$$

여기서 $\sigma_{\psi}=1.5^{\circ}\times\pi/180(rad)$다.

시뮬레이션 시나리오는 다음과 같다[5]. 표적의 사전 정보로서, 표적은 초기에 관측자로부터의 거리가 $5000m$ 떨어져 있으며 거리 추정 오차의 표준편차는 $\sigma_{range}=2000m$로 추정한다. 소나의 측정에 의하면 표적의 초기 상대 방위각은 $\psi(0)=10^{\circ}$였다. 표적의 추정 속력은 $v_T=2.056m/s$로 일정하며 추정 속력 오차의 표준편차는 $\sigma_{speed}=1.028m/s$로 가정한다. 표적의 초기 추정 운동 방위각(y축으로부터 시계 방향으로 측정한 각)은 -140°이며 추정 방향각 오차의 표준편차는 $\sigma_{azimuth}=51.96^{\circ}$로 가정한다. 한편, 관측자는 위치 $(x_O,\ y_O)=(0,\ 0)m$에서 출발해 일정한 속력 $v_O=2.57m/s$, 방위각 140°의 방향으로 운동하다가 13분이 경과한 후에 4분간 방위각을 20°로 바꾸는 기동을 실시하고, 그 이후로 방위각 20°를 유지하며 13분간 더 운항한다.

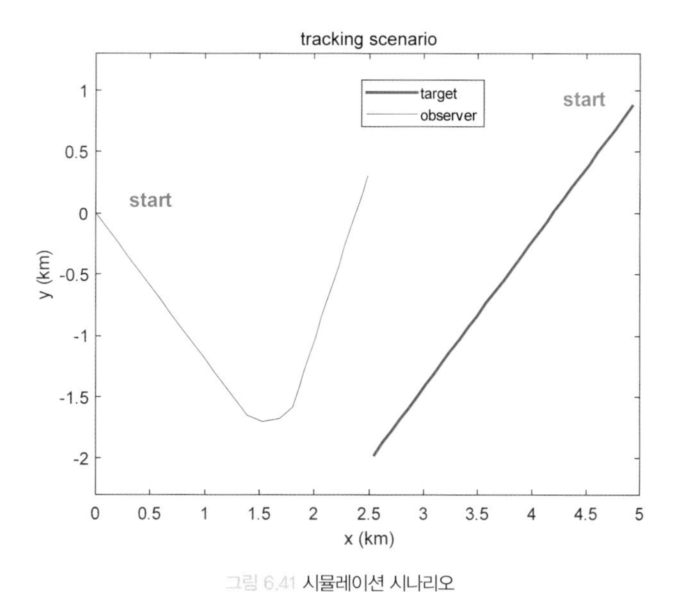

그림 6.41 시뮬레이션 시나리오

이상의 정보를 바탕으로 식 (6.62)의 상태변수 초깃값 $\mathrm{x}(0)$의 평균과 공분산을 계산해 보자. 먼저 상대 위치벡터 r이 다음과 같으므로,

$$\mathrm{r}=\begin{bmatrix} x \\ y \end{bmatrix}=\begin{bmatrix} r\sin\psi \\ r\cos\psi \end{bmatrix} \tag{6.68}$$

테일러 시리즈로 전개하면 다음 식을 얻을 수 있다.

$$
\begin{aligned}
\mathrm{r}(0)=\begin{bmatrix} x(0) \\ y(0) \end{bmatrix} &\approx \begin{bmatrix} \overline{x}(0) \\ \overline{y}(0) \end{bmatrix}+\begin{bmatrix} \dfrac{\partial x}{\partial r} & \dfrac{\partial x}{\partial \psi} \\ \dfrac{\partial y}{\partial r} & \dfrac{\partial y}{\partial \psi} \end{bmatrix}\begin{bmatrix} r(0)-\overline{r} \\ \psi(0)-\overline{\psi} \end{bmatrix} \\
&=\begin{bmatrix} \overline{r}\sin\overline{\psi} \\ \overline{r}\cos\overline{\psi} \end{bmatrix}+\begin{bmatrix} \sin\overline{\psi} & \overline{r}\cos\overline{\psi} \\ \cos\overline{\psi} & -\overline{r}\sin\overline{\psi} \end{bmatrix}\begin{bmatrix} r(0)-\overline{r} \\ \psi(0)-\overline{\psi} \end{bmatrix}
\end{aligned}
\tag{6.69}
$$

여기서 $\overline{r}=5000m$, $\overline{\psi}=80°$다. 따라서 r(0)의 평균은 다음과 같다.

$$
\overline{\mathrm{r}}(0)=\begin{bmatrix} \overline{r}\sin\overline{\psi} \\ \overline{r}\cos\overline{\psi} \end{bmatrix}
\tag{6.70}
$$

또한 r(0)의 공분산은 다음과 같이 계산할 수 있다.

$$
\begin{aligned}
\mathrm{P}_{pos} &= E[(\mathrm{r}(0)-\overline{\mathrm{r}}(0))(\mathrm{r}(0)-\overline{\mathrm{r}}(0))^T] \\
&\approx \begin{bmatrix} \sin\overline{\psi} & \overline{r}\cos\overline{\psi} \\ \cos\overline{\psi} & -\overline{r}\sin\overline{\psi} \end{bmatrix}\begin{bmatrix} \sigma_{range}^2 & 0 \\ 0 & \sigma_{\psi}^2 \end{bmatrix}\begin{bmatrix} \sin\overline{\psi} & \overline{r}\cos\overline{\psi} \\ \cos\overline{\psi} & -\overline{r}\sin\overline{\psi} \end{bmatrix}^T \\
&=\begin{bmatrix} \sigma_{range}^2\sin^2\overline{\psi}+\overline{r}^2\sigma_{\psi}^2\cos^2\overline{\psi} & (\sigma_{range}^2-\overline{r}^2\sigma_{\psi}^2)\sin\overline{\psi}\cos\overline{\psi} \\ (\sigma_{range}^2-\overline{r}^2\sigma_{\psi}^2)\sin\overline{\psi}\cos\overline{\psi} & \sigma_{range}^2\cos^2\overline{\psi}+\overline{r}^2\sigma_{\psi}^2\sin^2\overline{\psi} \end{bmatrix}
\end{aligned}
\tag{6.71}
$$

한편, 상대 속도벡터 v가 다음과 같으므로,

$$
\mathrm{v}=\begin{bmatrix} \dot{x} \\ \dot{y} \end{bmatrix}=\begin{bmatrix} \dot{x}_T-\dot{x}_O \\ \dot{y}_T-\dot{y}_O \end{bmatrix}=\begin{bmatrix} v_T\sin(\psi_T)-\dot{x}_O \\ v_T\cos(\psi_T)-\dot{y}_O \end{bmatrix}
\tag{6.72}
$$

테일러 시리즈로 전개하면 다음 식을 얻을 수 있다.

$$\mathrm{v}(0)=\begin{bmatrix}\dot{x}(0)\\ \dot{y}(0)\end{bmatrix}\approx\begin{bmatrix}\overline{\dot{x}}(0)\\ \overline{\dot{y}}(0)\end{bmatrix}+\begin{bmatrix}\frac{\partial \dot{x}}{\partial v_T} & \frac{\partial \dot{x}}{\partial \psi_T}\\ \frac{\partial \dot{y}}{\partial v_T} & \frac{\partial \dot{y}}{\partial \psi_T}\end{bmatrix}\begin{bmatrix}v_T(0)-\overline{v}_T\\ \psi_T(0)-\overline{\psi}_T\end{bmatrix}$$
$$=\begin{bmatrix}\overline{v}_T\sin\overline{\psi}_T-\dot{x}_O(0)\\ \overline{v}_T\cos\overline{\psi}_T-\dot{y}_O(0)\end{bmatrix}+\begin{bmatrix}\sin\overline{\psi}_T & \overline{v}_T\cos\overline{\psi}_T\\ \cos\overline{\psi}_T & -\overline{v}_T\sin\overline{\psi}_T\end{bmatrix}\begin{bmatrix}v_T(0)-\overline{v}_T\\ \psi_T(0)-\overline{\psi}_T\end{bmatrix} \tag{6.73}$$

여기서 $\overline{v}_T=2.056m/s$, $\overline{\psi}_T=-140°$다. 따라서 $\mathrm{v}(0)$의 평균은 다음과 같다.

$$\overline{\mathrm{v}}(0)=\begin{bmatrix}\overline{v}_T\sin\overline{\psi}_T-\dot{x}_O(0)\\ \overline{v}_T\cos\overline{\psi}_T-\dot{y}_O(0)\end{bmatrix} \tag{6.74}$$

또한, $\mathrm{v}(0)$의 공분산은 다음과 같이 계산할 수 있다.

$$\mathrm{P}_{vel}=E[(\mathrm{v}(0)-\overline{\mathrm{v}}(0))(\mathrm{v}(0)-\overline{\mathrm{v}}(0))^T]$$
$$\approx\begin{bmatrix}\sin\overline{\psi}_T & \overline{v}_T\cos\overline{\psi}_T\\ \cos\overline{\psi}_T & -\overline{v}_T\sin\overline{\psi}_T\end{bmatrix}\begin{bmatrix}\sigma^2_{speed} & 0\\ 0 & \sigma^2_{azimuth}\end{bmatrix}\begin{bmatrix}\sin\overline{\psi}_T & \overline{v}_T\cos\overline{\psi}_T\\ \cos\overline{\psi}_T & -\overline{v}_T\sin\overline{\psi}_T\end{bmatrix}^T$$
$$=\begin{bmatrix}\sigma^2_{speed}\sin^2\overline{\psi}_T+\overline{v}^2_T\sigma^2_{azimuth}\cos^2\overline{\psi}_T & (\sigma^2_{speed}-\overline{v}^2_T\sigma^2_{azimuth})\sin\overline{\psi}_T\cos\overline{\psi}_T\\ (\sigma^2_{speed}-\overline{v}^2_T\sigma^2_{azimuth})\sin\overline{\psi}_T\cos\overline{\psi}_T & \sigma^2_{speed}\cos^2\overline{\psi}_T+\overline{v}^2_T\sigma^2_{azimuth}\sin^2\overline{\psi}_T\end{bmatrix} \tag{6.75}$$

식 (6.70), (6.71), (6.74), (6.75)를 합치면 다음과 같이 상태변수 초깃값 $\mathrm{x}(0)$의 평균과 공분산을 계산할 수 있다.

$$\mathrm{x}(0)\sim N(\overline{\mathrm{x}}(0),\ \mathrm{P}_0) \tag{6.76}$$

여기서,

$$\overline{\mathrm{x}}(0)=\begin{bmatrix}\overline{\mathrm{r}}(0)\\ \overline{\mathrm{v}}(0)\end{bmatrix}=\begin{bmatrix}\overline{r}\sin\overline{\psi}\\ \overline{r}\cos\overline{\psi}\\ \overline{v}_T\sin\overline{\psi}_T-\dot{x}_O(0)\\ \overline{v}_T\cos\overline{\psi}_T-\dot{y}_O(0)\end{bmatrix} \tag{6.77}$$

$$P_0 = \begin{bmatrix} P_{pos} & 0 \\ 0 & P_{vel} \end{bmatrix} \quad (6.78)$$

이다.

한편, 관측자가 13분부터 17분 사이에 방위각 140°를 20°로 바꾸는 기동을 시뮬레이션하기 위해 다음 식을 이용해 식 (6.65)의 $U(k, k+1)$를 계산한다.

$$\begin{aligned} &\psi_1 = 140°,\ \psi_2 = 20°,\ \dot{\psi} = -0.5°/s \\ &t_1 = 13\,\text{min},\ t_2 = 17\,\text{min} \\ &\begin{cases} \dot{x}_O = v_O \sin(\psi_1),\ for\ t < t_1 \\ \dot{y}_O = v_O \cos(\psi_1) \end{cases} \\ &\begin{cases} \dot{x}_O = v_O \sin(\psi_1 + \dot{\psi}(t - t_1)),\ for\ t_1 \le t < t_2 \\ \dot{y}_O = v_O \cos(\psi_1 + \dot{\psi}(t - t_1)) \end{cases} \\ &\begin{cases} \dot{x}_O = v_O \sin(\psi_2),\ for\ t_2 \le t \\ \dot{y}_O = v_O \cos(\psi_2) \end{cases} \end{aligned} \quad (6.79)$$

6.5.2 칼만필터 초기화

칼만필터의 이산시간 프로세스 노이즈 공분산 Q는 식 (6.67)에 주어진 시스템 프로세스의 공분산보다 크게 설정한다.

$$Q = \begin{bmatrix} (1.6 \times 10^{-3})^2 & 0 \\ 0 & (1.6 \times 10^{-3})^2 \end{bmatrix} (m^2/\sec^4) \quad (6.80)$$

칼만필터의 초기 공분산은 상태변수 초깃값 $x(0)$의 공분산과 같게 설정한다.

$$P(0|-1) = P_0 \quad (6.81)$$

그리고 칼만필터의 초깃값은 다음과 같이 시스템의 초깃값과 공분산으로부터 샘플링한다.

$$\hat{\mathrm{x}}(0|-1) \sim N(\bar{\mathrm{x}}(0),\ \mathrm{P}_0) \tag{6.82}$$

6.5.3 확장 칼만필터 설계

각도 정보만을 이용한 추종 문제에서 고려해야 할 사항은 가관측성(observability) 문제다. 가관측성이란 시스템의 측정값으로부터 시스템의 상태변수를 추정할 수 있는지를 판별하는 척도다. 각도 정보만을 이용한 추종 문제에서는 관측자와 표적 간의 기하학적인 배치에 따라 가관측성 여부가 달라진다. 예를 들면, 그림 6.42(a)에 도시한 것과 같이 관측자와 표적이 모두 등속 운동을 하는 경우에는 관측자가 표적 1과 2를 구별하지 못하지만, 즉 거리 추정이 불가능하지만, 그림 6.42(b)와 같이 관측자가 가속도 운동을 하고 표적이 등속 운동을 하는 경우에는 관측자가 표적 1과 2를 구별할 수 있게 된다.

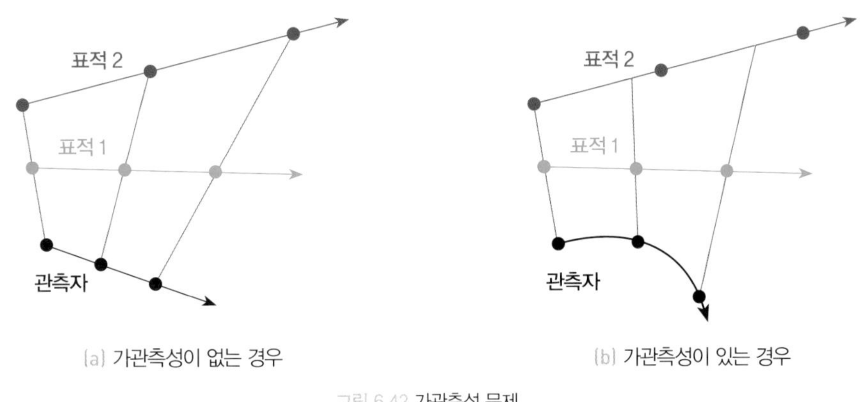

(a) 가관측성이 없는 경우 (b) 가관측성이 있는 경우

그림 6.42 가관측성 문제

연구 결과에 의하면 관측자가 표적을 능가하는 기동을 하면 가관측성이 확보되고 특정 기동에 따라서 추정 성능도 달라진다고 한다. 관심 있는 독자는 참고문헌[17]을 참고하기 바란다. 이 예제에서는 가관측성을 확보하기 위해 일정 속도로 운항하는 관측자가 13분부터 17분 사이에 방위각 140°를 20°로 바꾸는 기동을 실시한다.

측정 모델이 비선형 방정식이므로 확장 칼만필터에서는 자코비안 행렬을 계산해야 한다. 자코비안 행렬은 식 (6.66)으로부터 다음과 같이 계산된다.

$$\hat{H}(x(k)) = \begin{bmatrix} \frac{\partial h}{\partial x_1} & \frac{\partial h}{\partial x_2} & 0 & 0 \end{bmatrix} = \begin{bmatrix} \frac{x_2}{x_1^2+x_2^2} & \frac{-x_1}{x_1^2+x_2^2} & 0 & 0 \end{bmatrix} \quad (6.83)$$

확장 칼만필터 알고리즘의 시간 전파식은 다음과 같다.

$k=0$: **1.** $z(0)=\psi(0)+v(0)$ 측정

2. 측정 업데이트

$$\hat{H}(0) = \left.\frac{\partial h}{\partial x}\right|_{x(0)=\hat{x}(0|-1)}$$

$$S(0)=\hat{H}(0)P(0|-1)\hat{H}^T(0)+R$$

$$K(0)=P(0|-1)\hat{H}^T(0)S^{-1}(0)$$

$$\hat{x}(0|0)=\hat{x}(0|-1)+K(0)\big(z(0)-h\big(\hat{x}(0|-1),\ u(0)\big)\big)$$

$$P(0|0)=P(0|-1)-P(0|-1)\hat{H}^T(0)S^{-1}(0)\hat{H}(0)P(0|-1)$$

$k=1$: **1.** 시간 업데이트

$$\hat{x}(1|0)=F\hat{x}(0|0)-U(0)$$

$$P(1|0)=FP(0|0)F^T+G_wQG_w^T$$

2. $z(1)=\psi(1)+v(1)$ 측정

3. 측정 업데이트

$$\hat{H}(1) = \left.\frac{\partial h}{\partial x}\right|_{x(1)=\hat{x}(1|0)}$$

$$S(1)=\hat{H}(1)P(1|0)\hat{H}^T(1)+R$$

$$K(1)=P(1|0)\hat{H}^T(1)S^{-1}(1)$$

$$\hat{x}(1|1)=\hat{x}(1|0)+K(1)\big(z(1)-h\big(\hat{x}(1|0),\ u(1)\big)\big)$$

$$P(1|1)=P(1|0)-P(1|0)\hat{H}^T(1)S^{-1}(1)\hat{H}(1)P(1|0)$$

$k=2$: **1.** 시간 업데이트

$$\hat{\mathrm{x}}(2|1)=\mathrm{F}\hat{\mathrm{x}}(1|1)-\mathrm{U}(1)$$

$$\mathrm{P}(2|1)=\mathrm{FP}(1|1)\mathrm{F}^T+\mathrm{G_w Q G_w^T}$$

2. $z(2)=\psi(2)+v(2)$ 측정

3. 측정 업데이트

$$\hat{\mathrm{H}}(2)=\left.\frac{\partial \mathrm{h}}{\partial \mathrm{x}}\right|_{\mathrm{x}(2)=\hat{\mathrm{x}}(2|1)}$$

$$\mathrm{S}(2)=\hat{\mathrm{H}}(2)\mathrm{P}(2|1)\hat{\mathrm{H}}^T(2)+\mathrm{R}$$

$$\mathrm{K}(2)=\mathrm{P}(2|1)\hat{\mathrm{H}}^T(2)\mathrm{S}^{-1}(2)$$

$$\hat{\mathrm{x}}(2|2)=\hat{\mathrm{x}}(2|1)+\mathrm{K}(2)\big(\mathrm{z}(2)-\mathrm{h}\big(\hat{\mathrm{x}}(2|1),\ u(2)\big)\big)$$

$$\mathrm{P}(2|2)=\mathrm{P}(2|1)-\mathrm{P}(2|1)\hat{\mathrm{H}}^T(2)\mathrm{S}^{-1}(2)\hat{\mathrm{H}}(2)\mathrm{P}(2|1)$$

$k=3,\ 4,\ 5,\ \ldots$: 반복

매트랩으로 작성된 확장 칼만필터 코드는 시간 업데이트를 구현한 sonar_ekf_tu.m, 측정 업데이트를 구현한 sonar_ekf_mu.m, 관측자 운동을 구현한 observer_dyn.m, 표적 운동을 구현한 target_dyn.m, 측정 모델을 구현한 sonar_meas.m, 그리고 확장 칼만필터를 구동하기 위한 sonar_ekf_main.m으로 구성돼 있다.

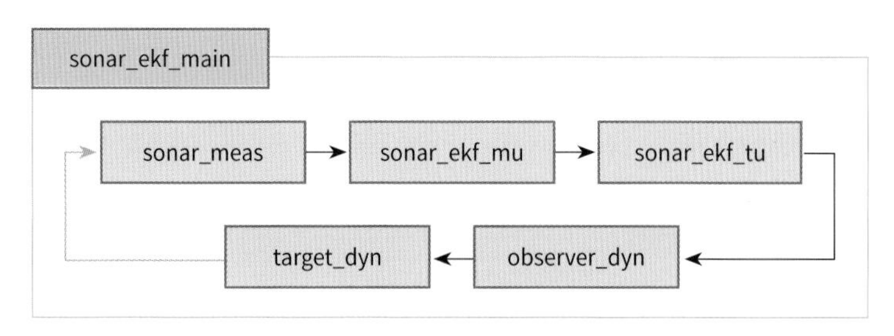

그림 6.43 코드 구조

전체 코드는 다음과 같다.

sonar_ekf_main.m

```
%
% 소나 문제: 확장 칼만필터 메인 코드
%

clear all

% 샘플링 시간
dt = 60; % 60 s = 1 min

% 기동 시간
t1 = 13*60; % 13 min
t2 = 17*60; % 17 min

% 프로세스 노이즈 (m/s^2)
Qd = diag([(1.6e-3)^2 (1.6e-3)^2]); % 확장 칼만필터 (식 (6.80))
Qr = diag([(1e-3)^2 (1e-3)^2]); % 실제 시스템 (식 (6.67))

% 측정 노이즈 (식 (6.67))
sig_psi = 1.5 * pi/180;
Rd = sig_psi^2;

% 관측자 초기 상태
rOb = [0; 0];
VOb = 2.57; % 관측자 속도 (m/s)
psiOb_1 = 140 * pi/180;
psiOb_2 = 20 * pi/180;
psiOb_dot = -0.5 * pi/180;

rOb0 = [0; 0];

vOb0 =[VOb * sin(psiOb_1);
      VOb * cos(psiOb_1) ];

% 표적 초기 상태
rbar_ini =  5000; % m
```

```
sig_range = 2000;
psi_ini = 80 *pi/180; % 초기 측정각
VT = 2.056; % 표적 속도 (m/s)
sig_speed = 1.028; % m/s
psiT = -140 * pi/180;
sig_azimuth = 51.96 * pi/180;

rT0 = [rbar_ini * sin(psi_ini) ;
      rbar_ini * cos(psi_ini)] + rOb;

vT0 =[ VT * sin(psiT);
      VT * cos(psiT)];

% 시스템 초기 상태변수 평균값과 공분산 (식 (6.76)-(6.78))
x0 = [rT0 - rOb0;
      vT0 - vOb0];

Ppos11 = sig_range^2 * (sin(psi_ini))^2 + rbar_ini^2 * sig_psi^2 * (cos(psi_ini))^2;
Ppos22 = sig_range^2 * (cos(psi_ini))^2 + rbar_ini^2 * sig_psi^2 * (sin(psi_ini))^2;
Ppos12 = (sig_range^2 -rbar_ini^2 * sig_psi^2) * sin(psi_ini) * cos(psi_ini);
Ppos = [Ppos11 Ppos12; Ppos12 Ppos22];

Pvel11 = sig_speed^2 * (sin(psiT))^2 + VT^2 * sig_azimuth^2 * (cos(psiT))^2;
Pvel22 = sig_speed^2 * (cos(psiT))^2 + VT^2 * sig_azimuth^2 * (sin(psiT))^2;
Pvel12 = (sig_speed^2 -VT^2 * sig_azimuth^2) * sin(psiT) * cos(psiT);
Pvel = [Pvel11 Pvel12; Pvel12 Pvel22];

P0 = [Ppos zeros(2,2); zeros(2,2) Pvel];

% 확장 칼만필터 초깃값 (식 (6.82))
xbar = x0 + sqrtm(P0) * randn(4,1);
Pbar = P0;

% 결괏값을 저장하기 위한 변수
POST = [];
POSOb = [];
X = [];
XHAT = [];
PHAT = [];
```

```
Z = [];
ZHAT = [];
SBAR = [];
TIME = [];


% 확장 칼만필터 메인 루프 ----------------------------------
for k = 0:30

    t = dt*k % 시간

    % 소나 측정 모델
    r_rel = rT0-rOb0;
    z = sonar_meas(r_rel, Rd, 'sy');

    % 측정 업데이트
    [xhat, Phat, zhat, S] = sonar_ekf_mu(z, xbar, Pbar, Rd);

     % 관측자가 기동하기 위한 입력 (식 (6.79))
    if t < t1
        vxOb = VOb * sin(psiOb_1);
        vyOb = VOb * cos(psiOb_1);
        vxOb_af = vxOb;
        vyOb_af = vyOb;
    elseif t < t2
        vxOb = VOb * sin(psiOb_1 + psiOb_dot * (t-t1));
        vyOb = VOb * cos(psiOb_1 + psiOb_dot * (t-t1));
        vxOb_af = VOb * sin(psiOb_1 + psiOb_dot * (t-t1+dt));
        vyOb_af = VOb * cos(psiOb_1 + psiOb_dot * (t-t1+dt));
    else
        vxOb = VOb * sin(psiOb_2);
        vyOb = VOb * cos(psiOb_2);
        vxOb_af = vxOb;
        vyOb_af = vyOb;
    end

    U = [0; 0;
         vxOb_af - vxOb;
         vyOb_af - vyOb ];
```

```
    % 시간 업데이트
    [xbar, Pbar] = sonar_ekf_tu(xhat, U, Phat, Qd, dt);

    % 관측자 운동 모델
    [rOb, vOb] = observer_dyn(rOb0, vOb0, U, dt);

    % 표적 운동 모델
    [rT, vT] = target_dyn(rT0, vT0, Qr, dt, 'sy');

    % 결과 저장
    X = [X; rT0'-rOb0' vT0'-vOb0'];
    XHAT = [XHAT; xhat'];
    PHAT = [PHAT; (diag(Phat))'];
    Z = [Z; z'];
    ZHAT = [ZHAT; zhat'];
    SBAR = [SBAR; (diag(S))'];
    TIME = [TIME; t];

    POST = [POST; rT0'];
    POSOb = [POSOb; rOb0'];


    % 다음 시간 스텝을 위한 준비
    rOb0 = rOb;
    vOb0 = vOb;
    rT0 = rT;
    vT0 = vT;

end
```

sonar_ekf_tu.m

```
function [xbar, Pbar] = sonar_ekf_tu(xhat, U, Phat, Qd, dt)
%
% 확장 칼만필터 시간 업데이트 함수
%

% 시스템 모델 (식 (6.64))
```

```
F = [eye(2) dt*eye(2); zeros(2,2) eye(2)];
Gw = [(dt)^2/2*eye(2); dt*eye(2)];

% 시간 업데이트
xbar = F * xhat - U;
Pbar = F * Phat * F' + Gw*Qd*Gw';
```

sonar_ekf_mu.m

```
function [xhat, Phat, zhat, S] = sonar_ekf_mu(z, xbar, Pbar, Rd)
%
% 확장 칼만필터 측정 업데이트 함수
%



% 자코비안 (식 (6.83))
x1 = xbar(1);
x2 = xbar(2);

H = [x2/(x1^2+x2^2) -x1/(x1^2+x2^2) 0 0];

% 측정값 예측
zhat = sonar_meas(xbar(1:2,1), Rd, 'kf');

% 측정 업데이트
S = H * Pbar *H' + Rd;
Phat = Pbar - Pbar * H' * inv(S) * H * Pbar;
K = Pbar * H' * inv(S);
xhat = xbar + K * (z - zhat);
```

observer_dyn.m

```
function [r_next, v_next, Cbn] = observer_dyn(r, v, U, dt)
%
% 관측자 운동 모델 (식 (6.59))
%
```

```
r_next = r + dt*v;
v_next = v + U(3:4,1);
```

target_dyn.m

```
function [r_next, v_next] = target_dyn(r, v, Qd, dt, status)
%
% 표적 운동 모델 (식 (6.58))
%

% 프로세스 노이즈
if status == 'sy'
    w = sqrt(Qd)*randn(2,1);
else  % 칼만필터 업데이트 시에 프로세스 노이즈는 0
    w = zeros(2,1);
end

r_next = r + dt*v;
v_next = v + w;
```

sonar_meas.m

```
function z =sonar_meas(r_rel, Rd, status)
%
% 소나 측정 모델 (식 (6.66))
%

% 측정 노이즈
if status == 'sy'
    v = sqrt(Rd)*randn();
else  % 칼만필터 업데이트 시에 측정 노이즈는 0
    v = 0;
end

z = atan2(r_rel(1), r_rel(2)) + v;
```

sonar_ekf_main.m 파일을 실행하면 시뮬레이션이 수행된다. 확장 칼만필터의 추정 결과는 다음 그림과 같다. 그림 6.44는 위치 추정 오차와 표준편차를 도시한 것이다. 관측자가 기동하기 전에는 추정 오차가 매우 컸으나, 기동 이후에는 추정 오차가 1σ-표준편차 내로 들어오는 것을 볼 수 있다. 그림 6.45는 거리 및 방위각 추정 오차와 표준편차를 도시한 것이다. 관측자의 기동 이후에 거리 오차가 크게 감소하는 것을 볼 수 있다.

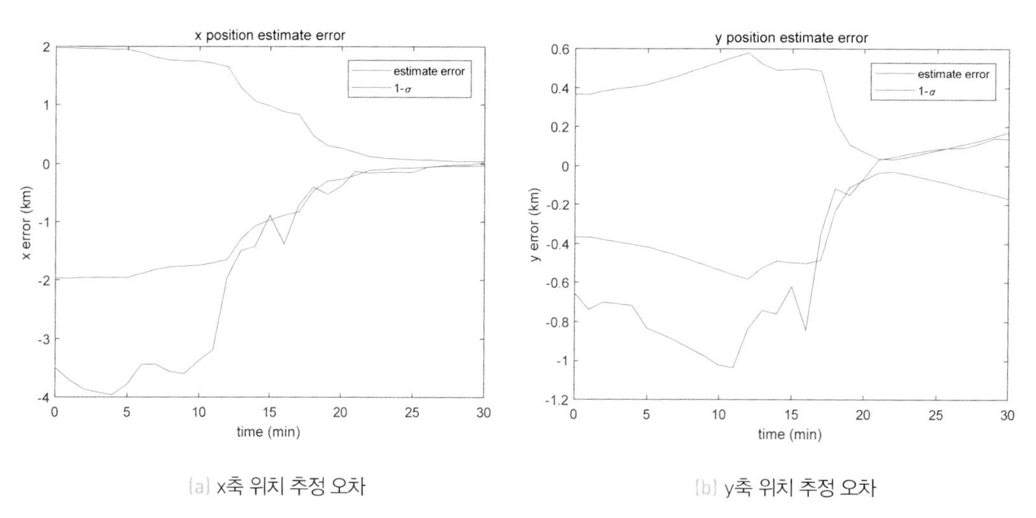

(a) x축 위치 추정 오차

(b) y축 위치 추정 오차

그림 6.44 위치 추정 오차와 표준편차

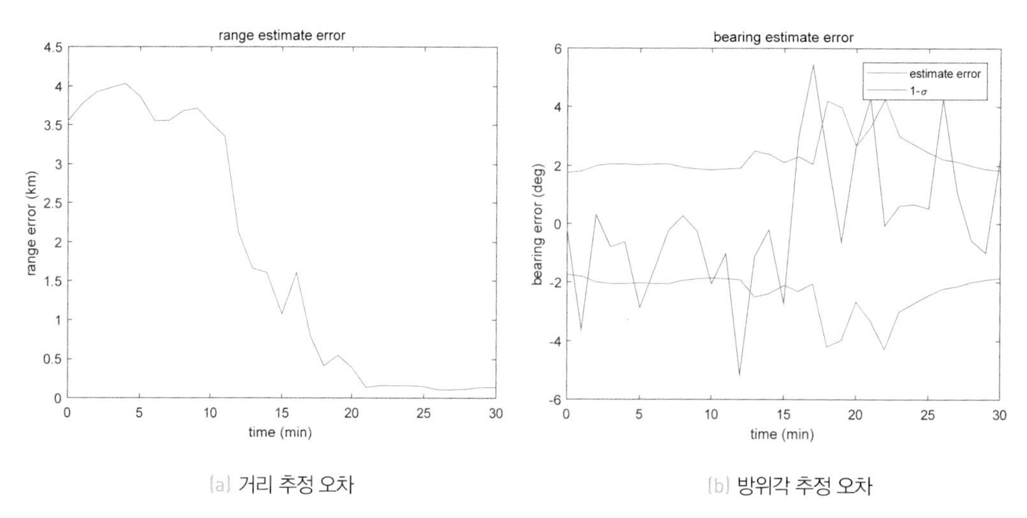

(a) 거리 추정 오차

(b) 방위각 추정 오차

그림 6.45 거리 및 방위각 추정 오차와 표준편차

6.5.4 언센티드 칼만필터 설계

언센티드 칼만필터 알고리즘의 시간 전파식은 다음과 같다.

$k=0$: **1.** $z(0)=\psi(0)+v(0)$ 측정

2. 측정 업데이트

$$n=4,\ \kappa=-1$$

$$\mathrm{S}(0|-1)=(chol(\mathrm{P}(0|-1)))^T$$

$$\chi_0(0|-1)=\hat{\mathrm{x}}(0|-1)$$

$$\chi_i(0|-1)=\hat{\mathrm{x}}(0|-1)+(\sqrt{3}\,\mathrm{S}(0|-1))_i,\ i=1,\ \ldots,\ 4$$

$$\chi_{i+4}(0|-1)=\hat{\mathrm{x}}(0|-1)-(\sqrt{3}\,\mathrm{S}(0|-1))_i$$

$$W_0=\frac{1}{3}$$

$$W_i=\frac{1}{2(3)},\ i=1,\ \ldots,\ 8$$

$$\zeta_i(0|-1)=\mathrm{h}(\chi_i(0|-1),\ u(0)),\ i=0,\ 1,\ \ldots,\ 8$$

$$\hat{\mathrm{z}}(0|-1)=\sum_{i=0}^{8}W_i\zeta_i(0|-1)$$

$$\mathrm{P}_{zz}(0|-1)=\sum_{i=0}^{8}W_i\big(\zeta_i(0|-1)-\hat{\mathrm{z}}(0|-1)\big)\big(\zeta_i(0|-1)-\hat{\mathrm{z}}(0|-1)\big)^T+\mathrm{R}$$

$$\mathrm{P}_{xz}(0|-1)=\sum_{i=0}^{8}W_i\big(\chi_i(0|-1)-\hat{\mathrm{x}}(0|-1)\big)\big(\zeta_i(0|-1)-\hat{\mathrm{z}}(0|-1)\big)^T$$

$$\hat{\mathrm{x}}(0|0)=\hat{\mathrm{x}}(0|-1)+\mathrm{K}(0)[\mathrm{z}(0)-\hat{\mathrm{z}}(0|-1)]$$

$$\mathrm{P}(0|0)=\mathrm{P}(0|-1)-\mathrm{K}(0)\mathrm{P}_{zz}(0|-1)\mathrm{K}^T(0)$$

$$\mathrm{K}(0)=\mathrm{P}_{xz}(0|-1)\mathrm{P}_{zz}^{-1}(0|-1)$$

$k=1$: **1.** 시간 업데이트

$$\mathrm{S}(0|0)=(chol(\mathrm{P}(0|0)))^T$$

$$\chi_0(0|0)=\hat{\mathrm{x}}(0|0)$$

$$\chi_i(0|0)=\hat{\mathrm{x}}(0|0)+(\sqrt{3}\,\mathrm{S}(0|0))_i,\ i=1,\ \ldots,\ 4$$

$$\chi_{i+4}(0|0)=\hat{\mathrm{x}}(0|0)-(\sqrt{3}\,\mathrm{S}(0|0))_i$$

$$\overline{\chi}_i(1)=f(\chi_i(0|0),\ u(0)),\ i=0,\ 1,\ \ldots,\ 8$$

$$\hat{x}(1|0)=\sum_{i=0}^{8}W_i\overline{\chi}_i(1)$$

$$P(1|0)=\sum_{i=0}^{8}W_i(\overline{\chi}_i(1)-\hat{x}(1|0))(\overline{\chi}_i(1)-\hat{x}(1|0))^T+Q$$

2. $z(1)=\psi(1)+v(1)$ 측정

3. 측정 업데이트

$$S(1|0)=(chol(P(1|0)))^T$$

$$\chi_0(1|0)=\hat{x}(1|0)$$

$$\chi_i(1|0)=\hat{x}(1|0)+(\sqrt{3}\,S(1|0))_i,\ i=1,\ \ldots,\ 4$$

$$\chi_{i+4}(1|0)=\hat{x}(1|0)-(\sqrt{3}\,S(1|0))_i$$

$$\zeta_i(1|0)=h(\chi_i(1|0),\ u(1)),\ i=0,\ 1,\ \ldots,\ 8$$

$$\hat{z}(1|0)=\sum_{i=0}^{8}W_i\zeta_i(1|0)$$

$$P_{zz}(1|0)=\sum_{i=0}^{8}W_i(\zeta_i(1|0)-\hat{z}(1|0))(\zeta_i(1|0)-\hat{z}(1|0))^T+R$$

$$P_{xz}(1|0)=\sum_{i=0}^{8}W_i(\chi_i(1|0)-\hat{x}(1|0))(\zeta_i(1|0)-\hat{z}(1|0))^T$$

$$\hat{x}(1|1)=\hat{x}(1|0)+K(1)[z(1)-\hat{z}(1|0)]$$

$$P(1|1)=P(1|0)-K(1)P_{zz}(1|0)K^T(1)$$

$$K(1)=P_{xz}(1|0)P_{zz}^{-1}(1|0)$$

$k=2$: **1.** 시간 업데이트

$$S(1|1)=(chol(P(1|1)))^T$$

$$\chi_0(1|1)=\hat{x}(1|1)$$

$$\chi_i(1|1)=\hat{x}(1|1)+(\sqrt{3}\,S(1|1))_i,\ i=1,\ \ldots,\ 4$$

$$\chi_{i+4}(1|1)=\hat{x}(1|1)-(\sqrt{3}\,S(1|1))_i$$

$$\overline{\chi}_i(2)=\mathrm{f}(\chi_i(1|1),\ u(1)),\ i=0,\ 1,\ \ldots,\ 8$$

$$\hat{\mathrm{x}}(2|1)=\sum_{i=0}^{8}W_i\overline{\chi}_i(2)$$

$$\mathrm{P}(2|1)=\sum_{i=0}^{8}W_i\left(\overline{\chi}_i(2)-\hat{\mathrm{x}}(2|1)\right)\left(\overline{\chi}_i(2)-\hat{\mathrm{x}}(2|1)\right)^T+\mathrm{Q}$$

2. $z(2)=\psi(2)+v(2)$ 측정

3. 측정 업데이트

$$\mathrm{S}(2|1)=(chol(\mathrm{P}(2|1)))^T$$

$$\chi_0(2|1)=\hat{\mathrm{x}}(2|1)$$

$$\chi_i(2|1)=\hat{\mathrm{x}}(2|1)+(\sqrt{3}\,\mathrm{S}(2|1))_i,\ i=1,\ \ldots,\ 4$$

$$\chi_{i+4}(2|1)=\hat{\mathrm{x}}(2|1)-(\sqrt{3}\,\mathrm{S}(2|1))_i$$

$$\zeta_i(2|1)=\mathrm{h}(\chi_i(2|1),\ u(2)),\ i=0,\ 1,\ \ldots,\ 8$$

$$\hat{\mathrm{z}}(2|1)=\sum_{i=0}^{8}W_i\zeta_i(2|1)$$

$$\mathrm{P}_{zz}(2|1)=\sum_{i=0}^{8}W_i\left(\zeta_i(2|1)-\hat{\mathrm{z}}(2|1)\right)\left(\zeta_i(2|1)-\hat{\mathrm{z}}(2|1)\right)^T+\mathrm{R}$$

$$\mathrm{P}_{xz}(2|1)=\sum_{i=0}^{8}W_i\left(\chi_i(2|1)-\hat{\mathrm{x}}(2|1)\right)\left(\zeta_i(2|1)-\hat{\mathrm{z}}(2|1)\right)^T$$

$$\hat{\mathrm{x}}(2|2)=\hat{\mathrm{x}}(2|1)+\mathrm{K}(2)[\mathrm{z}(2)-\hat{\mathrm{z}}(2|1)]$$

$$\mathrm{P}(2|2)=\mathrm{P}(2|1)-\mathrm{K}(2)\mathrm{P}_{zz}(2|1)\mathrm{K}^T(2)$$

$$\mathrm{K}(2)=\mathrm{P}_{xz}(2|1)\mathrm{P}_{zz}^{-1}(2|1)$$

$k=3,\ 4,\ 5,\ \ldots$: 반복

매트랩으로 작성된 언센티드 칼만필터 코드는 시그마 포인트를 계산하기 위한 `sigma_point.m`, 시간 업데이트를 구현한 `sonar_ukf_tu.m`, 측정 업데이트를 구현한 `sonar_ukf_mu.m`, 관측자 운동을 구현한 `observer_dyn.m`, 표적 운동을 구현한 `target_dyn.m`, 측정 모델을 구현한 `sonar_meas.m`, 그리고 언센티드 칼만필터를 구동하기 위한 `sonar_ukf_main.m`으로 구성돼 있다. `observer_dyn.m`, `target_dyn.m`, `sonar_meas.m`은 확장 칼만필터에서 사용한 파일과 동일하다.

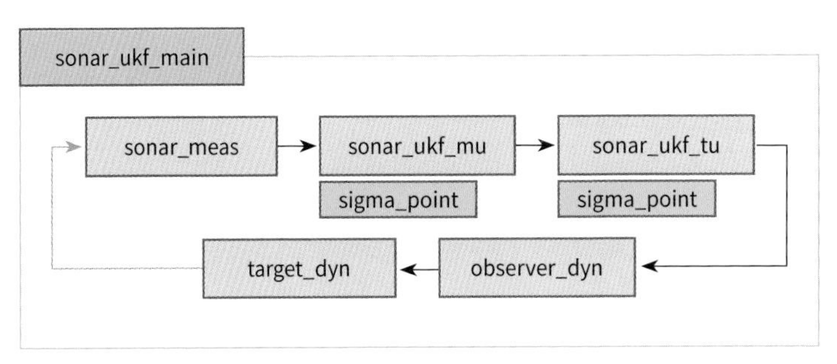

그림 6.46 코드 구조

전체 코드는 다음과 같다.

sonar_ukf_main.m

```
%
% 소나 문제: 언센티드 칼만필터 메인 코드
%

clear all

% 상수
params.kappa = -1;

% 샘플링 시간
dt = 60; % 60 s = 1 min

% 기동 시간
t1 = 13*60; % 13 min
t2 = 17*60; % 17 min

% 프로세스 노이즈 (m/s^2)
Qd = diag([(1.6e-3)^2 (1.6e-3)^2]); % % 언센티드 칼만필터 (식 (6.80))
Qr = diag([(1e-3)^2 (1e-3)^2]); % 실제 시스템 (식 (6.67))

% 측정 노이즈 (식 (6.67))
sig_psi = 1.5 * pi/180;
Rd =sig_psi^2;
```

```
% 관측자 초기 상태
rOb = [0; 0];
VOb = 2.57; % 관측자 속도 (m/s)
psiOb_1 = 140 * pi/180;
psiOb_2 = 20 * pi/180;
psiOb_dot = -0.5 * pi/180;

rOb0 = [0; 0];

vOb0 =[VOb * sin(psiOb_1);
      VOb * cos(psiOb_1) ];

% 표적 초기 상태
rbar_ini =  5000; % m
sig_range = 2000;
psi_ini = 80 *pi/180; % 초기 측정각
VT = 2.056; % 표적 속도 (m/s)
sig_speed = 1.028; % m/s
psiT = -140 * pi/180;
sig_azimuth = 51.96 * pi/180;

rT0 = [rbar_ini * sin(psi_ini) ;
      rbar_ini * cos(psi_ini)] + rOb;

vT0 =[ VT * sin(psiT);
      VT * cos(psiT)];

% 시스템 초기 상태변수 평균값과 공분산 (식 (6.76)-(6.78))
x0 = [rT0 - rOb0;
      vT0 - vOb0];

Ppos11 = sig_range^2 * (sin(psi_ini))^2 + rbar_ini^2 * sig_psi^2 * (cos(psi_ini))^2;
Ppos22 = sig_range^2 * (cos(psi_ini))^2 + rbar_ini^2 * sig_psi^2 * (sin(psi_ini))^2;
Ppos12 = (sig_range^2 -rbar_ini^2 * sig_psi^2) * sin(psi_ini) * cos(psi_ini);
Ppos = [Ppos11 Ppos12; Ppos12 Ppos22];

Pvel11 = sig_speed^2 * (sin(psiT))^2 + VT^2 * sig_azimuth^2 * (cos(psiT))^2;
Pvel22 = sig_speed^2 * (cos(psiT))^2 + VT^2 * sig_azimuth^2 * (sin(psiT))^2;
```

```
Pvel12 = (sig_speed^2 -VT^2 * sig_azimuth^2) * sin(psiT) * cos(psiT);
Pvel = [Pvel11 Pvel12; Pvel12 Pvel22];

P0 = [Ppos zeros(2,2); zeros(2,2) Pvel];

% 언센티드 칼만필터 초깃값 (식 (6.82))
xbar = x0 + sqrtm(P0) * randn(4,1);
Pbar = P0;

% 결괏값을 저장하기 위한 변수
POST = [];
POSOb = [];
X = [];
XHAT = [];
PHAT = [];
Z = [];
ZHAT = [];
SBAR = [];
TIME = [];


% 언센티드 칼만필터 메인 루프 ----------------------------------
for k = 0:30

    t = dt*k % 시간

    % 소나 측정 모델
    r_rel = rT0-rOb0;
    z = sonar_meas(r_rel, Rd, 'sy');

    % 측정 업데이트
    [xhat, Phat, zhat, S] = sonar_ukf_mu(z, xbar, Pbar, Rd, params);

     % 관측자가 기동하기 위한 입력 (식 (6.79))
    if t < t1
        vxOb = VOb * sin(psiOb_1);
        vyOb = VOb * cos(psiOb_1);
        vxOb_af = vxOb;
```

```
    vyOb_af = vyOb;
elseif t < t2
    vxOb = VOb * sin(psiOb_1 + psiOb_dot * (t-t1));
    vyOb = VOb * cos(psiOb_1 + psiOb_dot * (t-t1));
    vxOb_af = VOb * sin(psiOb_1 + psiOb_dot * (t-t1+dt));
    vyOb_af = VOb * cos(psiOb_1 + psiOb_dot * (t-t1+dt));
else
    vxOb = VOb * sin(psiOb_2);
    vyOb = VOb * cos(psiOb_2);
    vxOb_af = vxOb;
    vyOb_af = vyOb;
end

U = [0; 0;
     vxOb_af - vxOb;
     vyOb_af - vyOb ];

% 시간 업데이트
[xbar, Pbar] = sonar_ukf_tu(xhat, U, Phat, Qd, dt, params);

 % 관측자 운동 모델
[rOb, vOb] = observer_dyn(rOb0, vOb0, U, dt);

% 표적 운동 모델
[rT, vT] = target_dyn(rT0, vT0, Qr, dt, 'sy');

% 결과 저장
X = [X; rT0'-rOb0' vT0'-vOb0'];
XHAT = [XHAT; xhat'];
PHAT = [PHAT; (diag(Phat))'];
Z = [Z; z'];
ZHAT = [ZHAT; zhat'];
SBAR = [SBAR; (diag(S))'];
TIME = [TIME; t];

POST = [POST; rT0'];
POSOb = [POSOb; rOb0'];
```

```
    % 다음 시간 스텝을 위한 준비
    rOb0 = rOb;
    vOb0 = vOb;
    rT0 = rT;
    vT0 = vT;

end
```

sonar_ukf_tu.m

```
function [xbar, Pbar] = sonar_ukf_tu(xhat, U, Phat, Qd, dt, params)
%
% 언센티드 칼만필터 시간 업데이트 함수
%

% 상수
kappa = params.kappa;
n=length(xhat);


% 시스템 모델 (식 (6.64))
F = [eye(2) dt*eye(2); zeros(2,2) eye(2)];
Gw = [(dt)^2/2*eye(2); dt*eye(2)];

% 시그마 포인트
[Xi,W]=sigma_point(xhat,Phat,kappa);

% 언센티드 변환
[n,mm] = size(Xi);
Xibar = zeros(n,mm);
for jj=1:mm
    Xibar(:, jj) = F * Xi(:,jj) - U;
end

% 시간 업데이트
xbar = zeros(n,1);
```

```
for jj=1:mm
    xbar = xbar + W(jj).*Xibar(:,jj);
end

Pbar = zeros(n,n);
for jj=1:mm
    Pbar = Pbar + W(jj)*(Xibar(:,jj)-xbar)*(Xibar(:,jj)-xbar)';
end

Pbar = Pbar + Gw*Qd*Gw';
```

sonar_ukf_mu.m

```
function [xhat, Phat, zhat, Pzz] = sonar_ukf_mu(z, xbar, Pbar, Rd, params)
%
% 언센티드 칼만필터 측정 업데이트 함수
%

% 상수
kappa = params.kappa;
n = length(xbar);
p = length(z);

% 시그마 포인트
[Xi,W] = sigma_point(xbar,Pbar,kappa);

% 언센티드 변환
[n,mm] = size(Xi);
Zi = zeros(p,mm);
for jj=1:mm
    Zi(:, jj) = sonar_meas(Xi(1:2,jj), Rd, 'kf');
end

% 측정 업데이트
zhat = zeros(p,1);
for jj=1:mm
    zhat = zhat + W(jj).*Zi(:,jj);
end
```

```
Pxz = zeros(n,p);
Pzz = zeros(p,p);
for jj=1:mm
    Pxz = Pxz + W(jj)*(Xi(:,jj)-xbar)*(Zi(:,jj)-zhat)';
    Pzz = Pzz + W(jj)*(Zi(:,jj)-zhat)*(Zi(:,jj)-zhat)';
end

Pzz = Pzz + Rd;

K = Pxz * inv(Pzz);
Phat = Pbar - K * Pzz *K';

xhat = xbar + K * (z - zhat);
```

sonar_ukf_main.m 파일을 실행하면 시뮬레이션이 수행된다. 언센티드 칼만필터의 추정 결과는 다음 그림과 같다. 그림 6.47은 위치 추정 오차와 표준편차를 도시한 것이고 그림 6.48은 거리 및 방위각 추정 오차와 표준편차를 도시한 것이다. 대체적으로 확장 칼만필터와 비슷한 추정 성능을 보이는 것 같다.

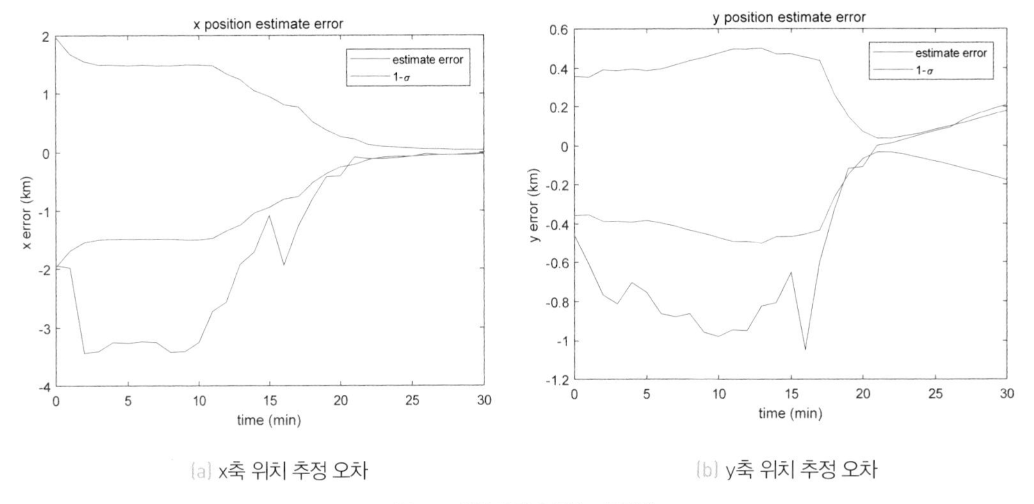

(a) x축 위치 추정 오차

(b) y축 위치 추정 오차

그림 6.47 위치 추정 오차와 표준편차

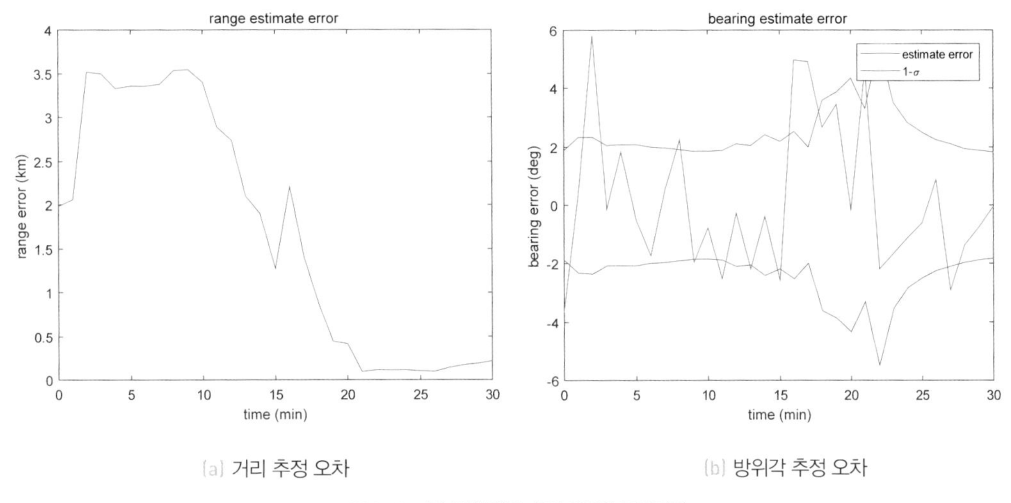

(a) 거리 추정 오차 (b) 방위각 추정 오차

그림 6.48 거리 및 방위각 추정 오차와 표준편차

6.5.5 확장 칼만필터와 언센티드 칼만필터 비교

확장 칼만필터와 언센티드 칼만필터의 성능을 정확하게 비교해 보기 위해 각각 1000회의 몬테카를로 시뮬레이션을 수행했다. 그림 6.49는 그 결과를 도시한 것으로, 거리 추정 오차의 평균제곱근(RMS error, root mean squared error)을 그린 것이다. 오차의 평균제곱근은 다음 식으로 계산했다.

$$\epsilon(k)=\sqrt{\frac{1}{m}\sum_{i=1}^{m}[(x^{(i)}(k)-\hat{x}^{(i)}(k|k))^2+(y^{(i)}(k)-\hat{y}^{(i)}(k|k))^2]} \tag{6.84}$$

여기서 m은 시뮬레이션 횟수, 위 첨자 i는 i번째 시뮬레이션, x, y는 참값, $\hat{x}$, $\hat{y}$는 추정값을 나타낸다.

두 칼만필터 모두 관측자의 기동 이후에 추정 오차가 급격히 감소하는 것을 볼 수 있다. 하지만 언센티드 칼만필터가 확장 칼만필터보다 월등한 추정 성능을 보여준다. 언센티드 칼만필터는 약 $300m$의 최소 거리 추정 오차를 보이는 반면, 확장 칼만필터는 약 $2300m$ 수준의 거리 추정 오차를 보여준다. 그림 6.49에 의하면 두 칼만필터 모두 관측자의 기동이 종료되고 다시 일정 속도로 운항하면서 거리 추정 오차가 급격히 커지는 것을 알 수 있다. 연구 결과에 의하면, 실제로 각도 정보만을 이용한 추종 문제에서 확장 칼만필터는 불안정한 성능을 보여주기 때문에 그 대신에 MP−EKF(modified polar coordinates EKF), RP−EKF(range−parametrized EKF), 언센티드 칼만필터, 파티클 필터 등의 적용이 제안됐다[5].

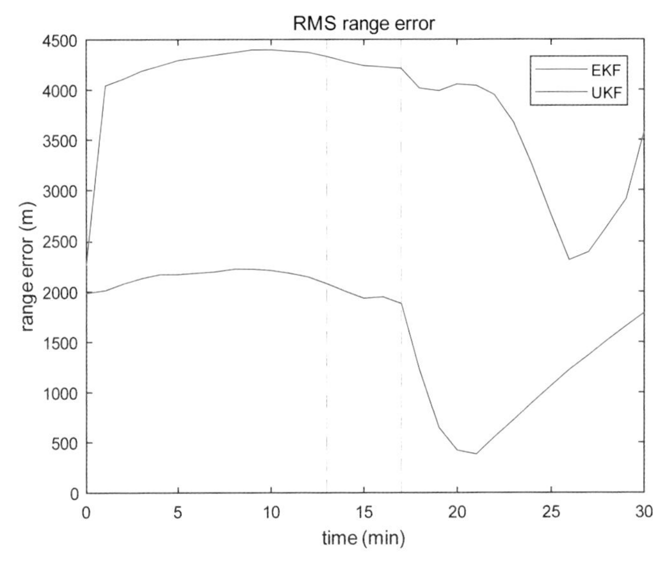

그림 6.49 확장 칼만필터와 언센티드 칼만필터의 거리 추정 오차(RMS error) 비교

07장

멀티 모델의 칼만필터

칼만필터는 기본적으로 실제 시스템의 거동을 정확히 묘사하는 수학적 모델에 기반을 두고 있다. 그러나 실제 시스템이 너무 복잡해 정확한 모델링이 불가능하거나 시스템의 파라미터에 대한 사전 정보가 없거나 시간의 흐름에 따라 시스템의 거동이 변할 수 있는 등 실제 시스템의 수학적 모델에는 항상 불확실성(uncertainty)이 존재한다. 이와 같이 실제 시스템의 정확한 수학적 모델을 알지 못할 경우에 대처할 수 있는 칼만필터를 총칭해 적응 칼만필터(adaptive Kalman filter)라고 한다. 적응 칼만필터에는 시스템의 파라미터 불확실성을 명시적으로 허용하는 H_2 필터, 칼만필터와는 다른 접근방법을 사용하지만 같은 목적을 갖는 H_∞ 필터, 작동 중에 시스템 노이즈와 측정 노이즈의 강도를 조절할 수 있는 온라인 노이즈 튜닝(on-line noise tuning) 칼만필터 등이 있다.

실제 시스템의 수학적 모델과 관련해 시스템의 운동을 잘 표현할 수 있을 것으로 보이는 수학적 모델을 여러 개 만들 수 있는 경우가 있다. 예를 들면 미사일이 표적 항공기를 추적하는 문제의 경우, 표적 항공기의 기동 강도(maneuver intensity)를 정확히 모르기 때문에 가능성이 있는 여러 개의 운동 모델을 사용해 서로 다른 기동의 강도를 나타낼 수 있다. 이와 같이 여러 개의 모델을 사용하는 칼만필터를 멀티 모델(multiple-model) 칼만필터라고 한다. 멀티 모델구조를 사용하는 칼만필터는 표적 추적(target tracking) 필터 설계에 매우 유용하다는 것이 다수의 연구 결과로 입증됐다[19]. 이 장에서는 멀티 모델 칼만필터에 대해서 알아본다.

7.1 멀티 모델

실제 시스템을 다음과 같이 N개의 모델로 표현할 수 있다고 가정하자.

$$
\begin{aligned}
&\mathrm{x}(k+1)=\mathrm{F}_j(k)\mathrm{x}(k)+\mathrm{G}_j(k)\mathrm{u}_j(k)+\mathrm{w}_j(k),\ j=1,\ \dots,\ N \\
&\mathrm{z}(k)=\mathrm{H}_j(k)\mathrm{x}(k)+\mathrm{v}_j(k)
\end{aligned}
\tag{7.1}
$$

여기서 아래 첨자 j는 모델 집합 $\{M_j,\ j=1,\ \dots,\ N\}$에 있는 j번째 모델을 나타내는데, j번째 모델을 모드(mode) j라고도 한다. 위 식에서 입력벡터와 프로세스 노이즈, 측정 노이즈 등은 모델에 따라 달라질 수 있음을 나타낸다. 여기서 모드별 상태변수 초깃값과 프로세스 노이즈 및 측정 노이즈의 확률적 특성은 4장의 [칼만필터 가정] 식 (4.14)와 (4.15)를 만족한다고 가정한다. 또한 모델 집합에 있는 N개의 모델은 실제 시스템이 정의된 어떤 가상의 영역을 서로 겹치지 않고 빠짐없이 분할한다고 가정한다.

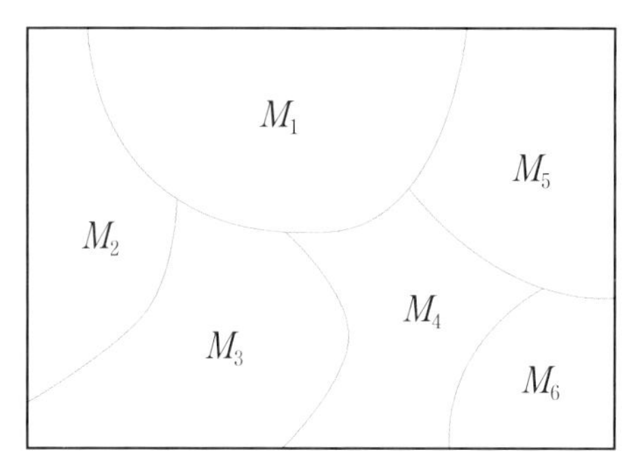

그림 7.1 모델 집합

시간 k에서 사용된 모델을 나타내기 위해 기호 $\sigma_j(k)=M_j$를 사용하기로 한다. 그리고 시간 k까지의 측정값의 집합 Z_k를 기반으로 시간 k에서 j번째 모델 M_j가 선택될 확률을 모델 확률(model probability) $w_j(k)$로 정의한다.

$$
w_j(k)=P\{\sigma_j(k)|\mathrm{Z}_k\} \tag{7.2}
$$

실제 시스템은 N개의 모델 중 하나로 고정돼 있거나 시간이 지남에 따라 모델 사이를 변환(점프)해서 표현된다고 가정한다. 모델 간의 점프는 마르코프(Markov) 프로세스로 가정하며 다음과 같이 모델변환확률(model transition probability) π_{ij}로 표현할 수 있다.

$$\pi_{ij} = P\{\sigma_j(k)|\sigma_i(k-1)\} \tag{7.3}$$

모델변환확률은 시간 $k-1$에서 모델이 M_i일 때 시간 k에서 j번째 모델 M_j가 선택될 확률로 정의하며 설계변수로서 미리 주어진다고 가정한다. 모델변환확률은 다음과 같은 특징을 갖는다.

$$\pi_{ij} \geq 0, \ \sum_{j=1}^{N} \pi_{ij} = 1 \tag{7.4}$$

모델변환확률 행렬 $\Pi = [\pi_{ij}]$는 모델변환확률을 요소로 하는 $N \times N$ 행렬로 정의한다.

7.2 독립적 멀티 모델

실제 시스템이 N개의 모델 중 하나로 고정돼 있다고 가정하는 멀티 모델 방식을 독립적 멀티 모델(autonomous multiple-model) 방법이라고 한다. 이 경우 모델 사이의 점프는 발생하지 않기 때문에 모델변환확률은 다음 식으로 간단히 표현된다.

$$\pi_{ij} = \begin{cases} 1, & i = j \\ 0, & i \neq j \end{cases} \tag{7.5}$$

그러면 베이즈 정리에 의해 모델 확률을 다음과 같이 전개할 수 있다.

$$\begin{aligned} w_j(k) &= P\{\sigma_j(k)|Z_k\} \\ &= P\{\sigma_j(k)|z(k),\ Z_{k-1}\} \\ &= \frac{p(z(k)|\sigma_j(k),\ Z_{k-1})P\{\sigma_j(k)|Z_{k-1}\}}{p(z(k)|Z_{k-1})} \end{aligned} \tag{7.6}$$

위 식에서 전확률 정리(total probability theorem)를 이용해 분모를 또 다시 전개하면 다음과 같다.

$$
\begin{aligned}
w_j(k) &= \frac{p(z(k)|\sigma_j(k),\ Z_{k-1})P\{\sigma_j(k)|Z_{k-1}\}}{\sum_{j=1}^{N} p(z(k),\ \sigma_j(k)|Z_{k-1})} \\
&= \frac{p(z(k)|\sigma_j(k),\ Z_{k-1})P\{\sigma_j(k)|Z_{k-1}\}}{\sum_{j=1}^{N} p(z(k)|\sigma_j(k),\ Z_{k-1})P\{\sigma_j(k)|Z_{k-1}\}} \\
&= \frac{L_j(k)P\{\sigma_j(k)|Z_{k-1}\}}{\sum_{j=1}^{N} L_j(k)P\{\sigma_j(k)|Z_{k-1}\}}
\end{aligned}
\tag{7.7}
$$

여기서 $L_j(k)$를 모델 조건부 빈도함수(likelihood function) 또는 모드 j의 빈도함수라고 한다.

$$
L_j(k) = p(z(k)|\sigma_j(k),\ Z_{k-1}) \tag{7.8}
$$

모델 확률 식 (7.5)를 계속 전개하면 다음과 같다.

$$
\begin{aligned}
w_j(k) &= \frac{L_j(k)\sum_{i=1}^{N} P\{\sigma_j(k),\ \sigma_i(k-1)|Z_{k-1}\}}{\sum_{j=1}^{N} L_j(k)\sum_{i=1}^{N} P\{\sigma_j(k),\ \sigma_i(k-1)|Z_{k-1}\}} \\
&= \frac{L_j(k)\sum_{i=1}^{N} P\{\sigma_j(k)|\sigma_i(k-1),\ Z_{k-1}\}P\{\sigma_i(k-1)|Z_{k-1}\}}{\sum_{j=1}^{N} L_j(k)\sum_{i=1}^{N} P\{\sigma_j(k)|\sigma_i(k-1),\ Z_{k-1}\}P\{\sigma_i(k-1)|Z_{k-1}\}}
\end{aligned}
\tag{7.9}
$$

여기서 $P\{\sigma_i(k-1)|Z_{k-1}\}$은 시간 $k-1$까지의 측정값의 집합 Z_{k-1}을 기반으로 시간 $k-1$에서 i번째 모델 M_i가 선택될 확률이므로 $w_i(k-1)$이다. 식 (7.3)의 모델변환확률의 정의에 의해 위 식은 다음과 같이 표현할 수 있다.

$$
w_j(k) = \frac{L_j(k)\sum_{i=1}^{N} \pi_{ij} w_i(k-1)}{\sum_{j=1}^{N} L_j(k)\sum_{i=1}^{N} \pi_{ij} w_i(k-1)} \tag{7.10}
$$

그런데 독립적 멀티 모델을 가정했으므로 식 (7.5)에 의해 위 식은 다음과 같이 된다.

$$w_j(k)=\frac{L_j(k)w_j(k-1)}{\sum_{j=1}^{N}L_j(k)w_j(k-1)} \tag{7.11}$$

식 (7.11)을 모델 확률 업데이트 식이라고 한다.

한편, 베이즈 정리에 의해 상태변수 $\mathrm{x}(k)$의 사후 조건부 확률밀도함수 $p(\mathrm{x}(k)|\mathrm{Z}_k)$를 다음과 같이 전개할 수 있다.

$$\begin{aligned}p(\mathrm{x}(k)|\mathrm{Z}_k)&=\sum_{j=1}^{N}p(\mathrm{x}(k)|\sigma_j(k),\ \mathrm{Z}_k)P\{\sigma_j(k)|\mathrm{Z}_k\}\\&=\sum_{j=1}^{N}p(\mathrm{x}(k)|\sigma_j(k),\ \mathrm{Z}_k)w_j(k)\end{aligned} \tag{7.12}$$

위 식에서 $p(\mathrm{x}(k)|\sigma_j(k),\ \mathrm{Z}_k)$는 모드 j에서 상태변수 $\mathrm{x}(k)$의 사후 조건부 확률밀도함수다. 그러면 전체 모델의 상태변수 추정값은 다음과 같이 계산된다.

$$\begin{aligned}\hat{\mathrm{x}}(k|k)&=\int_{\mathrm{x}(k)}\mathrm{x}(k)p(\mathrm{x}(k)|\mathrm{Z}_k)d\mathrm{x}(k)\\&=\sum_{j=1}^{N}\int_{\mathrm{x}(k)}\mathrm{x}(k)p(\mathrm{x}(k),\ \sigma_j(k)|\mathrm{Z}_k)d\mathrm{x}(k)\\&=\sum_{j=1}^{N}\int_{\mathrm{x}(k)}\mathrm{x}(k)p(\mathrm{x}(k)|\sigma_j(k),\ \mathrm{Z}_k)p(\sigma_j(k)|\mathrm{Z}_k)d\mathrm{x}(k)\end{aligned} \tag{7.13}$$

위 식에서 $w_j(k)=P\{\sigma_j(k)|\mathrm{Z}_k\}$이므로

$$\begin{aligned}\hat{\mathrm{x}}(k|k)&=\sum_{j=1}^{N}\int_{\mathrm{x}(k)}\mathrm{x}(k)p(\mathrm{x}(k)|\sigma_j(k),\ \mathrm{Z}_k)w_j(k)d\mathrm{x}(k)\\&=\sum_{j=1}^{N}\hat{\mathrm{x}}_j(k|k)w_j(k)\end{aligned} \tag{7.14}$$

이 된다. 여기서 $\hat{x}_j(k|k)$는 모드 j에서 계산된 상태변수 추정값이다. 이 추정값은 모델 j를 기반으로 설계한 칼만필터로 계산할 수 있다. 이러한 칼만필터를 모델 적합(model-matched) 칼만필터라고 한다. 한편, 전체 모델의 공분산은 다음과 같이 계산된다.

$$\begin{aligned}
P(k|k) &= \int_{x(k)} \big(x(k)-\hat{x}(k|k)\big)\big(x(k)-\hat{x}(k|k)\big)^T p(x(k)|Z_k)\,dx(k) \\
&= \sum_{j=1}^{N} \int_{x(k)} \big(x(k)-\hat{x}(k|k)\big)\big(x(k)-\hat{x}(k|k)\big)^T p(x(k),\ \sigma_j(k)|Z_k)\,dx(k) \\
&= \sum_{j=1}^{N} \int_{x(k)} \big(x(k)-\hat{x}(k|k)\big)\big(x(k)-\hat{x}(k|k)\big)^T p(x(k)|\sigma_j(k),\ Z_k)\,p(\sigma_j(k)|Z_k)\,dx(k) \\
&= \sum_{j=1}^{N} w_j(k)\Big\{P_j(k|k)+\big(\hat{x}_j(k|k)-\hat{x}(k|k)\big)\big(\hat{x}_j(k|k)-\hat{x}(k|k)\big)^T\Big\}
\end{aligned} \tag{7.15}$$

여기서 $P_j(k|k)$는 모드 j에서의 공분산이다.

독립적인 멀티 모델 방법에서 사용된 상태변수 추정과 공분산 계산을 위한 식을 정리하면 다음과 같다.

$$\hat{x}(k|k)=\sum_{j=1}^{N} w_j(k)\hat{x}_j(k|k) \tag{7.16}$$

$$P(k|k)=\sum_{j=1}^{N} w_j(k)\Big\{P_j(k|k)+\big(\hat{x}_j(k|k)-\hat{x}(k|k)\big)\big(\hat{x}_j(k|k)-\hat{x}(k|k)\big)^T\Big\} \tag{7.17}$$

$$w_j(k)=\frac{L_j(k)w_j(k-1)}{\sum_{j=1}^{N} L_j(k)w_j(k-1)} \tag{7.18}$$

$$L_j(k)=p(z(k)|\sigma_j(k),\ Z_{k-1}) \tag{7.19}$$

여기서 모드 j의 빈도함수 $L_j(k)$는 식 (4.35)를 이용해 다음과 같이 계산할 수 있다.

$$\begin{aligned}
L_j(k) &= p(z(k)|\sigma_j(k),\ Z_{k-1}) \\
&= N\big(z(k)|\hat{z}_j(k|k-1),\ S_j(k|k-1)\big)
\end{aligned} \tag{7.20}$$

여기서 $\hat{z}_j(k|k-1)$은 모드 j의 측정 예측값이고, $S_j(k|k-1)$는 모드 j의 측정 예측 공분산이다.

식 (7.16)~(7.20)에서 알 수 있듯이 독립적 멀티 모델 방법에는 모델별로 작동하는 N개의 모델 적합 칼만필터가 있으며 전체 모델의 상태변수 추정값은 N개의 모델 적합 칼만필터의 추정값에 가중치인 모델 확률을 곱한 합으로 표현된다. 각 모델의 칼만필터는 독립적으로 작동하며, 전체 모델의 상태변수와 공분산은 모델별 칼만필터에는 전혀 이용되지 않는다. 이는 실제 시스템이 N개의 모델 중 하나로 고정돼 있다고 가정했기 때문에 나온 결과다. 이와 같이 독립적 멀티 모델 칼만필터는 자신의 이전 추정값만을 이용할 수 있기 때문에 실제 시스템과 크게 차이나는 모델의 모델 적합 필터는 발산할 위험이 있다. 모델 집합 중에 실제 시스템과 일치하는 모델이 있다면 그 모델의 모델 확률은 1로 수렴하고, 그렇지 않다면 실제 시스템과 가장 가까운 모델의 모델 확률이 1로 수렴하게 된다.

그림 7.2는 시간 $k-1$에서 k까지 한 시간스텝 동안의 독립적 멀티 모델 칼만필터 알고리즘의 구조를 보여준다.

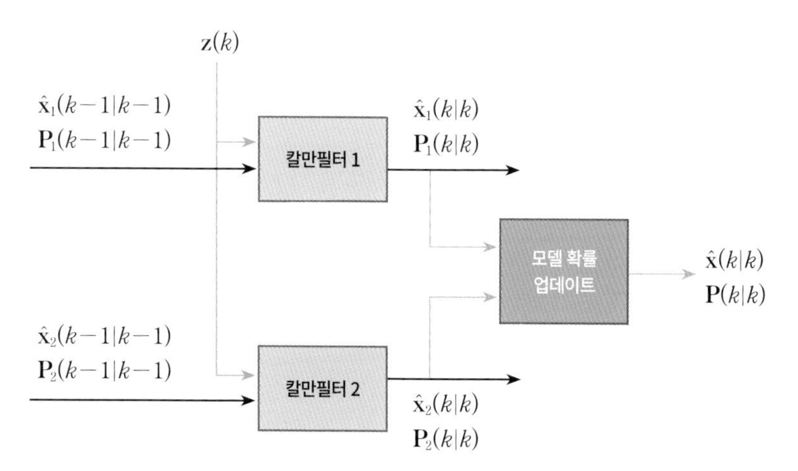

그림 7.2 독립적 멀티 모델 칼만필터 (모델이 2개인 경우)

독립적 멀티 모델 칼만필터 알고리즘을 정리하면 다음과 같다.

독립적 멀티 모델 칼만필터(AMM KF) 알고리즘

1. 모델 적합 칼만필터 $\{M_j,\ j=1,\ \ldots,\ N\}$:

시간 업데이트: $\hat{\mathrm{x}}_j(k|k-1)=\mathrm{F}_j(k-1)\hat{\mathrm{x}}_j(k-1|k-1)+\mathrm{G}_j(k-1)\mathrm{u}_j(k-1)$

$$\mathrm{P}_j(k|k-1)=\mathrm{F}_j(k-1)\mathrm{P}_j(k-1|k-1)\mathrm{F}_j^T(k-1)+\mathrm{Q}_j(k-1)$$

측정 업데이트: $\hat{\mathrm{x}}_j(k|k)=\hat{\mathrm{x}}_j(k|k-1)+\mathrm{K}_j(k)\big(\mathrm{z}(k)-\mathrm{H}_j(k)\hat{\mathrm{x}}_j(k|k-1)\big)$

$$\mathrm{K}_j(k)=\mathrm{P}_j(k|k-1)\mathrm{H}_j^T(k)\mathrm{S}_j^{-1}(k)$$

$$\mathrm{S}_j(k)=\mathrm{H}_j(k)\mathrm{P}_j(k|k-1)\mathrm{H}_j^T(k)+\mathrm{R}_j(k)$$

$$\mathrm{P}_j(k|k)=\mathrm{P}_j(k|k-1)-\mathrm{P}_j(k|k-1)\mathrm{H}_j^T(k)\mathrm{S}_j^{-1}(k)\mathrm{H}_j(k)\mathrm{P}_j(k|k-1)$$

2. 모델 확률 업데이트 $\{M_j,\ j=1,\ \ldots,\ N\}$:

$$L_j(k)=N\big(\mathrm{z}(k)|\hat{\mathrm{z}}_j(k|k-1),\ \mathrm{S}_j(k|k-1)\big)$$

$$w_j(k)=\frac{L_j(k)w_j(k-1)}{\sum_{j=1}^{N}L_j(k)w_j(k-1)}$$

3. 추정값 융합(fusion):

$$\hat{\mathrm{x}}(k|k)=\sum_{j=1}^{N}w_j(k)\hat{\mathrm{x}}_j(k|k)$$

$$\mathrm{P}(k|k)=\sum_{j=1}^{N}w_j(k)\Big\{\mathrm{P}_j(k|k)+\big(\hat{\mathrm{x}}_j(k|k)-\hat{\mathrm{x}}(k|k)\big)\big(\hat{\mathrm{x}}_j(k|k)-\hat{\mathrm{x}}(k|k)\big)^T\Big\}$$

7.3 협력적 멀티 모델

실제 시스템을 N개의 모델 사이를 변환(점프)해서 표현할 수 있다고 가정한다면 모델별로 설계된 모델 적합 칼만필터가 서로 독립적으로 작동하지 않고, 서로 협력해서 더 좋은 성능을 보일 수도 있을 것이다. 이러한 멀티 모델 방식을 협력적 멀티 모델(cooperating multiple-model) 방법이라고 한다. 협력적 멀티 모델에서는 실제 시스템을 매시간 모델 집합 $\{M_j,\ j=1,\ \ldots,\ N\}$에 있는 모델 중 한 개로 표현할 수 있다고 가정한다. 그러면 다음과 같이 모델 히스토리를 구할 수 있다.

$$\Sigma_{k,m} = \{\sigma_{j_m}(s),\ s=1,\ \ldots,\ k\},\ m=1,\ \ldots,\ N^k \tag{7.21}$$

여기서 아래 첨자 j_m은 m번째 모델 히스토리에서 시간 s일 때 선택된 j번째 모델을 뜻한다. 예를 들어 모델이 $\{M_1,\ M_2\}$로서 2개 있다면, 시간 $k=2$에서 가능한 모델 히스토리는 다음과 같이 4개가 있다.

$$\Sigma_{2,1} = \{\sigma_{1_1}(1),\ \sigma_{1_1}(2)\} = \{M_1,\ M_1\}$$
$$\Sigma_{2,2} = \{\sigma_{1_2}(1),\ \sigma_{2_2}(2)\} = \{M_1,\ M_2\}$$
$$\Sigma_{2,3} = \{\sigma_{2_3}(1),\ \sigma_{1_3}(2)\} = \{M_2,\ M_1\}$$
$$\Sigma_{2,4} = \{\sigma_{2_4}(1),\ \sigma_{2_4}(2)\} = \{M_2,\ M_2\}$$

협력적 다수모델 방법에서의 가장 큰 문제는 매시간 선택할 수 있는 모델이 N개 존재하므로 시간 k까지 가능한 모델 히스토리가 N^k로 기하급수적으로 증가한다는 점이다. 따라서 설계해야 할 필터의 개수도 기하급수적으로 증가하게 된다.

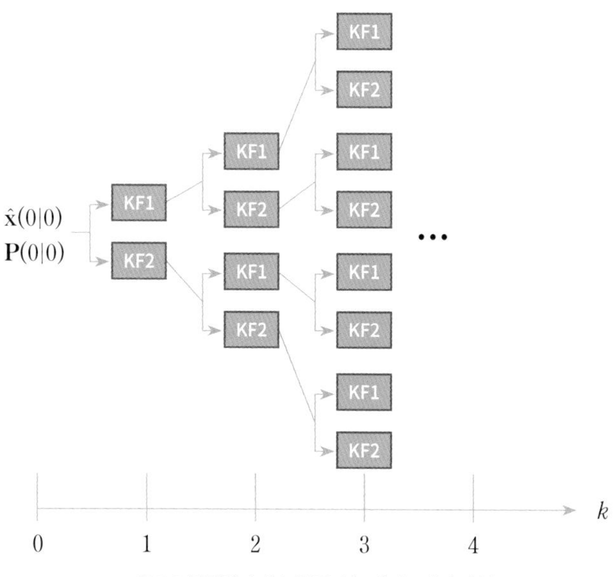

그림 7.3 칼만필터 개수의 증가 (모델이 2개인 경우)

따라서 실용적인 필터가 되기 위해서는 필터 개수를 제한하는 준최적(suboptimal) 추정 방법을 고려해야 한다. 이와 관련해 다음 절에서는 가장 간단한 방법인 GPB1(generalized pseudo-Bayesian of order 1)과 가장 많이 사용되는 IMM(interacting multiple-model) 방법에 대해 알아본다.

7.3.1 GPB1

GPB1 방법에서는 칼만필터 개수를 N개로 유지하기 위해 다음과 같은 가정을 한다.

$$\begin{aligned} & p(\mathrm{x}(k-1)|\sigma_j(k),\ \mathrm{Z}_{k-1}) \\ &\quad = p(\mathrm{x}(k-1)|\mathrm{Z}_{k-1}) \\ &\quad = N\big(\mathrm{x}(k-1)|\hat{\mathrm{x}}(k-1|k-1),\ \mathrm{P}(k-1|k-1)\big) \end{aligned} \tag{7.22}$$

즉, 시간 $k-1$에서 모델별 상태변수 추정값 $\hat{\mathrm{x}}_j(k-1|k-1)$과 공분산 $\mathrm{P}_j(k-1|k-1)$을 전체 모델의 상태변수 추정값 $\hat{\mathrm{x}}(k-1|k-1)$ 및 공분산 $\mathrm{P}(k-1|k-1)$과 동일하다고 가정하는 것이다. 다시 말하면, 시간스텝마다 N개의 모델에 기반해 산출한 칼만필터의 추정값과 공분산을 마치 1개의 모델에 기반해 산출된 값으로 가정해 공통의 값으로 합치는 것이다. 이런 방법으로 시간스텝마다 모델 히스토리를 한 개의 히스토리로 정리하므로 칼만필터의 개수를 N개로 유지할 수 있다.

베이즈 정리에 의해, 상태변수 $\mathrm{x}(k)$의 사후 조건부 확률밀도함수 $p(\mathrm{x}(k)|\mathrm{Z}_k)$를 다음과 같이 전개할 수 있다.

$$\begin{aligned} p(\mathrm{x}(k)|\mathrm{Z}_k) &= \sum_{j=1}^{N} p(\mathrm{x}(k)|\sigma_j(k),\ \mathrm{Z}_k) P\{\sigma_j(k)|\mathrm{Z}_k\} \\ &= \sum_{j=1}^{N} p(\mathrm{x}(k)|\sigma_j(k),\ \mathrm{Z}_k) w_j(k) \\ &= \sum_{j=1}^{N} w_j(k) p(\mathrm{x}(k)|\sigma_j(k),\ \mathrm{z}(k),\ \mathrm{Z}_{k-1}) \\ &= \sum_{j=1}^{N} w_j(k) \frac{p(\mathrm{z}(k)|\mathrm{x}(k),\ \sigma_j(k),\ \mathrm{Z}_{k-1})}{p(\mathrm{z}(k)|\sigma_j(k),\ \mathrm{Z}_{k-1})} p(\mathrm{x}(k)|\sigma_j(k),\ \mathrm{Z}_{k-1}) \\ &= \sum_{j=1}^{N} w_j(k) p(\mathrm{x}(k)|\sigma_j(k),\ \mathrm{z}(k),\ \mathrm{Z}_{k-1}) \end{aligned} \tag{7.23}$$

여기서 측정벡터 $z(k)$가 상태변수 $x(k)$에만 의존한다고 하면 $p(x(k)|\sigma_j(k), z(k), Z_{k-1}) = p(x(k)|\sigma_j(k), z(k))$가 된다. 한편, 전확률 정리를 이용해 위 식의 마지막 항을 전개하면 다음과 같이 된다.

$$\begin{aligned} & p(x(k)|\sigma_j(k), Z_{k-1}) \\ & = \int_{x(k-1)} p(x(k), x(k-1)|\sigma_j(k), Z_{k-1}) dx(k-1) \\ & = \int_{x(k-1)} p(x(k)|x(k-1), \sigma_j(k)) p(x(k-1)|\sigma_j(k), Z_{k-1}) dx(k-1) \end{aligned} \tag{7.24}$$

식 (7.22)가 성립한다고 가정했으므로 위 식은 다음과 같이 된다.

$$p(x(k)|\sigma_j(k), Z_{k-1}) = \int_{x(k-1)} p(x(k)|x(k-1), \sigma_j(k)) p(x(k-1)|Z_{k-1}) dx(k-1) \tag{7.25}$$

위 식은 j번째 모델 적합 칼만필터의 시간 업데이트 식이다. 식 (7.25)를 (7.23)에 대입하면 다음과 같이 된다.

$$\begin{aligned} p(x(k)|Z_k) = \sum_{j=1}^{N} w_j(k) \frac{p(z(k)|x(k), \sigma_j(k))}{p(z(k)|\sigma_j(k), Z_{k-1})} \\ \int_{x(k-1)} p(x(k)|x(k-1), \sigma_j(k)) p(x(k-1)|Z_{k-1}) dx(k-1) \end{aligned} \tag{7.26}$$

또한 식 (7.22)에서

$$p(x(k-1)|Z_{k-1}) = N\big(x(k-1)|\hat{x}(k-1|k-1), P(k-1|k-1)\big) \tag{7.27}$$

라고 가정했으므로 식 (7.27)에 의하면 모델별 상태변수 추정값 $\hat{x}_j(k|k)$와 공분산 $P_j(k|k)$는 $\hat{x}(k-1|k-1)$와 $P(k-1|k-1)$를 초깃값으로 하여 모델별로 모델 적합 칼만필터를 이용해 계산하면 된다. 전체 상태변수 추정과 공분산은 다음과 같이 계산한다.

$$\hat{x}(k|k) = \sum_{j=1}^{N} w_j(k) \hat{x}_j(k|k) \tag{7.28}$$

$$P(k|k)=\sum_{j=1}^{N} w_j(k)\left\{P_j(k|k)+\left(\hat{x}_j(k|k)-\hat{x}(k|k)\right)\left(\hat{x}_j(k|k)-\hat{x}(k|k)\right)^T\right\} \tag{7.29}$$

또한 베이즈 정리에 따라 모델 확률은 다음과 같이 업데이트된다.

$$\begin{aligned} w_j(k) &= P\{\sigma_j(k)|Z_k\} \\ &= \frac{L_j(k)\sum_{i=1}^{N}\pi_{ij}w_i(k-1)}{\sum_{j=1}^{N}L_j(k)\sum_{i=1}^{N}\pi_{ij}w_i(k-1)} \end{aligned} \tag{7.30}$$

그림 7.4는 시간 $k-1$에서 k까지 한 시간스텝 동안 GPB1 알고리즘의 구조를 보여준다.

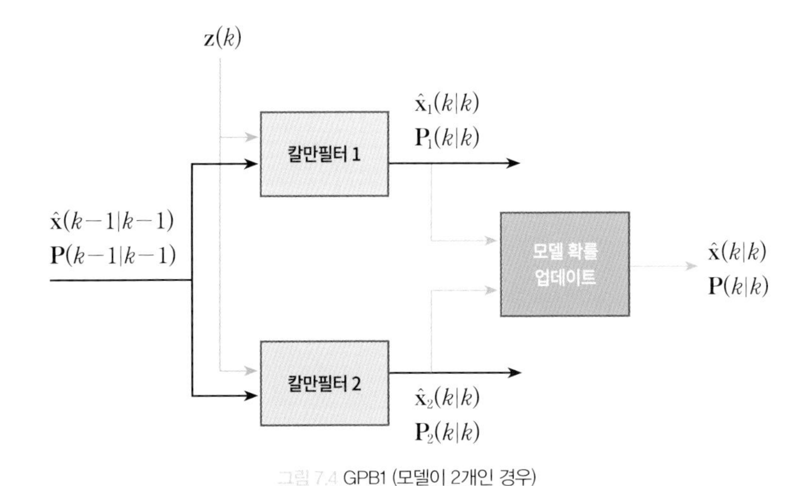

그림 7.4 GPB1 (모델이 2개인 경우)

알고리즘

GPB1 칼만필터 (GPB1 KF) 알고리즘

1. 모델 적합 칼만필터 $\{M_j,\ j=1,\ \dots,\ N\}$:

시간 업데이트: $\hat{x}_j(k|k-1)=F_j(k-1)\hat{x}(k-1|k-1)+G_j(k-1)u_j(k-1)$

$P_j(k|k-1)=F_j(k-1)P(k-1|k-1)F_j^T(k-1)+Q_j(k-1)$

측정 업데이트: $\hat{x}_j(k|k)=\hat{x}_j(k|k-1)+K_j(k)\left(z(k)-H_j(k)\hat{x}_j(k|k-1)\right)$

$K_j(k)=P_j(k|k-1)H_j^T(k)S_j^{-1}(k)$

$S_j(k)=H_j(k)P_j(k|k-1)H_j^T(k)+R_j(k)$

$$\mathrm{P}_j(k|k)=\mathrm{P}_j(k|k-1)-\mathrm{P}_j(k|k-1)\mathrm{H}_j^T(k)\mathrm{S}_j^{-1}(k)\mathrm{H}_j(k)\mathrm{P}_j(k|k-1)$$

2. 모델 확률 업데이트 $\{M_j,\ j=1,\ \dots,\ N\}$:

$$L_j(k)=N\big(\mathrm{z}(k)|\hat{\mathrm{z}}_j(k|k-1),\ \mathrm{S}_j(k|k-1)\big)$$

$$w_j(k)=\frac{L_j(k)\sum_{i=1}^{N}\pi_{ij}w_i(k-1)}{\sum_{j=1}^{N}L_j(k)\sum_{i=1}^{N}\pi_{ij}w_i(k-1)}$$

3. 추정값 융합(fusion):

$$\hat{\mathrm{x}}(k|k)=\sum_{j=1}^{N}w_j(k)\hat{\mathrm{x}}_j(k|k)$$

$$\mathrm{P}(k|k)=\sum_{j=1}^{N}w_j(k)\Big\{\mathrm{P}_j(k|k)+\big(\hat{\mathrm{x}}_j(k|k)-\hat{\mathrm{x}}(k|k)\big)\big(\hat{\mathrm{x}}_j(k|k)-\hat{\mathrm{x}}(k|k)\big)^T\Big\}$$

만약 모델 (7.1)이 비선형 시스템이라면 GPB1의 모델 적합 칼만필터로 확장 칼만필터나 언센티드 칼만필터를 사용할 수 있다.

7.3.2 IMM

IMM(interacting multiple model) 방법에서도 GPB1처럼 N개의 필터를 이용한다. 차이점은 각 필터가 공통의 상태변수 추정치와 공분산을 사용하는 것이 아니라 모델별로 개별적인 상태변수 추정치와 공분산을 사용하는 데 있다. 즉, 다음과 같은 가정을 한다.

$$p(\mathrm{x}(k-1)|\sigma_j(k),\ \sigma_i(k-1),\ \mathrm{Z}_{k-1})=N\big(\mathrm{x}(k-1)|\hat{\mathrm{x}}_i(k-1|k-1),\ \mathrm{P}_i(k-1|k-1)\big) \tag{7.31}$$

베이즈 정리에 의해 상태변수 $\mathrm{x}(k)$의 사후 조건부 확률밀도함수 $p(\mathrm{x}(k)|\mathrm{Z}_k)$를 다음과 같이 전개할 수 있다.

$$\begin{aligned} p(\mathrm{x}(k)|\mathrm{Z}_k) &= \sum_{j=1}^{N} p(\mathrm{x}(k)|\sigma_j(k),\ \mathrm{Z}_k) P\{\sigma_j(k)|\mathrm{Z}_k\} \\ &= \sum_{j=1}^{N} p(\mathrm{x}(k)|\sigma_j(k),\ \mathrm{Z}_k)\mu_j(k) \\ &= \sum_{j=1}^{N} w_j(k) p(\mathrm{x}(k)|\sigma_j(k),\ \mathrm{z}(k),\ \mathrm{Z}_{k-1}) \\ &= \sum_{j=1}^{N} w_j(k) \frac{p(\mathrm{z}(k)|\mathrm{x}(k),\ \sigma_j(k),\ \mathrm{Z}_{k-1})}{p(\mathrm{z}(k)|\sigma_j(k),\ \mathrm{Z}_{k-1})} p(\mathrm{x}(k)|\sigma_j(k),\ \mathrm{Z}_{k-1}) \end{aligned} \tag{7.32}$$

여기서 측정벡터 $\mathrm{z}(k)$는 상태변수 $\mathrm{x}(k)$에만 의존한다고 하면 $p(\mathrm{x}(k)|\sigma_j(k),\ \mathrm{z}(k),\ \mathrm{Z}_{k-1}) = p(\mathrm{x}(k)|\sigma_j(k),\ \mathrm{z}(k))$가 된다. 한편, 전확률 정리를 이용해 위 식의 마지막 항을 전개하면 다음과 같이 된다.

$$\begin{aligned} & p(\mathrm{x}(k)|\sigma_j(k),\ \mathrm{Z}_{k-1}) \\ &= \int_{\mathrm{x}(k-1)} p(\mathrm{x}(k),\ \mathrm{x}(k-1)|\sigma_j(k),\ \mathrm{Z}_{k-1}) d\mathrm{x}(k-1) \\ &= \int_{\mathrm{x}(k-1)} p(\mathrm{x}(k)|\mathrm{x}(k-1),\ \sigma_j(k)) p(\mathrm{x}(k-1)|\sigma_j(k),\ \mathrm{Z}_{k-1}) d\mathrm{x}(k-1) \end{aligned} \tag{7.33}$$

여기까지는 GPB1과 식 전개가 동일하다. 즉 식 (7.32)와 (7.33)은 각각 식 (7.23)과 (7.24)와 동일하다. 이제 식 (7.33)에서 적분항에 있는 두 번째 확률밀도함수에 주목해 보자. GPB1에서는 이 부분을 식 (7.22)가 성립한다는 가정 하에 간략화했지만, 여기서는 다음과 같이 더 전개해야 한다.

$$\begin{aligned} p(\mathrm{x}(k-1)|\sigma_j(k),\ \mathrm{Z}_{k-1}) &= \sum_{i=1}^{N} p(\mathrm{x}(k-1)|\sigma_j(k),\ \sigma_i(k-1),\ \mathrm{Z}_{k-1}) P\{\sigma_i(k-1)|\sigma_j(k),\ \mathrm{Z}_{k-1}\} \\ &= \sum_{i=1}^{N} p(\mathrm{x}(k-1)|\sigma_j(k),\ \sigma_i(k-1),\ \mathrm{Z}_{k-1}) \mu_{i|j}(k-1|k-1) \end{aligned} \tag{7.34}$$

여기서 $\mu_{i|j}(k-1|k-1)$을 혼합 확률(mixing probability)이라고 하며, 다음과 같이 정의한다.

$$\mu_{i|j}(k-1|k-1) = P\{\sigma_i(k-1)|\sigma_j(k),\ \mathrm{Z}_{k-1}\} \tag{7.35}$$

한편 식 (7.31)이 성립한다고 가정했으므로 식 (7.35)는 다음과 같이 된다.

$$
\begin{aligned}
&p(\mathrm{x}(k-1)|\sigma_j(k),\ \mathrm{Z}_{k-1}) \\
&\quad=\sum_{i=1}^{N}\mu_{i|j}(k-1|k-1)N(\mathrm{x}(k-1)|\hat{\mathrm{x}}_i(k-1|k-1),\ \mathrm{P}_i(k-1|k-1)) \\
&\quad\approx N(\mathrm{x}(k-1)|\hat{\mathrm{x}}_{0j}(k-1|k-1),\ \mathrm{P}_{0j}(k-1|k-1))
\end{aligned} \tag{7.36}
$$

여기서 혼합된 상태변수 추정값과 공분산은 각각 다음과 같다.

$$
\hat{\mathrm{x}}_{0j}(k-1|k-1)=\sum_{i=1}^{N}\mu_{i|j}(k-1|k-1)\hat{\mathrm{x}}_i(k-1|k-1) \tag{7.37}
$$

$$
\begin{aligned}
\mathrm{P}_{0j}(k-1|k-1)=&\sum_{i=1}^{N}\mu_{i|j}(k-1|k-1)[\mathrm{P}_i(k-1|k-1) \\
&+(\hat{\mathrm{x}}_i(k-1|k-1)-\hat{\mathrm{x}}_{0j}(k-1|k-1))(\hat{\mathrm{x}}_i(k-1|k-1)-\hat{\mathrm{x}}_{0j}(k-1|k-1))^T]
\end{aligned} \tag{7.38}
$$

식 (7.37)과 (7.38)에 의하면 모드 j의 모델 적합 칼만필터의 입력인 상태변수 추정값과 공분산 $\hat{\mathrm{x}}_{0j}(k-1|k-1)$과 $\mathrm{P}_{0j}(k-1|k-1)$은 모든 모델 적합 칼만필터의 결과를 혼합해 또는 상호작용 시켜 계산한다는 것을 알 수 있다.

이제 식 (7.33)과 (7.36)을 (7.32)에 대입하면 다음과 같다.

$$
\begin{aligned}
p(\mathrm{x}(k)|\mathrm{Z}_k)=&\sum_{j=1}^{N}w_j(k)\frac{p(\mathrm{z}(k)|\mathrm{x}(k),\ \sigma_j(k))}{p(\mathrm{z}(k)|\sigma_j(k),\ \mathrm{Z}_{k-1})}\int p(\mathrm{x}(k)|\mathrm{x}(k-1),\ \sigma_j(k)) \\
&\cdot N\big(\mathrm{x}(k-1)|\hat{\mathrm{x}}_{0j}(k-1|k-1),\ \mathrm{P}_{0j}(k-1|k-1)\big)d\mathrm{x}(k-1)
\end{aligned} \tag{7.39}
$$

식 (7.39)에 의하면 모델별 상태변수 추정값 $\hat{\mathrm{x}}_j(k|k)$와 공분산 $\mathrm{P}_j(k|k)$는 $\hat{\mathrm{x}}_{0j}(k-1|k-1)$과 $\mathrm{P}_{0j}(k-1|k-1)$을 입력으로 하여 모델별로 모델 적합 칼만필터를 이용해 계산하면 된다.

전체 상태변수 추정값과 공분산은 다음과 같이 계산한다.

$$
\hat{\mathrm{x}}(k|k)=\sum_{j=1}^{N}w_j(k)\hat{\mathrm{x}}_j(k|k) \tag{7.40}
$$

$$
\mathrm{P}(k|k)=\sum_{j=1}^{N}w_j(k)\Big\{\mathrm{P}_j(k|k)+\big(\hat{\mathrm{x}}_j(k|k)-\hat{\mathrm{x}}(k|k)\big)\big(\hat{\mathrm{x}}_j(k|k)-\hat{\mathrm{x}}(k|k)\big)^T\Big\} \tag{7.41}
$$

한편, 혼합 확률 $\mu_{i|j}(k-1|k-1)$을 전개하면 다음과 같다.

$$\begin{aligned}\mu_{i|j}(k-1|k-1) &= P\{\sigma_i(k-1)|\sigma_j(k),\ Z_{k-1}\} \\ &= \frac{P\{\sigma_j(k)|\sigma_i(k-1),\ Z_{k-1}\}P\{\sigma_i(k-1)|Z_{k-1}\}}{P\{\sigma_j(k)|Z_{k-1}\}} \\ &= \frac{P\{\sigma_j(k)|\sigma_i(k-1),\ Z_{k-1}\}P\{\sigma_i(k-1)|Z_{k-1}\}}{\sum_{i=1}^{N}P\{\sigma_j(k),\ \sigma_i(k-1)|Z_{k-1}\}}\end{aligned} \tag{7.42}$$

여기서 식 (7.3)의 모델변경확률 정의와 식 (7.2)의 모델 확률의 정의를 식 (7.42)에 대입하면, 혼합 확률은 다음과 같이 업데이트된다.

$$\mu_{i|j}(k-1|k-1) = \frac{\pi_{ij}w_i(k-1)}{\sum_{i=1}^{N}\pi_{ij}w_i(k-1)} \tag{7.43}$$

또한 베이즈 정리에 따라 모델 확률은 다음과 같이 업데이트된다.

$$\begin{aligned}w_j(k) &= P\{\sigma_j(k)|Z_k\} \\ &= \frac{L_j(k)\sum_{i=1}^{N}\pi_{ij}w_i(k-1)}{\sum_{j=1}^{N}L_j(k)\sum_{i=1}^{N}\pi_{ij}w_i(k-1)}\end{aligned} \tag{7.44}$$

그림 7.5는 시간 $k-1$에서 k까지 한 시간스텝 동안 IMM 알고리즘의 구조를 보여준다.

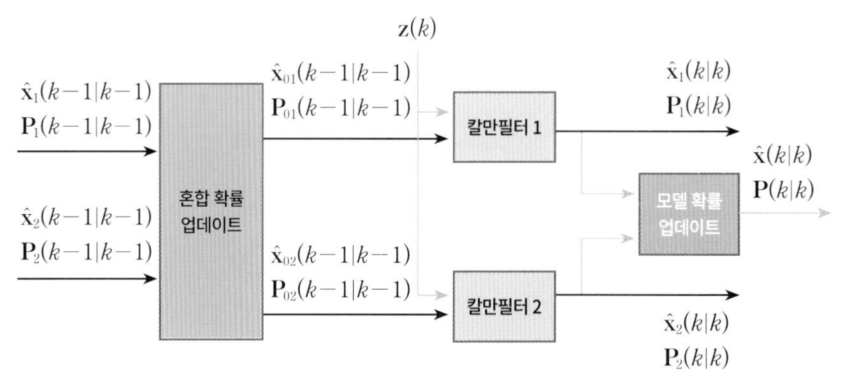

그림 7.5 IMM (모델이 2개인 경우)

IMM 칼만필터 (IMM KF) 알고리즘

1. 모델 조건부 추정값 $\{M_j,\ j=1,\ \ldots,\ N\}$:

혼합 확률 업데이트: $$\mu_{i|j}(k-1|k-1)=\frac{\pi_{ij}w_i(k-1)}{\sum_{i=1}^{N}\pi_{ij}w_i(k-1)},\ i=1,\ \ldots,\ N$$

추정값 혼합(mixing): $$\hat{\mathrm{x}}_{0j}(k-1|k-1)=\sum_{i=1}^{N}\mu_{i|j}(k-1|k-1)\hat{\mathrm{x}}_i(k-1|k-1)$$

$$\mathrm{P}_{0j}(k-1|k-1)=\sum_{i=1}^{N}\mu_{i|j}(k-1|k-1)[\mathrm{P}_i(k-1|k-1)$$
$$+(\hat{\mathrm{x}}_i(k-1|k-1)-\hat{\mathrm{x}}_{0j}(k-1|k-1))(\hat{\mathrm{x}}_i(k-1|k-1)-\hat{\mathrm{x}}_{0j}(k-1|k-1))^T]$$

2. 모델 적합 칼만필터 $\{M_j,\ j=1,\ \ldots,\ N\}$:

시간 업데이트: $$\hat{\mathrm{x}}_j(k|k-1)=\mathrm{F}_j(k-1)\hat{\mathrm{x}}_{0j}(k-1|k-1)+\mathrm{G}_j(k-1)\mathrm{u}_j(k-1)$$

$$\mathrm{P}_j(k|k-1)=\mathrm{F}_j(k-1)\mathrm{P}_{0j}(k-1|k-1)\mathrm{F}_j^T(k-1)+\mathrm{Q}_j(k-1)$$

측정 업데이트: $$\hat{\mathrm{x}}_j(k|k)=\hat{\mathrm{x}}_j(k|k-1)+\mathrm{K}_j(k)\big(\mathrm{z}(k)-\mathrm{H}_j(k)\hat{\mathrm{x}}_j(k|k-1)\big)$$

$$\mathrm{K}_j(k)=\mathrm{P}_j(k|k-1)\mathrm{H}_j^T(k)\mathrm{S}_j^{-1}(k)$$

$$\mathrm{S}_j(k)=\mathrm{H}_j(k)\mathrm{P}_j(k|k-1)\mathrm{H}_j^T(k)+\mathrm{R}_j(k)$$

$$\mathrm{P}_j(k|k)=\mathrm{P}_j(k|k-1)-\mathrm{P}_j(k|k-1)\mathrm{H}_j^T(k)\mathrm{S}_j^{-1}(k)\mathrm{H}_j(k)\mathrm{P}_j(k|k-1)$$

3. 모델 확률 업데이트 $\{M_j,\ j=1,\ \ldots,\ N\}$:

$$L_j(k)=N\big(\mathrm{z}(k)|\hat{\mathrm{z}}_j(k|k-1),\ \mathrm{S}_j(k|k-1)\big)$$

$$w_j(k)=\frac{L_j(k)\sum_{i=1}^{N}\pi_{ij}w_i(k-1)}{\sum_{j=1}^{N}L_j(k)\sum_{i=1}^{N}\pi_{ij}w_i(k-1)}$$

4. 추정값 융합(fusion):

$$\hat{\mathrm{x}}(k|k)=\sum_{j=1}^{N}w_j(k)\hat{\mathrm{x}}_j(k|k)$$

$$\mathrm{P}(k|k)=\sum_{j=1}^{N}w_j(k)\Big\{\mathrm{P}_j(k|k)+\big(\hat{\mathrm{x}}_j(k|k)-\hat{\mathrm{x}}(k|k)\big)\big(\hat{\mathrm{x}}_j(k|k)-\hat{\mathrm{x}}(k|k)\big)^T\Big\}$$

만약 모델 (7.1)이 비선형 시스템이라면 IMM의 모델 적합 칼만필터로 확장 칼만필터나 언센티드 칼만필터를 사용할 수 있다.

7.4 표적 모델

표적 추적(target tracking)은 원격 측정(remote measurement)을 이용해서 운동하는 물체의 위치, 속도, 가속도 등 운동 상태변수를 추정하는 것을 말한다. 추적의 대상이 되는 표적은 주로 항공기나 함정, 잠수함, 차량, 로봇 등이다. 표적의 운동 방정식을 자세히 알 수는 없으므로 표적 운동은 주로 질점(particle)의 운동으로 다루며, 질점이 등속도(CV, constant velocity) 운동, 등가속도(CA, constant acceleration) 운동, 그리고 등속 선회(CT, coordinated turn) 운동을 한다고 가정하는 것이 일반적이다. 여기서 등가속도 운동과 등속 선회 운동은 가속도가 있는 운동이기 때문에 기동(maneuver) 운동이라고 부른다. 또한 표적의 운동을 모델링할 때 직교좌표계의 축별로 동일한 모델을 사용하는 것이 일반적이지만, 서로 분리시켜 모델을 적용하는 경우도 있다. 예를 들면 항공교통관제(air traffic control)에서 다루는 표적인 민간 항공기의 평면 운동은 등가속도 운동으로 모델링하며, 수직 운동은 등속도 운동으로 모델링하기도 한다.

7.4.1 등속도 운동 모델

2차원 공간상에서 표적이 등속도 직선 운동을 한다고 가정하면 표적의 운동은 다음과 같이 표현할 수 있다.

$$\dot{\mathrm{x}} = \begin{bmatrix} 0 & 1 & 0 & 0 \\ 0 & 0 & 0 & 0 \\ 0 & 0 & 0 & 1 \\ 0 & 0 & 0 & 0 \end{bmatrix} \mathrm{x} + \begin{bmatrix} 0 & 0 \\ 1 & 0 \\ 0 & 0 \\ 0 & 1 \end{bmatrix} \mathrm{w} \tag{7.45}$$

여기서 $\mathrm{x} = [x \ \dot{x} \ y \ \dot{y}]^T$이며 x, y는 직교좌표계의 축 성분을 나타낸다. 등속 운동을 가정했으므로 표적의 속도 변화율은 0이어야 하지만, 외란(disturbance)에 의한 영향 등을 고려하는 것이 보다 현실적이므로 가우시안 화이트 노이즈 $\mathrm{w}(t) \sim N(0, \ Q_c)$를 추가한다. 여기서 파워스펙트럴밀도

(PSD)인 $Q_c=\begin{bmatrix} q_x^2 & 0 \\ 0 & q_y^2 \end{bmatrix}$는 표적의 가속도 운동을 발생시키기 때문에 기동의 강도(intensity)라고 한다. 따라서 등속 운동 모델을 '거의 등속도(nearly constant velocity)' 운동 모델이라고 부르기도 한다.

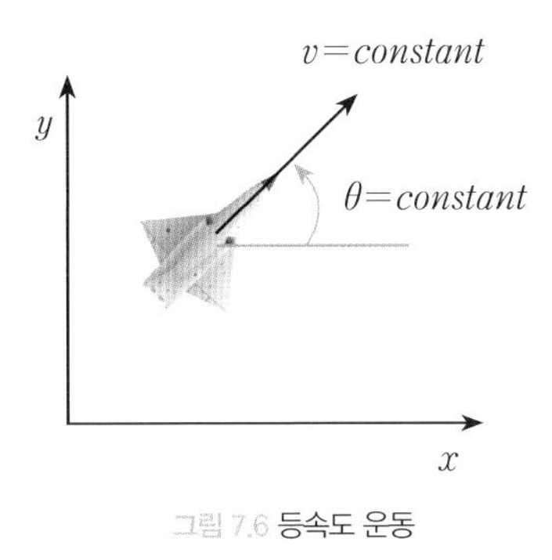

그림 7.6 등속도 운동

연속시간으로 표현된 식 (7.45)를 샘플링 시간 $\triangle t$를 이용해 이산화하면 다음과 같다.

$$x(k+1)=\begin{bmatrix} 1 & \triangle t & 0 & 0 \\ 0 & 1 & 0 & 0 \\ 0 & 0 & 1 & \triangle t \\ 0 & 0 & 0 & 1 \end{bmatrix} x(k)+w(k) \tag{7.46}$$

여기서 $w(k)$는 이산화된 프로세스 노이즈로서 평균과 공분산이 다음과 같이 주어진다.

$$w(k) \sim N(0,\ Q),\ Q=\begin{bmatrix} \frac{(\triangle t)^3}{3}q_x^2 & \frac{(\triangle t)^2}{2}q_x^2 & 0 & 0 \\ \frac{(\triangle t)^2}{2}q_x^2 & \triangle t q_x^2 & 0 & 0 \\ 0 & 0 & \frac{(\triangle t)^3}{3}q_y^2 & \frac{(\triangle t)^2}{2}q_y^2 \\ 0 & 0 & \frac{(\triangle t)^2}{2}q_y^2 & \triangle t q_y^2 \end{bmatrix} \tag{7.47}$$

7.4.2 등가속도 운동 모델

2차원 공간상에서 표적이 등가속도 운동을 한다고 가정하면 표적의 운동은 다음과 같이 표현할 수 있다.

$$\dot{\mathrm{x}}=\begin{bmatrix}0&1&0&0&0&0\\0&0&1&0&0&0\\0&0&0&0&0&0\\0&0&0&0&1&0\\0&0&0&0&0&1\\0&0&0&0&0&0\end{bmatrix}\mathrm{x}+\begin{bmatrix}0&0\\0&0\\1&0\\0&0\\0&0\\0&1\end{bmatrix}\mathrm{w} \tag{7.48}$$

여기서 $\mathrm{x}=[x\ \dot{x}\ \ddot{x}\ y\ \dot{y}\ \ddot{y}]^T$이며 x, y는 직교좌표계의 축 성분을 나타낸다. $\mathrm{w}(t)$는 외란 등을 고려해 추가한 가우시안 화이트 노이즈 $\mathrm{w}(t)\sim N(0,\ Q_c)$다. 여기서 파워스펙트럴밀도인 $Q_c=\begin{bmatrix}q_x^2&0\\0&q_y^2\end{bmatrix}$는 표적의 저크(jerk) 운동을 발생시키기 때문에 등가속도 운동 모델을 '거의 등가속도(nearly constant acceleration)' 운동 모델이라고 부르기도 한다.

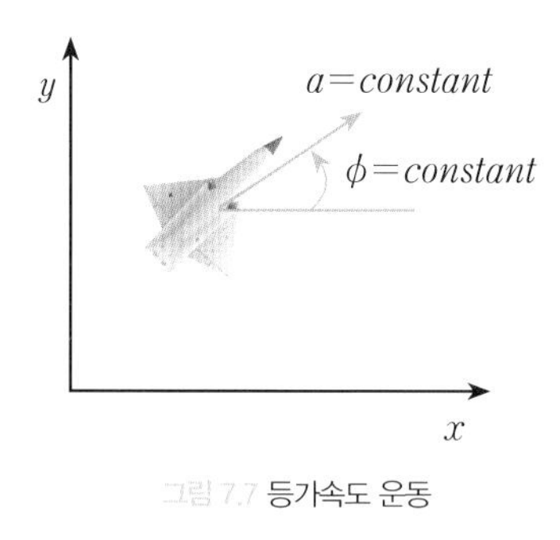

그림 7.7 등가속도 운동

연속시간으로 표현된 식 (7.48)을 샘플링 시간 $\triangle t$를 이용해 이산화하면 다음과 같다.

$$
\mathrm{x}(k+1)=\begin{bmatrix} 1 & \triangle t & \frac{(\Delta t)^2}{2} & 0 & 0 & 0 \\ 0 & 1 & \Delta t & 0 & 0 & 0 \\ 0 & 0 & 1 & 0 & 0 & 0 \\ 0 & 0 & 0 & 1 & \triangle t & \frac{(\Delta t)^2}{2} \\ 0 & 0 & 0 & 0 & 1 & \Delta t \\ 0 & 0 & 0 & 0 & 0 & 1 \end{bmatrix}\mathrm{x}(k)+\mathrm{w}(k) \tag{7.49}
$$

여기서 $\mathrm{w}(k)$는 이산화된 프로세스 노이즈로서 평균과 공분산은 다음과 같이 주어진다.

$$
\mathrm{w}(k)\sim N(0,\ \mathrm{Q}),\ \mathrm{Q}=\begin{bmatrix} \frac{(\triangle t)^5}{20}q_x^2 & \frac{(\triangle t)^4}{8}q_x^2 & \frac{(\triangle t)^3}{6}q_x^2 & 0 & 0 & 0 \\ \frac{(\triangle t)^4}{8}q_x^2 & \frac{(\triangle t)^3}{3}q_x^2 & \frac{(\triangle t)^2}{2}q_x^2 & 0 & 0 & 0 \\ \frac{(\triangle t)^3}{6}q_x^2 & \frac{(\triangle t)^2}{2}q_x^2 & \triangle t q_x^2 & 0 & 0 & 0 \\ 0 & 0 & 0 & \frac{(\triangle t)^5}{20}q_y^2 & \frac{(\triangle t)^4}{8}q_y^2 & \frac{(\triangle t)^3}{6}q_y^2 \\ 0 & 0 & 0 & \frac{(\triangle t)^4}{8}q_y^2 & \frac{(\triangle t)^3}{3}q_y^2 & \frac{(\triangle t)^2}{2}q_y^2 \\ 0 & 0 & & \frac{(\triangle t)^3}{6}q_y^2 & \frac{(\triangle t)^2}{2}q_y^2 & \triangle t q_y^2 \end{bmatrix} \tag{7.50}
$$

7.4.3 등속 선회 운동 모델

2차원 공간상에서 표적이 등속 선회 운동을 한다고 가정하면 표적의 운동은 다음과 같이 표현할 수 있다.

$$
\dot{\mathrm{x}}=\begin{bmatrix} 0 & 1 & 0 & 0 \\ 0 & 0 & 0 & -\Omega \\ 0 & 0 & 0 & 1 \\ 0 & \Omega & 0 & 0 \end{bmatrix}\mathrm{x}+\begin{bmatrix} 0 & 0 \\ 1 & 0 \\ 0 & 0 \\ 0 & 1 \end{bmatrix}\mathrm{w} \tag{7.51}
$$

여기서 $\mathrm{x}=[x\ \dot{x}\ y\ \dot{y}]^T$이고 Ω는 선회 각속력(angular rate)으로서 상수이며, x, y는 직교좌표계의 축 성분을 나타낸다. $\mathrm{w}(t)$는 외란 등을 고려해 추가한 가우시안 화이트 노이즈 $\mathrm{w}(t) \sim N(0,\ \mathrm{Q}_c)$다.

여기서 파워스펙트럴밀도인 $\mathrm{Q}_c=\begin{bmatrix} q_x^2 & 0 \\ 0 & q_y^2 \end{bmatrix}$는 표적의 가속도 운동을 발생시키기 때문에 등속 선회 운동 모델을 '거의 등속 선회(nearly coordinated turn)' 운동 모델이라고 부르기도 한다.

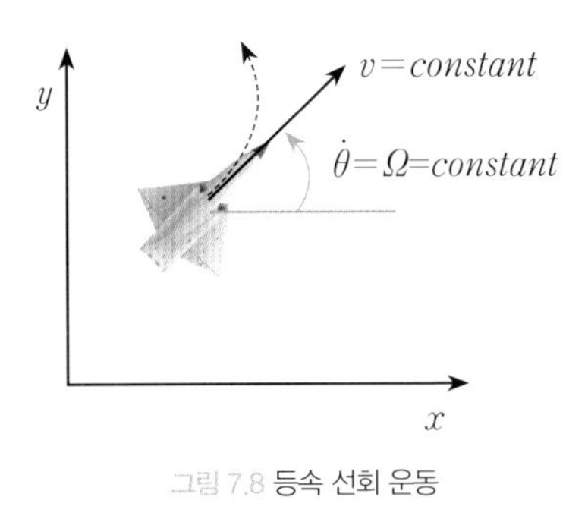

그림 7.8 등속 선회 운동

연속시간으로 표현된 식 (7.51)을 샘플링 시간 $\triangle t$를 이용해 이산화하면 다음과 같다.

$$\mathrm{x}(k+1)=\begin{bmatrix} 1 & \dfrac{\sin\Omega\triangle t}{\Omega} & 0 & -\dfrac{1-\cos\Omega\triangle t}{\Omega} \\ 0 & \cos\Omega\triangle t & 0 & -\sin\Omega\triangle t \\ 0 & \dfrac{1-\cos\Omega\triangle t}{\Omega} & 1 & \dfrac{\sin\Omega\triangle t}{\Omega} \\ 0 & \sin\Omega\triangle t & 0 & \cos\Omega\triangle t \end{bmatrix}\mathrm{x}(k)+\mathrm{w}(k) \tag{7.52}$$

여기서 $\mathrm{w}(k)$는 이산화된 프로세스 노이즈로서 평균과 공분산은 다음과 같이 주어진다.

$$\mathrm{w}(k)\sim N(0,\ \mathrm{Q}),\ \mathrm{Q}=\begin{bmatrix} \dfrac{(\triangle t)^3}{3}q_x^2 & \dfrac{(\triangle t)^2}{2}q_x^2 & 0 & 0 \\ \dfrac{(\triangle t)^2}{2}q_x^2 & \triangle t q_x^2 & 0 & 0 \\ 0 & 0 & \dfrac{(\triangle t)^3}{3}q_y^2 & \dfrac{(\triangle t)^2}{2}q_y^2 \\ 0 & 0 & \dfrac{(\triangle t)^2}{2}q_y^2 & \triangle t q_y^2 \end{bmatrix} \tag{7.53}$$

7.5 설계 예제

7.5.1 개요

멀티 모델 칼만필터를 항공교통관제 시스템에 적용해 보기로 한다. 항공교통관제는 항공기간의 충돌을 예방하며 안전한 비행과 이착륙을 유도하는 관리 업무를 말한다. 항공교통관제 시스템에서 기본적으로 수행할 일은 레이다의 측정값을 이용해 대상 항공기의 위치 및 속도 등을 추적하는 것이다. 민간 항공기의 비행은 주로 수평 직선 등속도 비행과 선회 또는 상승/하강하는 기동 비행으로 나눌 수 있다. 보통 이 경우에 항공기 운동을 수평 운동(horizontal motion)과 수직 운동(vertical motion)으로 나눠서 운동 모델을 만드는데, 이 절에서는 수평 운동을 하는 항공기의 추적 필터를 설계해 보기로 한다.

수평 비행에서 칼만필터를 설계하기 위한 모델로는 두 가지를 생각할 수 있다. 등속도 비행 모델과 기동 비행 모델이다. 등속도 비행 모델은 식 (7.45)로 주어지며 매우 약한 강도(intensity)의 프로세스 노이즈를 갖게 설계한다. 기동 모델은 예측 가능한 가속도 비행을 포함할 수 있게 등속도 비행 모델에 강한 강도의 프로세스 노이즈를 갖게 설계하기도 하고, 식 (7.51)로 주어지는 등속 선회 비행 모델로 설계하기도 한다. 또는 두 가지 모델을 모두 기동 비행 모델로 사용할 수도 있으며, 더 나아가 프로세스 노이즈 강도별로 여러 개의 모델, 선회 비행의 각속력별로 여러 개의 모델을 설계할 수도 있다. 이 절에서는 약한 강도와 중간 강도, 그리고 강한 강도의 프로세스 노이즈를 갖는 세 가지 등속도 비행 모델을 이용해 항공기 추적 필터를 설계하고자 한다. 즉, 다음과 같은 모델을 사용한다.

$$\mathrm{x}(k+1)=\begin{bmatrix}1 & \triangle t & 0 & 0\\ 0 & 1 & 0 & 0\\ 0 & 0 & 1 & \triangle t\\ 0 & 0 & 0 & 1\end{bmatrix}\mathrm{x}(k)+\mathrm{w}_j(k),\ j=1,\ 2,\ 3 \tag{7.54}$$

$$\mathrm{w}_i(k)\sim N(0,\ \mathrm{Q}_i)$$

여기서 $\mathrm{x}=[x\ \dot{x}\ y\ \dot{y}]^T$이며 x, y는 직교좌표계에서의 위치, $\dot{x}$, $\dot{y}$는 속도 성분을 나타낸다. 레이다의 측정값은 극좌표계(polar coordinates)로 표현되는 표적까지의 거리(r)와 방위각(θ)이지만,

직교좌표계로 변환($x=r\cos(\theta)$, $y=r\sin(\theta)$)할 수 있으므로 다음과 같은 선형 측정 모델을 사용하기로 한다.

$$\mathrm{z}(k)=\begin{bmatrix}1 & 0 & 0 & 0\\ 0 & 0 & 1 & 0\end{bmatrix}\mathrm{x}(k)+\mathrm{v}(k) \quad (7.55)$$

$$\mathrm{v}(k)\sim N(0,\ \mathrm{R})$$

이렇게 하면 시스템 모델과 측정 모델이 모두 선형이 되므로 모델 적합 필터를 모두 선형 칼만필터로 설계할 수 있다.

항공교통관제 추적 문제로서 그림 7.9와 같은 가상의 시나리오를 설정한다[18]. 레이다는 좌표 $(x,\ y)=(0,\ 0)m$에 위치해 있다. $t=0$초에 좌표 $(x,\ y)=(10000,\ 0)m$에서 출발한 항공기는 일정한 속력 $120m/s$, 북쪽 방향(y축)으로 50초간 비행하다가 $1^\circ/s$의 각속력으로 등속 선회비행을 135초간 수행한다. 이때의 선회 비행은 약 $2.09m/s^2$의 가속도 운동에 해당한다. 방향을 남서쪽으로 바꾼 항공기는 215초간 더 비행하다가 $3^\circ/s$의 각속력으로 등속 선회 비행을 45초간 수행한다. 이때의 선회 비행은 약 $6.28m/s^2$의 가속도 운동에 해당한다. 방향을 동쪽으로 바꾼 항공기는 155초간 더 비행한다. 총 비행시간은 600초다.

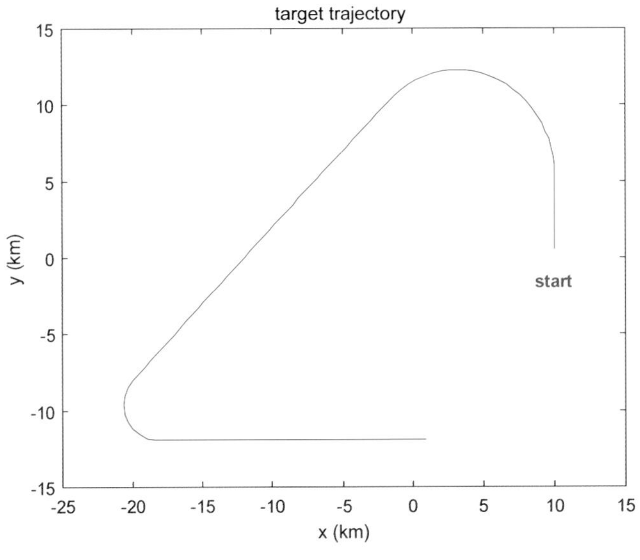

그림 7.9 표적 항공기 궤적

샘플링 시간은 $\Delta t=5$초이며, 초기 표적의 위치 정확도는 표준편차(1σ) $100m$로 가정하고 속력 정확도는 표준편차 $10m/s$로 가정해 초기 상태변수 오차의 공분산을 다음과 같이 설정한다.

$$\mathrm{P}_0=\begin{bmatrix}100^2 & 0 & 0 & 0\\ 0 & 10^2 & 0 & 0\\ 0 & 0 & 100^2 & 0\\ 0 & 0 & 0 & 10^2\end{bmatrix} \tag{7.56}$$

측정 정확도는 표준편차(1σ)를 $50m$로 가정해 식 (7.55)의 측정 노이즈의 공분산을 다음과 같이 설정한다.

$$\mathrm{v}(k)\sim N\left(0, \begin{bmatrix}50^2 & 0\\ 0 & 50^2\end{bmatrix}\right) \tag{7.57}$$

7.5.2 필터 초기화

칼만필터는 항공기의 정확한 기동을 모르므로 적절한 프로세스 노이즈의 강도를 추정해야 한다. 먼저 모델 M_1은 저강도의 등속도 비행 모델을, 모델 M_3는 선회 기동을 고려해 고강도의 등속도 비행 모델을 표현하는 것으로 설정하고 식 (7.45)의 프로세스 노이즈의 파워스펙트럴밀도(PSD)를 각각 다음과 같이 설정한다.

$$\mathrm{Q}_c=\begin{bmatrix}q_x^2 & 0\\ 0 & q_y^2\end{bmatrix}, \begin{cases} q_x=q_y=0.1\sqrt{\Delta t}, & M_1\\ q_x=q_y=3\sqrt{\Delta t}, & M_3\end{cases} \tag{7.58}$$

저강도의 등속 모델에서는 $\sigma_v=0.1m/s^2$의 가속도 표준편차를 설정했고 고강도의 등속 모델에서는 대략 $6m/s^2$ 정도의 가속도를 다룰 수 있어야 하므로 $\sigma_v=3m/s^2$의 가속도 표준편차를 설정했다. 위 두 모델을 이용해 멀티 모델 칼만필터인 AMM(독립적 멀티 모델), GPB1, IMM 필터를 설계한다. 한편 멀티 모델 칼만필터와의 성능 비교를 위해 단일 모델을 사용하는 단독 칼만필터도 설계한다. 단독 칼만필터는 한 개의 모델로 등속도 및 선회 기동을 모두 다룰 수 있어야 하므로 중간 정도인 $\sigma_v=1.5m/s^2$의 가속도 표준편차를 설정했다.

$$Q_c = \begin{bmatrix} q_x^2 & 0 \\ 0 & q_y^2 \end{bmatrix},\ q_x = q_y = 1.5\sqrt{\Delta t},\ M_2 \tag{7.59}$$

모든 칼만필터의 초깃값은 다음과 같이 시스템의 초깃값과 공분산으로부터 샘플링한다.

$$\hat{x}(0|0) \sim N(x(0),\ P_0),\ x(0) = [10000\ 0\ 0\ 120]^T \tag{7.60}$$

GPB1, IMM 필터에서는 모델변환확률이 필요한데, 다음과 같이 설정했다.

$$\Pi = \begin{bmatrix} \pi_{11} & \pi_{12} \\ \pi_{21} & \pi_{22} \end{bmatrix} = \begin{bmatrix} 0.85 & 0.15 \\ 0.15 & 0.85 \end{bmatrix} \tag{7.61}$$

모델 확률의 초깃값은 다음과 같이 동일하게 설정한다.

$$w_1(0) = w_2(0) = \frac{1}{2} \tag{7.62}$$

7.5.3 단독 칼만필터 설계

매트랩으로 작성된 단독 칼만필터 코드는 시뮬레이션 설정값을 정의한 atc_sim_para.m, 선형 칼만필터를 구현한 atc_kf.m, 항공기 운동을 구현한 aircraft_dyn.m, 측정 모델을 구현한 atc_meas.m, 그리고 단독 칼만필터를 구동하기 위한 atc_kf_main.m으로 구성돼 있다. 여기서 atc_sim_para.m, atc_kf.m, aircraft_dyn.m, atc_meas.m은 모든 칼만필터에서 공통으로 사용된다.

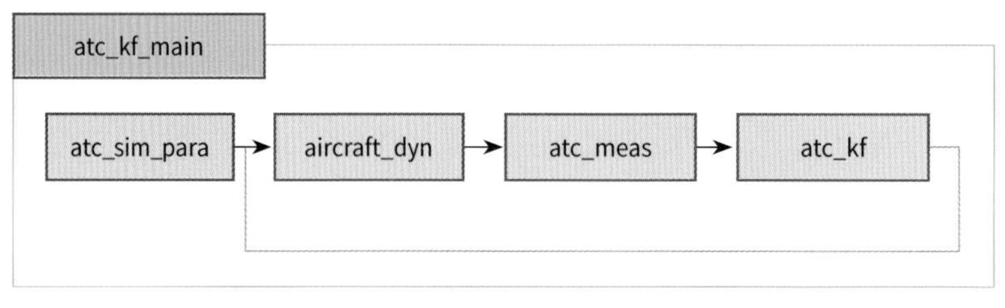

그림 7.10 코드 구조

전체 코드는 다음과 같다.

atc_kf_main.m

```
%
% 항공교통관제 문제: 단독 칼만필터 메인 코드
%

clear all

% 시뮬레이션 파라미터 로드
atc_sim_para;

% 결괏값을 저장하기 위한 변수
X = [];
XHAT = [];
PHAT = [];
Z = [];
ZHAT = [];
SBAR = [];
TIME = [];


% 단독 칼만필터 메인 루프 -----------------------------------
for t = dt:dt:t5

    % 비행 시나리오
    if t < t1
        Omega = 0;
    elseif t < t2
        Omega = Om1;
    elseif t < t3
        Omega = 0;
    elseif t < t4
        Omega = Om2;
    else
        Omega = 0;
    end
```

```
    x = aircraft_dyn(x0, Omega, Qr, dt, 'sy');

    % 측정 모델
    z = atc_meas(x, Rd, 'sy');

    % 칼만필터 업데이트
    [xhat, Phat, zhat, S] = atc_kf(xhat, Phat, z, Qd2, Rd, dt);

    % 결과 저장
    X = [X; x'];
    XHAT = [XHAT; xhat'];
    PHAT = [PHAT; (diag(Phat))'];
    Z = [Z; z'];
    ZHAT = [ZHAT; zhat'];
    SBAR = [SBAR; (diag(S))'];
    TIME = [TIME; t];

    % 다음 시간 스텝을 위한 준비
    x0 = x;

end
```

atc_kf.m

```
function [xhat, Phat, zhat, S] = atc_kf(xhat0, Phat0, z, Qd, Rd, dt)
%
% 선형 칼만필터
%

% 시스템 모델 (식 (7.46))
F = [1 dt 0 0; 0 1 0 0; 0 0 1 dt; 0 0 0 1];
H = [1 0 0 0; 0 0 1 0];

% 시간 업데이트
xbar = F * xhat0;
Pbar = F * Phat0 * F' + Qd;

% 측정 업데이트
zhat = H * xbar;
```

```
S = H * Pbar *H' + Rd;
Phat = Pbar - Pbar * H' * inv(S) * H * Pbar;
K = Pbar * H' * inv(S);
xhat = xbar + K * (z  -  zhat);
```

aircraft_dyn.m

```
function x_next = aircraft_dyn(x, Omega, Qr, dt, status)
%
% 항공기 운동 모델 (식 (7.52))
%

% 분모가 0이 되는 것을 방지하기 위한 값
Omega = Omega + 1e-8;

F = [1 sin(Omega*dt)/Omega     0 -(1-cos(Omega*dt))/Omega;
     0 cos(Omega*dt)           0 -sin(Omega*dt);
     0 (1-cos(Omega*dt))/Omega 1 sin(Omega*dt)/Omega;
     0 sin(Omega*dt)           0 cos(Omega*dt) ];


% 시스템 노이즈
if status == 'sy'
    w = sqrt(Qr)*randn(4,1);
else  % 칼만필터 업데이트 시에 프로세스 노이즈는 0
    w = zeros(4,1);
end

x_next = F * x + w;
```

atc_meas.m

```
function z = atc_meas(x, Rd, status)
%
% 레이다 측정 모델 (식 (7.55))
%
```

```
% 측정 노이즈
if status == 'sy'
    v = sqrt(Rd)*randn(2,1);
else % 칼만필터 업데이트 시에 측정 노이즈는 0
    v = [0; 0];
end

z = [1 0 0 0; 0 0 1 0] * x + v;
```

atc_sim_para.m

```
%
% 시뮬레이션 파라미터
%

% 샘플링 시간
dt = 5;

t1 = 50; % 첫 번째 선회 기동 시작
t2 = 185;
t3 = 400; % 두 번째 선회 기동 시작
t4 = 445;
t5 = 600;

Om1 = 1 * pi/180; % 첫 번째 선회 기동(135초간) 시의 각속력
Om2 = 3 * pi/180; % 두 번째 선회 기동(45초간) 시의 각속력

% 실제 시스템의 프로세스 노이즈 (식 (7.53))
qc_real = 0.0 * sqrt(dt);
Qr = qc_real^2 * [dt^3/3  dt^2/2  0       0;
                 dt^2/2  dt      0       0;
                 0       0       dt^3/3  dt^2/2;
                 0       0       dt^2/2   dt ];

% 실제 시스템의 초깃값 (식 (7.60))
x0 = [10000; 0; 0;  120];
P0 = diag([100^2, 10^2, 100^2, 10^2]);
```

```
% 칼만필터 초깃값 (식 (7.60))
xhat = x0 + sqrt(P0) * randn(4,1);
Phat = P0;

% 측정 노이즈 (식 (7.57))
Rd = 50^2 * eye(2);

% 필터의 프로세스 노이즈 (3개 모델, 식 (7.58, 7.59))
qc_f1 = 0.1 * sqrt(dt);
Qd1 = qc_f1^2 * [dt^3/3  dt^2/2  0       0;
                 dt^2/2  dt      0       0;
                 0       0       dt^3/3  dt^2/2;
                 0       0       dt^2/2   dt ];


qc_f2 = 1.5 * sqrt(dt);
Qd2 = qc_f2^2 * [dt^3/3  dt^2/2  0       0;
                 dt^2/2  dt      0       0;
                 0       0       dt^3/3  dt^2/2;
                 0       0       dt^2/2   dt ];


qc_f3 = 3 * sqrt(dt);
Qd3 = qc_f3^2 * [dt^3/3  dt^2/2  0       0;
                 dt^2/2  dt      0       0;
                 0       0       dt^3/3  dt^2/2;
                 0       0       dt^2/2   dt ];

% 모델 확률 초기화 (식 (7.62))
kf_num = 2; % 모델 적합 칼만필터 개수
ww0 = ones(kf_num,1)/kf_num;

% 모델변환확률 (식 (7.61))
PPII = [0.85 0.15; 0.15 0.85];
```

atc_kf_main.m 파일을 실행하면 시뮬레이션이 수행된다. 단독 칼만필터의 추정 결과는 다음 그림과 같다. 그림 7.11은 항공기의 실제 궤적과 단독 칼만필터가 추정한 궤적을 도시한 것이다. 대체로 칼만필터가 항공기의 실제 궤적을 잘 추정한 것을 볼 수 있다. 그림 7.12는 상태변수 추정 오차와 표준편차(1σ)를 도시한 것이다. 가속도가 약 $2.09m/s^2$인 첫 번째 선회 비행은 프로세스 노이즈의 강도 내에 포함되므로 표시 나지 않으나, 가속도가 약 $6.28m/s^2$의 두 번째 선회 비행에서는 선회 비행시간 동안 속도 추정 오차가 칼만필터가 예측한 표준편차의 범위 밖으로 크게 이탈하는 것을 볼 수 있다.

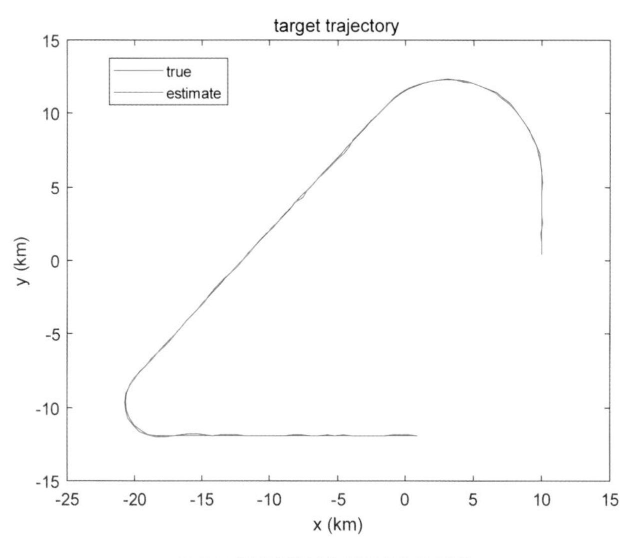

그림 7.11 항공기의 실제 궤적과 추정 궤적

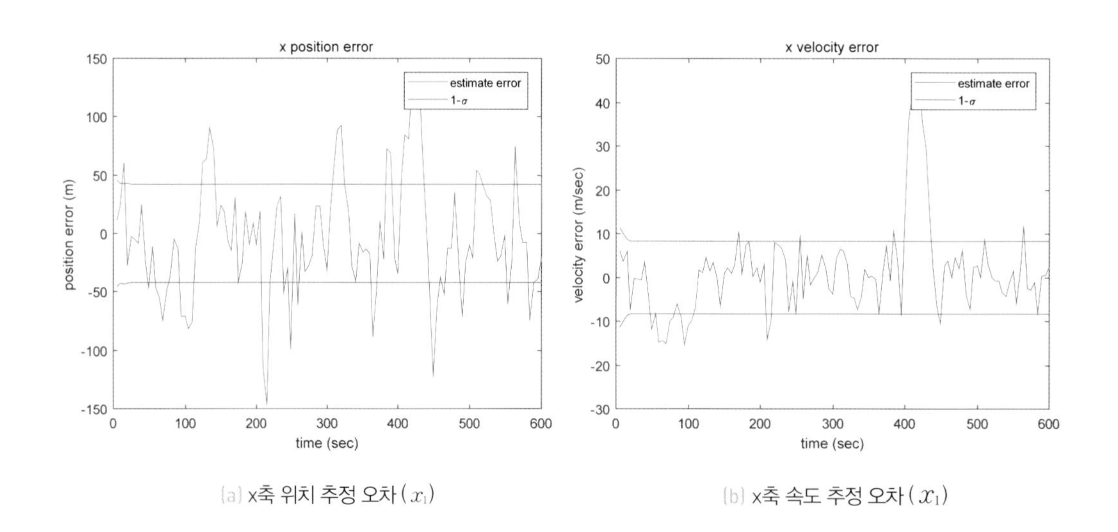

(a) x축 위치 추정 오차 (x_1)

(b) x축 속도 추정 오차 (x_1)

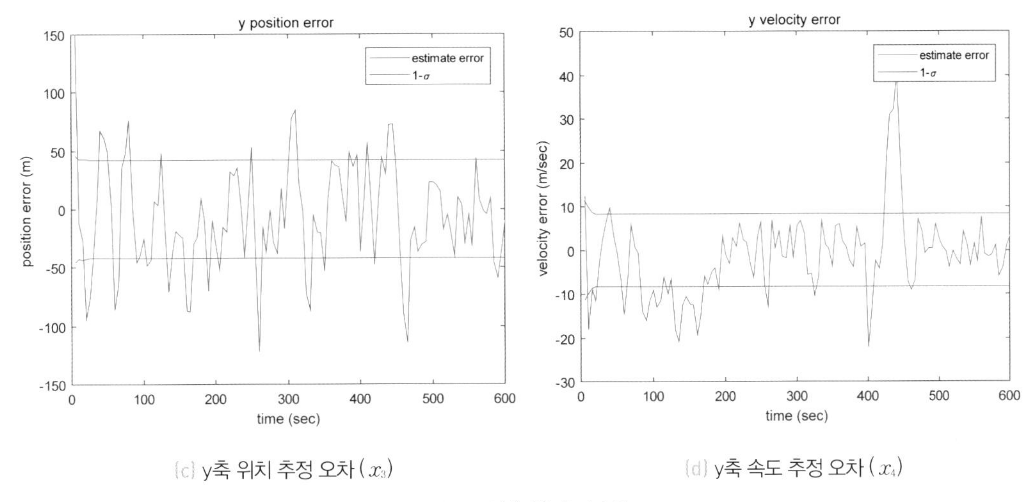

(c) y축 위치 추정 오차 (x_3)

(d) y축 속도 추정 오차 (x_4)

그림 7.12 상태변수 추정 오차

7.5.4 AMM 칼만필터 설계

매트랩으로 작성된 독립적 멀티 모델(AMM) 칼만필터 코드는 시뮬레이션 설정값을 정의한 atc_sim_para.m, 선형 칼만필터를 구현한 atc_kf.m, 항공기 운동을 구현한 aircraft_dyn.m, 측정 모델을 구현한 atc_meas.m, 빈도함수를 계산할 때 필요한 가우시안 확률밀도함수를 구현한 gauss_pdf.m, 그리고 AMM 칼만필터를 구동하기 위한 atc_amm_main.m으로 구성돼 있다.

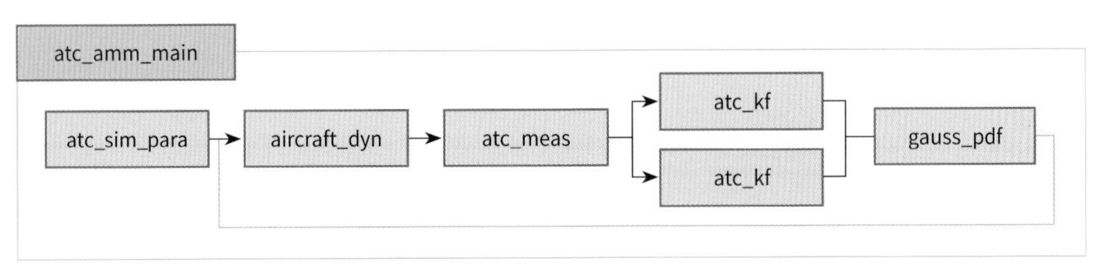

그림 7.13 코드 구조

전체 코드는 다음과 같다.

atc_amm_main.m

```
%
% 항공교통관제 문제: AMM 필터 메인 코드
%

clear all

% 시뮬레이션 파라미터 로드
atc_sim_para;

% 모델 적합 필터 초기화 (식 (7.60))
for jj = 1:kf_num
    xhat_amm(:,jj) = xhat;
    Phat_amm(:,:,jj) = Phat;
end

[nn, mm]= size(xhat);

% 결괏값을 저장하기 위한 변수
X = [];
XHAT = [];
PHAT = [];
Z = [];
ZHAT = [];
SBAR = [];
TIME = [];

WW = [];


% AMM 필터 메인 루프
for t = dt:dt:t5

    % 비행 시나리오
    if t < t1
```

```
    Omega = 0;
elseif t < t2
    Omega = Om1;
elseif t < t3
    Omega = 0;
elseif t < t4
    Omega = Om2;
else
    Omega = 0;
end

x = aircraft_dyn(x0, Omega, Qr, dt, 'sy');

% 측정 모델
z = atc_meas(x, Rd, 'sy');


% 모델 적합 필터 1
[xhat_amm(:,1), Phat_amm(:,:,1), zhat1, S1] = ...
                atc_kf(xhat_amm(:,1), Phat_amm(:,:,1), z, Qd1, Rd, dt);
% 모델 적합 필터 2
[xhat_amm(:,2), Phat_amm(:,:,2), zhat2, S2] = ...
                atc_kf(xhat_amm(:,2), Phat_amm(:,:,2), z, Qd3, Rd, dt);

% 빈도함수 (식 (7.20))
LL = [gauss_pdf(z, zhat1, S1);
      gauss_pdf(z, zhat2, S2)];

% 모델 확률 업데이트 (식 (7.20))
w_sum = LL'*ww0;
ww = LL.*ww0 / w_sum;

% 추정값 융합 (식 (7.16), (7.17))
xhat = xhat_amm * ww;

Phat = zeros(nn,nn);
for jj = 1:kf_num
    Phat = Phat + ...
```

```
        ww(jj) * (Phat_amm(:,:,jj) + ...
        (xhat_amm(:,jj)-xhat) * (xhat_amm(:,jj)-xhat)');
    end

    % 결과 저장
    X = [X; x'];
    XHAT = [XHAT; xhat'];
    PHAT = [PHAT; (diag(Phat))'];
    Z = [Z; z'];
    ZHAT = [ZHAT; zhat2'];
    SBAR = [SBAR; (diag(S2))'];
    TIME = [TIME; t];

    WW = [WW; ww'];

    % 다음 시간 스텝을 위한 준비
    x0 = x;
    ww0 = ww;

end
```

gauss_pdf.m

```
function px = gauss_pdf(x, xbar, Pxx)
%
% 가우시안 확률밀도함수
%

[nn,nn] = size(Pxx);

tmp = (x - xbar)' * inv(Pxx) * (x - xbar);
exptmp = exp(-0.5 * tmp);
px = exptmp / (sqrt((2*pi)^nn * det(Pxx)));
```

atc_amm_main.m 파일을 실행하면 시뮬레이션이 수행된다. AMM 칼만필터의 추정 결과는 다음 그림과 같다. 그림 7.14는 항공기의 실제 궤적과 AMM 칼만필터가 추정한 궤적을 도시한 것이다. 대체로 AMM 필터가 항공기의 실제 궤적을 잘 추정한 것을 볼 수 있다. 그림 7.15는 상태변수 추정 오차와 표준편차(1σ)를 도시한 것이다. 가속도가 약 $2.09m/s^2$인 첫 번째 선회 비행은 프로세스 노이즈의 강도 내에 포함되므로 표시 나지 않고, 약 $6.28m/s^2$의 두 번째 선회 비행에서도 선회 비행시간 동안 속도 추정 오차가 칼만필터가 예측한 표준편차의 범위 밖으로 약간 벗어나는 데 그쳤다. 이유는 그림 7.16에 도시한 모델 확률을 보면 알 수 있다. 첫 번째 선회 비행이 시작된 후 15초(3번째 시간스텝) 만에 고강도인 모델 M_3의 모델 확률이 1로 수렴하면서 마치 모델 M_3의 모델 적합 필터가 단일 칼만필터인 것처럼 행동했기 때문이다. 대신 추정 오차의 표준편차가 모델 M_2 기반의 단일 칼만필터보다 더 커졌다.

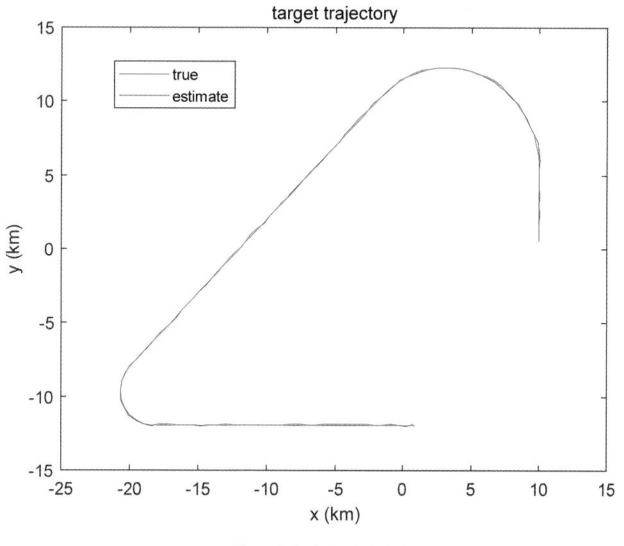

그림 7.14 항공기의 실제 궤적과 추정 궤적

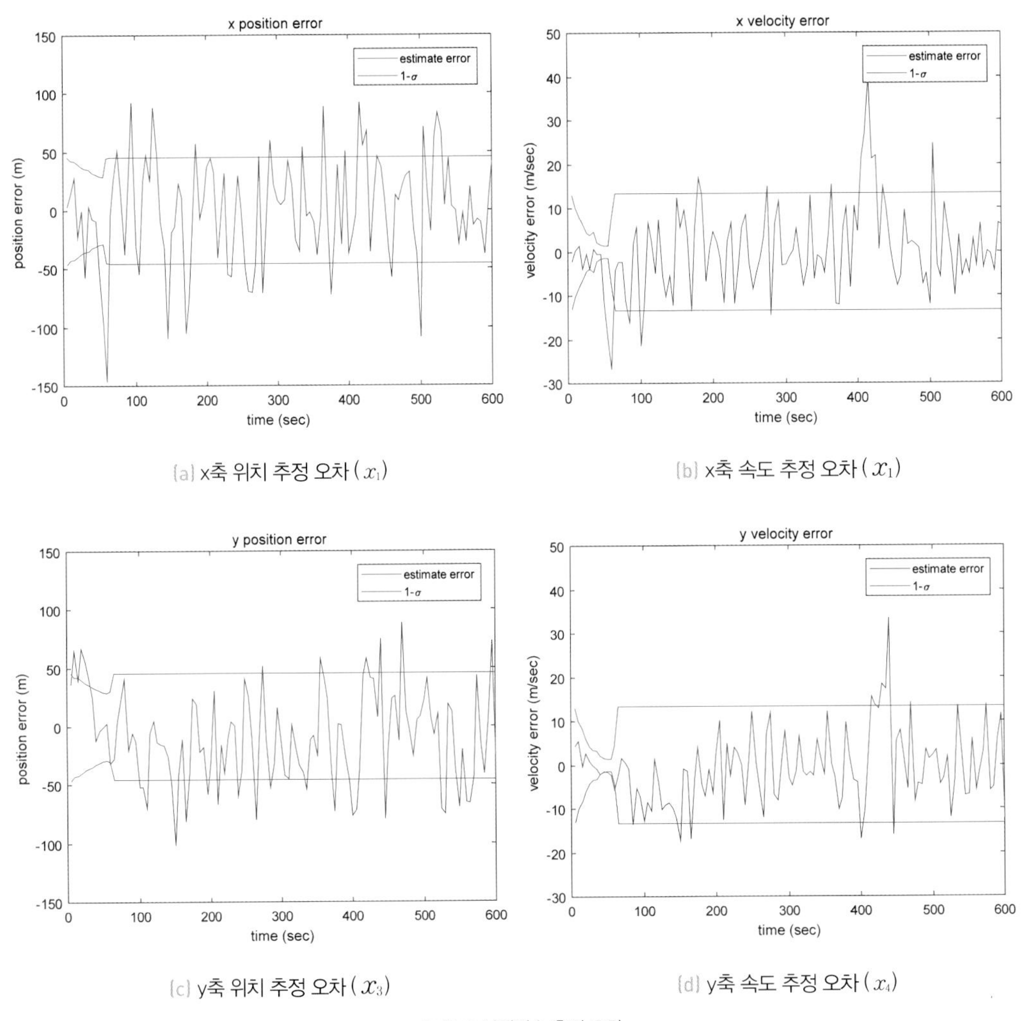

(a) x축 위치 추정 오차 (x_1)

(b) x축 속도 추정 오차 (x_1)

(c) y축 위치 추정 오차 (x_3)

(d) y축 속도 추정 오차 (x_4)

그림 7.15 상태변수 추정 오차

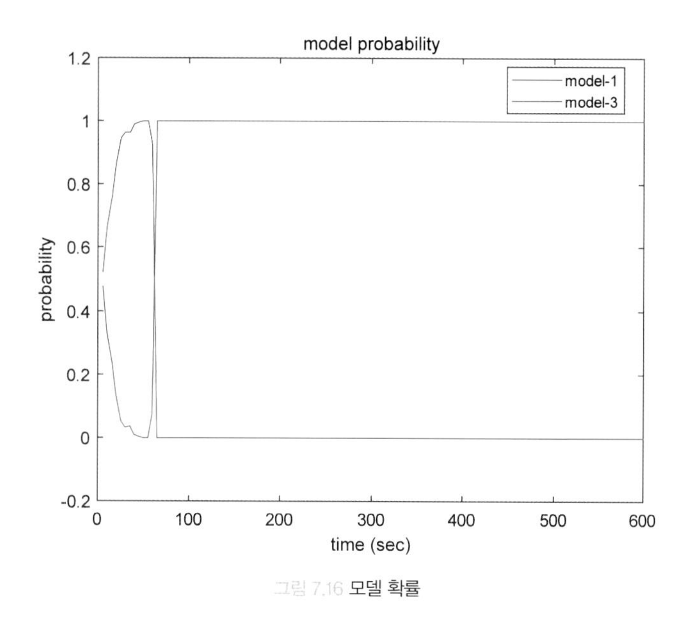

그림 7.16 모델 확률

7.5.5 GPB1 칼만필터 설계

매트랩으로 작성된 GPB1 칼만필터 코드는 시뮬레이션 설정값을 정의한 atc_sim_para.m, 선형 칼만 필터를 구현한 atc_kf.m, 항공기 운동을 구현한 aircraft_dyn.m, 측정 모델을 구현한 atc_meas.m, 빈도함수를 계산할 때 필요한 가우시안 확률밀도함수를 구현한 gauss_pdf.m, 그리고 GPB1 칼만필터를 구동하기 위한 atc_gpb1_main.m으로 구성돼 있다.

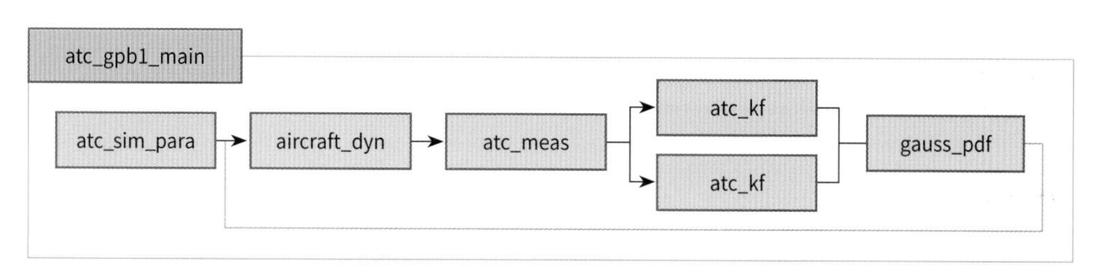

그림 7.17 코드 구조

전체 코드는 다음과 같다.

atc_gpb1_main.m

```
%
% 항공교통관제 문제: GPB1 필터 메인 코드
%

clear all

% 시뮬레이션 파라미터 로드
atc_sim_para;

% 모델 적합 필터 초기화 (식 (7.60))
for jj = 1:kf_num
    xhat_gpb(:,jj) = xhat;
    Phat_gpb(:,:,jj) = Phat;
end

[nn, mm]= size(xhat);

% 결괏값을 저장하기 위한 변수
X = [];
XHAT = [];
PHAT = [];
Z = [];
ZHAT = [];
SBAR = [];
TIME = [];

WW = [];


% GPB1 필터 메인 루프
for t = dt:dt:t5

    % 비행 시나리오
    if t < t1
```

```
    Omega = 0;
elseif t < t2
    Omega = Om1;
elseif t < t3
    Omega = 0;
elseif t < t4
    Omega = Om2;
else
    Omega = 0;
end

x = aircraft_dyn(x0, Omega, Qr, dt, 'sy');

% 측정 모델
z = atc_meas(x, Rd, 'sy');


% 모델 적합 필터 1
[xhat_gpb(:,1), Phat_gpb(:,:,1), zhat1, S1] = atc_kf(xhat, Phat, z, Qd1, Rd, dt);
% 모델 적합 필터 2
[xhat_gpb(:,2), Phat_gpb(:,:,2), zhat2, S2] = atc_kf(xhat, Phat, z, Qd3, Rd, dt);

% 빈도함수 (식 (7.20))
LL = [gauss_pdf(z, zhat1, S1);
      gauss_pdf(z, zhat2, S2)];

% 모델 확률 업데이트 (식 (7.30))
piw = PPII'*ww0;
piw_sum = LL' * piw;
ww = LL.*piw / piw_sum;


% 추정값 융합 (식 (7.28), (7.29))
xhat = xhat_gpb * ww;

Phat = zeros(nn,nn);
for jj = 1:kf_num
    Phat = Phat + ...
```

```
            ww(jj) * (Phat_gpb(:,:,jj) + ...
            (xhat_gpb(:,jj)-xhat) * (xhat_gpb(:,jj)-xhat)');
        end

        % 결과 저장
        X = [X; x'];
        XHAT = [XHAT; xhat'];
        PHAT = [PHAT; (diag(Phat))'];
        Z = [Z; z'];
        ZHAT = [ZHAT; zhat1'];
        SBAR = [SBAR; (diag(S1))'];
        TIME = [TIME; t];

        WW = [WW; ww'];

        % 다음 시간 스텝을 위한 준비
        x0 = x;
        ww0 = ww;

    end
```

atc_gpb1_main.m 파일을 실행하면 시뮬레이션이 수행된다. GPB1 칼만필터의 추정 결과는 다음 그림과 같다. 그림 7.18은 항공기의 실제 궤적과 GPB1 칼만필터가 추정한 궤적을 도시한 것이다. 대체로 GPB1 필터가 항공기의 실제 궤적을 잘 추정한 것을 볼 수 있다. 그림 7.19는 상태변수 추정 오차와 표준편차(1σ)를 도시한 것이다. 두 번째 선회 비행에서 선회 비행시간 동안 속도 추정 오차가 칼만필터가 예측한 표준편차의 범위 밖으로 약간 벗어나는 데 그쳤으며, 전 영역에서 상태변수 추정 오차의 표준편차가 낮게 잘 관리된 것을 알 수 있다. 이유는 그림 7.20에 도시한 모델 확률을 보면 알 수 있다. 가속도가 $2.09m/s^2$로서 비교적 저강도인 첫 번째 선회 비행 시간인 50초와 185초 사이에서는 모델 M_1과 M_3가 경합을 벌이고 있지만, 가속도가 $6.28m/s^2$로서 강도가 큰 두 번째 선회 비행 시간인 400초와 445초 사이에서는 고강도 모델인 M_3의 모델 확률이 크게 앞서면서 GPB1 필터가 적절히 대처하고 있음을 알 수 있다. 하지만 등속 비행 영역인 다른 시간대에서는 모델 M_1과 M_3의 확률에 큰 차이를 두지 못하고 있다.

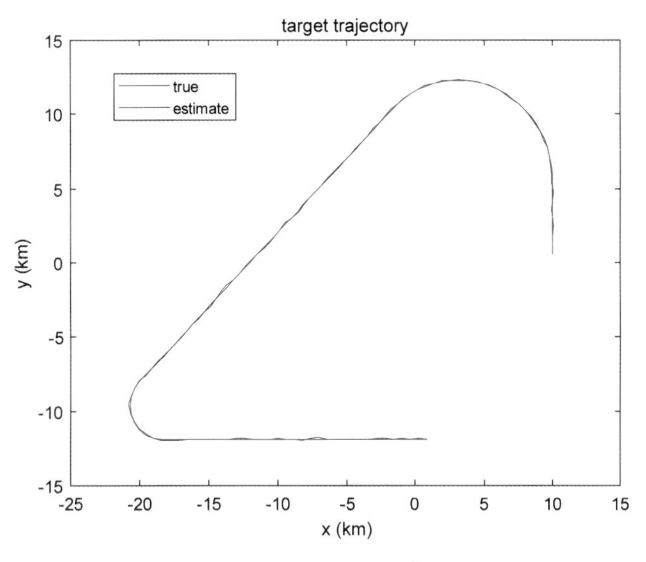

그림 7.18 항공기의 실제 궤적과 추정 궤적

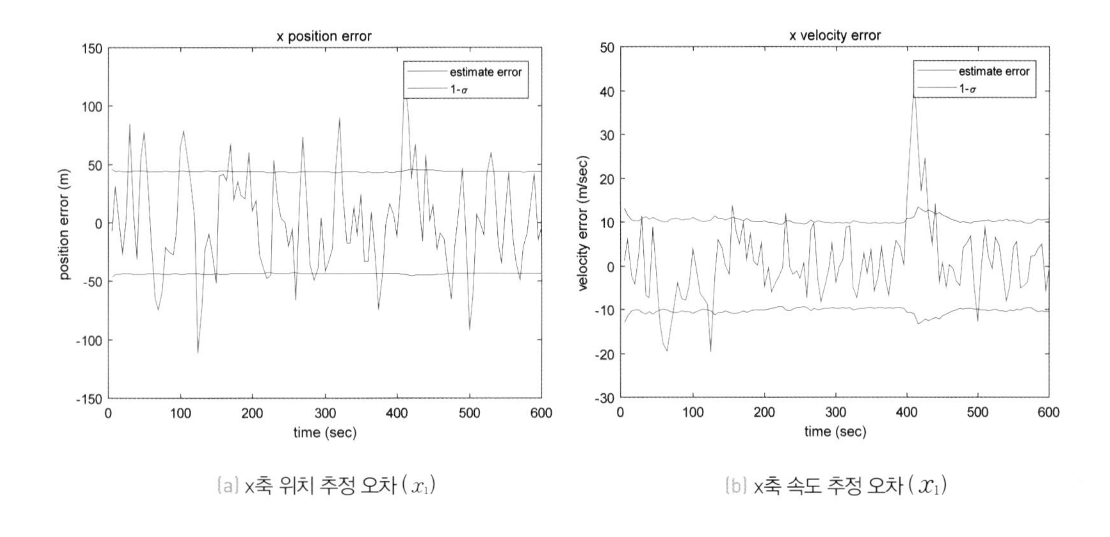

(a) x축 위치 추정 오차 (x_1)

(b) x축 속도 추정 오차 (x_1)

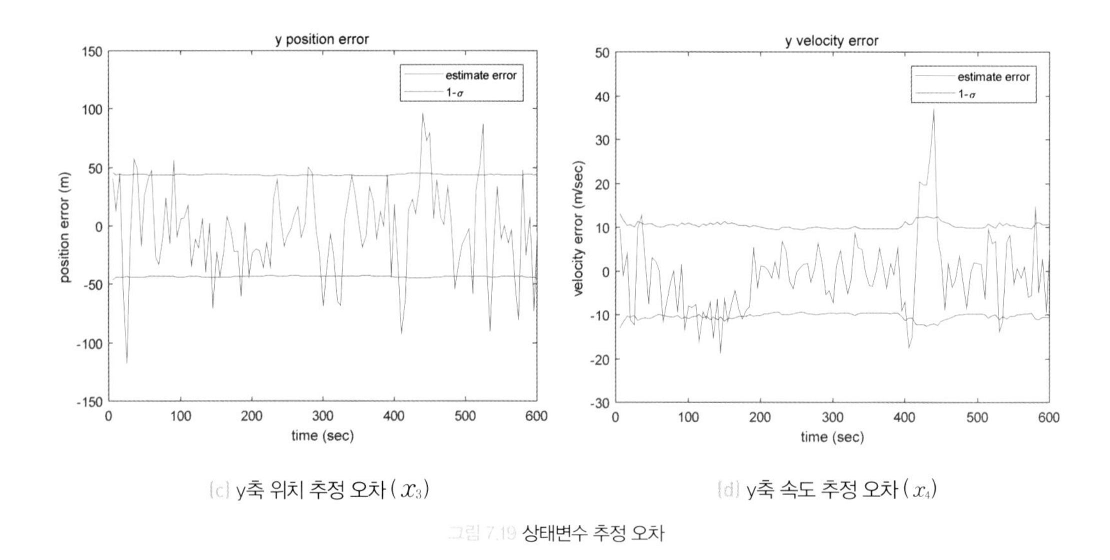

(c) y축 위치 추정 오차 (x_3)　　(d) y축 속도 추정 오차 (x_4)

그림 7.19 상태변수 추정 오차

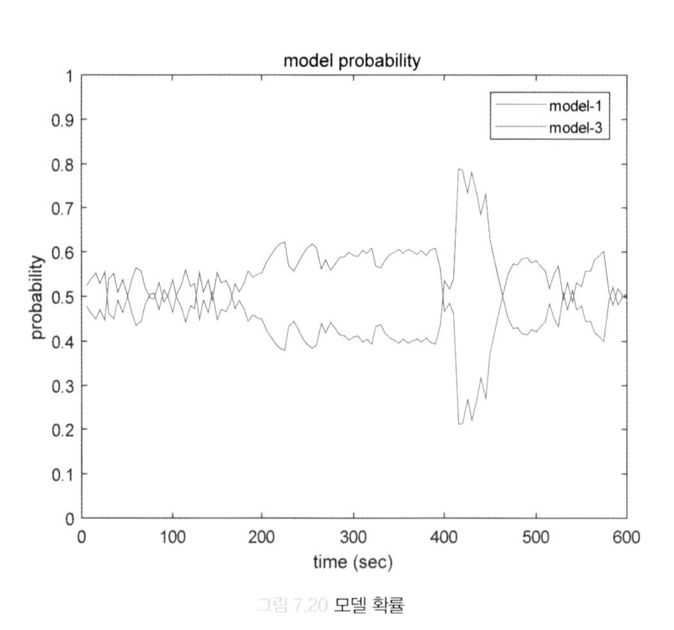

그림 7.20 모델 확률

7.5.6 IMM 칼만필터 설계

매트랩으로 작성된 IMM 칼만필터 코드는 시뮬레이션 설정값을 정의한 `atc_sim_para.m`, 선형 칼만필터를 구현한 `atc_kf.m`, 항공기 운동을 구현한 `aircraft_dyn.m`, 측정 모델을 구현한 `atc_meas.m`, 빈도함수를 계산할 때 필요한 가우시안 확률밀도함수를 구현한 gauss_pdf.m, 그리고 IMM 칼만필터를 구동하기 위한 atc_imm_main.m으로 구성돼 있다.

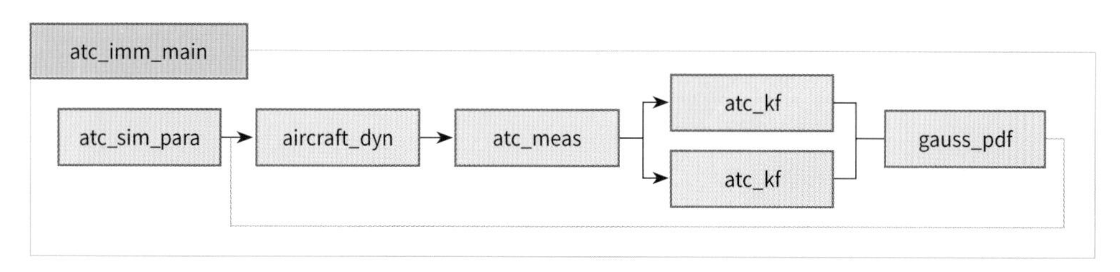

그림 7.21 코드 구조

전체 코드는 다음과 같다.

atc_imm_main.m

```
%
% 항공교통관제 문제: IMM 필터 메인 코드
%

clear all



% 시뮬레이션 파라미터 로드
atc_sim_para;

% 모델 적합 필터 초기화 (식 (7.60))
for jj = 1:kf_num
    xhat_imm(:,jj) = xhat;
    Phat_imm(:,:,jj) = Phat;
end

[nn, mm]= size(xhat);

% 결괏값을 저장하기 위한 변수
X = [];
XHAT = [];
PHAT = [];
Z = [];
```

```
ZHAT = [];
SBAR = [];
TIME = [];

WW = [];


% IMM 필터 메인 루프
for t = dt:dt:t5

    % 비행 시나리오
    if t < t1
        Omega = 0;
    elseif t < t2
        Omega = Om1;
    elseif t < t3
        Omega = 0;
    elseif t < t4
        Omega = Om2;
    else
        Omega = 0;
    end

    x = aircraft_dyn(x0, Omega, Qr, dt, 'sy');

    % 측정 모델
    z = atc_meas(x, Rd, 'sy');

    % 혼합 확률 업데이트 (식 (7.43))
    piw = PPII'*ww0;
    mix_prob = PPII./(piw'.*ones(kf_num, kf_num)).*(ww0.*ones(kf_num,kf_num));

    % 추정값 혼합 (식 (7.37), (7.38))
    xhat0_imm = xhat_imm * mix_prob;
    for jj = 1:kf_num
        Phat0_imm(:,:,jj) = zeros(nn,nn);
        for ii = 1:kf_num
            Phat0_imm(:,:,jj) = Phat0_imm(:,:,jj) + ...
                mix_prob(ii,jj) * (Phat_imm(:,:,ii) + ...
```

```
            (xhat_imm(:,ii)-xhat0_imm(:,jj)) * (xhat_imm(:,ii)-xhat0_imm(:,jj))');
    end
end

% 모델 적합 필터 1
[xhat_imm(:,1), Phat_imm(:,:,1), zhat1, S1] = ...
                atc_kf(xhat0_imm(:,1), Phat0_imm(:,:,1), z, Qd1, Rd, dt);
% 모델 적합 필터 2
[xhat_imm(:,2), Phat_imm(:,:,2), zhat2, S2] = ...
      atc_kf(xhat0_imm(:,2), Phat0_imm(:,:,2), z, Qd3, Rd, dt);

% 빈도함수 (식 (7.20))
LL = [gauss_pdf(z, zhat1, S1);
      gauss_pdf(z, zhat2, S2)];

% 모델 확률 업데이트 (식 (7.44))
piw_sum = LL' * piw;
ww = LL.*piw / piw_sum;

% 추정값 융합 (식 (7.40), (7.41))
xhat = xhat_imm * ww;

Phat = zeros(nn,nn);
for jj = 1:kf_num
    Phat = Phat + ...
    ww(jj) * (Phat_imm(:,:,jj) + ...
    (xhat_imm(:,jj)-xhat) * (xhat_imm(:,jj)-xhat)');
end

% 결과 저장
X = [X; x'];
XHAT = [XHAT; xhat'];
PHAT = [PHAT; (diag(Phat))'];
Z = [Z; z'];
ZHAT = [ZHAT; zhat1'];
SBAR = [SBAR; (diag(S1))'];
TIME = [TIME; t];

WW = [WW; ww'];
```

```
        % 다음 시간 스텝을 위한 준비
        x0 = x;
        ww0 = ww;

    end
```

atc_imm_main.m 파일을 실행하면 시뮬레이션이 수행된다. IMM 칼만필터의 추정 결과는 다음 그림과 같다. 그림 7.22는 항공기의 실제 궤적과 IMM 칼만필터가 추정한 궤적을 도시한 것이다. 대체로 IMM 필터가 항공기의 실제 궤적을 잘 추정한 것을 볼 수 있다. 그림 7.23은 상태변수 추정 오차와 표준편차(1σ)를 도시한 것이다. 두 번째 선회 비행에서 선회 비행시간 동안 속도 추정 오차가 칼만필터가 예측한 표준편차의 범위 밖으로 약간 벗어나는 데 그쳤으며, 전 영역에서 상태변수 추정 오차의 표준편차가 GPB1 필터보다 더 낮게 잘 관리된 것을 알 수 있다. 이유는 그림 7.24에 도시한 모델 확률을 보면 알 수 있다. 먼저 등속 비행 시간대에서 모델 M_1의 확률을 M_3보다 크게 설정했으며 저강도 선회 비행 시간인 50초와 185초 사이에서는 모델 M_1과 M_3를 적절한 확률 조합으로 혼합했다. 고강도 두 번째 선회 비행 시간인 400초와 445초 사이에서는 고강도 모델인 M_3의 모델 확률을 M_1보다 훨씬 크게 설정하면서 IMM 필터가 기동 비행을 적절히 인지해 대처하고 있음을 알 수 있다.

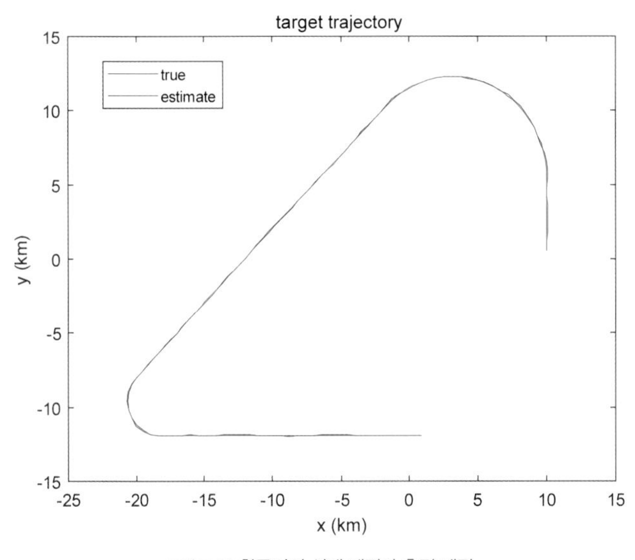

그림 7.22 항공기의 실제 궤적과 추정 궤적

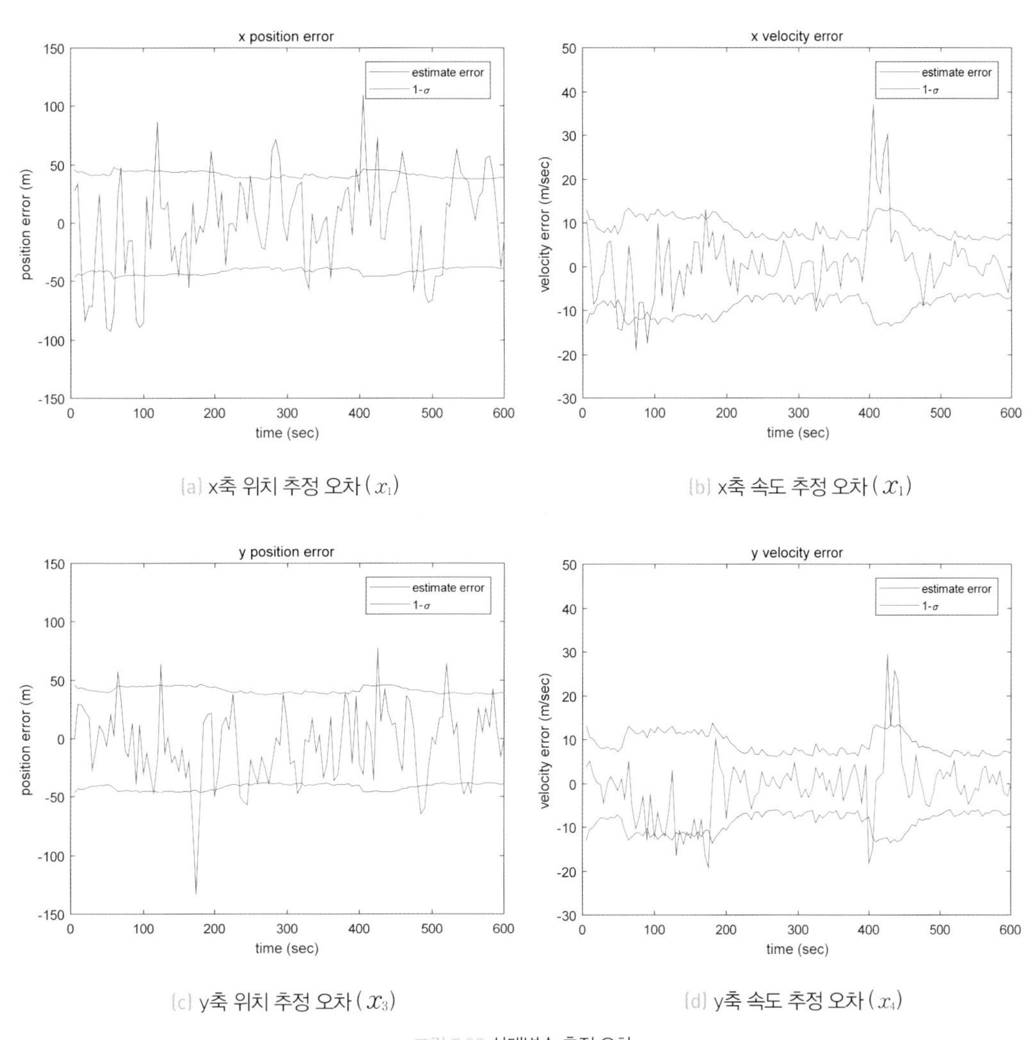

(a) x축 위치 추정 오차 (x_1) (b) x축 속도 추정 오차 (x_1)

(c) y축 위치 추정 오차 (x_3) (d) y축 속도 추정 오차 (x_4)

그림 7.23 상태변수 추정 오차

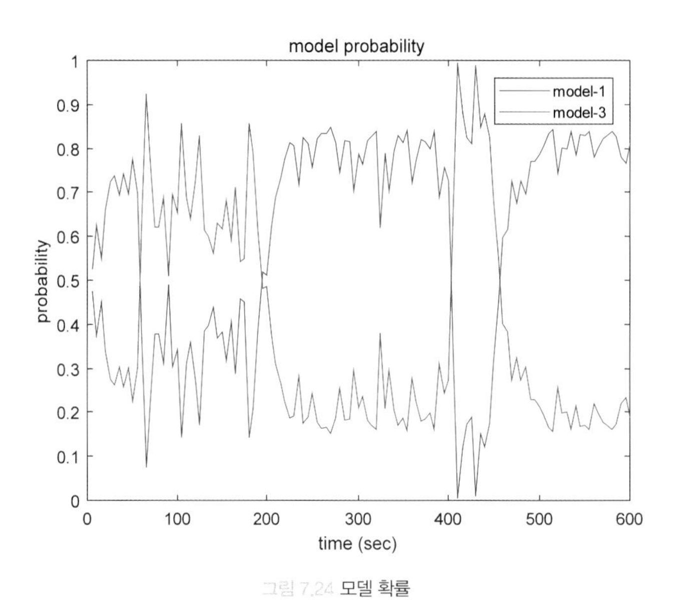

그림 7.24 모델 확률

7.5.7 성능 비교

단독 칼만필터, AMM 필터, GPB1 필터, 그리고 IMM 필터의 성능을 비교하기 위해 각각 500회의 몬테카를로 시뮬레이션을 수행했다. 그림 7.25와 7.26은 그 결과를 도시한 것으로, 각각 위치 추정 오차와 속도 추정 오차의 평균제곱근(RMS error, root mean squared error) $\epsilon_{position}$ 및 $\epsilon_{velocity}$를 도시한 것이다. 오차의 평균제곱근은 다음 식으로 계산했다.

$$\begin{aligned}\epsilon_{position}(k)&=\sqrt{\frac{1}{m}\sum_{i=1}^{m}\left[(x^{(i)}(k)-\hat{x}^{(i)}(k|k))^2+(y^{(i)}(k)-\hat{y}^{(i)}(k|k))^2\right]}\\ \epsilon_{velocity}(k)&=\sqrt{\frac{1}{m}\sum_{i=1}^{m}\left[(\dot{x}^{(i)}(k)-\hat{\dot{x}}^{(i)}(k|k))^2+(\dot{y}^{(i)}(k)-\hat{\dot{y}}^{(i)}(k|k))^2\right]}\end{aligned} \tag{7.63}$$

여기서 m은 시뮬레이션 횟수, 위 첨자 i는 i번째 시뮬레이션, x, y, $\dot{x}$, $\dot{y}$는 참값, $\hat{x}$, $\hat{y}$, $\hat{\dot{x}}$, $\hat{\dot{y}}$는 추정값을 나타낸다.

단독 칼만필터는 등속도 모델과 고강도 기동 모델을 타협한 중간 모델을 기반으로 설계했기 때문에 두 번째 고강도 선회 비행을 제외하고는 GPB1 필터보다 약간 더 좋은 성능을 보여주고 있다. 등속도 비행 구간에서는 약 $57m$의 위치 오차와 $6m/s$의 속도 오차를 갖고, 두 번째 선회 비행 구간에서는 126m의 위치 오차와 41m/s의 속도 오차를 갖는다. AMM 필터는 시뮬레이션 초기에는 등속도 모델의 확률이 1로 수렴하면서 가장 작은 위치 오차와 속도 오차를 갖지만, 첫 번째 선회 비행 구간부터 고강도 모델의 확률이 1로 수렴하면서 등속도 비행 구간에서 가장 큰 위치 오차와 속도 오차를 보여준다. 등속도 비행 구간에서는 약 60m의 위치 오차와 11m/s의 속도 오차를 갖고, 두 번째 선회 비행 구간에서는 75m의 위치 오차와 30m/s의 속도 오차를 갖는다. GPB1 필터는 선회 비행 구간에서는 대체로 IMM 필터와 비슷한 성능을 보여주고 있으나, 등속도 비행 구간에서는 단독 칼만필터보다 못한 성능을 보여주고 있다. 등속도 비행 구간에서는 약 58m의 위치 오차와 8m/s의 속도 오차를 갖고, 두 번째 선회 비행 구간에서는 82m의 위치 오차와 31m/s의 속도 오차를 갖는다. IMM 필터는 전체적으로 가장 우수한 성능을 보여주고 있다. 등속도 비행 구간에서는 약 50m의 위치 오차와 5m/s의 속도 오차를 갖고, 두 번째 선회 비행 구간에서는 75m의 위치 오차와 30m/s의 속도 오차를 갖는다.

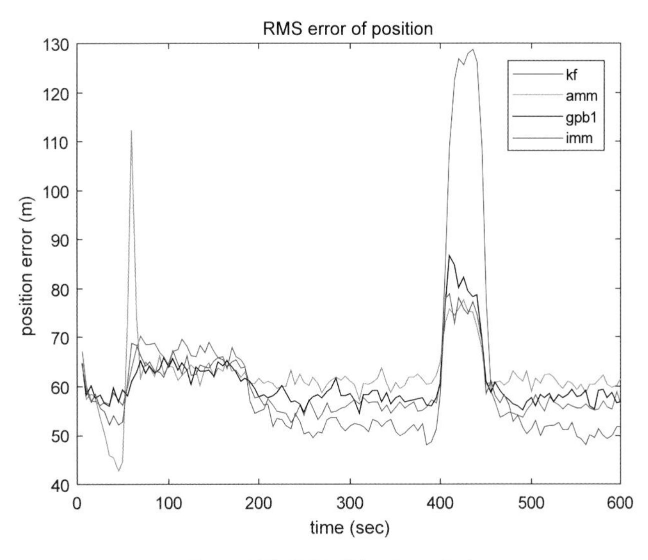

그림 7.25 위치 추정 오차 (RMS error) 비교

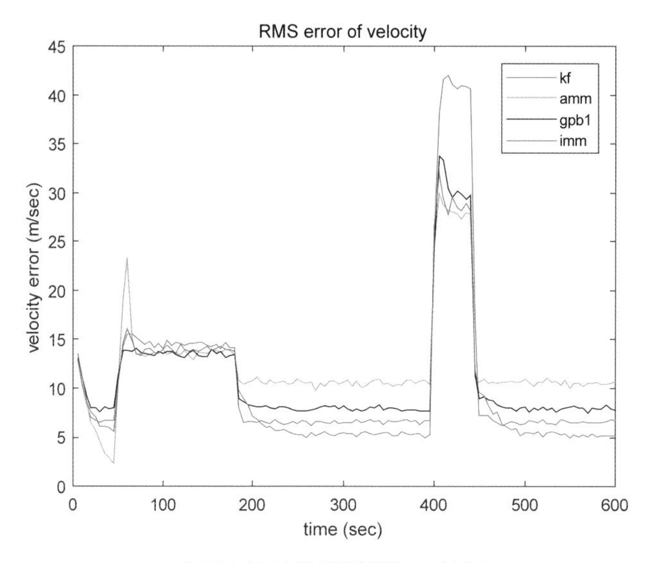

그림 7.26 속도 추정 오차 (RMS error) 비교

참고문헌

[1] R. E. Kalman, "A New Approach to Linear Filtering and Prediction Problems", ASME Journal of Basic Engineering, 82, pp. 35–35, 1960.

[2] M. Grewal, and A. Andrews, Kalman Filtering: Theory and Practice using Matlab, Wiley, 2015.

[3] https://www.eng.ufl.edu/newengineer/in-memoriam/remembering-rudolf-e-kalman-1930-2016/

[4] R. Gibbs, Advanced Kalman Filtering, Least-Squares and Modeling, Wiley, 2011.

[5] B. Ristic, S. Arlampalam, and N. Gordon, Beyond the Kalman Filter, Artech House, 2004.

[6] F. Lewis, Optimal Estimation, Wiley, 1986.

[7] H. Stark and J. Woods, Probability, Random Processes, and Estimation Theory for Engineers, Prentice-Hall, 1994.

[8] A. Gamal, Introduction to Statistical Signal Processing, Stanford EE 278 Lecture Note.

[9] Y. Bar-Shalom, X. Li, and T. Kirubarajan, Estimation with Applications to Tracking and Navigation, Wiley, 2001.

[10] A. Papoulis, and S. Pillai, Probability, Random Variables and Stochastic Processes, McGraw-Hill, 2002.

[11] A. Kettner, and M. Paolone, "Sequential Discrete Kalman Filter for Real-Time State Estimation in Power Distribution Systems: Theory and Implementation", arXiv:1702.08262v5, June 27, 2017.

[12] S. Julier, and J. Uhlmann, "A General Method for Approximating Nonlinear Transformations of Probability Distributions", 1994.

[13] S. Julier, and J. Uhlmann, "A New Extension of the Kalman Filter to Nonlinear Systems", International Symposium on Aerospace/Defense Sensing, Simulation, and Controls, pp.182-193, April 1997.

[14] 오승민, "스트랩다운 탐색기를 장착한 전술유도탄의 UKF 기반 종말호밍 유도", 한국항공우주학회지 제38권 3호, pp.221-227, 2010.

[15] https://kr.mathworks.com/help/predmaint/ug/Fault-Detection-Using-an-Extended-Kalman-Filter.html

[16] G. Besancon, A. Voda, and G. Jouffroy, "A note on state and parameter estimation in a van der Pol oscillator", Automatica 46, pp.1735-1738, 2010.

[17] T. Song, "Observability of Target Tracking with Bearings-Only Measurements", IEEE Transactions on Aerospace and Electronic Systems, Vol.32, No.4, pp.1468-1472, 1996.

[18] Y. Bar-Shalom, and X. Li, Multitarget-Multisecsor Tracking: Principles and Techniques, YBS, 1997.

[19] Y. Bar-Shalom, and T. Fortmann, Tracking and Data Association, Academic Press, 1988.

[20] J. Gomes, An Overview on Target Tracking Using Multiple Model Methods, MS Thesis, Instituto Superior Tecnico, 2008.

[21] N. Shimkin, Estimation and Identification in Dynamical Systems, IIT EE 048825, Lecture Note.

H

I

J

K

L

M

N

O

P

R

S

T

U

V – W